全国农业高等院校规划教材
农业部兽医局推荐精品教材

U0272354

宠物传染病与公共卫生

● 杨玉平　乐涛　主编

中国农业科学技术出版社

图书在版编目（CIP）数据

宠物传染病及公共卫生/杨玉平，乐涛主编 . —北京：中国农业科学技术出版社，2008.8
全国农业高等院校规划教材 . 农业部兽医局推荐精品教材
ISBN 978－7－80233－567－7

Ⅰ. 宠…　Ⅱ.①杨…②乐…　Ⅲ.①观赏动物－动物疾病：传染病－高等学校－教材
②观赏动物－公共卫生学－高等学校－教材　Ⅳ. S855　S851.2

中国版本图书馆 CIP 数据核字（2008）第 081291 号

责任编辑　崔改泵
责任校对　贾晓红

出版发行　中国农业科学技术出版社
　　　　　北京市中关村南大街 12 号　　邮编：100081
电　　话　(010) 82106632（编辑室）
传　　真　(010) 62121228
社 网 址　http:// www.castp.cn
经　　销　新华书店北京发行所
印　　刷　北京华忠兴业印刷有限公司
开　　本　787 mm × 1 092 mm　1/16
印　　张　17.5
字　　数　410 千字
版　　次　2008 年 8 月第 1 版　2008 年 8 月第 1 次印刷
定　　价　32.00 元

《宠物传染病及公共卫生》

编 委 会

主　　编　杨玉平　黑龙江生物科技职业学院

　　　　　乐　涛　信阳农业高等专科学校

副 主 编　王永胜　乌兰察布职业学院

　　　　　张学栋　黑龙江农业经济职业学院

　　　　　刘怀然　中国农业科学院哈尔滨兽医研究所

编　　者　(以姓氏笔画为序)

　　　　　齐帮若　黑龙江农业职业技术学院

　　　　　陈　岩　黑龙江省中毒抢救中心

　　　　　何宝霞　周口职业技术学院

　　　　　郭洪梅　山东畜牧兽医职业学院

　　　　　高　明　黑龙江生物科技职业学院

　　　　　韩　周　辽宁农业职业技术学院

　　　　　葛佳瑞　黑龙江畜牧兽医职业学院

主　　审　刘　莉　黑龙江畜牧兽医职业学院

序

　　中国是农业大国，同时又是畜牧业大国。改革开放以来，我国畜牧业取得了举世瞩目的成就，已连续 20 年以年均 9.9% 的速度增长，产值增长近 5 倍。特别是"十五"期间，我国畜牧业取得持续快速增长，畜产品质量逐步提升，畜牧业结构布局逐步优化，规模化水平显著提高。2005 年，我国肉、蛋产量分别占世界总量的 29.3% 和 44.5%，居世界第一位，奶产量占世界总量的 4.6%，居世界第五位。肉、蛋、奶人均占有量分别达到 59.2 千克、22 千克和 21.9 千克。畜牧业总产值突破 1.3 万亿元，占农业总产值的 33.7%，其带动的饲料工业、畜产品加工、兽药等相关产业产值超过 8 000 亿元。畜牧业已成为农牧民增收的重要来源，建设现代农业的重要内容，农村经济发展的重要支柱，成为我国国民经济和社会发展的基础产业。

　　当前，我国正处于从传统畜牧业向现代畜牧业转变的过程中，面临着政府重视畜牧业发展、畜产品消费需求空间巨大和畜牧行业生产经营积极性不断提高等有利条件，为畜牧业发展提供了良好的内外部环境。但是，我国畜牧业发展也存在诸多不利因素。一是饲料原材料价格上涨和蛋白饲料短缺；二是畜牧业生产方式和生产水平落后；三是畜产品质量安全和卫生隐患严重；四是优良地方畜禽品种资源利用不合理；五是动物疫病防控形势严峻；六是环境与生态恶化对畜牧业发展的压力继续增加。

　　我国畜牧业发展要想改变以上不利条件，实现高产、优质、高效、生态、安全的可持续发展道路，必须全面落实科学发展观，加快畜牧业增长方式转变，优化结构，改善品质，提高效益，构建现代畜牧业产业体系，提高畜牧业综合生产能力，努力保障畜产品质量安全、公共卫生安全和生态环境安全。这不仅需要全国人民特别是广大畜牧科教工作者长期努力，不断加强科学研究与科技创新，不断提供强大的畜牧兽医理论与科技支撑，而且还需要培养一大批掌握新理论与新技术并不断将其推广应用的专业人才。

　　培养畜牧兽医专业人才需要一系列高质量的教材。作为高等教育学科建设的一项重要基础工作——教材的编写和出版，一直是教改的重点和热点之一。为了支持创新型国家建设，培养符合畜牧产业发展各个方面、各个层次所需的复合型人才，中国农业科学技术出版社积极组织全国范围内有较高学术水平和多年教学理论与实践经验的教师精心编写出版面向 21 世纪全国高等农林院校，反映现代畜牧兽医科技成就的畜牧兽医专业精品教材，并进行有益的探索和研究，其教材内

·1·

容注重与时俱进，注重实际，注重创新，注重拾遗补缺，注重对学生能力、特别是农业职业技能的综合开发和培养，以满足其对知识学习和实践能力的迫切需要，以提高我国畜牧业从业人员的整体素质，切实改变畜牧业新技术难以顺利推广的现状。我衷心祝贺这些教材的出版发行，相信这些教材的出版，一定能够得到有关教育部门、农业院校领导、老师的肯定和学生的喜欢。也必将为提高我国畜牧业的自主创新能力和增强我国畜产品的国际竞争力作出积极有益的贡献。

国家首席兽医官
农业部兽医局局长

二〇〇七年六月八日

前　言

本教材是在《教育部关于加强高职高专教育人才培养工作的意见》、《关于加强高职高专教育教材建设的若干意见》、《关于全面提高高等职业教育教学质量的若干意见》等文件精神的指导下编写的。

在编写过程中突破以往本专科教材的传统模式，以符合现代教学规律和教学目标的高职高专教材为目标，理论上以应用技术为主要内容，实训方面注重培养学生的实践动手能力。力图结合实际，客观地、全面翔实地反映目前我国宠物养殖业中传染病防治的新进展。

第一章和第二章比较详细地介绍了宠物传染病发生、发展的规律，防制措施及个人防护的内容；在编写各种宠物传染病时，主要注重防制及公共卫生的详细阐述，这样会使学生更好的掌握常见宠物传染病的防制技术；在编写实训内容时，注重基本技能的训练，理论联系实际，实训内容可操作性强，围绕岗位技能，突出动手能力，并有操作技能考核标准，以满足高职高专培养技能型、综合型人才的需要。

本教材的编写分工是：杨玉平编写绪论，第二章；乐涛编写第一章；王永胜编写第三章第一节至第五节；张学栋编写第三章第六节至第十一节，实训五、六、七；刘怀然编写第三章第十二节至第十七节；齐帮若编写第三章第十八节至第二十六节，实训八、九；陈岩编写第四章第八节至第十二节；何宝霞编写第五章第一节至第七节；郭洪梅编写第五章第八节至第十一节，实训一、二、三、四；高明编写第四章第一节至第七节，实训十、十一、十二；韩周编写第六章第一节，实训十三；葛佳瑞编写第六章第二节。全书由杨玉平统稿，刘怀然和高明协助了统稿工作。

编写工作承蒙中国农业科学技术出版社的指导；教材由黑龙江畜牧兽医职业学院刘莉教授主审，并对结构体系和内容等方面提出了宝贵意见；主编、副主编、参编和主审所在学校对编写工作给予了大力支持；黑龙江畜牧兽医职业学院宋德花老师在审稿中也提出了宝贵意见，在此一并表示诚挚的谢意。

由于宠物医疗行业在我国尚处于起步阶段，宠物传染病的资料较少，加之编者水平所限，难免有不足之处，恳请专家和读者赐教指正。

编　者

2008 年 5 月

目　录

绪　　论

《宠物传染病及公共卫生》是研究宠物传染病的发生、发展规律以及预防、控制和消灭传染病方法的科学。

随着人们生活水平的提高，豢养宠物的数量不断增加，调运移动愈加频繁，因此，使宠物更易受到传染病的侵袭，宠物传染病已成为危害宠物最严重的一类疾病。不仅引起大流行和大批死亡，造成巨大的损失，影响人们的生活和对外贸易，而且许多传染病是人兽共患病，如狂犬病、炭疽、布鲁氏菌病、结核、皮肤病等，严重威胁着人类的健康甚至生命安全。因此，掌握宠物传染病的防制技术，对控制传染病的发生和流行，提高人民生活质量，改善环境卫生，保障人们的健康具有十分重要的意义。

动物传染病的控制和消灭程度，是衡量一个国家生产力水平和文明程度的重要标志。目前，我国一些主要的动物传染病已经基本得到控制，尤其是在宠物传染病的防治方面取得了显著成绩。宠物医生已经成为一种新兴的职业。宠物医院中已经应用 X 光机、B 超等进行影像学检查；小动物呼吸麻醉机、血液自动分析仪等价格昂贵的仪器也被广泛使用。各大专院校也新增了宠物医学专业，随着宠物医学的专业化程度不断增加，宠物传染病的防控水平也得到了很大的提高。

在犬、猫传染病的诊断方面取得许多成就。目前犬瘟热、犬细小病毒感染已经有了快速诊断试剂盒，为防疫站、宠物医院和各大犬场提供了快速准确的诊断方法；在犬、猫传染病预防研究方面，也有快速进展，尤其是疫苗的研究和应用取得很大成绩，如"百思特"犬五联疫苗，七联苗、五联苗、三联苗及单苗等；在犬、猫等传染病治疗上，已经开始应用免疫血清和单克隆抗体，并取得了良好效果。

我们要努力提高宠物疫病防治的总体水平，加速成果转化程度，缩短与发达国家的差距。把生物技术、计算机模拟技术、生物传感技术等高新技术与常规技术相结合，重点研究宠物主要传染病病原生态学、分子流行病学、免疫及发病机理、流行规律和预测预报技术；新疫苗、新兽药及其他综合配套技术；用于口岸和市场的快速检疫技术；实现兽用生物制品的国际标准化和产业化生产工艺等。

我国宠物传染病防治研究虽已取得巨大进展，但还远不能适应宠物业快速发展的需要。我国以往将研究重点主要集中在用于防治宠物传染病生物制剂生产和研发上，而对传染病病原的生态学、分子流行病学及致病、免疫机理的研究仍是传染病防制中的薄弱环节。对一些重要的宠物传染病，如犬瘟热、犬细小病毒感染、钩端螺旋体病、犬传染性肝炎、支气管炎、副流感、猫泛白细胞减少症、鸟疫等，应进行分子病原学和流行病学研究，开展病原微生物的记忆结构分析、遗传变异规律和耐药性机理及免疫原性分析，以探明目前一些重要传染病免疫保护和治疗效果欠佳的原因；同时为选择疫苗种毒，提高疫苗免疫力、筛选新型兽药、研制和开发新型疫苗提供依据。

现有疫苗普遍存在保存期短、保存条件要求较高、稳定性差、病毒疫苗的病毒滴度不高，多联和多价苗生产水平低等问题。因此，需要研究能适应变异性强、型别多的多价疫苗，能够在有限的免疫制剂内容纳多种足量抗原；研制有效的抗原保护剂、稀释剂、佐剂和免疫增强剂，以提高疫苗的稳定性，简化保存条件，延长保存期和免疫期，并且加快更新换代，不断发展和提高我国兽药和生物制品产业水平。这些都需要在针对性很强的基础性研究方面加快步伐，才能有效地取得突破性进展。

2008 年我国重新修订了《中华人民共和国动物防疫法》，进一步完善了我国的动物防疫法规，也给宠物传染病的防制工作提供了重要保障。由于我国宠物养殖业处于起步阶段，各地宠物养殖数量和种类正在不断增长。所以宠物传染病的防控工作十分艰巨，只有不断了解并研究出现的新情况，及时掌握宠物传染病的发生及发展的规律，才能有效预防、控制宠物传染病的发生，保证宠物的健康，促进宠物养殖业的发展。

第一章 宠物传染病的感染和流行过程

第一节 传染病的感染

一、感染和宠物传染病的概念

病原微生物通过一定途径侵入宠物机体，并在一定部位定居、生长、繁殖，引起宠物机体一系列的病理反应，这一过程称为感染，又称为传染。

凡是由病原微生物引起的，具有一定的潜伏期和临床症状，并且具有传染性的疾病，称为宠物传染病。当机体抵抗力较强时，病原微生物侵入后一般不能生长繁殖，更不会出现临床表现，因为宠物机体能够迅速动员防御力量而将该入侵者消灭或清除。宠物机体对某种病原微生物缺乏抵抗力或免疫力时，就容易感染这种病原微生物，则称为宠物对该病原体具有易感性，而具有易感性的宠物常被称为易感宠物。病原微生物侵入易感宠物机体后可以造成传染病的发生。

二、感染的类型

病原微生物的感染与宠物机体抵抗感染的矛盾运动是错综复杂的，是受到多方面因素影响的。因此，传染过程表现出各种形式或类型。感染的类型可以列举如下：

（一）外源性感染和内源性感染

病原微生物从外界侵入机体引起的感染过程，称为外源性感染，大多数传染病属于这一类。内源性感染是指由于受到某些因素的作用，宠物机体的抵抗力下降，致使寄生于宠物体内的某些条件性病原微生物或隐性感染状态下的病原微生物得以大量生长繁殖而引起的感染现象，如大肠杆菌病、巴氏杆菌病、鱼弧菌病等有时就是通过内源性感染发病的。

（二）单纯感染和混合感染、原发性感染和继发感染

由一种病原微生物所引起的感染，称为单纯感染，或单一感染，大多数感染过程都是由一种病原微生物引起的。由两种或两种以上病原微生物同时参与的感染称为混合感染，如犬可同时患犬瘟热和细小病毒病，鸽可同时患鸽痘和大肠杆菌病等。由病原微生物本身引起机体的首次感染过程称为原发性感染。宠物感染了一种病原微生物之后，在机体抵抗力减弱的情况下，又由新侵入的或原来存在于体内的另一种病原微生物引起的感染，称为继发性感染。如慢性鸽瘟经常继发感染大肠杆菌或霉形体等。

（三）显性感染和隐性感染，顿挫型感染和一过型感染

病原体侵入机体后，宠物不仅出现病理变化，而且出现相应的临床症状的感染过程称

为显性感染。在感染后宠物只出现病理变化不出现任何临诊症状而呈隐蔽经过的称为隐性感染或亚临床感染。隐性感染宠物体内的病理变化，依病原体种类和机体状态而不同，有些被感染宠物虽然外表看不到症状，但体内可呈现一定的病理变化，而另一些宠物被病原微生物侵入后既无临床症状又无病理变化，一般只能通过微生物学或免疫学方法检查出来。这些隐性感染的宠物在机体抵抗力降低时也能转化为显性感染。开始症状较轻，特征症状未见出现即行恢复者称为一过型（或消散型）感染。开始时症状表现较重，与急性病例相似，但特征性症状尚未出现即迅速消退恢复健康者，称为顿挫型感染。这是一种病程缩短而没有表现该病主要症状的轻病例，常见于疾病的流行后期。还有一种临诊表现比较轻缓的类型，一般称为温和型。

（四）局部感染和全身感染

由于宠物机体的抵抗力较强，而侵入的病原微生物毒力较弱或数量较少，病原微生物被局限在一定部位生长繁殖，并引起一定病变的称局部感染，如化脓性葡萄球菌、链球菌等所引起的各种化脓创。如果感染的病原微生物或其代谢产物突破机体的防御屏障，通过血流或淋巴循环扩散到全身各处，并引起全身性症状则称为全身感染。全身感染的表现形式主要包括：菌血症、病毒血症、毒血症、败血症、脓毒败血症等。

（五）典型感染和非典型感染

两者均属显性感染。在感染过程中不仅表现出一般特征而且表现出该病的特征性（有代表性）临诊症状者，称为典型感染。而非典型感染则表现或轻或重，只出现一般症状而不出现该病的特征性症状。如犬瘟热具有脓性眼眵、鼻镜龟裂及脚垫变硬等特征症状，而非典型犬瘟热轻者仅有双相热病程，严重者出现神经症状。

（六）良性感染和恶性感染

一般常以有病宠物的死亡率作为判定传染病严重性的主要指标。如果该病并不引起有病宠物的大批死亡，可称为良性感染。相反，如能引起大批死亡。则可称为恶性感染。机体抵抗力减弱和病原体毒力增强等都是传染病发生恶性感染的原因。

（七）最急性、急性、亚急性和慢性感染

通常将病程数小时至1d左右、发病急剧、突然死亡、症状和病变不明显的感染过程称为最急性感染，多见于猫泛白细胞减少症、鸽瘟、鱼出血病、犬细小病毒病等疫病流行的初期；将病程较长，数天至二三周不等，具有该病明显临床症状的感染过程称为急性感染，如急性炭疽、犬瘟热、狂犬病、鱼白皮病等；亚急性感染的临诊表现不如急性那么显著，病程稍长，三至四周，和急性相比是一种比较缓和的类型，如犬传染性肝炎、鸽痘、犬腺病毒感染、鸽霉形体病等。慢性感染的病程发展缓慢，常在一个月以上，临诊症状常不明显或甚至不表现出来，如鱼痘疮病、猫白血病、结核病、布鲁氏菌病等。

疾病的严重程度和病程的长短取决于病原体致病力和机体抵抗力等因素。在一定条件下，上述感染类型可以相互转化。

除上述不同的传染类型外，由于机体的免疫力不足，免疫机能下降或免疫抑制等因素的作用，宠物机体对某种或某些病原可多次重复感染。另外，在临床上也常常按病原体的种类分为病毒感染、细菌感染和真菌感染等。

三、传染病的特征

传染病的表现虽然多种多样，但亦具有一些共同的特征，以此可与其他非传染性疾病相区别。其主要特征是：

（一）传染病是在一定环境条件下由病原微生物与机体相互作用所引起的

每一种传染病都有其特异的致病性微生物存在，如犬瘟热是由犬瘟热病毒引起的，没有犬瘟热病毒就不会发生犬瘟热；结核病是由结核分枝杆菌引起的，没有结核分枝杆菌就不会引起结核病的发生。

（二）传染病具有传染性和流行性

传染性是指病原微生物能在患病宠物体内增殖并不断排出体外，通过一定的途径再感染另外的易感宠物而引起具有相同症状的特性，这种使疾病不断向周围散播传染的现象，是传染病与非传染病区别的一个重要特征。流行性是指在一定时间内，某一地区易感宠物群中可能有许多宠物被感染，致使传染病蔓延散播而形成流行的特性。

（三）被感染的宠物机体可出现特异性的免疫反应

在传染发展过程中由于病原微生物的抗原刺激作用，机体发生免疫生物学的改变，产生特异性抗体和变态反应等。这种改变可以用血清学方法等特异性反应检查出来，因而有利于病原体感染状态的确定。

（四）传染病耐过宠物能获得特异性免疫力

宠物耐过传染病后，在大多数情况下均能产生特异性免疫力，使机体在一定时期内或终生不再患该种传染病。

（五）传染病的发生具有明显的阶段性和流行规律

宠物个体发病通常具有潜伏期、前驱期、明显期和转归期4个阶段，而且各种传染病在群体中流行时通常具有相对稳定的病程和特定的流行规律。

四、传染病病程的发展阶段

虽然不同传染病在临床上的表现千差万别，但个体宠物发病时的病程经过具有明显的规律性，一般分为潜伏期、前驱期、明显期和转归期4个阶段。

（一）潜伏期

从病原体侵入机体并进行繁殖时起，直到疾病的临床症状开始出现前为止，这段时间称为潜伏期。不同传染病的潜伏期长短差异很大，且由于不同种属、品种或个体宠物对病原体易感性不同，以及病原体的种类、数量、毒力、侵入途径或部位等方面的差异，同种疾病的潜伏期长短也有很大差别。但相对来说还是有一定的规律性，例如犬瘟热潜伏期最短7d，最长27d，多数9～14d；结核病潜伏期最短为1周，最长数月，多数16～45d。通常急性传染病的潜伏期较短且变动范围较小，亚急性或慢性传染病的潜伏期较长且变动范围也较大。了解传染病潜伏期的主要意义是：潜伏期与传染病的传播特性有关，如潜伏期短的疾病通常来势凶猛、传播迅速；帮助判断感染时间并查找感染的来源和传播方式；确定免疫接种的类型，如处于传染病潜伏期内宠物需要被动免疫接种，周围宠物则需要紧急疫苗接种等；有助于评价防治措施的临床效果，如实施某措施后需要经过该病潜伏期的观察，比较前后病例数变化便可评价该措施是否有效；预测疾病的严重程度，如潜伏期短促时病情常较为严重。

（二）前驱期

前驱期是指疾病的临床症状开始出现后，直到该病典型症状显露前的一段时间。不同传染病的前驱期长短有一定差异，有时同种传染病不同病例的前驱期也不同，但该期通常只有数小时至一两天。临床上患病宠物主要表现是体温升高、食欲减退、精神异常等。

（三）明显（发病）期

前驱期之后，病的特征性症状逐步明显地表现出来，是疾病发展到高峰的阶段。这个阶段因为很多有代表性的特征性症状相继出现，在诊断上比较容易识别。同时，由于患病宠物体内排出的病原体数量多、毒力强，故应加强对发病宠物的饲养管理，防止病原微生物的散播和蔓延。

（四）转归期（恢复期）

转归期指疾病发展的最后阶段。如果病原体的致病性增强，或宠物体的抵抗力减退，则传染过程以宠物死亡为转归。如果宠物体获得了免疫力，抵抗力逐渐增强，机体则逐步恢复健康，表现为临床症状逐渐消退，体内的病理变化逐渐消失，正常的生理机能逐步恢复。机体在一定时期保留免疫特性，在病后一定时间内还有带菌（毒）排菌（毒）现象存在，但最后病原体可被消灭清除。

第二节　宠物传染病的流行及其研究方法

一、宠物传染病的流行过程

（一）流行过程的概念

传染病在宠物群中发生、传播和终止的过程称为传染病的流行过程。传染病具有传染性，能在宠物之间通过直接接触或间接地通过传播媒介（生物或非生物）互相传染，由宠物个体感染发病发展为宠物群体发病，构成流行；流行终止，即流行过程结束。

（二）流行过程的基本环节

传染病的流行过程一般需经三个阶段，即：病原微生物从已被感染的宠物体内（传染源）排出，病原微生物在外界环境中停留，经过一定的传播途径，再侵入新的易感宠物个体并使其发生具有相同症状的疾病。如此连续不断的发生、发展形成了流行过程。传染病在宠物群中的流行，必须具备上述传染源、传播途径和易感宠物群三个基本环节，缺少任何一个环节，新的传染不再发生，流行即告终止。因此，掌握传染病流行过程的基本条件及其影响因素，有助于我们制订正确的防疫措施，控制传染病的蔓延或流行。

1. 传染源

传染源亦称传染来源，是指体内有病原体寄居、生长、繁殖并能将病原体排出体外的宠物。对某种传染病的病原体具有易感性的宠物机体是该病原体生存的最适宜的环境，病原体能在其中繁殖并不断排出体外，再使新的易感个体被传染，这样的宠物被称为传染源。至于被病原体污染的各种外界环境因素（窝、饲料、水源、空气、土壤等），由于缺乏适宜的温度、湿度、酸碱度和营养物质，加上自然界很多物理、化学、生物因素的杀菌作用等，不适于病原体较长期的生存、繁殖，因此都不能认为是传染源，而应称为传播媒介。传染源向体外排出病原体的整个时期称为传染期，传染期的长短各病不一，掌握各种传染病的传染期，在防疫工作中极为重要，是决定传染源隔离期限的重要依据。

被感染的宠物，分为临床上表现有症状的患病宠物和没有任何症状的带菌（毒）宠物两种，因此传染源一般分两种类型，即患病宠物和病原携带者。

（1）患病宠物　一般来说，发病宠物是最重要的传染源，但不同发病阶段患病宠物的传染源作用则需要根据病原体的排出状况、排出数量和频率来确定。处于前驱期和临床明显期宠物排出病原体的数量多，尤其是急性感染病例排出的病原体数量更大、毒力更强，因此作为传染源的作用也最大。潜伏期和恢复期的宠物是否可作为传染源，则随病种不同而异。处于潜伏期的宠物机体通常病原体数量少，并且不具备排出的条件。但少数传染病如狂犬病等在潜伏期的后期能够排出病原体。在恢复期，大多数传染病患病宠物已经停止病原体的排出，即失去传染源作用，但也有部分传染病如布鲁氏菌病等在恢复期也能排出病原体。

此外，有明显而典型症状的典型病例，通常排出的病原微生物数量大、毒力强、传染性亦较大。症状不明显不典型的非典型病例，虽然排出的病原微生物相对较少，但是往往不引起人们的重视，所以更加危险。某些人和宠物共患的传染病，患病的人也可能成为传染源。宠物患传染病死亡后，在一定时间内尸体中仍有大量尚未死亡的病原微生物存在，如果处理不当，极易散布病原。

（2）病原携带者　病原携带者是指外表无症状但携带并排出病原体的宠物。病原携带者是一个统称，如已明确所带病原体的性质，也可以相应地称为带菌者、带毒者、带虫者等。

不同传染病的病原携带状态具有明显的差异，多数传染病病原体都可诱导不同形式的持续性感染。病原携带状态是病原体和宠物机体相互作用的结果，病原携带者排出病原体的数量虽然远不如患病宠物多，但由于缺乏临床症状并在群体中自由活动而不易被发现，因而是非常危险的传染源。病原携带者可随宠物的转运将病原体散播到其他地区而造成新的流行。研究各种传染病存在着何种形式的病原携带状态不仅有助于对流行过程特征进行了解，而且对控制传染源、防止传染病的蔓延或流行也具有重要意义。在临床上，病原携带者一般分为潜伏期病原携带者、恢复期病原携带者和健康病原携带者三类。

①潜伏期病原携带者　是指感染后至症状出现前能排出病原体的宠物。在这一时期，大多数传染病的病原体数量还很少，此时一般不具备排出条件，因此不能起传染源的作用。但有少数传染病如狂犬病等在潜伏期后期能够排出病原体，此时就有传染性了。

②恢复期病原携带者　是指某些传染病在患病宠物临床症状消失后仍能排出病原体的宠物。一般来说，这个时期的传染性已逐渐减少或已无传染性了，但还有不少传染病如犬瘟热康复后犬排毒期可达半年，猫泛白细胞减少症康复后数周至1年以上仍可经粪尿向体外排毒。在很多传染病的恢复阶段，机体免疫力增强，虽然外表症状消失但病原尚未肃清，对于这种病原携带者除应考查其过去病史，还应做多次病原学检查才能查明。这种携带状态持续的时间有时较短暂，但有时则成为慢性病原携带者。因此，对这类疾病的控制应延长隔离时间，才能收到预期的效果。

③健康病原携带者　是指过去没有患过某种传染病但却能排出该病病原体的宠物。一

般认为这是隐性感染的结果，通常只能靠实验室方法检出。这种携带状态一般为时短暂，作为传染源的意义有限，但是巴氏杆菌病、沙门氏菌病等健康病原携带者为数众多，可成为重要的传染源。

病原携带者存在着间歇排出病原体的现象。因此，仅凭一次病原学检查的阴性结果不能得出正确的结论，只有反复多次的检查均为阴性时才能排除病原携带状态。对宠物医生来说，防止健康宠物群中引入病原携带者，或在宠物群中清除病原携带状态是疫病防治工作中艰巨而主要的任务之一。

2. 传播途径

病原体由传染源排出后，经一定的方式再侵入其他易感宠物所经的途径称为传播途径。研究疫病传播途径的目的主要是能够针对不同的传播途径采取相应的措施，防止病原体从传染源向易感宠物群中不断扩散和传播。

按病原体更换宿主的方法可将传播途径归纳为水平传播和垂直传播两种方式，前者是指病原体在宠物群体之间或个体之间横向平行的传播方式；后者则是病原体从母体到其后代之间的传播方式。

（1）水平传播　分为直接接触传播和间接接触传播。

①直接接触传播　在没有外界因素参与的前提下，病原体通过传染源与易感宠物直接接触如交配、舔咬等而引起的病原体传播方式。在宠物传染病中，以直接接触为主要传播方式的传染病为数不多，如狂犬病等，通常只有被病犬直接咬伤并随着唾液将狂犬病病毒带进伤口的情况下，才有可能引起狂犬病的发生。仅能以直接接触而传播的传染病，其流行特点是一个接一个地发生，形成明显的链锁状。这种方式使疾病的传播受到限制，一般不易造成广泛的流行。

②间接接触传播　病原体必须在外界因素的参与下，通过传播媒介使易感宠物发生传染的方式，称为间接接触传播。从传染源将病原体传播给易感宠物的各种外界环境因素称为传播媒介。传播媒介可能是生物（媒介者），也可能是无生命的物体（媒介物或称污染物）。大多数传染病如犬瘟热、猫泛白细胞减少症、鸽瘟、鱼痘疮病、细菌性烂鳃病等以间接接触为主要传播方式，同时也可以通过直接接触传播。两种方式都能传播的传染病也可称为接触性传染病。常见的间接接触传播有以下几种：

a. 经空气（飞沫、飞沫核、尘埃）传播　空气不适于任何病原体的生存，但空气可作为传染的媒介物，它可作为病原体在一定时间内暂时存留的环境。经空气传播主要是以飞沫、飞沫核或尘埃为媒介。

经飞散于空气中带有病原体的微细泡沫而散播的传染称为飞沫传染。所有的呼吸道传染病主要是通过飞沫而传播的，如犬瘟热、结核病、鸽马立克氏病、流感、猫传染性鼻气管炎等。这类宠物的呼吸道往往积聚不少渗出液，刺激机体发生咳嗽或喷嚏，很强的气流把带着病原体的渗出液从狭窄的呼吸道喷射出来形成飞沫飘浮于空气中，可被易感宠物吸入而感染。

宠物在呼出的气流强度较大时，如鸣叫、咳嗽、喷嚏会喷出飞沫，一般飞沫中的水分蒸发变干后，成为蛋白质和细菌或病毒组成的飞沫核，核愈大落地愈快，愈小则愈慢。宠物呼吸时，直径在 $5\mu m$ 以上的飞沫核多在上呼吸道被排出而不易进入肺内，但直径 $1\sim 2\mu m$ 的飞沫核被吸入后有一半左右沉积在肺泡内。这种小的飞沫核能在空气中飘浮时间较久，飘移距离较远。但总的来说，飞沫或飞沫核传染是受时间和空间限制的，一次喷出的飞沫，其传播的空间不过几米，维持的时间最多只有几小时。但由于传染源和易感宠物不断转移和集散，加上飞沫中病原体的抵抗力相对较强，所以宠物群中一旦出现呼吸道疾病则很容易广泛流行。

从传染源排出的分泌物、排泄物和处理不当的尸体以及较大的飞沫而散播的病原体，在外界环境中可形成尘埃。随着流动空气的冲击，附着有病原体的尘埃也可悬浮在空中而被易感宠物吸入造成感染，称为尘埃传染。从理论上讲，尘埃传染的时间和空间范围比飞沫传染要大，可以随空气流动转移到别的地区。但实际上尘埃传染的传播作用比飞沫要小，因为外界环境中的干燥、日光暴晒等因素存在，病原体很少能够长期存活，只有少数抵抗力较强的病原体如结核杆菌、炭疽杆菌和痘病毒等才能通过尘埃传播。

经空气传播的传染病的流行特征是：因传播途径易于实现，病例常连续发生，且新出现的病例多是传染源周围的易感宠物；潜伏期短的传染病如流行性感冒等，易感宠物集中时可形成暴发性流行；在缺乏有效预防措施时，此类传染病的发病率多有周期性和季节性升高现象，一般以冬春季节多见；流行强度常常与宠物的饲养密度、易感宠物的比例、饲养场所的通风条件以及卫生消毒状况有密切的关系。

b. 经污染的饲料和水传播　以消化道为主要侵入门户的传染病如鸽瘟、犬细小病毒病、沙门氏菌病、结核病、炭疽、鱼传染性胰腺坏死病等，其传播媒介主要是污染的饲料和水。由传染源的排泄物、分泌物或病死动物尸体及其流出物污染的饲料、水以及饲喂宠物的各种用具如饲料车、饲料桶、饲槽、食盒、水桶、水盆、水池、水井、水族箱、牧草、垫草等间接传给易感宠物，使之传染发病。通过这种传播方式的疾病流行强度取决于饲料或饮水的污染程度、使用范围和管理制度、病原体在饲料或饮水中的存活能力以及卫生消毒措施的执行状况等因素。在流行的初期阶段，经这种途径传播疫病的流行病学特征是：病例分布与饲料或饮水的应用范围一致；生长发育良好的宠物发病数量较多；严重污染的饲料或饮水可能造成暴发流行。

c. 经污染的土壤传播　随有病宠物排泄物、分泌物或其尸体一起落入土壤而能在其中生存很久的病原微生物可称为土壤性病原微生物。如炭疽和气肿疽的病原体形成芽孢后可长期在土壤中生存。能够经土壤传播的传染病，其病原体对外界环境的抵抗力很强，一旦它们进入土壤便可形成难以清除的持久污染区，因此，应特别注意患病宠物的排泄物、污染的环境和物体以及尸体的处理，防止病原体污染土壤。

d. 经活的媒介物传播　在宠物传染病的传播过程中，非本种宠物和人类也可能作为传播媒介传播疾病。主要有：

节肢动物：节肢动物中作为宠物传染病的媒介者主要是虻类、螫蝇、蚊、蠓、家蝇、蜱、虱、蚤、螨等，它们中有的吸血，有的不吸血，但都能传播疾病。通过它们在患病宠物与健康宠物之间的刺螫吸血而机械性地散播病原体，这是主要的传播方式；有少数是生物性传播，如立克次氏体在感染宠物前必须先在某种蜱体内进行发育、繁殖，然后通过节肢动物的唾液、呕吐物或粪便进入新易感宠物体内才能致病。通过节肢动物传播的疫病，其流行特征一般是：疫病流行的地区范围与传播该病的节肢动物分布和活动范围一致；发病率升高的季节与某种节肢动物的数量、活动性，以及病原体在该节肢动物体内发育繁殖的季节相一致；新生的和新引进的宠物发病率高，老龄宠物则多具有免疫力而发病率低。

虻类主要分布于森林、沼泽和草原地带，在温暖季节最为活跃；螫蝇通常生活在畜舍附近。它们都是主要的吸血昆虫，可以传播炭疽、气肿疽等败血性传染病。蚊能在短时间内将病原体转移到很远的地方去，可以传播各种脑炎等传染病。家蝇虽不吸血，但活动于宠物体与排泄物、分泌物、尸体、饲料之间，家蝇在传播一些消化道传染病方面的作用也不容忽视。

动物：动物的传播可以分为两大类。一类是本身对病原体具有易感性，在受感染后再传染给宠物，在此动物实际上是起了传染源的作用。如吸血蝙蝠等将狂犬病传染给宠物，鼠类传播鼠疫、沙门氏菌病、钩端螺旋体病、布鲁氏菌病、伪狂犬病，候鸟传播禽流感等。另一类是本身对该病原体无易感性，但可机械的传播疾病，如乌鸦在啄食炭疽病畜的尸体后从粪内排出炭疽杆菌的芽孢。

人类：主要是宠物主人、宠物医生和饲养人员，由于人类活动范围广，与宠物的关系密切，因此在许多情况下都可成为宠物病原体的机械携带者。如人类虽然不感染犬瘟热病毒、鸽瘟、鸽痘病毒，但却能机械性传播这些病原体，有些人和宠物共患的传染病如布氏杆菌病、结核病等，人也可以是传染源。

除此以外，医源性传播、管理源性传播等人为性传播因素对宠物传染病的发生和流行也具有实际意义。医源性传播是指宠物医生使用被病原体污染的体温计、注射器、注射针头、消毒不严的手术器械等以及被外源性病原体污染的生物制品等，或没有按照严格的防疫卫生要求操作，将病原体带入宠物群而造成的疫病传播。管理源性传播是指由于管理不善，宠物主人缺乏防疫意识，防疫卫生制度不健全，不注意日常卫生消毒等造成疾病的暴发或蔓延。

（2）垂直传播　从广义上讲属于间接接触传播，它包括下列几种方式：

①经胎盘传播　受感染的怀孕宠物经胎盘将其体内病原体传给胎儿的现象，称为胎盘传播。可经胎盘传播的疾病有伪狂犬病、布鲁氏菌病、弯曲菌性流产、钩端螺旋体病、衣原体病等。

②经卵传播　由携带有病原体的卵细胞发育而使胚胎受感染，称为经卵传播。主要见于鸽和鸟类。可经卵传播的病原体有霉形体、沙门氏菌等。

③经产道传播　病原体经怀孕宠物阴道通过子宫颈口到达绒毛膜或胎盘引起胎儿感染，或胎儿从无菌的羊膜腔穿出而暴露于严重污染的产道时，胎儿经皮肤、呼吸道、消化道感染母体中的病原体。可经产道传播的病原体有大肠杆菌、葡萄球菌、链球菌、沙门氏菌和疱疹病毒等。

宠物传染病的传播途径比较复杂，每种传染病都有其特定的传播途径，如皮肤霉菌病只能通过破损的皮肤伤口感染；炭疽可经接触、饲料、饮水、空气、土壤或节肢动物等途径传播。研究和分析传染病的传播方式以及传播途径的目的，就是为了采取针对性的措施切断传染源和易感宠物间的联系，使传染病的流行能够迅速平息或终止。

3. 宠物的易感性

宠物易感性是指宠物个体对某种病原体缺乏抵抗力、容易被感染的特性。宠物群体易感性是指一个宠物群体对某种病原体感受性的大小和程度。易感性的高低取决于群体中易感个体所占的比例和机体的免疫强度，直接影响到传染病能否在宠物群体中流行以及流行的严重程度。群体易感性的高低虽与病原体的种类和毒力强弱有关，但主要是由宠物的遗传特性和特异性免疫状态等内在因素决定的。因此，判断群体对某一种传染病易感性的高低，可以通过该地区宠物种类或品种的调查、历年来该病的流行情况、预防接种情况以及针对该病的抗体滴度测定结果而得知。值得注意的是其他外界因素如气候、饲料、饲养管理、卫生条件、健康状态和应激等因素也可影响群体易感性。

二、宠物传染病的流行特点

（一）流行过程的表现形式

在宠物传染病流行过程中，根据在一定时间内发病率的高低和传染范围的大小（即流行强度），可将宠物群体中疾病表现分为下列 4 种形式：

1. 散发性

在较长的一个时期内都是以零星病例的形式出现，发病数目较少，称为散发。如破伤风、放线菌病等。有的传染病的传播需要一定条件，如破伤风必须有病原体和厌氧深创同时存在，在一般情况下只能零星发生。还有传染病隐性感染比例较大，如钩端螺旋体病、流行性乙型脑炎等通常在宠物群中主要表现为隐性感染，仅有一部分宠物偶尔表现症状，其表现形式也为散发。一些传染性较强的传染病，如果宠物群体对该病免疫水平较高，如定期免疫接种，但因接种密度不够高，也可出现散发病例。

2. 地方流行性

在一定的地区和宠物群中，带有局限性传播特征的，并且是比较小规模流行的宠物传染病，可称为地方流行性，或该病的发生有一定的地区性。地方流行性这个名词一般认为有两方面的含义，一方面表示在一定地区一个较长的时间里发病的数量稍为超过散发性。另一方面，除了表示一个相对的数量以外，有时还包含着地区性的意义。如炭疽、气肿疽的芽孢污染了的地区，成了常在疫源地，防疫工作做得不好，每年都可能出现一定数量的病例。

3. 流行性

是指在某一时间内一定宠物群中某种疫病的发病率超过预期水平的现象。流行性是一个相对的概念，仅说明疫病的发病率比平时升高，不同地区中存在的不同疫病被称做流行时，其发病率的高低并不一致。一般来说，流行性疾病具有传播能力强、传播范围广、发病率高等特性，在时间、空间和宠物群间的分布也不断变化，如犬瘟热、犬细小病毒病、禽流感等重要疫病可能表现为流行性。

"暴发"是一个不太确切的名词，大致可作为流行性的同义词。一般认为，某种传染病在一个宠物群或一定地区范围内，在短期内（该病的最长潜伏期内）突然出现很多病例时，可称为暴发。

4. 大流行

是一种规模非常大的流行，流行范围可扩大至全国，甚至可涉及几个国家或整个大陆。在历史上如禽流感、鸽瘟等都曾出现过大流行。

以上几种流行形式之间，在发病数量和流行范围上没有量的绝对界限，只是一个相对量的概念。而且某些传染病在特殊的条件下可能会表现出不同的流行形式，如炭疽在解放前曾在国内很多地方严重流行。目前即使个别地区偶有发生，亦只是散发性的，并且很快能加以控制。

（二）群体中疾病发生的度量

描述疾病在宠物群中的分布，常用疾病在不同时间、不同地区和不同宠物群中的分布频率来表示，如发病率、死亡率、患病率、感染率、携带率等。

1. 发病率

表示一定时期内某宠物群中某病新病例的出现频率。

$$某病发病率 = \frac{一定时期内某宠物群中该病的新病例数}{同期内该群体宠物平均数} \times 100\%$$

发病率可用来描述疾病的分布、探讨疾病的病因或评价疾病防治措施的效果，同时也反映疫病对宠物群体的危害程度。

2. 死亡率

是指某宠物群体在一定时间内死亡宠物总数与该群体同期宠物平均数之比率。

$$某宠物群体的死亡率 = \frac{该群体在一定时期内死亡宠物总数}{同期内该群体宠物平均数} \times 100\%$$

死亡率如按疾病种类计算时，则称某病死亡率。

$$某病死亡率 = \frac{某宠物群体一定时期内死于该病的宠物总数}{同期内该群体宠物平均数} \times 100\%$$

某病死亡率是疾病分布的一项重要指标，能反映疫病的危害程度和严重程度，不但对病死率高的疾病，如犬瘟热、鸽瘟等疫病诊断很有价值，而且对于症状轻微、致死率较低的疾病在诊断上也有一定的参考意义。

3. 病死率

是指一定时期内某种疫病的患病宠物发生死亡的比率。

$$某病病死率 = \frac{某时期内该病死亡宠物数}{同期患该病宠物数} \times 100\%$$

病死率也可以从死亡专率和发病专率推算出来。

$$某病病死率 = \frac{该病死亡专率}{该病发病专率} \times 100\%$$

病死率比死亡率能更精确地反映疫病的严重程度，如狂犬病和破伤风的死亡率均较低，但病死率均较高。

4. 患病率

是指某个时间内某病的新老病例数与同期群体平均数之间的比率。

$$某病患病率 = \frac{在一定时间某群体患该病的病例数}{同时间该群体暴露宠物数} \times 100\%$$

患病率是疾病普查或现况调查常用的频率。患病率按一定时刻计算称为点时患病率；按一段时间计算则称为期间患病率。患病率统计对病程短的传染病意义不大，但对于病程较长的传染病则有较大价值。

5. 感染率

某些传染病感染后不一定发病，但可以通过微生物学、血清学及其他免疫学方法测定是否感染。

$$感染率 = \frac{携带某病原体的宠物数}{受检宠物总数} \times 100\%$$

感染宠物包括具有临床症状和无临床症状的宠物，也包括病原携带者和血清学反应阳性的宠物。由于感染的诊断方法和判断标准对感染率影响很大，因此应使用同一标准进行检测、判断和分析。感染率的用途很广，如推论该病的流行态势或作为制定防治对策的依据等，常用于结核病、布鲁氏菌病等慢性细菌病、病毒病以及寄生虫病的分析和研究。

6. 携带率

某些宠物不一定发病，但可以通过微生物学、血清学及其他免疫学方法测定出携带某种病原体。携带率是与感染率相似的概念，分子为群体中携带某病原体的宠物数，分母为被检宠物总数。根据病原体的不同又可分为带菌率、带毒率等。

$$携带率 = \frac{检出阳性宠物数}{受检宠物总数} \times 100\%$$

此外，比率的表达形式还有粗率和专率之分。粗率是群体中某种疫病病例总量的表达方式，如死亡粗率和发病粗率，不考虑受害群体的性别、年龄、品种等结构。用粗率来描述疾病有很大缺陷，往往会掩盖病因的作用。专率是指按性别、年龄、品种或饲养管理等宿主属性将宠物群体分为不同的类别，然后对这些类别中的宠物发病和死亡情况进行统计分析。如年龄发病专率、性别发病专率、品种发病专率等。用专率来描述群体中的发病情况能提供比粗率更有价值的信息。如沙门氏菌、产肠毒素性大肠杆菌感染的年龄患病专率表明幼龄宠物的感染率明显高于成年宠物等。

（三）流行过程的地区性

1. 外来性

是指本国没有流行而从别国输入的疾病。

2. 地方性

见地方流行性，但这里强调的是由于自然条件的限制，某病仅在一些地区中长期存在或流行，而在其他地区基本不发生或很少发生的现象，如钩端螺旋体病等。

3. 疫源地

在发生传染病的地区，不仅是患病宠物和带毒（菌）者散播病原体，所有可能已接触患病宠物的可疑宠物群和该范围以内的环境、饲料、用具等也有病原体污染。这种有传染源及其排出的病原体存在的地区称为疫源地。疫源地具有向外传播病原体的条件，因此可能威胁其他地区的安全。

疫源地的范围大小要根据传染源的分布和污染范围的具体情况而定。它可能只限于个别房舍、笼箱、水族箱、鸟笼，也可能包括某养殖场、住宅小区或更大的地区。疫源地的存在有一定的时间性，但时间的长短由多方面的复杂因素所决定。只有当最后一个传染源死亡，或痊愈后不再携带病原体，或已离开该疫源地，对所污染的外界环境进行彻底消毒处理，并且经过该病的最长潜伏期，不再有新病例出现时，还要通过血清学检查宠物群均为阴性反应时，才能认为该疫源地已被消灭。如果没有外来的传染源和传播媒介的侵入，这个地区就不再有这种传染病存在了。

根据疫源地范围大小，可分别将其称为疫点或疫区。通常将范围小的疫源地或单个传染源所构成的疫源地称为疫点。若干个疫源地连成片并范围较大时称为疫区。如一般指有某种传染病正在流行的地区，其范围除患病宠物所在的养殖场、住宅小区外，还包括患病宠物于发病前（在该病的最长潜伏期）后饮水、活动过的地区。但从实际防疫工作出发，有时也将某个比较孤立的养殖场称为疫点，所以疫点与疫区的划分不是绝对的。

在疫源地存在的时间内，凡是与疫源地接触的易感宠物，都有受感染并形成新疫源地的可能。这样，一系列疫源地的相继发生，就构成了传染病的流行过程（图1-1）。

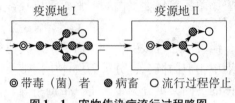

◎带毒（菌）者　●病畜　○流行过程停止

图1-1　宠物传染病流行过程略图

4. 自然疫源性

有些疾病的病原体在自然条件下，即使没有人类或宠物的参与，也可以通过传播媒介（主要是吸血节肢动物）感染宿主（主要是野生脊椎动物）造成流行，并且长期在自然界循环延续其后代。人和宠物的感染和流行，对其在自然界的生存来说不是必要的，这种现象称为自然疫源性。具有自然疫源性的疾病，称为自然疫源性疾病。存在自然疫源性疾病的地区，称为自然疫源地。

自然疫源性疾病具有明显的地区性和季节性等特点，并受人和宠物以及经济活动的显著影响。自然疫源性疾病一直是在野生动物群中传播着，当人畜由于开荒，从事野外作业等闯进这些生态系统时（如原始森林、沙漠、草原、深山等荒野地区），在一定条件下有可能感染某些自然疫源性疾病。同时也可能导致宿主和传播媒介数量下降甚至被完全消灭，病原体可能随之消失。例如森林被破坏后，植被、土壤等一系列自然因素都随之有很大变化，因而导致森林脑炎病毒的宿主啮齿动物和传播媒介蜱类减少或消失，森林脑炎也不能传播和存在了。从这个观点看，自然疫源性实际上也是一种生态学现象。

有自然疫源性的人畜传染病有：流行性出血热、森林脑炎、狂犬病、伪狂犬病、犬瘟热、鹦鹉热、Q热、鼠型斑疹伤寒、蜱传斑疹伤寒、鼠疫、土拉杆菌病、布鲁氏菌病、李氏杆菌病、蜱传回归热、钩端螺旋体病、弓形体病等。

在野生动物中广泛地存在着各种传染病病原体的带（毒）菌现象。在荒野牧场上宠物与各种啮齿类动物及其他野生哺乳动物有很多的接触机会，吸血的节肢动物叮吸野生动物的血液，这就给野生动物和宠物之间病原体的相互传播创造了条件。近年来医学生态学的发展给研究自然疫源性疾病的流行规律和防制措施打下了良好的基础，调查研究和控制消灭自然疫源性疾病，对保护野生动物资源、消除传染病对人和宠物的危害，具有重要意义。

三、宠物传染病的分布特点

兽医工作者要对疾病进行诊断和有效的防治，首先必须明确其流行特征及其在宠物间、时间和空间的分布状况，又称三间分布，也就是将有关调查或日常记录的资料按宠物群、地区、时间等不同特征分组，计算其发病率、死亡率、患病率等，然后通过分析比较即可发现该病的流行规律。

（一）传染病的群体分布

描述传染病在宠物群中的分布时，可按照宠物不同的年龄、性别、种和品种等特征对宠物群体进行分组，然后比较某种疫病的发病率、患病率和死亡率等指标，综合分析的结果可为该病诊断和防制措施的制定提供科学的依据。传染病的群体分布通常包括年龄分布、性别分布、种和品种分布等。

1. 年龄分布

一般来说，大多数疾病在不同年龄组宠物群中的发病率和死亡率等指标有很大的差别。了解传染病年龄分布的目的是分析发病的原因以寻找有效的防治措施；根据年龄分布的动态变化，结合血清学监测推测宠物群免疫力变化的趋势，确定疫苗免疫接种的重点对象，为制定合理的免疫程序提供依据；同时为研究原因未明疾病的病因及其影响因素提供线索，或作为已知疾病的诊断依据之一。影响传染病年龄分布的因素有以下几种：

（1）在解剖结构和生理功能方面，宠物处于不同的发育阶段对不同病原体的敏感性不同。

（2）不同病原体的生物学特点和致病机理不同，也直接影响传染病的年龄分布。

（3）宠物的免疫状况是影响传染病年龄分布最重要的因素。当某种传染病流行之后，大部分宠物获得了自然免疫力，在相当长的一段时间内不会再次感染相同的疫病。但随着时间的推移或宠物群体的更新，机体的免疫力可能会逐渐下降，对该病的易感性不断增强，特别是新出生的幼龄宠物，由于缺乏主动免疫力而发病率明显升高。另外，疫苗接种可使易感宠物获得主动免疫而转变为不易感宠物。一般来说，免疫宠物群的后代出生后，在一段时间内可得到母源抗体的被动保护而很少发病；而非免疫宠物群的后代则缺乏这种被动保护而容易发病。年龄分布还受到不同疫苗的特性和免疫期、宠物状态、宠物品种以及环境等因素的影响。

（4）新疫区和老疫区在某些传染病流行时的年龄分布也有明显差异。当某地区新传入某种传染病时，由于群体普遍缺乏免疫力，各年龄组的发病率通常无显著差异。若某种传染病在某一地区反复流行时则可能出现幼龄宠物发病率高，成年宠物发病率较低的现象，当然由于受母源抗体的影响也可能使幼龄宠物的发病年龄推后。

分析传染病年龄分布的方法主要是将发病宠物群进行年龄分组，分别统计不同组宠物发病率、患病率和死亡率等，以分析该地区在一定时间内哪种年龄组宠物易患某病。

2. 种和品种分布

不同种和品种宠物对不同病原体的易感性有一定差异。主要是由不同种宠物的免疫系统以及细胞表面受体差异决定的，该两种因素可直接影响宠物机体对不同病原体的抵抗力。

3. 性别分布

某些传染病可以在不同性别的宠物群体中表现出不同的发病特点，如布鲁氏菌病的发病率在雌性宠物中比雄性宠物高。造成这种性别分布差异的原因主要是不同性别宠物在生理、解剖结构和内分泌方面存在着差异。

（二）传染病的时间分布

无论是传染性疾病还是非传染性疾病，其发生频率均随时间的推移而不断变化。初期可表现为散发性、流行性或大流行性等形式，但最终逐渐终止流行。描述疾病的时间分布和变化，有助于判断传染病疫情的发展动态和对原因不明疾病病因的探讨。疾病时间分布的表现可以分为 4 种形式。

1. 短期波动

指由于受到易感宠物、病原体及其传播方式和生物学特性的影响,某宠物群体在短时间内宠物发病数量突然增多,迅速超过平时的发病率,经过一定时间后又终止流行的现象。共同来源暴发和增殖流行都属于短期波动现象。

增殖流行是由原发性病例排出的病原体直接或间接地感染周围的易感宠物而造成大量继发病例的出现。若以时间为横坐标,新出现的病例数为纵坐标可得到一条疫病流行曲线图,该曲线图上原发流行与继发流行相邻波峰间的距离即代表该病的潜伏期。

2. 季节性

指某些宠物传染病经常发生于一定的季节,或在一定季节内出现发病率明显升高的现象。传染病流行的季节性分为 3 种情况。

(1) 严格季节性 指病例只集中在一年内的少数几个月份,其他月份几乎没有病例发生的现象。传染病流行的严格季节性与这类疾病的传播媒介活动性有关。

(2) 季节性升高 指一些疾病,如钩端螺旋体病、禽流感等在一年四季均可发生,但在一定季节内发病率明显升高的现象。传染病流行的季节性升高主要是季节变化能够直接影响病原体在外界环境中的存活时间、宠物机体的抗病能力以及传播媒介的活动性。

(3) 无季节性 指一年四季都有病例出现,并且无显著性差异的疫病流行现象。一些慢性或潜伏期长的传染病,如结核病等发病时通常无季节性差异。

传染病流行的季节性变化受宠物群的密度、饲养管理、病原体的特性、传播媒介以及其他生态因素变化的影响。了解疾病季节性升高的原因及影响因素,便于更有效地采取防治措施。

3. 周期性

是指在经过一个相对恒定的时间间隔后,某些传染病可以再次发生较大规模流行的现象。传染病周期性流行出现的原因主要是:

(1) 某些传染病的传播机制容易实现,宠物群受到感染的机会多。

(2) 某些传染病在一次流行后,宠物获得的免疫力会随着时间的推移而逐渐消失,随着新生宠物和新引入宠物数量的不断增加,一旦有病原体的传入便可在数量足够多的易感宠物群中传播而引起再度流行。

4. 长期转变

是指疾病在几年、几十年甚至更长的一段时间内发生的变化,其中包括病原体感染的宠物宿主、临床表现、发病率、死亡率的变化以及某些病原体变异后导致的疾病变化等。疫病长期变异的原因包括:

(1) 针对疫病的防治措施具有明显的效果,某些传染病经过采取防疫接种等一系列措施后,该病逐渐减少以至被消灭。

(2) 某些传染病经过长期流行,病原体本身出现了抗原型或毒力型的变异。

病原体抗原型或毒力型变异后,其致病机理也可能发生相应的变化。了解病原体流行株的遗传型或抗原型变化状况,可为传染病防治对策的制定提供依据。

(三) 传染病的地区分布

传染性疾病在不同地区分布具有明显的差异,有些遍及全球,有些局限于某些国家或一定地区，还有些疫病仅发生于一定的地形、地貌条件下。探讨疫病的地区分布时，可按国家、区域或大洲为单位划分，或按省、市、县、乡镇、村或农场划分，也可按不同地理条件如山区、湖泊、森林、草原或平原等来划分。同种疫病在不同地区的发病率也常常不一致。了解疾病的地区分布特点，可为探讨疫病的病因和影响流行的因素提供线索，进而为制定疫病的防治对策和措施提供科学依据。

疾病的地区分布可通过不同地区范围内某种传染病的发病率、患病率和死亡率进行统计分析和比较，也可用地理分布图来表示。

四、影响传染病流行过程的因素

构成传染病的流行过程，必须具备传染源、传播途径及易感宠物群三个基本环节。只有这三个基本环节相互连接，协同作用时，传染病才有可能发生和流行。保证这三个基本环节相互连接、协同起作用的因素是宠物活动所在的环境和条件，即各种自然因素和社会因素。它们对流行过程的影响是通过对传染源、传播途径和易感宠物的作用而发生的。

（一）自然因素

对流行过程有影响的自然因素，也称之为环境因素，主要包括地理位置、气候、植被、地质水文等。它们对三个环节的作用是错综复杂的，举例如下：

1. 作用于传染源

自然因素对传染源这一环节的影响，例如一定的地理条件（海、河、高山等）对传染源的转移产生一定的限制，成为天然的隔离条件。季节变换，气候变化引起机体抵抗力的变动。当某些野生动物是传染源时，自然因素的影响特别显著，这些动物生活在一定的自然地理环境（如森林、沼泽、荒野等），它们所传播的疫病常局限于这些环境，往往能形成自然疫源地。

2. 作用于传播媒介

自然因素对传播媒介的影响非常明显。例如，夏季气温上升，在吸血昆虫滋生的地区，作为传播流行性乙型脑炎等病的媒介昆虫蚊类的活动增强，因而乙型脑炎病例增多。日光和干燥对多数病原体具有致死作用；反之，适宜的温度和湿度则有利于病原体在外界环境中较长期的保存。当温度降低湿度增大时，有利于气源性感染。因此，呼吸道传染病在冬春季发病率常有增高的现象。洪水泛滥季节，地面粪尿被冲刷至河塘，造成水源污染，易引起钩端螺旋体病、炭疽等的流行。

3. 作用于易感宠物

自然因素对易感宠物这一环节的影响，首先是增强或减弱机体的抵抗力。例如，低温高湿的条件下，不但可以使飞沫传播媒介的作用时间延长，同时也可使易感宠物易于受凉、降低呼吸道黏膜的屏障作用，有利于呼吸道传染病的流行。在高气温的影响下，肠道的杀菌作用降低，使肠道传染病增加。

（二）饲养管理因素

宠物舍的建筑结构、通风设施、垫料种类等都是影响疾病发生的因素。小气候又称为微气候，是指在确定小空间中的气候，如宠物舍的小气候或宠物体表几毫米处的小气候。小气候对宠物传染病的发生有很大影响，饲养管理制度对疾病发生有很大影响。

（三）社会因素

影响宠物传染病流行过程的社会因素主要包括社会制度、生产力和人民的经济、文化、科学技术水平以及贯彻执行法规的情况等。它们既可能是促进宠物传染病广泛流行的原因，也可以是有效消灭和控制疫病流行的关键所在。因为，宠物和其所处的环境，除受自然因素影响外，在很大程度上是受人们的社会生产活动影响，而后者又取决于社会制度等因素。

总之，影响流行过程是多因素综合作用的结果。传染源、宿主和环境因素不是孤立地起作用，而是相互作用引起传染病的流行。

五、宠物传染病流行病学的研究方法

随着我国宠物饲养数量和国际贸易量的增加，新发现的传染病或国外传入的可能性也会相应增加，其中有些疾病的流行特征和规律需要继续探讨；此外，国内原有传染病也不断出现新的变化，病原变异株以及耐药菌株也需要不断进行分析和研究。因此，迫切要求宠物医生学习并掌握传染病流行病学的研究方法和技术，通过流行病学调查、分析和实验解决实际生产中存在的问题。常用的方法包括描述性研究、病例对照研究、队列研究、流行病学实验、疫病暴发调查、流行病学监测、血清流行病学方法和传染病防制措施的评价等。

（一）描述性研究

该方法是一种以现场调查为主的研究方法，即通过对特定宠物群有关的资料进行收集、归纳、整理及数据处理等，客观地描述一定时间内群体疫病的分布状况和动态过程，为进一步研究病因、制定防治措施并评价其效果提供线索和依据。描述性研究需要通过流行病学调查收集大量的、涉及范围较广的、原始的信息资料，其中应包括现场观察和询问所得的资料、信访所得的资料以及实验室检测记录等。描述性研究又分为现况研究和常规资料分析等。

1. 现况研究

是指利用某种手段或方法获得特定时间、特定范围内某宠物群信息的一种调查分析形式，即在某个特定时间内对特定疫病及其有关因素进行的调查和分析。所用信息或资料可能是疫病普查和抽样调查的结果，也可通过现场观察、临床检查或其他特殊检查、询问调查或通信调查以及查阅诊疗记录、疾病登记、实验室检验记录、检疫记录或统计资料等方法获得。该法除用于宠物群健康状况及其影响因素的调查外，也可用于感染状况和免疫状况的调查。现况研究的基本内容主要包括：

（1）宠物群体中传染病流行的状态及其发病率、死亡率。

（2）宠物群体状况、环境和饲养条件以及管理制度等。

（3）物理性、化学性和生物性因子与疾病的关系。

（4）可能的传播途径和传播媒介及生活习性等。

现况研究用的指标通常称为发病率、死亡率、病死率和患病率等，通过对疫病分布特征的描述，能够初步指出疾病的流行特点、病因假设、防治对策或与监测及防治效果评价有关的结果等。大多数现况研究用于确定某一时点上宠物群的状况，适用于持续时间较长并能进行定量测定的疫病或事件。

2. 常规资料分析

是指借助某些已经积累起来的常规记录或报告等原始资料，经过有目的、有计划地统计分析，以获取有意义信息的流行病学方法。它要求资料具备真实性、可靠性、完整性和可比性等特点。真实性是指能反映出疫病或所研究事件真实情况的程度；可靠性是指在相同条件下重复调查可获得相同结果的稳定程度；完整性是指按照事先设计的调查指标和项目执行的程度；可比性是指收集的资料应按照统一的标准、统一的方法、统一的判定指标等，以便于不同对象间的比较。通过常规资料分析可以对某地区宠物发病或死亡原因进行排序，也可对某种疫病的分布特征和消长变化趋势进行分析，为探明病因、制定防治策略和措施提供依据。

（二）病例对照研究

为了从疫病分布现象中找出规律性，进一步分析和鉴别疫病的主要病因或某特定因素与疫病的相关性，评估各种因素的定量效果或病因假设，需要通过对比的方法来揭示和分析不同群体间的差异性。

病例对照研究的基本原理是以一组患有某种疾病的宠物（病例）和一组或几组未患有该病的宠物（对照）为研究对象，调查并比较它们过去曾暴露于某些可疑因素的频度或剂量；如果病例组宠物暴露于某因素的比例高于对照组，且经统计学检验两组宠物的暴露比例差别有统计学意义，则可认为该因素与该疾病之间可能存在因果联系。这里的"暴露"不仅包括接触外界环境中物理性、化学性和生物性致病因子，还包括处于一定的社会因素、管理因素、宠物群体、各种防疫治疗措施、宠物遗传背景以及内分泌水平等状况之中。

在病例对照研究中，通过评估或排除各种偏倚对研究结果的影响，可推断出某个或某些暴露因素是疾病的危险因素，从而达到探索或检验疾病病因假说的目的。

（三）队列研究

队列通常是指具有共同经历或暴露于共同因素的群体。队列研究是以未患有所研究疾病的宠物群为研究对象，根据其是否暴露于某因素或暴露程度高低分为两组或多组，然后分别追踪观察一定时间后比较各组的发病率或死亡率，以达到验证病因假设的目的。队列研究多用于验证某种暴露因素对某种疫病发病率或死亡率的影响，但也可用于疫病自然史的研究。

病例对照研究与队列研究相比，前者适合于研究不常见的疾病或潜伏期长的疾病，可以同时研究多种可能的病因，对被选宠物无危险性并可使用现有记录，但缺点是依赖对以往暴露的回忆和记录，资料的确认较困难或不可能实现，对外在变量的控制不完全，而且不能估计暴露宠物和非暴露宠物的发病率。队列研究可以计算出暴露宠物和非暴露宠物的发病率，容易确定假设因素和疾病之间的因果关系，但研究稀有疾病时需要较多的宠物数和长期艰苦的追踪观察，而且费用也较高。

（四）流行病学实验

流行病学实验是指根据研究的目的，按照预先确定的试验方案，将试验宠物随机地分配到试验组或对照组，并对其人为地施加或减少某种处理因素，然后观察该处理的结果，比较并分析组间宠物的结局及效应上的差异。实际上，兽医领域中的动物实验都属于流行病学实验的范畴。按照研究的目的和对象，流行病学实验分为现场试验、自然试验和实验室试验等；按照实验的用途将其分为治疗性试验、预防性试验及病因验证试验等。流行病学实验可直接、简便、准确地在人为控制的条件下阐明疾病流行和分布的规律、验证病因假设和评价各种防治措施的效果。

（五）疫病暴发调查

疫病暴发是指局部地区在短时间内突然发生很多病例的现象。这种集中发病的现象多数是因为宠物群存在某种共同致病因子或共同传播途径所致，因此，在实践中分为同源性暴发和连续传播性暴发。由于疫病暴发的危害性大、传播速度快、涉及面广，稍有忽视便可扩大流行范围，造成难以控制的被动局面和严重后果，所以一旦出现疫病的暴发事件，必须积极组织力量进行调查处理，迅速查明原因，包括传染源、传播途径以及引起暴发流行的各种因素，先进行初步调查分析和临床及病理学观察、提出病因假设，再进一步对发病情况进行全面的调查，并立即采取针对性防制措施，阻止疫病的蔓延和扩散，然后结合实施控制措施后的效果验证病因假设并作出结论。

（六）流行病学监测

流行病学监测是指连续、系统和完整地收集与某些宠物疾病有关的资料，经过分析解释后及时反馈和利用信息的过程。流行病学监测通常具有连续系统地收集资料、监测内容广、资料整理分析及时准确、信息利用率高和反馈速度快等特征。流行病学监测的作用是根据疫病分布的动态变化预测流行趋势、查明病因、采取相应的控制措施并评价其效果。监测的内容通常包括宠物种类或品种的分布；疫病发病率和死亡率及其分布特点；宠物群的免疫接种状况及免疫水平；病原体的型别、毒力和耐药性；病原体传播媒介的种类、分布以及宠物机体的病原携带状态；预防或治疗措施的效果；疫病流行因素和流行规律以及疫情的预测预报等。对某种疫病实施监测时，应综合考虑疫病的特点、预防控制的需要和实际条件，适当选择上述内容进行监测。

（七）血清流行病学

血清流行病学是按一定的比例随机抽样，应用血清学方法检测宠物群中特异性抗原或抗体等成分，借以了解疫病的分布状况及其影响因素，探讨疫病发生原因并评价预防措施效果的流行病学分支。血清流行病学是免疫学和兽医流行病学原理的结合，它通过对不同宠物群体血清中的有关成分变化及分布规律的研究，在兽医临床上主要用于分析疫病的流行情况和三间分布动态、制定免疫程序、评价预防接种效果、探讨病因、疫情预测和疾病监测等方面。检测的指标主要是抗原、抗体及其他血清成分。常用的血清学调查方法有现况调查、重复横断面调查、双份血清调查、病例对照研究和队列研究等，可按照不同的调查目的和设计要求进行选择。

（八）分子流行病学

分子流行病学是指应用先进的实验技术测量生物学标记物，结合流行病学现场研究方法，阐明疾病相关分子的分布和变迁与疾病发生发展趋势之间的关系，并提出与评价相应防治措施的科学。分子流行病学是传统流行病学与分子生物学理论和技术有机结合的流行病学分支，该学科应用的生物学标记物通常包括生物化学、分子生物学、生理学、免疫学和遗传学等方面的信号，这些信号常常能代表致病因子和所致疾病间的相关性。一般通过研究与疾病有关的核酸、蛋白质、酶和免疫学指标等分布及其变迁情况，用于探讨疾病病因、致病机制、宠物易感性、疫病流行规律以及提出并评价疫病防控措施等。

复习题

1. 名词解释：传染、宠物传染病、潜伏期、流行过程、传染源、病原携带者、水平传播、垂直传播、传播媒介、疫源地、疫点、疫区、自然疫源地。

2. 宠物传染病有哪些特征？

3. 传染病的发展阶段有哪些？潜伏期在传染病防制中的实践意义是什么？

4. 宠物传染病的流行过程必须具备哪 3 个基本环节？这 3 个环节在防制宠物传染病中有什么意义？

5. 传染病的传播途径主要包括哪些内容？了解传播途径有何意义？

6. 宠物传染病流行病学的研究方法有哪些？

第二章 宠物传染病的防制

第一节 防制工作的基本原则和基本内容

一、防制工作的基本原则

1. 坚持"预防为主"的原则

由于现代化宠物饲养的数量逐渐增多，传染病一旦发生或流行，会给宠物主人带来重大损失，特别是那些传播能力较强的传染病，发生后可在宠物群中迅速蔓延，有时甚至来不及采取相应的措施已经造成了大面积扩散。因此，必须坚持"预防为主"的传染病防治原则。同时还应加强兽医工作人员的业务素质和职业道德教育，使其树立良好的职业道德风尚，改变那种重治轻防的传统兽医防疫模式，使我国的兽医防疫体系沿着健康的轨道发展，尽快与国际社会接轨。

2. 加强和完善兽医防疫法律法规建设

控制和消灭宠物传染病的工作关系到国家信誉和人民健康，兽医行政部门要以动物流行病学和动物传染病学的基本理论为指导，以《中华人民共和国动物防疫法》等法律法规为依据，根据宠物生产的规律，制定和完善宠物保健和疫病防制相关的法规条例以规范宠物传染病的防制。

3. 加强宠物传染病的流行病学调查和监测

由于不同传染病在时间、地区及宠物群中的分布特征、危害程度和影响流行的因素有一定的差异，因此，要制定适合本地区的疫病防治计划或措施，必须在对该地区展开流行病学调查和研究的基础上进行。

4. 突出不同传染病防治工作的主导环节

由于传染病的发生和流行都离不开传染源、传播途径和易感宠物群的同时存在及其相互联系，因此，任何传染病的控制或消灭都需要针对这三个基本环节及其影响因素，采取综合性防治技术和方法。但在实施和执行综合性措施时，必须考虑不同传染病的特点及不同时期、不同地点和宠物群的具体情况，突出主要因素和主导措施，即使为同一种疾病，在不同情况下也可能有不同的主导措施，在具体条件下究竟应采取哪些主导措施要根据具体情况而定。

二、防制工作的基本内容

由细菌、病毒、真菌引起的各种传染病对宠物的健康有极大的危害，有些传染病还会传染给人,所以有必要认真做好预防工作。传染病流行需要三个环节:即传染源、传播途径、易感宠物。只要切断其中任何一个环节,就可以使传染病得到控制。因此,要想预防、控制并最终消灭传染病,就必须从消灭传染源、切断传播途径、保护易感宠物三方面采取综合性防治措施。

1. 定期进行免疫接种

做好免疫接种工作,提高宠物对疾病的抵抗力,是预防传染病最经济、最有效的方法,特别对那些至今尚无有效药物治疗的传染病来说,免疫接种更具有重要意义。目前使用最广泛的仍然是人工主动免疫法,即选用适当的免疫制剂(灭活苗、弱毒苗、类毒素)通过一定的途径引入宠物体内(接种),从而使其产生坚强的免疫力;常用的人工接种方法有:注射法、饮水法、气雾吸入法、刺种法等。免疫接种时,应考虑到宠物的生理健康状况、体内母源抗体的水平以及免疫制剂的性质等,确定适宜的接种时间、途径、剂量、强化免疫的间隔时间等,以期达到最佳免疫效果。

有些传染病,也可采用被动免疫法进行预防。比如,给怀孕宠物进行免疫接种,使其所产生的抗体通过初乳传递给幼仔,从而可使大部分幼仔得到保护。也可通过直接注射高免血清,使宠物获得被动免疫力。不过,由于血清的成本较高,免疫期相对较短,一般情况下较少使用。

当然,免疫接种也有失败的情况,其原因多为以下几种情况:①宠物本身的免疫系统不健全;②有潜伏或并发的感染;③健康状况不佳:例如寄生虫未清除干净、高烧等;④注射时机不对:多半是太早,在母源抗体还很高时注射,一部分抗原就被中和掉,这样产生抗体的效力就减少了;⑤没有及时进行定期免疫接种;⑥有其他疾病或正在使用某些药物时。

2. 定期检疫

定期检疫就是定期对宠物进行血清学等方面的检验,及时隔离或淘汰检出的阳性宠物。对于新引进的品种或留作种用的宠物,均应通过检疫确认健康后,方可入群利用。不少传染病,如犬传染性肝炎、钩端螺旋体病、猫传染性鼻气管炎、沙门氏菌病等,宠物病愈后仍可长期带菌(毒)排菌(毒),成为危险的传染源。因此,通过检疫,可以及早发现、清除隐性感染及带菌(毒)者,并结合宠物的利用价值,采取隔离、淘汰等措施,以防止病原扩散,使宠物传染病得到有效的控制。

3. 药物预防

选用合适的药物均匀拌于饲料或直接投服,以增加宠物对病原体的抵抗力,这对于那些目前尚缺乏有效的疫(菌)苗可供使用的传染病来说,仍不失为一种行之有效的方法。目前市场上有不少种类的抗生素添加剂,加入食物中饲喂,也可起到防病作用。但应注意药物的适用范围、用量及连续使用的时间,及时停用或更换药物,以防产生耐药性。

4. 建立严格卫生防疫制度,搞好环境卫生

及时消灭被传染源散布在外界环境中的病原微生物,防止病原体借灰尘、土壤、水源、食物、用具及其他传播媒介传播疾病。要根据不同的消毒对象,尽量选择高效、低毒、价廉、安全、使用方便、刺激性小的消毒药物,并且现配现用。

地面、墙壁、笼具的消毒,可选用10%~20%氢氧化钠或石灰水;病毒污染时可用2%~5%甲醛水溶液消毒;10%~20%漂白粉可用于环境喷洒消毒;器械消毒可用0.5%~1%新洁尔灭消毒液;0.1%高锰酸钾可用于食具消毒及创伤和黏膜的洗涤。加强粪便及被

污染器物的管理，防止接触传染，垃圾、粪便应集中堆放，喷洒消毒药物或用生物热发酵法处理，杀灭病原体，使其无害化。积极开展灭鼠、灭虫工作，消灭宠物传染病的各种传播媒介和储存宿主。

很多昆虫类的传播媒介如虻、蚊、蝇、虱、蚤、蜱等均是传播宠物疾病的罪魁祸首，老鼠也是某些宠物传染病病原的重要宿主，应依其各自的生活习性和生活史采取多种方法予以消灭。

5. 防止病从口入

犬、猫在动物分类学上均属食肉目，野生时以食肉为主，虽经人类长期驯养，但在很多方面仍然保留了野生时的习惯。如犬爱啃骨头、吃屎，猫喜欢捕捉老鼠、鸟类、鱼类等。正因如此，增加了经口感染传染病的机会，所以要特别注意饮食卫生。食具应当专用，定期煮沸消毒；每次吃剩的食物要及时取走，不宜长期放置；鱼、虾、动物肉尸、内脏及其他动物性废物，必须煮熟后才可饲喂；不喂发霉、腐败、变质或被病原体污染的食物；对于病畜的尸体、内脏等均应予以深埋或焚烧，不可随意抛弃，或用来饲喂宠物。

6. 加强饲养管理，增强体质

要根据宠物的生活习性，采取科学的饲养管理，不光其栖息的舍、笼等要经常清洗，定期消毒。为了保持体表清洁卫生，还要经常用梳、刷梳理被毛，定期用温水进行体表洗涤。这不仅可以使体表美观、清洁，还有防治皮肤疾病，促进皮肤毛细血管循环和新陈代谢等健身防病作用。犬、猫的汗腺都不发达，夏季天气炎热时，用水冲洗体表，可以起到散热降温的作用。经常给其梳洗，还可以增加人与宠物之间的感情。但犬、猫身体不适及有病时不宜洗澡，要注意洗澡的次数不要太勤，以免皮脂大量丧失，使皮肤弹性降低，发生皮肤炎症或感冒。

要给宠物提供合理的营养，饲料配比中要有较高的动物性蛋白质和脂肪，适当加入调味品和添加剂等，既可增加食欲，又可防止某些营养缺乏症。但要注意食盐用量过多，不但降低食欲，严重的还会引起食盐中毒。喂养要定时、定量、定点，并注意观察吃食的情况，发现异常，要查明原因，及时采取措施。对宠物要训练有度，调教有方，使其养成良好的生活习惯，不偷吃食物，不随意跳到桌上、床上或与人共眠等。

对于不作种用的犬、猫，可适时进行去势手术，能使其性情变得更加温顺，易于管理。

第二节 宠物传染病的防制措施

一、疫情报告

当宠物养殖、经销单位或个人突然发现宠物死亡或怀疑发生传染病时，应马上报告当地兽医站或动物防疫机构，兽医防疫人员则应及时赶到现场。若所患疾病疑为狂犬病、钩端螺旋体病、犬瘟热等重要传染病时，一定要立即向上级有关机关报告。上级机关接到疫情报告后，除及时派人到现场协助诊断和紧急处理之外，还要视具体情况通知附近有关单位、部门做好预防工作，并逐级上报。若为紧急疫情，则应以最迅速方式上报有关部门。

疫情报告的内容应包括：发病时间、地点；发病宠物种类；发病数量和死亡数量；有代表性的主要症状及病变特征；初步诊断结果或怀疑是什么传染病；已采取的措施及效果等。

二、宠物传染病的诊断

及时正确地诊断是宠物传染病控制和消灭的前提。传染病的诊断方法很多，但并不是每一种传染病和第一次诊断时都需要全面应用。由于病的特点各有不同，应根据具体情况而定，有时仅需要采取其中的一两种方法就可以作出诊断。如不能立即确诊时，应采取病料尽快送有关单位检验。在未得出诊断结果前，应根据初步诊断，采取相应紧急措施，防止疫病蔓延。

现将主要诊断方法介绍如下：

（一）流行病学诊断

由于不同的宠物传染病在不同地区、不同时间和不同宠物群间的分布特征有很大的差异，而且不同传染病病原体的生物学特性、传播方式和防治措施的执行状况以及受社会自然环境影响的程度等不同，因此，这些分布特征及其影响因素也可作为宠物传染病诊断的重要依据。流行病学诊断的主要目的就是对这些情况进行调查和综合性分析，提出假设病因。

1. 流行病学调查

流行病学诊断通常是在流行病学调查分析的基础上，根据疫病的流行规律和分布特征，综合分析疫病发生和流行的影响因素进行的。流行病学调查的内容很多，可根据不同情况进行重点选择。流行病学调查通常包括以下几方面的内容。

（1）了解患病宠物的发病时间、地点及其在宠物群体中的蔓延情况以及当前的疫病分布状态。

（2）统计发病地区宠物的数量、分布以及发病宠物的种类、品种、数量、年龄、性别等，计算发病率、死亡率和病死率等，有利于综合分析可疑疾病的大致范围。

（3）调查该地区或附近地区过去一段时间内类似疾病的发生、流行以及诊断情况，采取的防治措施及其效果，本次发病前从其他地区引进宠物或饲料情况，引进后的检疫和监测结果等，便于明确传染来源。

（4）了解当地宠物疫苗接种和抗体监测情况以及用药的种类、剂量、生产厂家和用药时间等，有利于确定流行疫病的种类或可能的范围。

（5）了解当地宠物的饲养管理、运输、兽医卫生防疫、检疫状况以及病死宠物的无害化措施等，有助于发现疫病传播的途径和方式。

（6）通过对当地的地理、地形、河流、交通、气候、植被状况以及野生动物、节肢动物等分布或活动情况的调查，可以了解与疫病蔓延传播的相关因素。

（7）了解各种兽医卫生防疫措施执行后传染病的发生发展动态，为诊断和综合性防治措施的制定提供参考。

在进行流行病学调查之前，应根据上述调查内容详细拟订调查计划表，调查过程中应通过询问、查阅有关技术资料和生产记录，或深入现场进行直接观察来获取有关的资料和信息，并仔细填写流行病学调查表。

2. 病因假设的提出及其验证

通过对疫病三个环节分布情况的调查，特别是围绕传染源、传播媒介和易感宠物三个主导环节及其影响因素的调查，能够获得关于该病的第一手资料，将其整理、比较和分析后，可按下列方法提出病因假设：

（1）如果一种因素在具有某种传染病的许多养殖场中同时存在，该因素可能是该种传染病的病因或与该病的发生相关，如某地在一段时间内几乎所有接种过某批次疫苗的犬都发生了犬瘟热病，则可怀疑该病与疫苗的污染有关。该分析方法也常用于与饲料、营养和中毒等有关疾病的病因分析。

（2）如果某种疾病在二种不同情况下的发病率不同，其中发病率高的群体存在某因素，而发病率低的群体则无该因素，则该因素可能是该病的病因或与该病的发生相关。如某地区传染病暴发时，未接种过禽流感疫苗的鸽群发病率高，而接种该疫苗的鸽群几乎没有发病或发病率较低等。

（3）如果某因素出现的频率或强度连续变化时，宠物群的发病率和疾病的严重程度也随之发生相应的变化，则认为该因素是该病的假设病因或与该病的发生有关。如在犬细小病毒强毒污染严重的地区，该病的发病率与犬血清抗体水平呈明显的负相关等。

在传染病的诊断过程中，通过上述方法提出的假设病因可以应用多种方法，包括实验室方法进行验证。但是为了更快得出初步结论，常常在现场观察和调查的基础上，首先在不同条件下反复进行病例对照研究或队列研究，然后再针对性地进行实验室诊断和验证。

（二）临床症状诊断

任何患病宠物通常都表现出一系列的临床症状，而不同的症状在诊断上的价值具有明显的差异，因为有些症状属于该病的特征性症状，有些症状可能是几种传染病的共同表现。临床症状诊断是应用多种临床检查方法，对待检宠物进行的活体检查，并结合流行病学的调查资料，利用人的感官或借助于一些简单的器械，如体温计、听诊器等直接对待检宠物进行检查，有时也包括血、粪、尿等常规检验。如根据宠物输出地区以往疫病流行情况，新近某种疫病发生的报道，宠物对这些疫病或其他某种重要传染病的易感情况，应重点加强这些疫病的检查。

对那些表现出特征性症状的传染病病例，只要经过仔细的临床检查一般不难作出定性诊断。但对大部分传染病，特别是其非典型病例和混合感染的病例，由于缺乏典型的或特征性的临床表现，一般只能进行推测性的诊断。对那些处于发病初期而尚未出现典型症状的病例、慢性感染和隐性感染的宠物，仅仅依靠临床症状的检查则很难得出诊断结论。考虑到同一种临床表现可能具有不同的病因，因此，通过临床检查一般能够提出诊断的大致范围，但必须结合其他诊断方法才能作出确切诊断。

（三）病理解剖学诊断

多数患病宠物都会表现出特有的病理剖检变化，这是传染病的重要特征之一，也是诊断传染病的重要依据。通过鉴别患病宠物的病理变化，一方面可以证实临床观察和检查的结果，另一方面根据某些病例具有特征性的病理变化可以直接得出快速、确定的诊断，如犬瘟热、鸽瘟、鸽霉形体病、鱼传染性胰腺坏死病等。与临床症状诊断方法相似，有时同样的病理变化可见于不同的疾病，因此，在多数情况下病理学诊断只能作为缩小可疑疾病范围的手段，难以得出确切的诊断。

由于发病早期患病宠物的典型病理变化还没有形成、某些疫病特征性病变不同时在同一病例上表现以及某些传染病典型病变出现的频率较低等因素存在，在进行病理解剖学检查时应尽量增加剖检宠物的数量，并应选择处于不同发病阶段的患病或死亡宠物进行剖检，并结合流行病学和临床症状作综合分析，才能得到准确性较高的诊断结果。

（四）实验室诊断

1. 实验室诊断的目的和意义

（1）实验室诊断是宠物传染病确诊的主要手段　由于很多传染病都以非典型性或较复杂的形式出现，仅靠临床诊断很难进行确诊，只有通过实验室方法才能确诊。

（2）实验室诊断是发现传染源最重要的方法　患病宠物、病原携带者以及隐性感染者都是非常重要的传染源。在传染病暴发或散发时，通过实验室方法能够找到可疑的传染源，因为在传染病流行或暴发的过程中，传染源和被感染者的病原体特性基本一致，通过血清学分型、病原体基因组分析、噬菌体分型和抗药性分析等方法，能够快速确定传染关系的存在。

（3）通过实验室方法可以确定各种传播因素的作用　从被怀疑具有病原体传播作用的各种因素如水源、饲料、土壤、空气、昆虫等样品中分离获得某种病原体，对判断它们在传播上的作用具有很大的价值。如从水中分离病毒、细菌或检查大肠杆菌值来判断水被粪便污染的程度；应用增殖反应等来判断外界物品中是否存在病原体。但从样品中查到病原体时，还需要根据流行病学调查、分析的结果，判断该传播因素在整个流行过程中所起的传播作用。

（4）实验室诊断是确定宠物群易感性的重要方法之一　通过其他方法虽然也可以确定某个宠物群对某种传染病的易感性大小，但通过各种血清学方法测定宠物群血清中抗体的阳性率和平均效价等，则具有快速、准确、敏感和特异等特点，是其他方法不能比拟的。

（5）实验室诊断在传染病暴发和扑灭过程中具有重要的意义　传染病暴发时，进行病原学检查，特别在暴发的早期从患病宠物体内分离到病原体对确诊非常重要。在确定疫源地是否被消灭时，也需要通过实验室方法查明感染宠物的病原携带状态以及环境或物品中的病原体存在情况。

（6）实验室诊断是传染病流行病学监测的重要方法　在传染病监测中，实验室工作主要涉及病原微生物和血清学的常规检验及分析，如判断感染率、确定病原体的致病作用和抗药性、查找并确定传染源和传播途径、查明外界物品污染状况及污染范围，以及对预防接种效果及安全性评价等。

随着宠物饲养的逐渐普及，人们迫切需要实验室方法能够在现场实施，这就要求检测方法不但特异、灵敏，而且要向微量、快速、简易、经济、高效、自动化的方向发展，用各种新方法和新技术改进宠物传染病的检测方法。

2. 实验室诊断的采样方法

传染病的实验室诊断必须从宠物群或其周围环境中采集样品，而疫病的种类和类型不同，采集的样品及其方法有很大差异，因此，采样时应了解其方法和注意事项。

（1）样品的采集方法　采样时，工作人员应熟悉各种宠物的剖检程序，根据检验的目的以及宠物的大小和种类准备下列物品：合适的器械如刀、锯、剪刀、钳子、镊子、注射器等；操作者用的外套、乳胶手套和胶靴；样品记录保存用的标签、记录纸、容器和培养基等。

一般性组织的采集：由于患病宠物的组织可用于病原学或病理组织学检查，因此，应根据传染病的种类采集最适器官或最有价值的病灶样品。采样时，通常用灭菌器械打开体腔无菌采集所需器官的组织块。每块组织要单独存放在无菌的、带螺帽的小瓶或塑料袋中，并注明日期、组织和宠物名称。采集的组织样品或其周围不能使用消毒剂，以免影响病原体的分离培养。

血液和血清的采集：大型宠物可通过颈静脉或尾静脉采血，也可用臂部和乳房静脉采血，而鸟类通常选择翅静脉。采血时应根据检测的要求决定是否加入抗凝剂以及是否进行无菌操作。用于血液学分析、病原分离培养或通过直接涂片进行细菌、病毒或原虫检查的血液样品，采集时需要加入肝素等抗凝剂并进行无菌操作；用于血清学试验的样品采集时则不应加抗凝剂，并将其在室温下静置凝固后转移至4℃冰箱，待血清析出后吸出保存或送检。

其他样品的采集：当宠物的皮肤出现病变或水疱疹时，应直接取病变部位的皮肤碎屑以及未破溃的水泡液作为检测样品。生殖道感染时则可取阴道或包皮冲洗液作为检测样品，也可通过合适的拭子采集宫颈或尿道黏液作样品。鼻液、唾液和泪液的采集一般是通过浸有培养基的棉拭子取样，在冷藏状态下送往实验室。

采集的样品要尽量以最快的方式送往实验室，如果样品能在24h内送达，可放在加冰块的广口保温瓶或加有化学冷却剂的容器中运送；如果在24h内不能送达，则需要冷冻运送，必要时可在样品中加入细菌或病毒保存液运送样品。采集供病理组织学检查的组织块时，其厚度不能超过0.5cm，切成大小为$1\sim2cm^2$后按1:10体积加入质量分数为10%的福尔马林中性缓冲溶液中，且这种样品不能冷冻，在常温下运送即可。要求检查狂犬病时应取较大的脑组织两块，其中一块需要新鲜冷冻运送，另一块加固定剂用于组织学检查。

（2）采集样品的数量　样品的数量通常根据检测的目的和具体情况确定，但应严格按照统计学的要求进行。

（3）样品信息　送检样品时，应将以下有关信息和病史资料随同样品一起送达实验室。这些信息包括：畜主姓名和通讯地址；疑似疾病的种类；样品种类、要求检测项目以及运输用的保存液；引进宠物的时间、地点；首发病例和后续发病例的日期；临床症状和病理剖检记录；发病宠物的用药史和用药时间；宠物接种疫苗的种类及接种时间；送检样品的清单和运送说明等。

（4）样品的运送　采集的样品需仔细包装，再用胶带或石蜡封口以防止泄漏或交叉污染。运送时应保持低温状态并在48h内送达实验室，但要注意某些样品不能冷冻。所用的容器需要垫上足够的缓冲材料，防止样品的包装容器损坏。对需要特殊检测的样品，应事先与实验室联系。

（5）实验室间样品的交换　国内或与国外的实验室之间，有时需要交换宠物传染病诊断有关的样品，其目的主要是鉴定病原体或新的分离物、交换标准菌株或血清、鉴定特殊的血清抗体、比较实验结果以进行质量控制等。此时应遵守国家有关不同类别病原体的管理规定，并注意防止样品包装和运送过程中效价降低或交互污染的可能性，随同样品一同寄送的资料应包括实验室编号及分离的宠物种类和品种、分离的日期和地点，患病宠物的年龄、性别、发病日期、简要症状和病理变化，以及分离物的鉴定结果和采用的鉴定方法等，标准株和标准血清则需注明从何实验室得到，以及鉴定号和传代记录等。

3. 实验室诊断的常用方法

实验室诊断经常使用的方法包括病原学诊断、免疫学诊断、分子生物学诊断和病理组织学诊断等，其中免疫学诊断又包括血清学诊断和变态反应诊断。在实际应用过程中，这些方法常常交叉使用，互相取长补短，如病原体分离后需要经过免疫学方法的鉴定，病理组织学诊断与免疫学诊断的结合等。

（1）病原学诊断　常规病原学诊断方法主要包括细菌涂片镜检、病原分离培养和鉴定以及病料的动物接种试验，这些方法在宠物传染病确诊中发挥了很大的作用。随着生物技术的发展，常规的病原学诊断与其他方法结合后已经产生了许多新兴的病原学诊断方法，它们在敏感性、特异性以及快速诊断等方面具有广阔的应用前景，本书简要介绍这些诊断方法的原理和应用范围。

①涂片镜检　疫病发生后，可选择具有明显病变的组织、器官或患病宠物的血液、组织液进行涂片、染色镜检。本方法对一些具特殊形态的病原微生物如炭疽杆菌、巴氏杆菌等引起的疾病可以迅速作出诊断，但对大多数传染病来说则仅能提供病原学诊断的初步依据。

②分离培养和鉴定　通过适宜的人工培养基或培养技术，将细菌、支原体、真菌、螺旋体等病原体从病料中分离出来后，可根据其不同的形态特征、培养特性、生化特性、动物接种和/或免疫学试验等方法作出鉴定，而病毒、衣原体和立克次氏体等则可通过组织培养或禽胚培养进行分离，然后再根据其形态学、动物接种和免疫学试验等方法进行鉴定。

病原体的分离培养在实验室诊断中的应用非常广泛，是病原学诊断的重要方法之一。但在具体应用时应注意两方面的问题：一方面由于宠物群具有"健康带菌"的现象，当从病料中分离出特定的微生物时，还需要结合宠物群的临床症状和流行病学特征分析才能给出确切的诊断结论。另一方面由于病原体和机体双方面的综合影响，病原体在发病宠物体内的存在时间很不一致，虽然有时分离病原体的结果为阴性，也不能完全排除对该种传染病的疑似诊断。

③动物接种试验　本试验除可使用同种动物外，还可以根据不同病原体的生物学特性，选择对待检病原体敏感的实验动物，如家兔、小鼠、豚鼠、仓鼠、家禽、鸽子等。动物接种试验主要用于上述分离的病原体致病力检测，即将分离鉴定的病原体人工接种易感动物，然后根据对该动物的致病力、临床症状和病理变化等现象判断其毒力。也可将病料适当处理后人工接种易感动物，并将其与自然病例进行比较、回收病原体或用血清学方法进行诊断。对于那些不能在人工培养基、鸡胚或组织细胞中生长的病原体，则可用本动物接种试验进行分离或继代。由于病料接种是在人工控制的条件下进行，感染的时间和病程比较清楚，病原体分离的成功率较高，但该法费用大、耗时长，且需要严格的隔离条件和消毒措施。

④分子生物学检测技术　包括病原体的基因组检测、抗原检测及病原体的代谢产物检测等。

（2）血清学试验 血清学试验是通过免疫学方法诊断传染病最常用和最重要的方法之一。由于抗原与相应抗体结合反应的高度特异性，在临床上可用已知抗原检测未知抗体，也可用已知抗体检测未知抗原。血清学试验优点是：可根据试验目的及要求选择使用不同种类和功能的试验；需要的样品量少、预处理简单；技术简便、操作容易、试验过程短而快；特异性强、敏感性高；易与其他多种技术结合提高检测效果。按抗原抗体反应及其检测结果的条件将血清学试验分为三大类：

①经典血清学试验 本类试验的反应具有明显的阶段性：第一阶段为抗原抗体的结合阶段，反应能在几秒钟至几分钟结束；第二阶段为反应的可见阶段，表现为凝集、沉淀、细胞溶解等现象，反应较慢，需几分钟、几十分钟或更久，而且容易受电解质、pH 值和温度等因素的影响。血清学的经典试验包括凝集试验、沉淀试验和各种有补体参与的反应，如溶血反应、杀细胞反应、间接被动溶血试验、补体结合反应和免疫黏附试验等。这些试验可用于抗原和抗体的定性和半定量，但不能用于单价半抗原和单价抗体的检测。

②标记抗体技术 是指抗原与相应抗体结合后，通过标记物及不同的理化检测技术，使不可见反应转化为可见反应或可测数据的一类血清学反应。该类试验是把抗原抗体结合的高度特异性与理化检测技术的高度敏感性相结合的一类新技术，对抗原和抗体的要求不限，对半抗原或单价抗体均可进行检测，可用于抗原的超微定量或定位。目前标记抗体技术主要分为以下几种类型：

a. 免疫荧光技术 具有抗原定位和超微定量作用的免疫荧光技术是通过荧光素标记抗体染色后，借助荧光显微镜观察抗原存在的细胞或抗原在细胞内的相对位置。当与激光技术和荧光检测仪联合时，可用于抗原的超微定量。

b. 放射免疫测定 是以放射性同位素标记抗原或抗体，反应后用计数器或液体闪烁仪检测其脉冲数，用于抗原超微定量，其敏感性极高。

c. 发光免疫测定 是利用化学发光和生物发光反应的敏感性与免疫反应相结合的一种新型检测技术，用于抗原超微定量。

d. 激光免疫测定 是根据激光散射原理，用激光散射浊度计直接测定抗原抗体复合物的技术，用于抗原的定量；若用抗体吸附于乳胶颗粒，与抗原结合后，再用激光散射浊度计测定，则称为乳胶免疫测定。

e. 胶体金免疫技术 以胶体金标记抗体，染色后在电镜下观察胶体金着染部位，借以在亚细胞水平上作抗原定位；若再进一步通过银染色，使金颗粒之信号放大，发展为免疫金银染色，便可在光镜下观察细胞水平的抗原定位。

f. 免疫电镜技术 是通过金标抗体或铁蛋白标记抗体与超薄切片中的抗原结合，在电镜下观察抗原的所在部位；当将其固定在铜网上时，可以捕获粪便或其他病料中的病毒颗粒，负染后直接用电镜观察病毒形态以提高检出率。

g. 免疫酶技术 包括免疫酶组化技术、酶联免疫吸附试验、液相免疫酶测定技术和免疫传感器技术等。

免疫酶组化技术：是组化染色与光镜和电镜技术的结合，用于抗原在细胞水平或亚细胞水平的定位。

酶联免疫吸附试验（ELISA）：是将抗原或抗体包被于聚苯乙烯微孔板上或纤维素膜上，利用酶标记的第二抗体对相应未知抗体或抗原进行检测的一种固相免疫酶检测技术。

根据试验目的和要求可设计出多种操作技术和放大技术，该试验既可用于抗原或抗体的快速定性诊断，如斑点法；又可用于抗原或抗体的定量或超微定量，是当前发展最快、应用最广的一项免疫学技术。

③活体内进行的血清学试验　本类试验专指在细胞培养物、禽胚或实验动物体内进行的中和试验，既可用于抗病毒中和抗体的检测，也可用已知抗体鉴定未知病毒。

（3）变态反应诊断　变态反应是重要的免疫学诊断方法之一，主要是将变应原接种宠物后，在一定时间内通过观察宠物明显的局部或/和全身性反应进行判断的。该方法可用于多种宠物疫病的诊断，如结核、布鲁氏菌病等。

（4）病理组织学诊断　该方法是经典的诊断方法之一，主要是通过显微镜观察病料组织切片中的特征性显微病变和特殊结构，借以诊断和区别不同的传染病。目前病理组织学诊断对某些传染病仍是最主要和可靠的诊断方法，例如狂犬病。

三、隔离、封锁与扑杀

（一）隔离

隔离是指将患病宠物和疑似感染宠物控制在一个有利于防疫和生产管理的环境中进行单独饲养和防疫处理的方法。由于传染源具有持续或间歇性排出病原微生物的特性，为了防止病原体的传播，将疫情控制在最小的范围内就地扑灭，必须对传染源进行严格的隔离、单独饲养和管理。

传染病发生后，兽医人员应深入现场查明疫病在群体中的分布状态，立即隔离发病宠物群，并对其污染的圈舍进行严格消毒处理。同时应尽快确诊并按照诊断的结果和传染病的性质，确定将要进一步采取的措施。在一般情况下，需要将全部宠物分为患病宠物、可疑感染宠物和假定健康宠物等，并分别进行隔离处理。

1. 患病宠物

是指由具有明显临床症状或类似症状，或其他特殊检查阳性反应的宠物组成的群体。挑选发病宠物时应尽量将患病宠物全部选出，并在一定时间内反复进行挑选，尽量避免患病宠物及其分泌物和排泄物对周围宠物群的污染。凡是挑选出来的患病宠物应隔离在远离正常宠物、消毒处理方便、不易散播病原体并处于下风向的密闭房舍内饲养。患病宠物的隔离舍应由专人负责看管，禁止其他人员接近，内部及周围环境应经常性地进行消毒。隔离舍内的患病宠物应用特异性抗血清或抗生素及时治疗，同时要加强饲养管理和护理工作。

2. 可疑感染宠物

是指外表无任何发病表现，但与发病宠物处于同一圈舍，或与发病宠物及其污染的环境有过接触的宠物群。这类宠物可能处于疫病的潜伏期，有排毒散毒的危险性，对可疑感染宠物，应将其隔离饲养，限制其活动，经常消毒，仔细观察，对出现症状者按患病宠物处理。对该类宠物应进行紧急免疫接种或用适当药物进行预防性治疗。隔离时间视传染病潜伏期的长短等具体情况而定，经过一定时间无病例出现时，可取消其限制。

3. 假定健康宠物

疫区内除上述两类宠物之外的易感宠物均属此类。对其应严加管理，禁止该类宠物与前两类宠物接触，以防被传染。除加强卫生、消毒等措施外，应立即对该类宠物进行紧急免疫接种，必要时可将其分散或转移至偏僻处饲养。

（二）封锁

封锁是指当某地暴发法定一类传染病和外来疫病时，为了防止疫病扩散以及安全区健康宠物的误入而对疫区或其宠物群采取划区隔离、扑杀、销毁、消毒和紧急免疫接种等的强制性措施。封锁的主要目的是防止疫病向周围地区散播，将疫病控制在封锁区内就地扑灭，由于封锁时需要动用大量的人力、财力和物力，所以只有在发生世界动物卫生组织（OIE）规定的 A 类疾病或我国法定的一类疫病以及在一定地区内流行的某些外来疫病时，才由兽医人员根据有关法律的规定，报请上级政府部门批准，划定疫区范围进行强制性的封锁。封锁行动应通报毗邻地区政府采取有效的措施，同时逐级上报至国家畜牧兽医行政机关或 OIE，并由其统一管理和发布国家动物疫情信息。

封锁区的划分，必须根据该病的流行规律，当时疫情流行情况和当地的具体条件充分研究，确定疫点、疫区和受威胁区。执行封锁时应掌握"早、快、严、小"的原则，亦即执行封锁应在流行早期，行动果断迅速，封锁严密，范围不宜过大。根据我国动物防疫法规定的原则，具体措施如下：

1. 封锁的疫点应采取的措施

（1）严禁人、宠物、车辆出入及可能污染的物品运出。在特殊情况下人员必须出入时，需经有关兽医人员许可，经严格消毒后出入。

（2）对病死宠物及其同群宠物采取扑杀、销毁或无害化处理措施。

（3）疫点出入口必须有消毒设施，疫点内用具、圈舍、场地必须进行严格消毒，疫点内的宠物粪便、垫草、受污染的草料必须在兽医人员监督指导下进行无害化处理。

2. 封锁的疫区应采取的措施

（1）交通要道必须建立临时性检疫消毒卡，备有专人和消毒设备，监视宠物移动，对出入人员、车辆进行消毒。

（2）停止集市贸易和疫区内宠物的交易。

（3）对易感宠物进行检疫或紧急预防注射，将饲养的宠物进行圈养或在指定地点放养。

3. 受威胁区及其采取的主要措施

疫区周围地区为受威胁区，其范围应根据疾病的性质、疫区周围的山川、河流、草场、交通等具体情况而定。受威胁区应采取如下主要措施。

（1）受威胁区内的宠物应及时进行紧急预防接种以建立免疫隔离带。

（2）管好本区易感宠物，禁止出入疫区，并避免饮用疫区流过来的水。

（3）禁止购买封锁区内的宠物，如从解除封锁后不久的地区买进宠物，应注意隔离观察。

4. 解除封锁

当疫区内最后一个病例被扑杀或痊愈后，通过实验室检测或临床观察，在该病的最长潜伏期内未再发现新的感染或发病宠物时，经过彻底的清扫和终末消毒，兽医行政部门验收合格后，原发布封锁令的政府部门便可宣布解除封锁，并通知毗邻地区和有关部门。

（三）扑杀政策

扑杀政策是指在兽医行政部门授权下，宰杀感染特定疫病的宠物及同群感染宠物，并在必要时宰杀直接接触宠物或可能传播病原体的间接接触宠物的一种强制性措施。当某地暴发法定 A 类或一类疫病、外来疫病以及人兽共患病时,其疫点内的所有宠物,无论其是否实施过免疫接种,按照防疫要求应一律宰杀,宠物的尸体通过焚烧或深埋销毁。扑杀政策通常与封锁和消毒等措施结合使用。

四、治疗

随着科学技术的不断发展,无论是细菌性的还是病毒性的传染病,都可采取一定的方法进行治疗。通过治疗,可以挽救患病宠物,最大限度地减少疾病所造成的损失;同时作为传染病综合防治的重要内容,各种治疗措施可以阻止病原体在机体内的增殖,在一定限度内起到清除传染源的作用。但是宠物传染性疾病不同于一般的普通性疾病,在治疗的过程中应严格注意其特点,既要考虑针对病原体,消除其致病作用,又要帮助宠物机体增强一般抗病能力和调整、恢复生理机能,采取综合性的治疗方法。患病宠物的治疗必须及早进行,不能拖延时间,还应尽量减少诊疗工作的次数和时间,以免经常惊忧而使患病宠物得不到安静的休养。

(一) 传染病的治疗原则

1. 治疗和预防相结合的原则

由于宠物传染病具有传染性和流行性,在治疗过程中发病宠物仍可排出病原体,污染周围的环境而造成疫病的传播和扩散。因此,应将患病宠物进行隔离、专人管理,保持环境的清洁卫生,并在严格消毒的情况下进行治疗,务必使治疗的宠物不致于成为传染源。

2. 早期综合原则

传染病的治疗不仅是为了消除或减轻宠物的发病症状,更重要的是为了消除患病宠物的传染源作用,即清除患病宠物体内存在的病原体。这就要求在传染病发生或流行的早期进行及时诊断、确定病因,以便采取相应的治疗方法和策略。另外,传染病在其发展的早期阶段,病原体还处于增殖阶段,机体组织尚未受到严重的损伤,此时治疗可以保证疗效,而到晚期再进行治疗其治愈率将会大幅度降低。同时也应重视对症疗法,及时选择各种缓解症状的治疗方法以减轻宠物的痛苦,使其迅速恢复正常的生长发育状态。

(二) 传染病的治疗方法

传染病治疗通常分为针对病原体的对因治疗和针对患病宠物的对症治疗。

1. 针对病原体的对因治疗

在宠物传染病的治疗方面,帮助宠物机体杀灭或抑制病原体,或消除其致病作用的疗法是很重要的,一般可分为免疫疗法、抗生素疗法和化学疗法等。扼要介绍如下:

(1) 免疫疗法 在正常情况下,机体的免疫系统能发挥自身的免疫调节作用抵抗外来病原微生物的感染,或及时消除自身反应性淋巴细胞防止发生自身免疫性疾病。如果机体的免疫功能降低或亢进,则会导致免疫缺陷、肿瘤或自身免疫病。针对机体低下或亢进的免疫状态,人为地增强或抑制机体免疫功能以进行疾病治疗的方法称为免疫治疗。因此,免疫治疗的作用主要是增强免疫功能以清除机体内的病原体或降低机体免疫反应以减轻过度反应引起的损害。免疫治疗具有以下几种分类方式和类别。

①按对机体免疫功能调节的方向分为免疫增强疗法和免疫抑制疗法 免疫增强疗法可用于治疗各种病原体引起的感染及免疫缺陷病等,可供使用的方法或制剂有非特异性免疫

增强剂、疫苗、抗体或淋巴细胞的被动注射、细胞因子等。

免疫抑制疗法主要用于治疗各种类型炎症、超敏反应、自身免疫病和移植排斥等，常用的方法或制剂包括非特异性免疫抑制剂、淋巴细胞及其表面分子抗体等。

②按对抗原性物质的特异性分为特异性免疫治疗和非特异性免疫治疗　特异性免疫治疗的作用包括通过不同抗原诱导机体产生抗体或效应淋巴细胞等效应因子，使机体对相同抗原的刺激能够产生特异性免疫应答反应或免疫耐受以达到治疗疾病的目的，其特点是见效比较慢，但维持时间长；直接向机体输入特异性免疫应答产物，如抗体或效应淋巴细胞，使机体立即获得针对某一抗原的免疫应答或免疫耐受，该法见效快，但维持时间短；利用抗体反应的特异性，在体内特异性地去除某一类免疫细胞群体如 T 细胞，以抑制机体的免疫功能。

非特异性免疫治疗包括非特异性免疫增强剂或非特异性免疫抑制剂的应用，该两类制剂的作用没有特异性，对机体免疫功能具有广泛的增强或抑制作用，应用时容易导致机体出现不良反应。

③按机体内免疫力获得的方式不同分为主动免疫治疗和被动免疫治疗　主动免疫治疗是指给免疫应答健全的机体接种疫苗或免疫佐剂，通过激活或增强机体的免疫应答反应而使机体自身产生抗御疾病的能力。常用的主动免疫治疗制剂包括各种疫苗、卡介苗或其他免疫佐剂等。如被狂犬病病犬咬伤后用狂犬病疫苗接种等。

被动免疫治疗又称过继免疫治疗，是指将机体内对某种病原体的免疫应答产物转移给其他动物个体，或者将自体细胞在体外经过处理后再回输自身以发挥治疗作用的方法。常用的被动免疫治疗制剂包括特异性多克隆抗体、单克隆抗体、免疫球蛋白、转移因子、胸腺肽、免疫效应细胞等。在宠物传染病的预防和治疗过程中，各种免疫血清的被动免疫治疗发挥了非常重要的作用，其中有些制剂一直在临床上广泛使用。如针对犬瘟热、犬细小病毒性肠炎、破伤风等传染病的高免血清等。如缺乏高度免疫血清，可用耐过宠物或人工免疫宠物的血清或血液代替，也可起到一定的作用，但用量须加大。使用血清时如为异种动物血清，应特别注意防止过敏反应。

由于传染病发生后，机体内细胞因子网络的平衡被打破，细胞因子的产生或其受体表达发生异常，因而出现病理性变化甚至引起严重的多器官损伤。细胞因子疗法主要是通过恢复原有网络的平衡，对已被暂时抑制的机体免疫系统起到补偿作用，从而达到增强机体抗病能力和治疗疾病的目的。目前已有多种细胞因子被批准投放市场，还有一些也已经进入临床试验阶段。

（2）抗生素疗法　抗生素为细菌性急性传染病的主要治疗药物，近年来在兽医实践中的应用日益广泛，并已获得显著成效。抗生素的种类、性质和药理作用详见药理学。下面仅就在传染病的治疗工作中正确应用抗生素的问题作一下简要说明。

合理地应用抗生素，是发挥抗生素疗效的重要前提，不合理地应用或滥用抗生素往往引起种种不良后果。一方面可能使敏感病原体对药物产生耐药性，另一方面可能对机体引起不良反应，甚至引起中毒。使用时一般要注意如下几个问题。

①掌握抗生素的适应症　抗生素各有其主要适应症，可根据临诊诊断，估计致病菌种，选用适当药物。最好以分离的病原菌进行药物敏感性试验，选择对此菌敏感的药物用于治疗。

②要考虑到用量、疗程、给药途径、不良反应、经济价值等问题　开始剂量宜大，以便集中优势药力给病原体以决定性打击，以后再根据病情酌减用量；疗程应根据疾病的类型、患病宠物的具体情况决定，一般急性感染的疗程不必过长，可于感染控制后 3d 左右停药。

③不要滥用　滥用抗生素不仅对患病宠物无益，反而会产生种种危害。例如常用的抗生素对大多数病毒性传染病无效，一般不宜应用，即使在某种情况下用于控制继发感染，但在病毒性感染继续加剧的情况下，对患病宠物也是无益而有害的。

④抗生素的联合应用应结合临诊经验控制使用　联合应用时有可能通过协同作用增进疗效，如青霉素与链霉素的合用，土霉素与氯霉素合用等主要可表现协同作用。但是，不适当的联合使用（如青霉素与氯霉素合用，土霉素与链霉素合用常产生对抗作用），不仅不能提高疗效，反而可能影响疗效，而且增加了病菌对多种抗生素的接触机会，更易广泛地产生耐药性。

抗生素和磺胺类药物的联合应用，常用于治疗某些细菌性传染病。如链霉素和磺胺嘧啶的协同作用可防止病菌迅速产生对链霉素的耐药性，这种方法可用于布鲁氏菌病的治疗。青霉素与磺胺的联合应用常比单独使用的抗菌效果为好。

（3）化学疗法　使用有效的化学药物帮助宠物机体消灭或抑制病原体的治疗方法，称为化学疗法。治疗宠物传染病最常用的化学药物有：

①磺胺类药物　这是一类化学合成的抗菌药物，可抑制大多数革兰氏阳性和部分阴性细菌，对放线菌和一些大型病毒以及弓形虫也有一定的作用。也用于抗水生动物的细菌病，个别磺胺还能选择性地抑制某些原虫（如球虫等）。磺胺类药又分为：全身感染用药，如磺胺甲基异噁唑（新明磺）（SM_2）、磺胺嘧啶（SD）；肠道用磺胺，如磺胺脒（SG）、琥磺噻唑（SST）、酞磺噻唑（PST），这类药肠道吸收很少；外用磺胺，如磺胺嘧啶银（SD-Ag）、磺胺醋酰钠（SA；SC-Na）等。

②抗菌增效剂　甲氧苄啶类药是一类合成的广谱抗菌药物，与磺胺类药并用，能显著增加疗效，曾称为磺胺增效剂，后来发现这类药物亦能大大增加某些抗生素的疗效，故现称抗菌增效剂。国内已大量生产供临诊使用的抗菌增效剂，有甲氧苄啶（TMP）和二甲氧苄啶（DVD，又称敌菌净）等。

③硝基呋喃类药　本类药物是合成的广谱抗菌药。其作用于微生物的酶系统，抑制乙酰辅酶 A，干扰微生物的糖类代谢，可对抗多种革兰氏阴性及阳性细菌，常用的有呋喃唑酮（痢特灵）、呋喃坦啶（呋喃妥因）等。低浓度（$5\sim10\mu g/ml$）呈抑菌作用，高浓度（$20\sim50\mu g/ml$）有杀菌作用，也有抗球虫作用。本类药物性质稳定，其抗菌效力不受脓汁及组织分解产物影响，外用对组织刺激性小。多数细菌对本类药物不易产生耐药。但也有一定毒性，使用应注意。本品价廉，使用方便。

④喹诺酮类药物　喹诺酮类，又称为吡酮酸类或吡啶酮酸类，是一类新的合成抗菌药。该药可以口服，抗菌谱广，对革兰氏阴性菌和阳性菌均有良好抗菌效果。对厌氧微生物和分枝杆菌也有良好作用。目前还研制出抗支原体喹诺酮，这类抗菌药的作用机理不同于其他抗菌药。喹诺酮类药是以细菌的脱氧核糖核酸（DNA）为靶目标，阻碍细菌 DNA回旋酶（一种使 DNA 形成超螺旋结构的酶），从而造成细菌染色体不可逆损伤，使细菌不能分裂繁殖，对细菌有选择性毒性。喹诺酮与很多抗菌药物间不存在交叉耐药性。根据喹

诺酮的发明先后及抗菌性能不同，又分为一、二、三代药。目前这类新药品种比较多，如诺氟沙星（氟哌酸）、环丙沙星（环丙氟哌酸）、恩诺沙星（乙基环丙沙星）、沙拉沙星等，后二种为动物专用药。

⑤其他药物　有黄连素、大蒜等，这些药物抗菌谱广，抗菌活性强，多用于宠物肠道感染。异烟肼（雷米封）等对结核病有一定疗效。

抗病毒感染的药物近年来有所发展，但仍远较抗菌药物少，毒性一般也较大。目前用于人及宠物病毒感染的预防和治疗的药物有甲红硫脲、金刚烷胺盐酸盐、5-碘脱氧尿核苷、阿糖胞苷、阿糖腺苷、吗啉双胍、三氮唑核苷等。

2. 针对宠物机体的疗法

在宠物传染病的治疗工作中，既要考虑帮助机体消灭或抑制病原体，消除其致病作用，又要帮助机体增强一般的抵抗力和调整、恢复生理机能，促使机体战胜疫病，恢复健康。

（1）加强护理　治疗过程中要加强护理工作，补充营养，给予易消化、营养丰富、美味可口的食品；将其安置于舒适、温暖（或凉爽）、安静的地方，尽量减少活动，让其充分休息，减少体能消耗，增强机体本身的抵抗力，促进恢复健康。根据病情的需要，亦可用注射葡萄糖、维生素或其他营养性物质以维持其生命，帮助机体度过难关。此外，应根据当时当地的具体情况、病的性质和该患病宠物的临诊特点进行适当的护理工作。

（2）对症疗法　在传染病治疗中，为了缓解或消除患病宠物的临床症状、增强机体的一般抗病能力、调整和恢复生理机能而进行的内外科治疗方法，均称为对症疗法。常用的对症疗法有解热、镇痛、止血、利尿、强心、补液、镇静、缓泻、止泻、助消化、止咳、平喘、防止酸或碱中毒、调整电解质平衡以及某些急救性和局部性的处理措施等。在治疗过程中，应根据具体情况选择相应的对症疗法，以便促进患病宠物的快速恢复。

（3）针对群体的治疗　目前饲养宠物数量日益增多。在大的饲养场传染病的危害更为严重。除对患病宠物进行护理（改善饮水、饲料、通风等）和对症疗法之外，主要是针对整个群体的治疗。除药物治疗外，还需紧急注射疫（菌）苗、血清等。

（三）治疗效果评价及预后

1. 治疗效果的评价

宠物传染病治疗效果评价的目的主要是便于对现行治疗方法或措施有一个客观的认识，以利于在临床实践中选择最佳的方法。

评价某种药物或治疗方法临床疗效的常用方法是流行病学试验，这里简要介绍评价时的注意事项和评价指标。

（1）治疗效果评价的注意事项

①治疗对象选择应合理，其中应包含不同病型的病例，并进行随机分组。

②疫病应经过确诊，而且诊断标准应统一。

③治疗方案应具有实用性和可行性，具体措施应易于推广和应用。

④评价的结果应具有完整性和可信性，如设计的科学性、数据的完整性和可靠性、测量方法的客观性和灵敏性等。

⑤其他如治疗的病例数应符合统计学原理，使用双盲法观察结果等措施。

（2）常用的评价指标

①有效率　是指经治疗处理后有效的病例数占接受治疗总病例数的百分比。有时也用相对有效率表示。

$$有效率 = \frac{有效病例数（包括治愈病例数和好转病例数）}{接受治疗的总病例数} \times 100\%$$

$$相对有效率 = \frac{试验组有效率 - 对照组有效率}{1 - 对照组有效率} \times 100\%$$

②病死率　是指某时间内因某病死亡的宠物数占患病宠物总数的百分比。

③复发率　是指某种疫病临床痊愈后，经过一定时间再次复发的宠物占全部痊愈宠物的百分比。

④阴转率或阳转率　是指经治疗后患病宠物体内病原体或血清学指标转为阴性或转为阳性者占所有接受治疗宠物的百分比。

2. 疫病预后

疫病预后是指对传染病结局的概率预测，即对发病后疾病未来过程的一种预先估计。传染病预后包括治愈、死亡、并发症、恶化、复发和缓解等多种结局的预测。正确估计患病宠物的预后，有助于作出更科学、合理的治疗决策。

（1）影响传染病预后的因素

①各种传染病的自然史对其预后有非常重要的影响，由于不同传染病的自然史不同，因而其预后有很大差异。

②宠物的年龄、性别、体质、营养状况、免疫力等可影响传染病的预后。

③对致病因素的暴露状况，如侵入病原体的种类、数量、毒力等因素不同，传染病的预后也不同。即使是同一株病原体，感染剂量越大则预后越差。

④病情和病程，如同样的疾病，病情重者预后差。此外，疾病的早、中、晚期，病变部位和临床型等均与预后有关。

⑤人为干预措施，如及时的诊断、合理的治疗以及各种防疫消毒措施等均可影响传染病的预后。

（2）传染病预后的常用方法

传染病预后的常用方法是流行病学中的队列研究和病例对照研究等，其中最常用的是队列研究，也可根据以往较完整的临床治疗或生产记录以在短期内获得结果。为了获得准确的预后结果，在设计、测量及资料分析时，要注意不同病例的具体情况和"零时刻"一致等问题。所谓"零时刻"是指对患病宠物疾病状况观察的起始时间，即预后研究应从传染病发生或发展的同一阶段进行。

（3）传染病预后的常用指标

①病死率　即在某病的患病宠物中，死于该者所占的比例。在比较病死率时，应注意年龄、性别、病情等因素的影响。

②缓解率　即指某病的患病宠物中，经过治疗病情缓解者所占的百分比。

③复发率　即指某病的患病宠物中，经过一段临床症状消失期后再次复发个体所占的百分比。

④其他指标　如各种生产性能指标和经济效益分析结果等。

五、疫苗与免疫接种

免疫接种是激发宠物机体产生特异性免疫力，使易感宠物转化为非易感宠物的重要手段，是预防和控制宠物传染病的重要措施之一。实践证明，在一些重要传染病的控制和消灭过程中，有组织、有计划地进行疫苗免疫接种是行之有效的方法。

（一）疫苗的概念、类型及其特性

疫苗是指由病原微生物或其组分、代谢产物经过特殊处理所制成的、用于人工主动免疫的生物制品。理想的疫苗接种宠物后能产生持久而坚强的免疫力，对机体无毒害作用。预防兽医学中的疫苗包括由细菌、支原体、螺旋体或其组分等制成的菌苗，由病毒、立克次体或其组分制成的疫苗和由某些细菌外毒素制成的类毒素。习惯上人们将菌苗、疫苗和类毒素统称为疫苗。按疫苗的构成成分及其特性，将其分为常规疫苗、亚单位疫苗和生物技术疫苗3大类。

1. 常规疫苗

是指由细菌、病毒、立克次体、螺旋体、支原体等完整微生物制成的疫苗。常规疫苗又分为灭活苗和弱毒苗两种：

（1）灭活苗　是指选用免疫原性强的病原体或其弱毒株经人工大量培养，经过灭活后加入适当佐剂而制成的疫苗。灭活苗具有生产简单、易于保存和运输、使用安全等特点。灭活苗在制备时应加强防护措施，防止强毒释放和扩散。使用时具有接种量大、只能注射接种、产生免疫力需要的时间长等特点。在生产实践中还常常使用自家灭活苗和组织灭活苗。

自家灭活苗是指用本地区分离的病原体制成的灭活疫苗，主要用于该地区宠物同种传染病的控制。组织灭活苗则是将含有病原微生物的患病或死亡宠物脏器制成乳剂，经过灭活后制成的疫苗，如鱼出血病组织甲醛灭活苗。这种疫苗对病原尚不清楚或病原体不易人工培养的传染病预防具有非常重要的意义。

（2）弱毒苗　是指通过人工诱变获得的弱毒株、筛选的天然弱毒株或失去毒力但仍保持抗原性的无毒株所制成的疫苗。它又可分为同源疫苗和异源疫苗。同源疫苗是指用同种病原体的弱毒株或无毒变异株制成的疫苗。异源疫苗则是指通过含交叉保护性抗原的非同种微生物制成的疫苗，如预防鸡痘的鸽痘病毒疫苗等。理想的弱毒苗应具有免疫原性好、毒力稳定、经过易感动物连续回归试验不返强等特性。由于弱毒疫苗在机体内有一定生长繁殖能力，故接种量小、接种次数少，除诱导机体产生体液免疫和细胞免疫外，经自然感染途径接种时，还能诱导机体的黏膜免疫。在储存和运输过程中，弱毒活苗易丧失活性或造成杂菌污染，故一般需要冷冻保存。

（3）类毒素　类毒素是指由某些细菌产生的外毒素，经适当浓度甲醛脱毒后而制成的生物制品。类毒素接种后能诱导机体产生抗毒素，如破伤风类毒素等。

2. 亚单位苗

是指用理化方法提取病原微生物中一种或几种具有免疫原性的成分所制成的疫苗。此类疫苗接种宠物能诱导产生针对相应病原微生物的免疫力，如巴氏杆菌的荚膜抗原苗和大肠杆菌的菌毛疫苗等。亚单位疫苗去除了病原体中与激发保护性免疫无关的成分，又没有病原微生物的遗传物质，副作用小、安全性高，因而具有广阔的应用前景。但亚单位疫苗生产工艺复杂、生产成本较高，目前仍不能广泛应用。

3. 生物技术疫苗

通常包括以下几种：

（1）基因工程亚单位苗 是指将病原微生物中编码保护性抗原的基因，通过基因工程技术导入细菌、酵母或哺乳动物细胞中，使该抗原高效表达后制成的疫苗。由于目前该类疫苗的免疫原性较弱，往往达不到常规疫苗的免疫水平，且生产工艺复杂，尚未被广泛使用。

（2）合成肽疫苗 是指根据病原微生物中保护性抗原的氨基酸序列，人工合成免疫原性多肽并连接到载体蛋白后制成的疫苗。该类疫苗性质稳定、无病原性、能够激发宠物的免疫保护性反应，且可将具有不同抗原性的短肽链连接到同一载体蛋白上构成多价苗。但其缺点是免疫原性较差、合成成本昂贵。

（3）基因工程活载体苗 是指将病原微生物的保护性抗原基因，插入到病毒疫苗株等活载体的基因组或细菌的质粒中，利用这种能够表达该抗原但不影响载体抗原性和复制能力的重组病毒或质粒制成的疫苗。该类活载体疫苗具有容量大、可以插入多个外源基因、应用剂量小而安全、能同时激发体液免疫和细胞免疫、生产和使用方便、成本低等优点，它是目前生物工程疫苗研究的主要方向之一，并已有多种产品成功地用于生产实践。

（4）基因缺失苗 是指通过基因工程技术在 DNA 或 cDNA 水平上去除与病原体毒力相关的基因，但仍保持复制能力及免疫原性的毒株制成的疫苗。由于毒株稳定，不易返祖，故可制成免疫原性好、安全性高的基因缺失疫苗。目前生产中广泛使用的伪狂犬病基因缺失苗就是一个成功的例子。

（5）DNA 疫苗 是指用编码病原体有效抗原的基因与细菌质粒构建的重组体。用该重组体可直接免疫宠物机体，通过传染宿主细胞后表达的保护性抗原能够诱导机体特异性免疫应答反应。

（6）抗独特型疫苗 是根据免疫调节网络学说设计的疫苗。由于抗体分子的可变区不仅有抗体活性，而且也具有抗原活性，故任何一种抗体的 Fab 段不仅能特异地与抗原结合，同时其本身也是一种独特型的抗原决定簇，能刺激自身淋巴细胞产生抗抗体，即抗独特型抗体。这种抗独特型抗体与原始抗原的免疫原性相同，故可作为抗独特型疫苗而激发机体对相应病原体的免疫力。

（二）免疫接种及其反应

1. 免疫接种的类型

疫苗的免疫接种可分为预防接种、紧急接种以及环状免疫带和免疫隔离屏障建立等 4 种类型。

（1）预防接种 是指为控制宠物传染病的发生和流行，减少传染病造成的损失，根据一个国家、地区传染病流行的具体情况，有组织、有计划地对易感宠物群进行的免疫接种。如我国的狂犬病的疫苗免疫接种等就属于该种类型。

（2）紧急接种 是指某些传染病暴发时，为了迅速控制和扑灭该病的流行，对疫区和受威胁区尚未发病宠物进行的应急性免疫接种。

2. 免疫接种的途径

疫苗的免疫接种途径需要根据疫苗的种类、性质、特点以及病原体的侵入门户和它在机体内的定位等因素来确定。选择合理的免疫接种途径不仅能够充分发挥全身性体液免疫和细胞免疫的作用，同时也能大大提高宠物机体的局部免疫应答能力。

（1）注射免疫接种　适用于各种灭活苗和弱毒苗的免疫接种。常用的注射接种途径包括皮下注射、皮内注射和肌肉注射接种。注射接种剂量准确、免疫密度高、效果确实可靠，在实践中广泛应用，但与其他方法相比费时费力，消毒不严格时容易造成病原体人为传播和局部感染，而且捕捉宠物时易出现应激反应。

皮下接种是最常用的免疫接种途径，大部分疫苗均可采用此途径接种。该途径接种的疫苗吸收较皮内快，缺点是用量较大、副作用较皮内接种稍大。

皮内接种是将疫苗注射接种于宠物的皮内，操作难度较大、应用范围较小，但某些诊断液仍然使用该方法。皮内接种疫苗的使用剂量和局部副作用小，相同剂量疫苗产生的免疫力比皮下接种高。

肌肉注射免疫是一种操作简便、应用广泛、副作用较小的方法，较大宠物的注射部位一般在其颈部或臀部，而鸽类则在其胸肌或腿肌。通过该法接种的疫苗吸收快、免疫效果较好。

（2）点眼与滴鼻免疫接种　点眼与滴鼻接种疫苗都是非常有效的局部免疫接种途径，同时也具有激发机体全身免疫的作用，因为鼻腔黏膜下有丰富的淋巴样组织、禽类眼部具有哈德氏腺，对抗原的刺激都能产生很强的免疫应答反应。点眼免疫与滴鼻免疫的效果相同、抗体产生迅速且不受母源抗体的干扰。

（3）经口免疫接种　宠物的皮下、黏膜下淋巴样组织非常丰富，当其受到抗原刺激后，在激发局部免疫应答的同时，能够诱导全身性免疫反应。因此，对弱毒活苗且主要通过呼吸道和消化道传播的传染病，常采用经口免疫，如饮水或拌料免疫。经口免疫效率高、省时省力、操作方便，能使全群宠物在同一时间内共同被接种，对群体的应激反应小，但宠物群中抗体滴度往往不均匀，免疫持续期短，免疫效果容易受到其他多种因素的影响。经口途径接种疫苗时必须注意：①适当加大疫苗的用量，并在饮水中加入适当浓度的疫苗保护剂；②免疫前应根据季节和天气情况停饮或停止喂料2～4h，以保证免疫时宠物摄入足够剂量的疫苗；③饮水免疫时，选用的水质要清洁，不得含有任何消毒药或对疫苗有损伤作用的其他物质，而且水温不宜过高，以免影响抗原的活力；④加入的水量要适中，保证在最短的时间内饮用完毕。

（4）刺种免疫接种　该方法常用于鸽痘等疫病的弱毒疫苗接种。将疫苗稀释后，用刺种针或蘸水笔尖蘸取疫苗液并刺入禽类翅膀内侧无血管处的翼膜内即可。刺种免疫操作相对较为繁琐，应用范围较小。

（5）其他免疫途径　擦肛免疫接种、皮肤涂擦免疫接种等目前已很少使用。

对于出生后发病时间较早的传染病，可以通过怀孕宠物或种禽的免疫接种，使幼龄宠物获得由母源抗体提供的被动免疫保护力，如犬细小病毒感染等。

3. 疫苗接种的反应

由于疫苗对宠物机体来说是外源性物质，机体对其通常会发生一系列的反应，其强度和性质由疫苗的种类、质量和毒性等因素决定。在生产实践中，疫苗接种后经常会出现一些不良反应，按照这些反应的强度和性质将其分为下列几种类型。

（1）正常反应　是指由于疫苗本身的特性而引起的反应。大多数疫苗接种后宠物不会出现明显可见的反应，少数疫苗接种后，常常出现一过性的精神沉郁、食欲下降、注射部位的短时轻度炎症等局部性或全身性异常表现。如果这种反应的宠物数量少、反应程度轻、维持时间短暂，则被认为是正常反应。

（2）严重反应 是指与正常反应在性质上相似，但反应程度重或出现反应的宠物数量较多的现象。出现严重反应的原因通常是由于疫苗质量低劣或毒（菌）株的毒力偏强、使用剂量过大、操作不正确、接种途径错误或使用对象不正确等因素引起。通过严格控制疫苗的质量，并按照疫苗使用说明书操作，常常可避免或减少接种宠物出现严重反应的频率。

（3）过敏反应 是指由于疫苗本身或其培养液中某些过敏原的存在，导致疫苗接种后宠物迅速出现过敏性反应的现象。发生过敏反应的宠物表现为黏膜发绀、缺氧、严重的呼吸困难、呕吐、腹泻、虚脱或惊厥等全身性反应和过敏性休克症状。过敏反应在以异源细胞或血清制备的疫苗接种时经常出现，在实践中应密切关注接种后的反应。

（三）疫苗的联合使用

由于一定地区、一定季节内某种宠物流行的疫病种类较多，往往在同一时间需要给宠物接种两种或两种以上的疫苗，以分别刺激机体产生保护性抗体。这种免疫接种可以大大提高工作效率，很受宠物主人和宠物医生的欢迎，但在当前仍以常规疫苗为主的形势下，疫苗联合使用时应考虑到疫苗的相互作用。从理论上讲，在增殖过程中不同病原微生物可通过不同的机制彼此相互促进或相互抑制，当然也可能彼此互不干扰。前两种情况对弱毒苗的联合免疫接种影响很大，主要是因为弱毒活苗在产生免疫力之前需要在机体内进行一定程度的增殖。因此，选择疫苗联合接种免疫时，应根据研究结果和试验数据确定哪些弱毒苗可以联合使用，哪些疫苗在使用时应有一定的时间间隔以及接种的先后顺序等。经过大量试验研究证明，有些联合的弱毒活疫苗如犬瘟热-犬传染性肝炎-犬细小病毒-犬腺病毒Ⅱ型-犬副流感弱毒五联苗、猫瘟热-猫传染性鼻气管炎-猫传染性腹膜炎三联苗等免疫接种后，相互之间不会出现干扰作用。

近年来的研究表明，灭活疫苗联合使用时似乎很少出现相互影响的现象，甚至某些疫苗还具有促进其疫苗免疫力产生的作用。但考虑到宠物机体的承受能力、疫病危害程度和目前的疫苗生产工艺等因素，常规灭活苗无限制累加联合也会影响主要疫病的免疫防制，其原因是因为宠物机体对多种外界因素刺激的反应性是有限度的，同时接种疫苗的种类或数量过多时，不仅妨碍宠物机体针对主要疫病高水平免疫力的产生，而且有可能出现较剧烈的不良反应而减弱机体的抗病能力。因此，对主要宠物疫病的免疫防治，应尽量使用单独的疫苗或联合较少的疫苗进行免疫接种，以达到预期的接种效果。

随着生物技术的发展，人们将会去除病原微生物中与免疫保护作用无关的成分，使联合弱毒疫苗或灭活疫苗的质量不断提高、不良反应逐渐减少，并使其在生产中得到广泛应用。

（四）预防接种免疫程序的制定

1. 免疫程序制定的原则

免疫程序是指根据一定地区或养殖场内不同传染病的流行状况及疫苗特性，为特定宠物群制定的疫苗接种类型、次序、次数、途径及间隔时间。制定免疫程序通常应遵循的原则如下：

（1）宠物群的免疫程序是由传染病的三间分布特征决定的　由于宠物传染病在地区、时间和宠物群中的分布特点和流行规律不同，它们对宠物造成的危害程度也会随着发生变化，一定时期内兽医防疫工作的重点就有明显的差异，需要随时调整。有些传染病流行时具有持续时间长、危害程度大等特点，应制定长期的免疫预防对策。

（2）免疫程序是由疫苗的免疫学特性决定的　疫苗的种类、接种途径、产生免疫力需要的时间、免疫力的持续期等差异是影响免疫效果的重要因素。因此，在制定免疫程序时要根据这些特性的变化进行充分的调查、分析和研究。

（3）免疫程序应具有相对的稳定性　如果没有其他因素的参与，某地区在一定时期内宠物传染病分布特征是相对稳定的。因此，若实践证明某一免疫程序的应用效果良好，则应尽量避免改变这一免疫程序。如果发现该免疫程序执行过程中仍有某些传染病流行，则应及时查明原因（疫苗、接种方法、时机或病原体变异等），并进行适当地调整。

2. 免疫程序制定的方法和程序

目前仍没有一个能够适合所有地区或养殖场的标准免疫程序，不同地区或部门应根据传染病流行特点和生产实际情况，制定科学合理的免疫接种程序。对于某些地区或养殖场正在使用的程序，也可能存在某些防疫上的问题，需要进行不断地调整和改进。因此，了解和掌握免疫程序制定的步骤和方法具有非常重要的意义。

（1）掌握威胁本地区传染病的种类及其分布特点　根据疫病监测和调查结果，分析该地区常发多见传染病的危害程度以及周围地区威胁性较大的传染病流行和分布特征，并根据宠物的类别确定哪些传染病需要免疫或终生免疫，哪些传染病需要根据季节或宠物年龄进行免疫。

（2）了解疫苗的免疫学特性　由于疫苗的种类、适用对象、保存、接种方法、使用剂量、接种后免疫力产生需要的时间、免疫保护效力及其持续期、最佳免疫接种时机及间隔时间等疫苗特性是免疫程序的主要内容，因此在制定免疫程序前，应对这些特性进行充分的研究和分析。一般来说，弱毒疫苗接种后5～7d、灭活疫苗接种后2～3周可产生免疫力。

（3）充分利用免疫监测结果　由于年龄分布范围较广的传染病需要终生免疫，因此，应根据定期测定的抗体消长规律确定首免日龄和加强免疫的时间。初次使用的免疫程序应定期测定免疫宠物群的免疫水平，发现问题要及时进行调整并采取补救措施。新生宠物的免疫接种应首先测定其母源抗体的消长规律，并根据其半衰期确定首次免疫接种的日龄，以防止高滴度的母源抗体对免疫力产生的干扰。

（4）传染病发病及流行特点决定是否进行疫苗接种、接种次数及时机　主要发生于某一季节或某一年龄段的传染病，可在流行季节到来前2～4周进行免疫接种，接种的次数则由疫苗的特性和该病的危害程度决定。

总之，制定不同宠物或不同传染病的免疫程序时，应充分考虑本地区常发多见或威胁大的传染病分布特点、疫苗类型及其免疫效能和母源抗体水平等因素，这样才能使免疫程序具有科学性和合理性。

（五）影响疫苗免疫效果的因素

疫苗免疫效果的影响因素主要包括宠物体的遗传特性、营养、饲养管理、所处的环境以及各种应激因素，病原体的血清型、变异株或超强毒株，疫苗的保存、运输和内在质量，免疫程序，母源抗体水平和免疫抑制因子的存在等。这些因素可通过不同的机制干扰宠物体免疫力的产生。

1. 免疫宠物群的状况

宠物品种、年龄、体质、营养状况、饲养管理条件、应激因素以及接种密度等对免疫效果和机体抗病能力的影响很大。幼龄、体弱、生长发育较差以及患慢性病的宠物，可能会出现明显的注射反应，而且抗体上升缓慢；环境条件恶劣、卫生消毒制度不健全、饲料营养不全面、宠物圈舍通风保温不够、应激状态等都可降低机体的免疫应答反应。此外，当宠物群的免疫密度较高时，那些免疫宠物在群体中能够形成免疫屏障，从而保护宠物群不被感染；相反，若宠物群的免疫接种率低或不进行免疫接种，由于易感宠物集中，病原体一旦传入即可在群体中造成流行。

2. 病原体的血清型和变异性

某些病原体的血清型多、容易发生抗原变异或出现超强毒力变异株，常常造成免疫接种失败，如大肠杆菌病、传染性支气管炎、鸽流感、鸽马立克氏病等。

3. 免疫程序不合理

免疫程序不合理包括疫苗的种类、生产厂家、接种时机、接种途径和剂量、接种次数及间隔时间等不适当。由于不同疫苗具有不同的免疫学特性，如果不了解它们的差异而改变某一免疫程序时，容易出现免疫效果差或免疫失败的现象。此外，疫病分布发生变化时，疫苗的接种时机、接种次数及间隔时间等应随之调整。同时还应对疫苗的接种途径给予高度重视，特别是以呼吸道和消化道为入侵门户的传染病，应密切协调其黏膜免疫和全身免疫的关系。

4. 免疫抑制性因素的存在

犬瘟热病毒、鸽马立克氏病病毒、猫泛白细胞减少症等病原体，在宠物体内可通过不同的机制破坏机体的免疫系统，导致宠物机体免疫功能受到抑制。此外，某些药物、营养成分缺乏、霉菌毒素等也可通过不同机制导致机体的免疫应答能力下降。

5. 疫苗的运输、贮藏和质量

疫（菌）苗大致可分为冻干苗和液体苗。冻干苗随保存温度的升高其保存时间相应缩短，一般应按照生产厂家的要求保存在适宜的条件下。液体疫苗又分油佐剂苗和水剂苗，油佐剂苗应严禁冻结，置于4～8℃冷藏，水剂苗则需根据不同情况妥善贮存。疫苗的运输和贮存应严格执行冷链系统，即从生产单位到使用单位的一系列运输、储存直到使用过程中的每个环节，始终使其处于适当的冷藏条件下，并严禁反复冻融。

疫苗的内在质量是由生产厂家控制的，使用前若发现冻干苗失真空、油佐剂苗破乳、变质或生长霉菌、存在异物、过期或未按规定运输保存时应予废弃。使用时应严格按照要求进行稀释，在规定时间内将稀释后的疫苗接种完毕，以保证疫苗的注射剂量和注射密度，而且接种活菌苗后应在规定的时间内禁止投服抗菌药物。

6. 母源抗体的干扰和超前免疫

母源抗体的持续时间及其对宠物的免疫保护力，受宠物种类、疫病类别以及母体免疫状况的影响很大。一般来说，未吃初乳的新生宠物，血清中免疫球蛋白的含量极低，吮吸初乳后血清免疫球蛋白的水平能够迅速上升并接近母体的水平，生后24～35h即可达到高峰；随后开始降解而滴度逐渐下降，降解速度随宠物种类、免疫球蛋白的类别、原始浓度等不同有明显差异。由于体内缺乏主动免疫细胞，此时接种弱毒疫苗时很容易被母源抗体中和而出现免疫干扰现象。

（六）常见的宠物疫苗与接种

1. 犬的疫苗与接种

（1）国内临床常用犬疫苗概况

目前，国内小动物临床常用犬疫苗分国产疫苗和进口疫苗两大类。国产疫苗有七联苗、五联苗、单苗。进口疫苗主要是六联疫苗和狂犬病疫苗。主要预防犬瘟热、犬细小病毒感染、钩端螺旋体病、传染性肝炎、支气管炎、副流感、狂犬病等。

（2）犬接种疫苗的程序

幼犬 45 日龄后，即可接种犬疫苗。如果选择进口五联苗或六联苗，则连续注射 3 次，每次间隔 3 周或 1 个月；如果幼犬已达 3 月龄（包括成年犬），则可连续接种 2 次，每次间隔 3 周或 1 个月；此后，每年接种 1 次进口六联苗。

如果选择国产五联苗。从断奶之日起（幼犬平均45d断奶）连续注射疫苗 3 次，每次间隔 2 周；此后，每年接种 1 次国产五联苗。

3 月龄以上的犬，每年应接种 1 次狂犬病疫苗。

（3）犬接种疫苗的注意事项

①只有健康的犬才能接种疫苗　达到疫苗接种年龄的幼犬，在接种疫苗之前，必须做体检，因为只有身体健康的幼犬，才能接受疫苗接种。身体健康是指处于非疾病状态，幼犬的鼻镜湿而凉，体温、呼吸和心功能正常。临床上不能出现体温升高、咳嗽、打喷嚏、呕吐、腹泻、脓眼屎、鼻镜干、脚垫厚等症状。否则，在非健康状态下，可能幼犬处于传染病的潜伏期，接种疫苗会引发疾病。

幼犬在新的环境下，如坐汽车（尤其是夏天）或来到气味复杂的宠物医院，体温会因紧张而略有上升。一般情况下，幼犬的体温为 38.5～39.0℃，在来宠物医院接种疫苗前，在家里为犬测体温，将体温表插入肛门内 3min，可以得知幼犬体温的真实值，防止坐汽车到宠物医院后因体温超过 39.5℃，宠物医生不同意接种疫苗。

②注意接种的间隔时间　在购买幼犬后，先给幼犬注射犬五联血清、犬二联血清（犬瘟热＋犬细小病毒抗体）或犬瘟热及犬细小病毒单克隆抗体，3 周后再为幼犬接种犬疫苗，这种做法是可取的，但要注意注射血清（抗体）后应间隔20d 左右才能接种犬疫苗（抗原）。否则间隔时间太短，会引起抗原（疫苗）、抗体（血清）反应，使疫苗不起作用。

③注意接种时的过敏现象　一般情况下，接种疫苗后，犬不会出现明显的身体状态变化，个别犬在接种疫苗后的第二天有不愿动、食欲差的暂时现象，很快会恢复正常。如果注射疫苗后，犬在 10～20min 内起皮疹，甚至浑身无力，则属于过敏现象，应该请兽医立即抢救。为安全起见，幼犬接种疫苗后10min，主人应先暂留在宠物医院观察幼犬的反应，无异常现象后再离开宠物医院。

④正确认识疫苗的保护率　当幼犬接种疫苗次数完成后，疫苗才对犬具有保护力。这种保护力不是 100% 的，而是在一定程度上保护犬免受传染病感染。其原因主要有：第一，与疫苗种类有关，进口疫苗的保护力强于国产疫苗，国产疫苗在对犬瘟热病毒的防范方面，的确存在着保护率欠理想的现实。第二，如果幼犬在接种疫苗后，与重病犬接触，还

是有可能感染疾病的。第三，进口犬六联苗预防的是犬瘟热、犬细小病毒感染、犬传染性肝炎、犬副流感、犬腺病毒Ⅱ型和钩端螺旋体病，国产五联苗预防的是狂犬病、犬瘟热、犬副流感、犬细小病毒病和犬传染性肝炎，而不预防其他的传染病。因此，接种过疫苗的犬还有可能患上其他传染病，只是这些传染病的死亡率不太高。第四，犬的疫苗接种并非一劳永逸，每年按时接种才对犬有保护力，因此，不能接种1～2年后觉得没必要，就不接种了。

⑤其他注意事项　去宠物医院为幼犬接种疫苗时，不要将犬放在地上。最好由主人抱着幼犬，或者放在消毒过的诊断台上为幼犬体检，以防接触传染的发生。

如果犬接种疫苗后7d左右发生传染病，可能是接种时幼犬已处于传染病的潜伏期，或者在此期间感染了疾病，应该立即接受相应的治疗。

幼犬接种疫苗1周内，不要为幼犬洗澡，以防诱发呼吸系统疾病，导致免疫失败。

2. 猫的疫苗与接种

（1）国内临床常用猫疫苗概况

目前，国内宠物医院常给猫进行疫苗注射，常用疫苗包括：进口的猫三联疫苗、进口狂犬病疫苗、国产狂犬病疫苗和国产猫瘟热疫苗。

猫三联疫苗是进口的猫疫苗，为国际上通用的产品，预防猫瘟热、猫杯状病毒感染和传染性鼻气管炎。免疫接种方法：2个月以上的猫需免疫（肌肉注射）2次，间隔2～3周；以后，每年免疫注射1次。此疫苗目前临床上反映效果很好。

狂犬病疫苗有国产和进口的两种产品，用于预防狂犬病的发生。3个月以上的猫即可免疫注射，保护期为1年，每年应接种1次。从临床效果看，进口和国产狂犬病疫苗效果均较好。

猫瘟热疫苗对猫瘟热有一定的保护率。它是一种灭活的细胞疫苗，3～4月龄的幼猫即可接种，首次接种应肌肉注射2次，每次间隔4周；4月龄以上的猫肌肉注射1次，免疫期为1年；以后每年注射1次。

（2）猫免疫接种的注意事项

①只有健康的猫才能接种疫苗。一般情况下，兽医应给猫做临床体检来确定猫是否健康。检查包括体温、呼吸、心跳次数、体表检查和病史询问。正常幼猫的体温为38～38.5℃；成年猫为38.0℃左右，但都不应超过39.0℃，除非个别的猫从闷热的汽车中刚出来，体温可能稍高。体表检查主要观察有无眼分泌物和鼻涕，口腔黏膜颜色有无异常，眼结膜有无增生血管，有无呕吐、不食、腹泻等现象，有无传染病病史，是否与患病猫接触过。

②疫苗接种后，都有一定的保护率，但保护率不是100%。这说明，接种疫苗后的猫当抵抗力下降时，如果接触正患病的猫，也有可能患传染病。

③疫苗注射7d左右，才能产生一定数量的抗体，为猫提供一定的保护力，因此，刚接种1～3d的猫，并非处于安全期，疫苗的作用没有完全体现出来。

④注射过血清的猫，需经20d左右才能接种疫苗，这样做是因为血清（含有一定的抗体）需要一定的时间才能从体内消失，或者下降至一定水平之下。

⑤处于疾病（例如猫瘟）潜伏期的猫，当时并未发病，但接种疫苗后会在1～7d内发病，应予治疗。

⑥正常接种疫苗，应每年1次，不能认为猫不出户，就不接种，或接种2～3次疫苗后认为安全了，以后不接种也行，这会给病毒的传播提供机会，因为猫的主人要经常接触外界，可能成为传染媒介之一。

另外，疫苗是生物制品，个别的猫接种后偶见过敏现象。因此，在宠物医院为猫接种疫苗后，应停留10min左右，观察有无呼吸、心搏数的异常变化甚至休克现象，若有则应请兽医及时治疗。

接种疫苗后1周内最好先不要给猫洗澡，以防过冷过热引发感冒影响免疫效果，或者针眼被污染后引起感染。

六、检疫

（一）动物检疫的概念

动物检疫是政府行为，是为了防止动物疫病传播，保护畜牧业生产和人民身体健康，由法定的检疫（验）机构和人员，采用法定的检验方法，依照法定的检疫项目、检疫对象、检验标准以及管理形式和程序，对动物、动物产品进行疫病检查、定性和处理的一项带有强制性的技术行政措施。

（二）动物检疫的意义和内容

动物检疫的意义包括：第一，通过一系列有效的检疫措施阻止重大疫情的发生和流行，减少动物疫病所造成的损失，保证动物养殖业的健康发展；第二，由于当前国际间动物及动物产品贸易的成交与否，取决于动物及其产品的疫病状况和质量，因此通过各种检疫措施的实施，可以促进动物及其产品的国际贸易；第三，由于动物及其产品与人类的生活密切相关，因此通过动物检疫可以控制人兽共患传染病的发生和流行，保护人民的身体健康。

检疫的基本内容是动物、动物产品或其他检疫物如动物疫苗、血清、动植物废弃物以及装载容器、包装物和可能污染的运输工具等检疫对象中的动物传染病、寄生虫病和其他有害生物。在检疫过程中，通常根据检疫类型和检出疫病的种类采取不同的处理措施。

（三）国境检疫

国境检疫是一项政策性和技术性相结合的兽医卫生防疫工作，对维护国家主权、控制动物重大疫病的传入和流行，保障养殖业的正常发展和人民的身体健康都有重要的意义。国境检疫分为入境检疫、出境检疫、过境检疫和国际运输工具检疫等。

1. 入境检疫

是指从国外引进宠物等时必须按规定履行的入境检疫手续。其基本程序包括：

（1）签订双边检疫议定书　需要通过贸易、科技合作、交换、赠送、援助、携带等方式输入宠物时，应由检疫机关提出检疫条件，考察输出国宠物疫病流行和防制状况、兽医检疫的技术及其机构设置和管理体制等情况，双方拟订检疫议定书。

（2）检疫审批　在签订贸易合同或协议前，接收单位应向检疫机关提出申请，并办理检疫审批手续。

（3）报检　宠物抵达口岸前接收人应按规定向口岸检疫机关报检，并提交有关文件、填写报检单。

（4）宠物检疫　当宠物或其遗传物质抵达入境口岸时，检疫人员应进行现场检疫，包括查验输出国兽医主管部门出具的《动物检疫证书》等有关证件、宠物的临床检查和运输工具及宠物污染场地的消毒处理等。

（5）隔离检疫 入境宠物必须在入境口岸进行隔离检疫，宠物（伴侣犬、猫）为30d。在隔离检疫期间，检疫机关负责对入境动物监督管理和详细的临床检查，并根据签订的双边检疫议定书，按有关规定采样进行实验室检验。

（6）检疫放行和处理 检疫合格后，检疫机关出具《动物检疫证书》和《检疫放行通知单》方准许入境。

在检疫过程中，若发现农业部颁布的《中华人民共和国进境动物一、二、三类传染病、寄生虫病名录》中一类疫病或双边检疫议定书规定的疫病时，宠物禁止入境，做退回或销毁处理；检出二类病的阳性宠物应退回或销毁，同群的其他宠物进行隔离观察，阴性时可以入境。

2. 出境检疫

是指对输出到其他国家和地区的宠物出境前实施的检疫。出境检疫的基本程序如下：

（1）报检 在宠物出境前，必须向口岸动物检疫机关报检。报检时须提交贸易合同或者有关协议等证明。

（2）检疫 接到报检后，检疫机关应根据动物检疫及动物卫生协定、议定书、协议书等有关要求确认隔离场，对出境宠物进行临床检查和实验室检验；并根据需要对出境宠物进行疫情调查。

（3）出证 检验合格并符合有关规定和要求时，由检疫机关出具动物健康证书、兽医卫生证书。

（4）离境 检疫合格的出境宠物应在检疫机关的监督下装运，并在规定的期限内出境。另外，应积极准备和欢迎各输入国官方兽医对宠物饲养场、隔离场及实验室检验等工作的考察。

3. 过境检疫

是指对经某国国境运输的动物、其他检疫物及装载动物等实施的检疫。过境动物时必须事先征得过境国检疫机关的同意，事先办理检疫许可手续并按照指定的口岸和路线过境。动物过境检疫许可的程序如下：

（1）过境申请。要求运输动物过境时应提前向过境国家提出过境检疫申请。

（2）填写过境检疫申请表，并出示输出国检疫部门出具的动物检疫证书。

（3）动物过境检疫许可证办理的原则。详细了解产地国及进入过境国前所有途经国家动物的疫情状况，如这些国家发生或流行法定的一类或 A 类动物传染病、新发现的疫病或其他严重威胁人体健康的疾病时，全群动物不准过境；要求过境的动物必须经出口国政府检疫部门检验并证明健康无病；要求运输途经的下一个国家政府检疫部门出具动物进境检疫许可证或动物接收证明，避免动物滞留过境国；同意动物过境时，由检疫部门签发《动物过境检疫许可证》。

（4）报检。其程序与动物入境大体相同。

（5）检疫。过境动物的检疫主要包括运输工具、容器外表、接近动物及动物产品的人员以及被污染场地的防疫消毒处理；查验动物健康证明和临床检查，如果检疫发现法定的一、二类动物传染病、寄生虫病时，全群动物不准过境。对检疫不合格的动物及其他检疫物，检疫机关有权采取强制性的处理措施，其中包括除害、扑杀、销毁、退回和不准出境等。经检疫合格者可准予过境。

4. 运输工具检疫

由于国际间运输工具常常在不同国家或地区间运行，流动性较大，容易成为动物疫病病原体的携带媒介。因此，除对装载动物和其他检疫物进境、出境、过境的运输工具进行动物检疫外，《中华人民共和国进出境动植物检疫法》还规定对来自动物疫区的船舶、飞机、火车及进境车辆等也实施检疫。运输工具检疫的程序包括申报、检疫及其处理。

（1）申报　除了报告抵达时间、停泊地点、靠泊移泊计划外，还须提交总申报单、物品申报单、货物申报单或载货清单。

（2）检疫　重点检查生活区、货（客）舱、厨房、食品仓、冷藏室和动物性废弃物、泔水存放场所、容器等。

（3）检疫处理　当发现有我国规定禁止或者限制进境的动物或其他检疫物时，检疫机关有权施加封识或截留销毁处理；对进境运输工具上的泔水、动物性废弃物及其存放场所、容器等应进行无害化处理；所有进境车辆由检疫机关进行防疫消毒处理。

（四）国内检疫

国内检疫是指为有效地防止重要疫病的发生和传播，根据法律规定由法定机构或人员对境内动物实施的、具有法律效力和法律后果的技术措施和政府行为。它不仅直接关系到动物生产安全，同时对保障人民的身体健康、维护我国的国际贸易信誉等都具有重要的意义。临床实践中通过不同的诊断技术和方法对动物进行常规检查，出具结论性处理意见的行为并不属于检疫的范畴。

动物国内检疫是由县级以上农牧部门所属的动物检疫站和乡镇兽医站等部门负责执行。国家农牧部门根据动物产地、集散地、调运等环节的生产流向规律，在各省、市、县、乡镇境内和铁路、公路、码头、港口、航空港等处分别设立检疫站，负责辖区内动物的检疫。根据检疫的设置地点、检疫对象和要求等，将国内检疫分为产地检疫、运输检疫等形式。

1. 产地检疫

是指对动物离开饲养地之前的检疫。产地检疫是及时发现并扑灭传染源、阻止疫病扩散的有效方法，同时也是保证动物健康、维护人民身体健康的重要措施。产地检疫一般分为饲养场地检疫、交易检疫等形式。检疫的程序及内容包括当地的疫情调查、查验动物的免疫接种状况、动物群体及全体的临床检查、患病动物的病理学检查以及实验室检验等。检疫合格者签发《产地检疫证明书》；若在检疫过程中发现法定的各类疫病，应按照《中华人民共和国动物检疫法》的有关规定处理。

2. 运输检疫

是指对通过铁路、公路、码头、航空运输的动物及其产品进行的检疫。运输检疫通常包括铁路检疫、公路运输检疫、码头检疫和航空运输检疫等，它是防止动物疫病扩散、控制疫病发生和流行的重要措施之一。其程序和内容如下。

（1）在启运前3～5d向当地兽医检疫部门报检，兽医检疫人员接到报检应到达动物的启运现场。

（2）查验动物及其产品的产地检疫证明书、特定疫病非疫区证明书、特定疫病检疫证明书和特定疫病预防注射证明书等。

（3）对动物及其产品进行现场检查，包括动物群体检查、个体检查等。

（4）检疫合格、物证相符时签发运输检疫证，凭证办理外运手续；若在检疫过程中发现法定的检疫对象，应禁止外运并在兽医检疫人员的监督下进行无害化处理。

七、消毒及消灭传播媒介

消毒是杀灭病原微生物的重要措施。患病宠物的分泌物（眼屎、唾液、痰等）和排泄物（粪、尿等）中常含有大量的病原微生物，有些微生物的抵抗力很强，在外界环境中可长期存在，尤其是在被它们污染的土壤中、圈舍、饲养管理用具、饲养人员的衣服、鞋等物品中的病原微生物，抵抗力更强，常成为传播传染病和寄生虫病的重要媒介。有些正常宠物体内存在有非致病性的微生物，但当某些原因使宠物抵抗力降低时，这些非致病性微生物可增强毒力，引起宠物感染发病。因此，为了预防宠物发生传染病，对可能被污染的物品都要进行经常性的消毒。

（一）消毒的概念、意义和种类

1. 消毒的有关概念

（1）消毒与灭菌　消毒是杀灭或清除传播媒介上病原微生物，使之达到无害化的程度。如果将传播媒介上的所有微生物全部杀灭或清除，则称灭菌。

（2）杀菌与抑菌　经灭菌（或消毒）处理，使微生物死亡，叫杀菌。部分微生物经过新洁尔灭或洗必泰等低效消毒剂消毒后，只能杀灭细菌繁殖体，而芽孢和某些病毒仅受到抑制作用失去繁殖能力，经过一段时间和适当条件又可恢复繁殖能力。所以，如消毒仅使微生物暂时停止繁殖，停止消毒则微生物就可能重新繁殖的叫抑菌。

（3）消毒剂与灭菌剂　消毒剂是指用于消毒的药物，不能杀灭所有的微生物。而灭菌剂是指用于灭菌的药物，它必须具备歼灭各种类型微生物的能力。灭菌剂有时可作消毒剂使用，反之消毒剂不能作灭菌剂使用。

（4）疫源地消毒　对存在或曾经存在传染源的场所，如对传染病病房、患畜，被传染病患畜的分泌物、排泄物污染的场所进行消毒。

2. 消毒的意义

消毒是贯彻"预防为主"方针，开展综合性防制的重要措施。它的目的是消灭传染源排到外界环境中的病原体，以切断传播途径，阻止传染病的发生和继续蔓延，从而做到防患于未然。在宠物疫病较为复杂的情况下，进一步加强和搞好消毒工作具有重要的现实意义。

3. 消毒的种类

消毒的种类根据消毒的目的不同，可分为如下 3 种：

（1）预防性消毒（又称定期消毒）　在没有发生疫病时，以预防感染为目的，进行经常性的消毒，消灭生活环境中可能存在的各种病原体。

预防性消毒的重点有宠物圈舍、饮水、饲养用具、运输工具、交易所、仓库、工作服、鞋帽、器械等。

（2）紧急性消毒　在发生疫病流行时，直到疫病扑灭之前（即疫情发生期间）所进行的消毒，称为紧急消毒（又叫随时消毒）。这种消毒可以减少或消灭病原体，切断传染途径，阻止传染病的蔓延。由于患病宠物的排泄物含有大量的病原体，带有很大的危险性，因此必须反复进行多次消毒。消毒前应封锁管制。

在解除隔离或封锁前，对隔离患病宠物用的圈舍，每天应消毒1次。凡与患病宠物接触过的和能使传染病蔓延的器物和排泄物，如栏舍、墙壁、饲养工具、垫草、粪便、污水和工作人员的衣物、器械等都要进行彻底消毒。同时，消毒药的浓度也要比预防消毒时适当提高。如必须带兽消毒时，则应选择对人和宠物无害的消毒药物。

（3）终末消毒（又称巩固消毒）　发生传染病以后，待全部患病宠物处理完毕，即当全部患病宠物痊愈或死亡后，经过该病的最长潜伏期后再没有新的病例发生；或在疫区解除封锁之前为了消灭疫区内可能残留的病原体，巩固前期的消毒效果，所进行的全面彻底的大消毒，所以又叫善后消毒或巩固消毒。

（二）消毒的方法

消毒方法（即杀灭或清除微生物的方法）有很多，一般可分为物理、化学与生物方法三种。物理消毒法多利用加热、过滤或各种辐射等处理。一般说，其作用速度较快，不会留下残余的有害物质。其中的热处理与电离辐射往往是灭菌的首选方法。化学方法的使用，常涉及到药物的毒性与腐蚀性，而且影响因素也较复杂，因此多在特别情况下使用。生物法作用缓慢，效果有限，但费用较低，可用于废物或排泄物等的消毒。

1. 物理消毒法

（1）日光消毒法　是指将物品放在日光下暴晒，利用阳光光谱中的紫外线、阳光的灼热和蒸发水分造成的干燥使病原微生物灭活而达到消毒目的。此法比较适用于宠物圈舍的垫草、用具等的消毒，对被污染的土壤、牧场、场地表层的消毒也具有重要意义。一般病毒和非芽孢病原体在直射阳光下，几分钟到几小时可被杀死。一些细菌的芽孢在强烈的直射阳光下连续暴晒几天，也可被杀死。利用阳光消毒最为经济。但日光的杀菌效力因时、因地及微生物所处的环境不同而异。空气中水分含量的多少、环境温度的高低以及微生物本身抵抗力的强弱均对日光的杀菌作用有影响。如烟尘严重污染的空气，玻璃及有机物的存在等可减弱日光的杀菌作用。日光不同的光谱部位，杀菌效力不同。紫外线具有较强大的杀菌力，而可见光线、红外线对微生物的作用较弱。因此，在消毒工作中，日光仅能起辅助作用，而不能单独应用。

（2）人工紫外线　在化验室、无菌室、手术室、传染病病房中可采用人工紫外线进行消毒。紫外线和其产生的臭氧对病原体都有杀灭作用。

紫外线的杀菌作用仅限于被照射物的表面，因为紫外线的穿透力很弱，即使是很薄的玻璃也不能透过，因此消毒时必须使消毒部位充分暴露于紫外线下。紫外线消毒的适宜温度范围为20～40℃。温度过高或过低均会影响消毒效果。可通过适当延长照射时间达到消毒的目的。紫外线对微生物的作用主要有两个方面：一方面它可以改变细菌及其代谢产物的某些分子基因，使其酶、毒素等灭活；另一方面，紫外线能使细胞变性，进而引起菌体蛋白质和酶代谢障碍，从而导致微生物变异或死亡。紫外线对不同的微生物灭活所需的照射量不同。

（3）火焰消毒或焚烧消毒　是一种较为可靠的消毒方法。利用火焰喷射器喷火进行消毒，能杀死黏附在兽舍墙壁、地面以及笼具、金属设备等表面上的一般微生物和不耐高温的病原体。对于发生过严重传染病的圈舍内的垫草、粪便、病死的尸体、死胚及胚壳和其他无利用价值的物品应进行焚烧处理，达到彻底消毒的目的。

（4）煮沸　是一种既经济又方便，应用广泛，效果较佳的消毒方法，一般病原体的繁殖型在100℃沸水中5min内即可迅速死亡，多数芽孢煮沸15～30min内即可死亡，煮沸1～2h可以消灭所有的病原体。此种方法常用于耐煮的金属器械、玻璃器具、工作服等的消毒。在煮沸金属器械和玻璃器械时，可用1%～2%苏打或0.5%肥皂等碱性物质，以提高沸点，增强杀菌效果。塑料、皮革制品加热易变性，不能煮沸消毒。

（5）流通蒸汽　应用流通蒸汽消毒，效果与煮沸消毒相似。蒸汽消毒是将不能煮、但耐潮湿的物品放入蒸笼或放入特制的柜、桶或密闭的容器内再充蒸汽，一般30min左右即可达到消毒目的。

（6）高压蒸汽消毒　是指通过高热水蒸汽的高温，使病原体丧失活性的一种消毒方法。此法应用较广，效果确实可靠。高压蒸汽灭菌应按物品特性，在确保不使消毒物受损害的情况下选用适当温度进行。常用温度为115℃、121℃、126℃，维持20～30min。使用高压灭菌器进行灭菌时，应注意排除灭菌器内的冷空气之后，再使其压力升高。否则即使压力达到规定数值，灭菌器内的实际温度没有达到要求，也会影响灭菌的效果。另外，还应注意灭菌物品不得挤压过紧、过满，只有蒸汽通畅，才能保证所有物品的温度都能均匀上升，最终达到彻底灭菌的目的。

2. 化学消毒法

利用化学药物杀灭病原微生物的方法，称化学消毒法。应用化学药品的溶液或气体，使病原体的生长繁殖发生障碍或引起死亡，以达到杀灭病原体的目的。因为化学药品的消毒作用要比一般的消毒方法速度快、效率高，能在数分钟之内使药力透过病原体，将其杀死，所以常被采用。化学消毒法是消毒技术研究最多的一种方法。

常采用的化学消毒方法有以下几种：

（1）清洗法　用一定浓度的化学消毒药品对局部的擦拭。

（2）浸泡法　是将拟消毒物品浸泡于消毒液中一定时间。一般常用于医疗用具及病理剖检器械的消毒。在宠物体表感染寄生虫时，采用杀虫剂或化学药物进行药浴也是常用的浸泡消毒法。

（3）喷洒法　是化学消毒法中最为常用的有效消毒方法。消毒时将配好的有效消毒药液放置于喷雾器中，对兽舍地面、用具、墙壁、运输工具等进行喷雾消毒。喷洒法是预防消毒、紧急性消毒及终末消毒中最常用、又简便易行、效力可靠的消毒方法。

（4）熏蒸消毒法　是利用某些化学消毒药易于挥发或两种化学药物相互作用发生化学反应产生气雾，进行气体、烟雾、催化熏蒸等。此法是对环境中的空气及物体进行有效消毒的好方法。

化学消毒剂从状态上可分为液体消毒剂、固体消毒剂和气体消毒剂三大类，从杀菌作用可分为3种：

①高效消毒剂　是指能杀灭各种细菌、真菌及病毒，包括细菌芽孢的消毒剂，故称灭菌剂。常用的高效消毒剂有过氧化物类（过氧乙酸、过氧化氢、臭氧等）、醛类（甲醛、戊二醛）、环氧乙烷、含氯消毒剂（有机氯类、无机氯类）等。

②中效消毒剂　是指能杀灭细菌繁殖体、真菌和病毒；但不能杀灭细菌芽孢的消毒

剂，如乙醇、酚类等。

③低效消毒剂 指只能杀灭部分细菌繁殖体、真菌和病毒，不能杀灭结核杆菌、细菌芽孢和抵抗力较强的真菌和病毒的消毒剂，如新洁尔灭、洗必泰等。

3. 生物消毒法

利用某种生物来杀灭或清除病原微生物的方法，称为生物消毒法。如粪便和垃圾的发酵，是利用嗜热细菌繁殖产生的热量杀灭病原微生物。此外，可依靠生物在新陈代谢过程中的生物膜将微生物滤除。此类方法过程缓慢，效果不完全可靠，对细菌芽孢一般无杀灭作用。粪便、垫草、污物等采用此方法消毒比较经济，消毒后不失其作为肥料进行使用。由于生物消毒法还具有减少公害的优点，所以国内外都很重视这种方法的研究。

以上几种消毒方法，在宠物卫生领域的消毒实施中，经常综合应用，以确保消毒效果。

（三）消毒方法的选择

消毒工作往往会受到各种因素和条件的影响与限制，所以在消毒之前，要根据消毒的目的、条件和环境情况等因素综合考虑，选择一种或几种切实可行的消毒方法。

1. 根据病原微生物选择

由于各种微生物对消毒因子的抵抗力不同，所以要有针对性地选择消毒方法。对于一般细菌繁殖体、亲脂性病毒、螺旋体、支原体、衣原体和立克次氏体等，可用煮沸消毒或低效消毒剂等常规消毒方法，如用新洁尔灭、洗必泰等；对于结核杆菌、真菌等耐受力较强的微生物，可选择中效消毒剂与热力消毒方法；对于污染抗力很强的细菌芽孢需采用热力、辐射及高效消毒剂的方法，如过氧化物类、醛类与环氧乙烷等。另外，真菌孢子对紫外线抵抗力强；季铵盐类对肠道病毒无效。

2. 根据消毒对象选择

同样的消毒方法对不同性质的物品消毒效果往往不同。在消毒时要根据具体情况灵活运用。例如物体表面可擦拭、喷雾，而触及不到的表面可用熏蒸，小物体还可以浸泡。

在消毒时，还要注意保护被消毒物品，使其不受损害。如皮毛制品不耐高温，对于食具、饮水器等不能使用有毒或有异味的消毒剂消毒等。

3. 根据消毒现场选择

进行消毒的环境情况往往是复杂的，对消毒方法的选择及效果的影响也是多样的。如进行居室消毒房屋密闭性好的，可以选用熏蒸消毒；密闭性差的最好用液体消毒剂处理。对物品表面消毒时，耐腐蚀的物品用喷洒的方法好；怕腐蚀的物品要用无腐蚀或低腐蚀的化学消毒剂擦拭的方法消毒。进行室内空气消毒时，通风条件好的可以利用自然换气法；若通风不好，污染空气长期滞留在建筑物内的，可以使用药物熏蒸或气溶胶喷洒等方法处理。又如用紫外线对空气消毒时，当室内有人时只能用反向照射法（向上方照射），以免对人造成伤害。选用消毒方法应考虑安全性，例如，在人群集中的地方，不宜使用具有毒性和刺激性的气体消毒剂，在距火源50m以内的场所，不能使用大量环氧乙烷气体消毒。

4. 根据卫生防疫要求消毒

在发生传染病的重点地区或患病兽舍，要根据卫生防疫要求，选择合适的消毒方法，加大消毒剂用量和消毒频次，以提高消毒质量和效率。

（四）影响消毒效果的因素

消毒（灭菌）时，除了应注意消毒方法本身的性质和特点外，还要注意使用方法和外界因素对消毒效果的影响。不论使用哪种消毒方法，其消毒效果都会受多方面因素的影响，对这些因素的掌握和利用，能提高其消毒效果；反之则会影响消毒效果或导致消毒的失败。主要影响因素有以下几个方面。

1. 消毒的剂量

消毒剂量是杀灭微生物的基本条件，它包括消毒强度和时间两方面。消毒强度在热力消毒时是指温度高低；在化学消毒时是指药物浓度；在紫外线消毒时是指紫外线照射强度。一般来说，增加消毒处理强度能相应提高消毒（杀菌）的速度；而减少消毒作用时间也会使消毒效果降低。当然，如果消毒强度降低至一定程度，即使延长时间也达不到消毒目的。

2. 微生物污染的种类和数量

微生物的种类不同，消毒的效果自然不同。另外，微生物的数量的多少也会影响消毒效果，所以在消毒前要考虑到微生物污染的种类和数量。一般来说，微生物的抵抗力越强，污染越严重、消毒就越困难。

3. 温度的影响

除热力消毒完全依靠温度作用来杀灭微生物外，其他各种消毒方法亦受温度变化的影响。一般来说，无论在物理消毒还是化学消毒中，都是温度越高效果越好。关于温度变化对消毒效果的影响程度，往往随消毒方法、药物及微生物种类不同而异，一般可用温度系数来表示。

4. 相对湿度

消毒环境中的相对湿度对气体消毒和熏蒸消毒的影响十分明显，湿度过高或过低都会影响消毒效果，甚至导致消毒失败。甲醛熏蒸消毒时的室内空气相对湿度应为80%～90%，小型环氧乙烷消毒处理的相对湿度以40%～60%为宜，大型消毒为50%～80%。另外紫外线在相对湿度为60%以下杀菌力较强，在80%～90%时杀菌力下降30%～40%，因为相对湿度增高会影响紫外线的穿透力。

5. 酸碱度（pH 值）

酸碱度的变化可直接影响某些消毒方法的效果。一方面 pH 值变化会降低或提高消毒剂的活性；另一方面是 pH 值对微生物的影响。如戊二醛在 pH 值由 3 升至 8 时，杀菌作用逐步增强；而次氯酸盐溶液，pH 值由 3 升至 8 时，杀菌作用却逐渐下降；洗必泰、季铵盐类化合物在碱性环境中杀菌作用较大。

6. 有机物质

消毒环境中的有机物质往往能抑制或减弱消毒因子的杀菌能力，特别是化学消毒剂的杀菌能力。这是因为一方面有机物包围在微生物周围，对微生物起到保护作用，阻碍消毒因子的穿透；另一方面在化学消毒剂中，有机物本身也能通过化学反应消耗一部分化学消毒剂。各种消毒剂受有机物的影响不尽相同，如在有机物存在时，含氯消毒剂的杀菌作用显著下降，季铵盐类、双胍类和过氧化合物类的消毒作用受有机物的影响也很明显；但环氧乙烷、戊二醛等消毒剂受有机物的影响比较小。如果有机物存在，消毒剂量则应加大。

7. 拮抗物质

对于化学消毒方法，要注意拮抗物质的中和与干扰。如：季铵盐类消毒剂的作用会被肥皂或阴离子的洗涤剂所中和；酸性或碱性的消毒剂会被碱性或酸性的物质所中和，减弱其消毒作用。

8. 穿透作用

物品被消毒时，杀菌因子必须直接作用于微生物本身才能起到杀菌作用。不同消毒因子穿透力不同。例如干热消毒比湿热穿透力差；甲醛蒸气消毒比环氧乙烷穿透力差；紫外线消毒只能作用于物体表面和浅层液体中的微生物，一张纸即可使其杀菌力降低95%以上。

（五）消灭传播媒介

杀灭蚊、蝇、蜱、虱等媒介昆虫和鼠类并防止它们的出现，在消灭传染源、切断传播途径、阻止传染病流行、保障人和宠物健康等方面具有非常重要的意义，是兽医综合性防疫体系中的重要组成部分。

1. 杀虫

宠物传染病学中重要的害虫包括蚊、蝇、虱和蜱等节肢动物的成虫、幼虫和虫卵。常用的杀虫方法分为物理性、化学性和生物性三种方法。

（1）物理杀虫法　对昆虫聚居的墙壁缝隙、用具和垃圾等可用火焰喷灯喷烧杀虫，用沸水或蒸汽烧烫宠物圈舍和饲养人员衣物上的昆虫或虫卵，当有害昆虫聚集数量较多时，也可选用电子灭蚊、灭蝇灯具杀虫。

（2）化学杀虫法　是指在饲养舍内外的有害昆虫栖息地、滋生地大面积喷洒化学杀虫剂，以杀灭昆虫成虫、幼虫和虫卵的措施。常见的杀虫剂包括有机磷杀虫剂如敌敌畏、倍硫磷、马拉硫磷等；除虫菊酯类杀虫剂如胺菊酯等；硫酸烟碱类以及多种驱避剂等。

（3）生物杀虫法　主要是通过改善饲养环境，阻止有害昆虫的滋生达到减少害虫的目的。通过加强环境卫生管理、及时清除圈舍地面中的饲料残屑和垃圾以及粪便，强化粪便污染的管理和无害化处理等措施来减少或消除昆虫的滋生地和生存条件。条件许可时，可通过雄虫绝育技术和昆虫病害微生物的感染来控制昆虫的泛滥。生物学方法由于具有无公害、不产生抗药性等优点，日益受到人们的重视。

2. 灭鼠

鼠类除了给人类的经济生活带来巨大的损失外，对人和宠物的健康威胁也很大。作为人和宠物多种共患病的传播媒介和传染源，鼠类可以传播的传染病有炭疽、鼠疫、布鲁氏菌病、结核病、李斯特菌病、钩端螺旋体病、伪狂犬病、巴氏杆菌病、衣原体病和立克次氏体病等，因此灭鼠对兽医防疫和公共卫生都具有重要的现实意义。

通过灭鼠药杀鼠是目前应用较广的方法，按照灭鼠药物进入鼠体的途径将其分为经口灭鼠药和熏蒸灭鼠药两类，前者主要有磷化锌、杀鼠灵、安妥、敌鼠钠盐；后者包括三氯硝基甲烷和灭鼠烟剂等。通过烟熏剂熏杀洞中鼠类，使其失去栖身之所，同时在场区内大面积投放各类杀鼠剂制成的毒饵，常常能收到非常显著的灭鼠效果。

八、尸体处理

根据我国的有关法律规定，当某地发生传染病时，对发病地区或场所及其体内有病原体的宠物应按照下列方式进行处理。

1. 销毁

是指用焚烧、深埋和湿化机等其他方法直接处理有害的宠物及其产品。

2. 化制

将某些传染病的宠物尸体放在特设的加工厂中加工处理，既进行了消毒，而且又保留了许多有利用价值的东西，如工业油脂、骨粉、肉粉等。

3. 高温

是指通过高压蒸煮法和一般煮沸法对肉尸的处理。

复习题

1. 名词解释：消毒、检疫、免疫接种、预防接种、紧急接种、免疫程序、免疫带、隔离。

2. 宠物传染病综合性防制措施的基本内容有哪些？

3. 诊断宠物传染病的主要方法有哪些？

4. 隔离和封锁在实际扑灭传染病措施中有何作用？

5. 宠物传染病治疗的原则及方法有哪些？

6. 犬和猫的常用疫苗有哪些？如何使用？

第三章　犬、猫共患传染病

第一节　狂犬病

狂犬病俗称疯狗病，又名恐水症（Hydrophobia），是由狂犬病病毒（Rabies virus，RV）引起的犬、猫、人及多种动物共患的一种急性接触性传染病。临床表现为极度兴奋、狂躁、流涎和意识丧失，最终因局部或全身麻痹而死亡。典型的病理变化为非化脓性脑炎、在神经细胞胞浆内可见内基氏小体（negri bodies）。

世界大多数国家仍有本病不同程度的发生，目前，世界重点流行地区仍在亚洲，以东南亚国家为主，近年世界流行趋势还有上升，我国狂犬病的发病率逐年增高，严重地威胁人民健康和生命安全。

一、病原体

狂犬病病毒属弹状病毒科，狂犬病病毒属。病毒粒子长 $180\sim250\text{nm}$，宽 75nm，呈子弹状或杆状，一端圆形，一端平坦或稍凹。核酸类型为单股 RNA，外围的蛋白质壳粒以螺旋状对称排列，表面有囊膜，囊膜上有纤突，排列整齐。

经中和试验研究证实，该病毒群有 4 个血清型。第 1 型（原型株为 CVS_{11}）为最典型的狂犬病病毒；第 2 型（lagos 蝙蝠型）是从尼日利亚以果实为生的蝙蝠的混合血中分离到的；第 3 型（mokota 型）是从人体内分离到的；第 4 型（duvenhage）是从南非人体内分离到的。自然界中分离的狂犬病病毒的流行毒株称"街毒"，将其直接接种到兔和其他动物脑中，进行长时间的连续继代，结果潜伏期缩短，但对原宿主（犬）的毒力下降，这种具有固定特性的狂犬病病毒则称为"固定毒"。固定毒的弱毒性和免疫原性已被充分肯定，通过动物试验，进而证明由街毒变异为固定毒的过程是不可逆的。

病毒表面的糖蛋白，不仅能诱生中和抗体，还能凝集 1 日龄雏鸡和鹅的红细胞，凝集鹅的红细胞的能力可被特异性抗体所抑制，故可进行血凝抑制试验。

狂犬病病毒主要存在于动物的中枢神经组织、唾液腺和唾液内，在唾液腺和中枢神经细胞（尤其在海马角、大脑皮层、小脑）的胞浆内形成圆形或卵圆形的嗜酸性包涵体——内基氏小体。

狂犬病病毒可在 $5\sim6$ 日龄鸡胚绒毛尿囊膜、卵黄囊、尿囊腔中生长，鸡胚成纤维细胞对狂犬病病毒高度易感。适应于鸡胚成纤维细胞的毒株，如 Fluny 毒株的 LEP 和 HEP 株，在细胞培养物中的病毒产量较高，可用于制备疫苗。

狂犬病病毒能抵抗自溶和腐烂，在自溶的脑组织中可保持活力达 7～10d。对酸、碱、石炭酸、新洁尔灭、甲醛、升汞等消毒药敏感。可被日光、紫外线、超声波、1%～2% 肥皂水、70% 酒精、0.01% 碘液、丙酮、乙醚等灭活。狂犬病病毒不耐湿热，56℃ 时 15～30min 或 100℃ 时 2min 即可灭活，但在冷冻或冻干状态下可长期保存。在 50% 甘油缓冲溶液中的脑组织病料，其病毒可存活 1 个月以上。

二、流行病学

1. 传染源

野生啮齿动物如野鼠、松鼠、鼬鼠等对本病易感（带毒者），在一定条件下可成为本病的危险传染源而长期存在，当其被肉食兽吞食后则可能传播本病。蝙蝠是本病病毒的重要储存宿主之一，除了拉丁美洲的吸血蝙蝠外，欧美一些国家还发现多种食虫蝙蝠、食果蝙蝠和杂食蝙蝠等体内带有狂犬病病毒。我国的蝙蝠是否带毒尚无人进行调查研究。

2. 传播途径

病毒主要通过被患病宠物咬伤而感染；也可通过气溶胶经呼吸道感染；人误食患病宠物的肉或动物间相互残食可经消化道感染；在人、犬、牛及实验动物中也有经胎盘垂直传播的报道。

3. 易感动物

几乎所有温血动物都可感染本病。不同种间敏感性有所差异，犬、猫等宠物对狂犬病病毒高度易感，年龄与性别之间无差异。野生动物如狼、狐、貉、臭鼬和蝙蝠等，是狂犬病病病毒主要的自然储存宿主。

4. 流行特点

本病无明显的季节性，一年四季均可发生，春夏季发病率稍高，可能与犬的性活动以及温暖季节人畜移动频繁有关。本病流行的连锁性特别明显，以一个接着一个的顺序呈散发形式出现。

三、症状

本病潜伏期长短差别很大，一般 14～56d，最短 1 周，最长 1 年以上。犬、猫、人平均 20～60d，潜伏期的长短与咬伤部位及深度、病毒的数量及毒力等均有关系，咬伤头面部及伤口严重者潜伏期较短，咬伤下肢及伤口较轻者潜伏期较长。

1. 犬

一般可分为狂暴型和麻痹型。

（1）狂暴型 狂暴型分 3 期，即前驱期、兴奋期和麻痹期。

① 前驱期 约为 1～2d。病犬精神沉郁，喜藏暗处，不愿和人接近，不听呼唤，强迫牵引则咬畜主。举动反常，瞳孔散大，反射机能亢进，轻度刺激即兴奋，有时望空扑咬。性情、食欲反常，喜吃异物，吞咽障碍。性欲亢进，唾液分泌增多，后躯软弱。

② 兴奋期 约为 2～4d。病犬狂暴不安，攻击人畜，疲惫时卧地不起，兴奋与沉郁交替出现。病犬在野外游荡，多半不归，到处咬伤人畜。有时还自咬四肢、尾及阴部，咬伤处发痒，常以舌舐之。随着病程发展，出现意识障碍，反射紊乱，狂吠，吠声嘶哑，夹尾，唾液增多，斜视。眼球凹陷，散瞳或缩瞳。

③ 麻痹期　约为1～2d。病犬消瘦，张口垂舌，流涎显著，不久后躯及四肢麻痹，行走摇晃，卧地不起。最终因呼吸中枢麻痹或全身衰竭而死亡。

（2）麻痹型　麻痹型病犬以麻痹症状为主，兴奋期很短或无。麻痹开始见于咬肌、咽肌，病犬表现吞咽困难，使主人疑为正在吞咽骨头，当试图加以帮助时常遭致咬伤。随后发生四肢麻痹，行走困难，进而全身麻痹而死亡，病程一般为5～6d。

2. 猫

一般表现为狂暴型，其症状与犬相似。前驱期通常不到1d，其特点是低度发热和明显的行为改变。兴奋期通常持续1～4d。在发作时攻击其他猫、动物和人。病猫常躲在暗处，当人接近时突然攻击，因其行动迅速，不易被人注意，又喜欢攻击头部，因此比犬的危险性更大。此时病猫表现肌颤，瞳孔散大，流涎，背弓起，爪伸出，呈攻击状。麻痹期通常持续1～4d，表现运动失调，后肢明显软弱。头、颈部肌肉麻痹时，叫声嘶哑。随后惊厥、昏迷而死。约25%的病猫表现为麻痹型，在发病后数小时或1～2d内死亡。

四、病理变化

尸体消瘦，皮肤有咬伤或裂伤。狂犬病的犬，胃空虚，存有毛发、石块等异物。胃黏膜肿胀、充血、出血、糜烂。肠道和呼吸道呈现急性卡他性炎症变化。脑软膜血管扩张充血，轻度水肿，脑灰质和白质小血管充血，并伴有点状出血。病理组织学检查可见非化脓性脑炎病变，在神经细胞的胞浆内可见包涵体。

五、诊断

根据典型的临床症状，结合咬伤病史，可作出初步诊断，确诊还需结合实验室检查。

1. 病原学检查

对怀疑为狂犬病的宠物，取其脑组织、唾液腺或皮肤等标本，直接检测其中的狂犬病病毒或进行病毒分离，是确诊狂犬病的重要手段。

2. 内基氏小体检查

采取病死犬大脑海马角或小脑做触片，在室温条件下自然干燥后，用塞莱氏染色液（由2%亚甲蓝甲醇15ml，4%碱性复红2～4ml，纯甲醇25ml配制而成）染色1～5min，流水冲洗，待干后镜检有无内基氏小体。内基氏小体呈椭圆形，直径为3～20μm不等，位于神经细胞胞浆内，呈嗜酸性，着染成鲜红色，但在其中常可见有嗜碱性（蓝色）小颗粒。神经细胞核染成深蓝色，细胞浆为蓝紫色，间质呈粉红色，红细胞为古铜色，杂菌呈深蓝色。也可用脑组织作病理切片，将脑组织冷冻或石蜡包埋，用H.E染色，镜检，内基氏小体呈红褐色。检出内基氏小体，即可确诊。发病宠物脑神经细胞包涵体的阳性检出率为70%～90%，所以并非所有发病宠物都可检出包涵体。在检查犬包涵体时还应注意与犬瘟热病毒引起的包涵体相区别。

3. 血清学检验

荧光抗体法是狂犬病特异而快速的诊断方法。将本病高免血清用荧光色素标记，制成荧光抗体，取可疑宠物的脑组织或唾液腺制成冰冻切片，用荧光抗体染色，在荧光显微镜下观察，在细胞浆内出现蓝绿色的荧光颗粒即为阳性。此种方法阳性检出率很高，可达95%，但一定要有准确的阳性标本和阴性标本对照组。

此外，常用的方法还有琼脂扩散试验、中和试验、补体结合试验、间接荧光抗体试验、交叉保护试验、血凝抑制试验以及间接免疫酶试验等。近年来采用 RT-PCR 技术检测组织中的病毒 RNA。

在狂犬病的预防工作中，检测血清中的狂犬病病毒抗体是评价疫苗效果的一个重要指标。检测和观察感染者血清中抗体消长情况对狂犬病的诊断和预后也有重要价值。

4. 鉴别诊断

狂犬病与破伤风都有创伤史，神经兴奋性增高，应注意区别。狂犬病多为狂暴型，攻击人畜，有明显的咬伤发病连锁反应，异食，最后呼吸麻痹死亡，脑组织理切片可见神经细胞胞浆内有包涵体。破伤风由破伤风梭菌引起的，呈强直症状，青霉素和抗血清治疗有效，病死率低。

有些伪狂犬病病犬易与本病混淆，应注意鉴别。从临床上看，伪狂犬病的后期麻痹症状不如狂犬病典型，一般无咬肌麻痹。伪狂犬病脑神经细胞浆内无内基氏小体。

六、防制措施

控制和消灭传染源是预防狂犬病的一种有效的措施。平时加强对犬和猫的管理，在流行区给家犬和家猫进行强制性疫苗接种并登记挂牌。同时取缔无主犬和游荡犬。

狂犬病的免疫接种分为两类，对犬等宠物，主要进行预防接种；对人则是在被疯狗或其他动物咬伤后做紧急接种（暴露后接种），争取在街毒进入中枢神经系统以前，就使机体产生较强的主动免疫力，从而防止临床发病。对于经常接触犬、猫和野兽，具有较大感染危险的兽医或其他人员，也应考虑进行预防性接种。

目前我国犬用狂犬病疫苗有 3 种，即 a G 株原代仓鼠肾弱毒佐剂疫苗、羊脑弱毒活疫苗或灭活疫苗以及 Flury 病毒 LEP 株的 BHK-21 细胞培养弱毒疫苗。3 种疫苗的免疫期均在 1 年以上，在控制传播媒介（犬）、降低人群被咬伤率和狂犬病死亡率方面都有积极作用。

发现狂犬病病犬应立即扑杀，尸体焚烧或深埋，严禁剥皮吃肉，避免病毒经损伤的皮肤或黏膜引起人的感染。进行尸体剖检时要做好必要的防护工作。

七、公共卫生

狂犬病是一种人兽共患的烈性传染病，患狂犬病的犬是使人感染的主要传染源，其次是猫，也有外貌健康而携带病毒的动物起传染源的作用。人患狂犬病大多是狂犬病病犬或病猫咬伤所致，病人在个别情况下可以从唾液中分离到病毒，虽然由人传播到人的例子极其罕见，但护理病人的人员必须注意个人防护。

人发病开始时有焦躁不安的感觉，出现头痛、乏力、食欲不振，恶心呕吐。被咬伤部位发热、发痒、如蚁走感觉。随后出现兴奋症状，对声音、光线敏感，瞳孔散大，流涎，脉搏增数。以后发生咽肌痉挛，呼吸吞咽困难。见水表现异常恐惧，俗称恐水症，多在 3～4d 后发生麻痹死亡。由于本病是中枢神经系统的感染，脑、脊髓受到严重损害，一旦发病，即使有最好的医护，最后还是难免死亡。

预防本病的发生，主要是消灭病犬。被咬伤时先用力挤压伤口直到有血液流出为止，然后用大量肥皂水或 0.1% 新洁尔灭或清水充分冲洗，再用 75% 酒精或 2%～3% 碘酊消毒，并及早接种狂犬病疫苗，最好同时结合注射狂犬病免疫血清。

第二节　伪狂犬病

伪狂犬病又称阿氏病（Aujeszky's diseases），是由伪狂犬病病毒（Pseudorabies virus，PRV）引起的犬、猫和其他家畜及野生动物共患的一种急性传染病。以发热、奇痒、脑脊髓炎和神经炎为主要特征。人也可感染，但一般不发生死亡。

一、病原体

伪狂犬病病毒属疱疹病毒科，甲型疱疹病毒亚科的病毒。核酸为双股 DNA。病毒粒子呈圆形或椭圆形，直径为 $100\sim150nm$，有囊膜和纤突，能在鸡胚、鸡胚细胞及多种动物组织细胞内增殖，并产生包涵体。病毒主要存在于脑、脊髓中，在血液和内脏器官中也有病毒存在。

伪狂犬病病毒仅有 1 个血清型，但从世界各地分离的不同毒株的毒力有所差异。同一毒株对不同动物的致病性也有所不同。

伪狂犬病病毒具有泛嗜性，能在猪、牛、羊、兔、猴肾细胞，牛睾丸细胞，鸡成纤维细胞以及 MDCK、Hela、PK15 等传代细胞上增殖，但易感程度不同，以兔肾和猪肾细胞最为易感，产生明显的细胞病变。

伪狂犬病病毒对外界环境具有较强的抵抗力，病毒在污染的舍内可存活 1 个多月，在肉中可存活 35d 以上。$8℃$ 存活 46d，$24℃$ 时存活 30d，$55\sim60℃$ 经 $30\sim50min$ 灭活，$80℃$ 经 3min 灭活，在 $-70℃$ 可保存多年。伪狂犬病病毒对乙醚、氯仿等脂溶剂、甲醛、紫外线、1% 氢氧化钠等敏感，5% 石炭酸 2min 将其灭活，胰蛋白酶、胃蛋白酶等也能灭活病毒，但不损坏衣壳。病毒粒子表面没有能凝集禽类和哺乳类动物红细胞的血凝素。

二、流行病学

1. 传染源及传播途径

猪和鼠类是该病毒的主要宿主。犬、猫主要是由于误食了死于本病的鼠、猪的尸体，由消化道感染，也可经皮肤伤口感染。病犬可通过尿液以及擦破或咬破的皮肤渗出的血液污染饲料和饮水，造成间接传播。

2. 易感动物

伪狂犬病病毒具有广泛的宿主范围。自然发生于猪、牛、羊、犬、猫、鼠及野生动物。人偶尔可以感染。实验动物中家兔最为易感。

3. 流行特点

本病多发于冬、春季节，一般为散发，有时呈地方性流行。

三、症状

本病的潜伏期随宠物种类和感染途径而异，一般为 $3\sim6d$，最短 36h，最长 10d。本病的临床表现和病程随宠物种类和年龄而异。

1. 犬

初期病犬精神抑郁，对周围事物表现淡漠，凝视和舐擦皮肤某一受伤处，随后局部瘙痒，主要见于面部、耳部和肩部，病犬用爪搔或用嘴咬，产生大块烂斑，周围组织肿胀，甚至形成很深的破损。病犬烦躁不安，拒食，卷缩，呕吐，对外界刺激反应强烈，有攻击性，狂叫不安，吞咽困难。后期大部分病犬头颈部肌肉和口唇部肌肉痉挛，呼吸困难，常于24～36h死亡。病死率100%。

2. 猫

症状与犬相似，发出痛苦的叫声，神经过敏，呈犬坐姿势。猫的瘙痒程度较犬严重，病猫烦躁不安，乱搔乱咬，甚至咬伤舌头。搔抓头部，致使皮肤破损、发炎。偶尔病猫表现明显的神经症状，运动失调，昏迷，病程很短，一般在症状出现后18h内死亡。

四、病理变化

无特征病变，仅见局部损伤和因宠物搔抓造成的皮肤破溃，以面部、头部、肩部较为常见，皮下呈弥漫性出血。局部淋巴结肿胀、充血。肺水肿。有的病例脑膜充血，脑脊液增加。

组织学变化主要为中枢神经系统弥漫性非化脓性脑膜炎及神经节炎，有明显的血管套及弥散性局部胶质细胞反应，同时有广泛的神经节细胞和胶质细胞坏死。在神经细胞和胶质细胞及毛细血管内皮细胞内，可见核内包涵体。

五、诊断

根据奇痒和流行病学特征可作出初步诊断。确诊需送有条件的实验室进行检查。

1. 病毒分离

取病死宠物的中脑、脑桥、延脑和扁桃体等组织研磨，无菌处理后接种猪肾细胞或兔肾细胞，多在接毒后48h出现细胞病变。

病毒鉴定可用已知标准毒株的免疫血清进行中和试验，将病毒和血清混合液置37℃1h后，接种猪肾、兔肾细胞培养物。也可用荧光抗体染色法检查细胞培养物中的病毒抗原。

2. 病理组织学检查

取脑组织切片，苏木素-伊红染色，检查神经细胞、胶质细胞、毛细血管内皮细胞的核内包涵体。

3. 动物接种试验

最常用的实验动物是家兔，取病料做成10倍稀释的乳剂，加抗生素处理。离心后取上清液1～2ml腹侧皮下或肌肉接种家兔，2～3d后注射部位奇痒，家兔不停啃咬奇痒部位，使该部脱毛、出血。奇痒出现后1～2d内麻痹死亡。

4. 血清学检验

包括微量中和试验、微量琼脂扩散试验、酶联免疫吸附试验、免疫荧光试验、乳胶凝集试验。

5. 与狂犬病的鉴别诊断

狂犬病多为狂暴型，异嗜，有明显的咬伤发病连锁反应，最后呼吸麻痹死亡。脑病理切片可见神经细胞浆内有圆形的嗜酸性包涵体。伪狂犬病传播较快，表现剧痒症状，黏膜上皮细胞核内可见包涵体。

六、防制措施

疫苗接种是防治伪狂犬病的重要措施。在国外灭活苗和弱毒苗均广为使用。国内亦有疫苗生产。

伪狂犬病主要通过猪和啮齿类动物传播。因此，对实验动物应严格检疫。犬、猫饲养房舍应有隔离设施，防止野鼠进入。同时，犬、猫要分别饲养，在房舍设计上应注意保持一定间隔。发病时，早期应用抗伪狂犬病病毒的高免血清可取得一定疗效。防止继发感染，可用磺胺类药物。同时应及时处理宠物，房舍彻底消毒，甲酚皂溶液、1%氢氧化钠、5%石炭酸等均有良好的消毒效果。

七、公共卫生

伪狂犬病对人有一定危害，在欧洲曾有人感染伪狂犬病病毒的报道。患者感觉皮肤剧痒，通常不引起死亡。一般经皮肤创伤感染，因此，在处理病死宠物的尸体过程中，有关人员要注意自身保护。

第三节　破伤风

破伤风是由破伤风梭菌（*Clostridium tetani*）经伤口感染引起的一种急性中毒性人兽共患病。以患病动物运动神经中枢应激性增高，肌肉持续痉挛收缩为特征。本病发生于世界各地。各种家畜对破伤风均有易感性，犬、猫亦可感染破伤风梭菌，但较其他家畜易感性低。

一、病原体

破伤风梭菌，又称强直梭菌，为革兰氏阳性杆菌，多单个存在。本菌有周身鞭毛，能运动，无荚膜。在动物体内外均可形成芽孢，位于菌体的一端，似鼓槌状。在老龄培养物中往往不见杆状菌体，只见芽孢。

本菌严格厌氧，在普通培养基中生长良好。在肉汤培养基中略呈混浊，而后沉淀；在普通琼脂培养基上形成细小、稍透明、隆起、呈蜘蛛网状或一薄层状菌落；明胶穿刺培养时沿穿刺线呈穗状生长、棉花状放射，继而液化培养基变黑，并产生气泡；在厌气肉肝汤中呈稍混浊，有细颗粒状沉淀，有咸臭味。本菌生化反应不活泼，一般不发酵糖类。

破伤风梭菌能产生两种毒素：一种是破伤风痉挛毒素，此种毒素是一种作用于神经系统的神经毒，可使感染动物发生特征性强直症状，其毒性仅次于肉毒梭菌毒素。它是一种蛋白质，对热较敏感，65～68℃经5min即可灭活，0.05%盐酸、0.3%氢氧化钠、70%酒精1h即破坏。通过0.4%甲醛溶液作用21～31d，可将其脱毒成为类毒素。另一种是溶血毒素，可使红细胞发生溶血，组织坏死，与破伤风梭菌的致病性无关。

本菌抗原一是菌体抗原，二是鞭毛抗原。现有10个菌型，各型菌产生的毒素具有相同的生物学活性和免疫活性，可被任何一型抗毒素所中和。

本菌的繁殖体抵抗力不强，煮沸 5min 可将其杀死，一般消毒药均能在短时间内将其杀死。芽孢抵抗力强，在土壤中可存活几十年，高压蒸汽 120℃ 经 10min、干热 150℃ 经 1h、煮沸 3h 才能将其灭活。5% 石炭酸 10～12h、10% 碘酊、10% 漂白粉及 30% 过氧化氢 10min 可杀灭芽孢。本菌对青霉素、磺胺类药物敏感。

二、流行病学

1. 传染源

破伤风梭菌特别是芽孢广泛存在于自然界中，污染的土壤、圈舍、环境和垫料、尘土、粪便等都是主要的传播媒介。据调查，动物粪便中破伤风梭菌芽孢的频率为犬 50%，鼠 30%、绵羊 25%、牛 0～20%、马 16%～18%、家禽 15%。钉伤、刺伤、脐带伤、阉割伤等可引起感染。

2. 传播途径

本病主要是通过伤口途径侵入体内，并在适当的环境中繁殖，产生毒素，引起疾病。小而深的创伤或创口过早被血凝块、痂皮、粪便及土壤等覆盖，或创伤内组织发生坏死及与需氧菌混合感染的情况下，则更易产生大量毒素而发病。

3. 易感动物

易感宠物十分广泛，犬、猫也感染。

4. 流行特点

由于本病是创伤感染后产生的毒素所致，因而不能通过直接接触传播，常表现为散发。本病季节性不太明显，不同品种、年龄、性别的易感宠物均可发病，小年龄犬、猫比老龄的更易感。农村散养犬、猫的发病率要比城市室内养的高，平原地区要比高原地区高，农区高于牧区，鼠多地区高于鼠少地区。

三、症状

潜伏期根据伤口的深度、污秽程度和伤口部位有关，一般为 5～10d，有时可长达 3 周。伤口深而小并且污秽，则厌氧条件好，离中枢越近潜伏期就越短、发病越迅速，病情也越严重。

由于犬和猫对破伤风毒素抵抗力较强，故临床上局部性强直、痉挛较常见，表现为靠近受伤部位的肢体发生强直和痉挛，有的出现牙关紧闭。部分病例可能出现全身强直性痉挛，除兴奋性和应激性增高外，病犬可呈典型木马样姿势，脊柱僵直或向下弯曲，口角向后，耳朵僵硬竖起，瞬膜突出。有的因呼吸肌痉挛而发生呼吸困难，因咬肌痉挛而使咀嚼和吞咽困难，这在犬比较多见。一般病犬或病猫神志清醒，体温一般不高，有饮食欲。

临床上，破伤风的症状、病程和严重程度差异很大。急性病例可在 2～3d 内死亡；若为全身性强直病例，由于患病动物饮食困难，常迅速衰竭，有的 3～10d 死亡，其他则缓慢康复；局部强直的病犬一般预后良好。

四、病理变化

破伤风病尸剖检一般无明显变化，仅见浆膜、黏膜及脊髓膜等处发现小出血点，四肢和躯干肌肉结缔组织发生浆液性浸润。因窒息死亡者，血液凝固不良，呈黑紫色。肺充血、水肿，有的可见异物性肺炎变化。

五、诊断

根据病犬和病猫的特殊临床症状，如骨骼肌强直性痉挛和应激性增高，神志清醒，一般体温正常及多有创伤史等，即可怀疑本病。对可疑病例则可进行实验室检查后作出诊断。

1. 涂片镜检

采取创伤分泌物、坏死组织等病料涂片，做革兰氏染色后镜检，可见到形状如鼓槌的单个或呈短链的阳性菌。

2. 分离培养

从伤口分离细菌不太容易。必要时，可将病料（创伤分泌物或创内坏死组织）接种于细菌培养基，于严格厌氧条件下37℃培养12d，以生化试验鉴定分离物。

3. 毒力试验

可将病料接种于肝片肉汤，4～7d培养后，以滤液接种小鼠或将病料制成乳剂注于小鼠尾根部，若上述滤液或病料中含有破伤风外毒素，注射后12～24h后则实验小鼠表现出强直病状。

4. 鉴别诊断

对慢性较轻的病例或病初症状不明显时，应注意与脑炎、狂犬病区别。脑炎、狂犬病有时也有牙关紧闭，角弓反张，肌肉痉挛等症状，但瞬膜不突出，有意识扰乱或昏迷及麻痹现象。有时也有应激性增高，但受轻微刺激时远端肌肉并不发生强直，故可区分开。

六、治疗

本病必须尽早发现，及早治疗者才有治愈希望。晚期病例无治愈可能。

1. 加强护理

一旦发现病犬或病猫应立即置于干净及光线幽暗的环境中，冬季应注意保暖，要保持环境安静，以减少各种刺激因素，并立刻进行治疗。如有食欲，给予易消化营养丰富的食物和足够的饮水。

2. 清除病原

破伤风梭菌主要存在于感染创中，故对病犬、病猫应仔细检查发现创伤处，及时进行清创和扩创，清除创伤中脓汁、坏死组织及异物等。可用1%高锰酸钾、3%双氧水或5%～10%碘酊进行消毒，再撒布碘仿硼酸合剂，并结合青霉素、链霉素做创伤周围组织分点注射，以消除感染，防止或减少毒素的产生。

3. 药物治疗

（1）特异性疗法 早期使用破伤风抗毒素，这是特异性治疗破伤风的方法，疗效较好。它能够中和组织中未与神经细胞结合的毒素，但不能进入脑脊髓和外周神经中，使已与神经细胞结合的毒素解脱出来。因此，抗毒素仅能在一定程度减少神经细胞的进一步中毒，故应用得越早越好。一般犬、猫推荐应用的破伤风抗菌素毒素用量为100～1 000IU/kg体重，可分点注射于创伤周围组织，也可静脉注射。静脉注射时，患病宠物可预先注射糖皮质激素或抗组织胺药，防止发生过敏反应。同时可应用40%乌洛托品5～10ml，每天一次，连用10d。

（2）对症疗法 患病犬、猫出现全身震颤、兴奋不安时，可使用镇静解痉药物，氯丙嗪1～5mg/kg体重，肌肉注射。或巴比妥钠6mg/kg体重，肌肉注射，每天2次。对肌肉强直和痉挛的，一般使用25%硫酸镁2～5ml静脉注射。采食和饮水困难者，应每天进行补液、补糖；酸中毒时，可静脉注射5%碳酸氢钠以缓解症状；喉头痉挛造成严重呼吸困难，可施行气管切开术；体温升高有肺炎症状时，可采用抗生素和磺胺类药。

七、防制措施

主要是防止发生外伤，一旦受伤应及时进行消毒以防感染。特别是对污秽、深部创伤要尽快清洗消毒。对较大和较深的创伤，可注射破伤风抗毒素或类毒素，以增加机体的被动和主动免疫力。犬和猫去势或做较大外科手术时，可注射预防量的破伤风抗毒素。

八、公共卫生

人对破伤风梭菌的易感性也很高，病初低热不适、四肢痛、头痛、咽肌和咀嚼肌痉挛，继而出现张口困难、牙关紧闭、呈苦笑状，随后颈背、躯干及四肢肌肉发生阵发性强直痉挛，不能起坐，颈不能前伸，两手握拳，两足内翻，咀嚼、吞咽困难，饮水呛咳，有时可出现便秘和尿闭，严重时呈角弓反张状态。任何刺激均可引起痉挛发作或加剧，强烈痉挛时有剧痛并出现大汗淋漓，痉挛初为间歇性以后变为持续性，患者虽表情惊恐，但神志始终清楚，大多体温正常，病程一般2～4周。预防也以主动或被动免疫接种为主要措施，注射破伤风类毒素或破伤风抗毒素。

第四节 肉毒梭菌毒素中毒

肉毒梭菌毒素中毒病主要是因为摄食腐败动物尸体或饲粮中肉毒梭菌（*Clostridum botulinum*）产生的神经毒素——肉毒梭菌毒素而发生的一种中毒性疾病。病的特征是运动中枢神经麻痹和延脑麻痹，死亡率很高。犬、猫时有发生，也是人类一种重要的食物中毒症；多种其他动物亦可发生。

一、病原体

肉毒梭菌是革兰氏阳性杆菌，两端钝圆，多散在，偶见有成对或短链排列，有4～8根周身鞭毛，能运动，无荚膜，有芽孢且位于菌体偏端，呈卵圆形略大于菌体，呈网球拍状。

本菌为严格厌养菌，在28～37℃生长良好，但在温度25～31℃和pH7.8～8.2时最易产生毒素。在含有血液或葡萄糖或肝组织的培养基中生长更好，在葡萄糖血液琼脂上长成扁平、细小、中央凹陷、颗粒状、边缘不整带丝状菌落，且易融合，有溶血圈。在葡萄糖肉渣肉汤中肉渣被A、B、F型菌消化而呈黑色，且有腐败恶臭味，上清液含有外毒素。

肉毒梭菌存在于污染的土壤、污泥、粪便和皮毛、垫料中，遇适宜环境能产生毒力极强的外毒素——肉毒毒素，是目前已知生物毒素中毒性最强的一种，1mg 毒素纯品能使 1 万人左右致死，或能使 4×10^{12} 只小鼠致死，毒素在消化道内很难被胃液和蛋白酶破坏。不同菌株产生的毒素在血清学上有明显的差异，根据毒素的抗原性不同，可将本菌分为 A、B、C（C_α、C_β）、D、E、F、G 等 7 型。现在又发现有 AF、AB 的混合型。在我国发现有 A、B、C、E 型。A 型见于肉、鱼、果蔬制品和各种罐头食品；B 型见于各种肉类及其制品。引起人类中毒的主要是 A、B、E 三型，引起犬、猫等动物发病的多是存在于腐肉及以食物、腐肉为主要食物的非脊椎动物体内的 C 型及 D 型。

肉毒梭菌的繁殖体抵抗力不强，加热 80℃30min、100℃经 10min 可被杀死，但芽孢的抵抗力很强，煮沸需 6h、干热 180℃5～10min、高压 115℃经 20～30min 才能将其杀死。肉毒毒素的抵抗力也很强，正常胃液和消化酶 24h 不能将其破坏，在 pH3～6 范围内毒性不减弱，可被胃肠道吸收而中毒。1% 氢氧化钠、0.1% 高锰酸钾可将毒素灭活，80℃经 30min、100℃经 10min 可将其灭活。

二、流行病学

1. 传染源及传播途径

自然发病主要因宠物摄食腐肉、腐败饲料和被毒素污染的饲料、饮水而经消化道感染发病。健康易感宠物与患病宠物直接接触亦不会受到传染，一般在宠物消化道内的肉毒梭菌及其芽孢对宠物并无危害。

2. 易感动物

本病存在于世界各地。犬、猫都易感，猫的发病率比犬高。

3. 流行特点

本病的发生与宠物年龄、性别和季节无大关系，但与饲料中毒素量、摄入量多少以及污染饲料的温度（温度在 22～37℃的范围内，肉毒梭菌可产生大量的毒素）有关，毒素污染严重的可引起群发，摄入多的病情严重，死亡率也高。

三、症状

潜伏期一般 4～20h，长的数天。宠物肉毒梭菌毒素中毒症状与其严重程度取决于摄入体内毒素量的多少及宠物的敏感性。一般症状出现越早，说明中毒越严重。

病的初期出现进行性、对称性肢体麻痹，一般从后肢向前肢延伸，进而引起四肢瘫痪，但尾巴仍能摆动。反射机能下降，肌肉松弛，呈明显的运动神经麻痹的表现。发生肉毒梭菌毒素中毒的病犬体温一般不高，神志清醒。由于下颌肌张力减弱，可引起下颌下垂，吞咽困难，流涎。严重者则两耳下垂，眼睑反射较差，视觉障碍，瞳孔散大。有时可见结膜炎和溃疡性角膜炎。严重中毒的犬，由于腹肌及膈肌张力降低，出现呼吸困难，心率快而紊乱，并有便秘及尿潴留。发生肉毒梭菌毒素中毒的犬死亡率较高，若能恢复，一般也需较长时间。

四、病理变化

肉毒梭菌毒素主要侵害神经-肌肉的结合点，宠物死后剖检一般无特征性病理变化，有时在胃内可发现木、石、骨片等其他异物，说明生前可能发生异嗜症。咽喉、会厌部黏膜有出血点，并覆有一层灰黄色黏液性物。胃肠黏膜有时有卡他性炎症和小出血点。心内外膜也有点状出血。有时肺充血、淤血、水肿。中枢和外周神经系统一般无肉眼可见病变。

五、诊断

根据疾病临床特征，如典型的麻痹，体温、意识正常，死后剖检无明显变化等，结合流行病学特点，可怀疑为本病。确诊需进行毒素检查，在可疑饲料、病死宠物尸体、动物血清及肠内容物内查到肉毒梭菌毒素。

毒素试验：方法是采取可疑饲料或胃肠内容物，以1∶2比例加入灭菌生理盐水或蒸馏水，研磨为混悬液，置室温1～2h，离心沉淀或过滤，取上清液或滤过液加抗生素处理后分为两份。一份不加热灭活，供毒素试验用；另一份100℃加热30min供对照用。第1组小鼠皮下或腹腔注射0.2～0.5ml上清液，第2组注射加热过的上清液；第3组先注射多价肉毒抗毒素，然后注射不加热的上清液。如果被检材料中有毒素存在，则第1组试验鼠1～2d发病，有流涎、眼睑下垂、四肢麻痹、呼吸困难，最后死亡，而第2、3组正常。也可用加热和不加热的上清液用豚鼠做实验，分别以1～2ml注射或口服，试验组3～4d豚鼠出现流涎、腹壁松弛和后肢麻痹等症状，并可引起死亡，而对照组仍健康，亦可作出诊断。

如需鉴定毒素型别，可做琼脂扩散试验、血凝抑制试验（A、B、C型）、免疫荧光试验（A、B、C、E型）等。

六、治疗

主要靠中和体内的游离毒素，为此可应用多价抗毒素。在早期用多价或C型（犬、猫多属C型肉毒梭菌毒素中毒）抗毒素治疗效果很好。可肌肉注射或静脉注射5ml多价抗毒素。若毒素已进入神经末梢（往往在毒素进入机体血液循环后的短时间内发生），再应用抗毒素已无解毒作用，抗毒素仅能中和肠道中未被吸收或已进入血液循环但仍未与神经末梢结合的毒素。因此，病初应用抗毒素治疗，效果较好，但对晚期病例的疗效就不佳。

对于因食用可疑饲料而中毒的病例，应促使胃肠道内容物排出，减少毒素的吸收，为此可应用洗胃、灌肠和服用泻剂等方法。心脏衰弱的宠物应用强心剂；出现脱水时应尽快补液。盐酸胍可促进神经末梢释放乙酰胆碱和增加肌肉的紧张性，对本病有良好的治疗作用，可试治。

七、防制措施

预防的主要措施在于做好日常的环境卫生，清除周围的宠物死尸，腐烂饲料，填平死水池塘和洼地。禁喂变质和可疑的饲料，动物性饲料要煮沸后喂。对污染地区的宠物应每年用多价或C型肉毒梭菌甲醛灭活苗做预防接种，也可用甲醛灭活的明矾沉淀类毒素预防接种。发病时，应查明和清除毒素来源，并及时治疗。

八、公共卫生

人感染后潜伏期数小时至半个月，平均2～10d。发病一般很急，初感全身乏力，头昏、眩晕，胃肠道功能紊乱等前驱症状。继而出现本病的典型症状：视力模糊、复视、眼睑下垂、瞳孔散大、对光反射消失，眼内外肌麻痹，严重时出现咀嚼和吞咽困难、呼吸和言语困难，常因呼吸肌麻痹而死亡。本病神志始终清醒，体温正常，但缺乏强直性痉挛的症状。预防的主要措施是加强卫生管理和注意饮食卫生，尤其是各种肉类制品、罐头、发酵食品等，早期治疗可选用抗毒素血清。

第五节　大肠杆菌病

大肠杆菌病是由大肠埃希氏菌的某些致病性菌株引起的人和温血动物的常见传染病，广泛存在于世界各地。本病的特征为严重腹泻和败血症，在犬主要侵害仔犬，且往往与犬瘟热、犬细小病毒感染等混合感染或继发感染，从而增加死亡率。

一、病原体

大肠埃希氏菌又称大肠杆菌，是中等大小的杆菌，两端钝圆，有的近似球杆状，不形成芽孢，有鞭毛，能运动，但有无鞭毛、不运动的变异株。多数菌株有荚膜，革兰氏染色阴性。有些菌株表面有一层具有黏附性的纤毛（又称菌毛或黏附素），是一种毒力因子。

本菌属兼性厌氧菌，在普通培养基上生长良好，在液体培养基内呈均匀混浊，管底常有絮状沉淀，有特殊粪臭味；在营养琼脂上长成光滑型菌落，呈光滑、微隆起、灰白色、湿润状、菌落易分散于盐水中；在血液琼脂上菌株产生 β 型溶血；在麦康凯琼脂上呈红色菌落；在伊红美蓝琼脂上产生黑色带金属闪光的菌落；在 SS 琼脂上一般不生长或生长较差，生长者呈红色。本菌能分解葡萄糖、乳糖、麦芽糖、甘露醇产酸产气，靛基质和 MR 反应阳性，VP 试验阴性，不能利用枸橼酸盐，不产生硫化氢，不利用丙二酸钠，不液化明胶。

本菌对外界环境因素的抵抗力中等，对物理和化学因素较敏感，55℃经 1h、60℃经 20 min 可杀死。在犬舍内，大肠杆菌在污水、粪便和尘埃中可存活数周至数月。本菌对石炭酸和甲醛高度敏感。

二、流行病学

1. 传染源及传播途径

病犬与带菌犬从粪便排菌，广泛地污染了环境（犬舍、场地、用具和空气）、饲料、饮水和垫料，从而通过消化道、呼吸道传染，仔犬主要经污染的产房（室、窝）传染发病，且多呈窝发。

2. 易感动物

本病主要侵害 1 周龄以内的犬和猫，成年犬和成年猫很少发生。

3. 流行特点

本病的发生、流行的另一个重要因素就是各种应激因素的干扰，这对仔幼犬、猫的致病作用更大。诸如潮湿、污秽、粪尿蓄积、卫生状况低下及饲养管理不善导致抗病力下降等都是诱发本病的重要因素。实践表明，在产仔季节的新生仔发病多，新引进的仔幼犬、猫和初产仔最为严重。

在我国南方地区的发病率与死亡率要比北方地区高。几乎无明显的季节性和品种上的差别，但与气温、卫生条件密切相关。

三、症状

幼犬病例的潜伏期长短不一，约 3～4d。病仔犬表现精神沉郁，体质衰弱，食欲不振，最明显的症状是腹泻，排绿色、黄绿色或黄白色，黏稠度不均，带腥臭味的粪便，并常混有未消化的凝乳块和气泡，肛门周围及尾部常被粪便所污染。到后期，病仔犬常出现脱水症状，可视黏膜发绀，两后肢无力，行走摇晃，皮肤缺乏弹性。死前体温降至常温以下。病死率较高。有的在临死前出现神经症状。

四、病理变化

尸体消瘦，污秽不洁。实质器官主要出现出血性败血症变化，脾脏肿大、出血；肝脏充血、肿大，有的有出血点；特征性的病变是胃肠道卡他性炎症和出血性肠炎变化，尤以大肠段为重，肠管菲薄，膨满似红肠，肠内容物混有血液呈血水样，肠黏膜脱落，肠系膜淋巴结出血肿胀。

五、诊断

根据流行病学特点、临床症状和剖检特征只能作出初步诊断，类症鉴别必须进行实验室检查，方能作出确诊。常用的实验室检查方法如下：

1. 直接涂片镜检

采取未经任何治疗的、急性或亚急性型濒死或刚死不久病犬的肠内容物、肝、脾、血液等病料，涂片、干燥、固定，革兰氏染色后镜检，可见到红色中等大小的杆菌。

2. 分离培养

取病料接种麦康凯琼脂、普通肉汤和普通琼脂，37℃培养后可见到在麦康凯琼脂上呈红色菌落、在普通琼脂上呈半透明、露珠状菌落和在普通肉汤中呈均匀混浊生长。

3. 生化试验

常用微量生化管进行，本菌能发酵乳糖、葡萄糖，产酸产气；不分解蔗糖，不液化明胶，不产生硫化氢，VP 试验阴性、MR 试验阳性。

4. 动物接种

取培养 24h 的纯培养物接种小鼠、家兔，可发病死亡，并可做进一步的涂片镜检以判定分离菌株的致病性。

六、治疗

有效的治疗方法是分离菌株做药敏试验，选择最敏感药物进行治疗。常用的治疗方法有：

（1）卡那霉素，25mg/kg 体重，肌肉注射，每天 2 次，连用 3～5d；

（2）庆大霉素，2～4 mg/kg 体重皮下注射，第一天注射 2 次，以后每天一次。

对重症病例，可静脉或腹腔注射葡萄糖盐水和碳酸氢钠溶液，并保证足够的清洁饮用水，预防脱水。

七、防制措施

加强饲养管理，搞好环境卫生。尤其是母犬临产前，产房应彻底清扫消毒，母犬的乳房被粪便污染时，要及时清洗。尽早使新生仔吃到初乳，最好使全部仔都能吃到。在常发场（群），于流行季节和产仔季节也可用异源动物抗病血清做被动免疫，然后再用多价灭活疫苗做预防注射。

第六节　沙门氏菌病

沙门氏菌病又称副伤寒，是由沙门氏菌属细菌引起的人和宠物共患性传染病，临床主要特征为肠炎和败血症。犬和猫沙门氏菌病不常见，但健康犬和猫却可以携带多种血清型的沙门氏菌。

一、病原体

本病的病原体是沙门氏菌，沙门氏菌属包括近 2 000 个血清型，是一群抗原结构和生化特性相似的革兰氏阴性杆菌。引起犬、猫沙门氏菌病的病原主要是鼠伤寒沙门氏菌，具有沙门氏菌属的形态特征，有周鞭毛，能运动、无芽孢和荚膜。本菌为兼性厌养菌，在普通培养基上生长良好，在固体培养基上培养24h后长成表面光滑、半透明、边缘整齐的小菌落；在液体培养基中呈均匀混浊生长。

鼠伤寒沙门氏菌的生化特征除具有硫化氢（三糖铁琼脂）阳性、VP 阴性、靛基质阴性、MR 阳性、赖氨酸脱羧酶阳性、发酵葡萄糖产酸和不发酵乳糖等沙门氏菌属的共性外，其主要特征为：阿拉伯糖、卫矛醇、左旋酒石酸、黏液酸试验为阳性。

鼠伤寒沙门氏菌的菌体（O）抗原为 1、4、5、12 型，鞭毛（H）抗原为Ⅰ相 1，Ⅱ相 1、2。本菌具有毒力较强的内毒素，可引起机体发热，黏膜出血，中毒性休克以致死亡；具有广泛的寄主范围，对各种动物和人有致病性。

沙门氏菌对外界环境有一定的抵抗力，在水中可存活2～3周，粪便中可存活1～2个月，在土壤中可存活数月，在含有机物的土壤中存活更长。对热和大多数消毒药很敏感，60℃经5min可杀死肉类的沙门氏菌，酸、碱、甲醛等是常用的消毒药。

二、流行病学

1. 传染源

鼠伤寒沙门氏菌在自然界分布较广，易在动物、人和环境间传播。传染源主要为患病宠物，污染的饲料、饮水和其他污染物，空气中含沙门氏菌的尘埃等亦可以成为传染媒介。

2. 传播途径

传播途径主要是消化道及呼吸道。而同窝新生仔犬、猫的感染源则多是带菌母犬、猫。圈养犬和猫往往因采食未彻底煮熟或生肉品而感染，散养犬和猫在自由觅食时，吃到腐肉或粪便而遭感染。

3. 易感动物

仔幼犬、猫易感性最高，多呈急性暴发；成年犬、猫在应激因素作用下也可感染但多呈隐性带菌，少数也会发病。

4. 流行特点

本病无明显的季节性，但与卫生条件差、阴雨潮湿、环境污秽、饥饿和长途运输等因素密切相关。仔幼犬、猫多呈急性暴发；成年犬、猫多呈隐性带菌。

三、症状

患病犬、猫症状严重程度度取决于年龄、营养状况、免疫状态和是否有应激因素作用等。感染细菌的数量、是否有并发症等也是影响症状明显与否的因素。临床上，可将其分为如下几种类型：

1. 菌血症和内毒素血症

这种类型一般为胃肠炎过程前期症状，有时表现不明显，但幼犬、幼猫及免疫力较低的宠物，其症状较为明显。患病宠物表现极度沉郁，虚弱，体温下降及毛细血管充盈不良，有的可能出现胃肠道症状，有的可能没有。

2. 胃肠炎型

潜伏期（或受到应激因素作用后）3～5d 后开始出现症状，往往幼龄及老龄宠物较为严重。开始表现为发热（40～41.1℃），委靡，食欲下降；尔后呕吐、腹痛和剧烈腹泻。腹泻开始时粪便稀薄如水，以后转为黏液性，严重者胃肠道出血而使粪便带有血迹。猫还可见流涎。数天后，体重减轻，严重脱水，表现为黏膜苍白、虚弱、休克、黄疸，可发生死亡。有神经症状者，表现为机体应激性增强，后肢瘫痪，失明，抽搐。部分病例也可出现肺炎症状，咳嗽、呼吸困难和鼻腔出血。

3. 亚临床感染

感染少量沙门氏菌或抵抗力较强的宠物，可能仅出现一过性或不显任何临床症状；受感染的妊娠犬和猫，还可引起流产、死产或产弱仔。

患病犬、猫仅有少部分在急性期死亡，大部分 3～4 周后恢复，少部分继续出现慢性或间歇性腹泻。康复和临床健康宠物往往可携带沙门氏菌 6 周以上。

四、病理变化

最急性死亡的病例可能见不到病变。病程稍长的可见到黏膜苍白，脱水，尸体消瘦。肠黏膜的变化由卡他性炎症到较大面积坏死脱落。病变明显的部位往往在小肠后段、盲肠和结肠。肠内容物含有黏液、脱落的肠黏膜，呈稀薄状，重的混有血液。肠黏膜出血、坏死，有大面积脱落。肠系膜及周围淋巴结肿大并出血，切面多汁。由于局部血栓形成和组织坏死，可在大多数组织器官（肝、脾、肾）出现密布的出血点（斑）和坏死灶。肺脏常有水肿及硬化。

严重感染及内毒素血症患犬和猫，可见非再生障碍性贫血，淋巴细胞、血小板和中性粒细胞减少。重症脓毒症患犬或患猫，可在白细胞内见到沙门氏菌菌体。感染局限于某一特定器官时，可见中性粒细胞增多。

五、诊断

该病的典型症状（胃肠道变化）易与犬细小病毒、冠状病毒感染及猫泛白细胞减少症及大肠杆菌病等混淆。根据流行特点、临床症状与剖检变化只能作出初步诊断，通过下列一项或几项检验可确诊。

1. 血液学检查

取血液样品做血液学检查，若血液中淋巴细胞、血小板和中性粒细胞减少，且可在白细胞内见到沙门氏菌菌体则诊断为沙门氏菌病。

2. 细菌分离与鉴定

这是确诊的最可靠方法。在疾病急性期，从分泌物、血、尿、滑液、脑脊液及骨髓中发现沙门氏菌可确定为全身感染。剖检时，应从肝、脾、肺、肠系膜淋巴结和肠道取病料，接种于普通培养基或麦康凯培养基上。但必须注意，培养结果阴性并不能排除沙门氏菌感染的可能性，因为在其他细菌共存的条件下，很难培养出沙门氏菌。为此，肠道及口腔所取材料应接种在选择性培养基或增菌培养基（四硫磺酸盐增菌液、亚硒酸钠增菌液、氯化镁-孔雀绿增菌液），24h后，再在选择性培养基（如SS琼脂、HE琼脂、麦康凯琼脂等）上传代。获得纯培养后，再进一步鉴定。

3. 生化试验

取分离培养的细菌进一步做生化试验。鼠伤寒沙门氏菌能发酵葡萄糖、甘露醇、麦芽糖、卫矛醇，不发酵乳糖、蔗糖，不利用尿素，不液化明胶，赖氨酸脱羧酶反应阳性，β-半乳糖苷酶反应阴性，酒石酸盐反应阳性。

4. 粪便检查

通过检验粪便中白细胞数量的多少，可以判断肠道病变情况。粪便中大量白细胞的出现，是沙门氏菌性肠炎及其他引起肠黏膜大面积破溃疾病的特征。否则，粪中缺乏白细胞，则应怀疑病毒性疾患或不需特别治疗的轻度胃肠道炎症。

5. 血清学检验

采取血液分离血清做凝集试验及间接血凝试验诊断沙门氏菌感染。但用于亚临床感染及处于带菌状态的宠物，其特异性则较低。血清学试验与细菌分离鉴定诊断方法相比，以后者便捷且准确。

六、治疗

（1）发现病猫或病犬，应立即隔离，加强管理，给予易消化、富有营养的流质饲料。

（2）为了缓解脱水症状，可经非消化道途径补充等渗盐水，呕吐不太严重者亦可经口灌服。

（3）有效的治疗方法应是抗菌药物治疗

常用甲氧苄氨嘧啶，0.004～0.008g/kg体重或磺胺嘧啶0.02～0.04g/kg体重，分2次喂服，连用5～7d；呋喃唑酮，0.01g/kg体重，分2次内服，连用1周。

（4）对症治疗

对心脏功能衰竭者，肌肉注射0.5%强尔心1～2ml（幼犬减半）；有肠道出血症者，可内服安络血，每次5～10mg，每天2～4次；清肠止酵，保护肠黏膜，亦可用0.1%高锰酸钾液或活性炭和次硝酸铋混悬液做深部灌肠。

七、防制措施

由于慢性亚临床感染及潜伏感染的存在，预防犬和猫沙门氏菌病较为困难。应采取综合性防制措施。

（1）保持犬、猫房舍的卫生。笼具、食盆等用品应经常清洗、消毒，在温暖季节要用水冲洗场地，并定期灭蝇灭鼠。

（2）禁止饲喂不卫生的乳、肉、蛋类食品。饲料或食物，特别是动物性饲料应煮熟后喂犬和猫，杜绝传染病的发生。

（3）严禁耐过犬、猫或其他可疑带菌畜禽与健康犬、猫接触。患病宠物住院或治疗期间，应专人护理，防止病原人为扩散。

（4）对病犬、猫使用的食具及房舍清洗后，要用5%氨水或2%～3%火碱液消毒。病死尸要深埋或烧掉，严禁食用。

八、公共卫生

人也可感染沙门氏菌病，可发生于任何年龄，但1岁以下婴儿及老人最多。人类感染本病，一般是由于与感染的动物及动物性食品的直接或间接接触，人类带菌者也可成为传染源。临床症状可分为三型：

1. 胃肠炎型

人的潜伏期4～24h，最短者仅2h。多数患者，畏寒发热，体温一般38～39℃多伴有头痛、食欲不振、恶心、呕吐、腹痛、腹泻，每天排便多次，呈黄色水粪，带有少量黏液，有恶臭，个别病例可混有脓血。病程一般2～4d。

2. 败血症型

潜伏期1～2周。病初畏寒发热，热型不规则或呈间歇热，持续1～3周。血中可查到病原菌，而大便培养常为阴性。此型如医治不及时，可发生死亡。

3. 局部感染性化脓型

患者在发热阶段或退热以后出现一处或几处化脓病灶，可见于身体的任何部位。

人食物中毒的治疗一般为口服樟脑酊或氢化可的松，脱水严重者静脉注射葡萄糖盐水。大多数患者可于数天内恢复健康。为防止本病传染给人，饲养员及兽医工作人员应注意卫生和消毒工作。

第七节　布鲁氏菌病

布鲁氏菌病是由布鲁氏菌引起的人兽共患传染病，以生殖器官及胎膜炎症、流产、不育和多种组织的局部病灶为特征。世界各地都存在，我国也有发生、流行。犬可感染布鲁氏菌病，但多呈隐性感染，少数可表现出临床症状，猫的病例不多见。

一、病原体

布鲁氏菌为本病的病原体，呈球形、球杆状或短杆状，多单在，很少成对，大小为

$0.5\sim0.7\mu m\times0.6\sim1.5\mu m$。革兰氏染色阴性，无运动性，不产生芽孢和荚膜。为需氧菌，初代分离培养时需要在加有血液、血清、组织提取物或吐温-40 的培养基中生长，而且生长缓慢，经数代培养后才能在普通培养基、大气环境中生长且生长较快，由原来的 $7\sim14d$ 变为 $2\sim3d$。

布鲁氏菌属共有 6 个种，有的种还分为不同的生物型：马耳他布鲁氏菌，我国称为羊布鲁氏菌，有 3 个生物型；牛布鲁氏菌（流产布鲁氏菌），有 8 个生物型；猪布鲁氏菌，有 4 个生物型；绵羊布鲁氏菌；沙林鼠布鲁氏菌和犬布鲁氏菌。布鲁氏菌属的各个种在致病力方面有所不同，但在形态上没有区别。我国从 1990 年以来从人、畜分离的 220 株菌中羊种菌占 79.1%，牛种菌占 12.27%，猪种菌占 0.45%，犬种菌占 2.21%，未定种菌占 5.51%。

在自然条件下引起犬、猫布鲁氏菌病的病原主要是犬布鲁氏菌、马耳他布鲁氏菌、猪布鲁氏菌和流产布鲁氏菌，呈显性或隐性感染，成为重要的传染源。

本菌对自然因素的抵抗力较强，直射日光下 $0.5\sim4h$ 可杀死，在污染的土壤中能存活 $20\sim40d$，在乳、肉中可存活 60d，在皮毛上可生存 $75\sim120d$。对热敏感，巴氏消毒法 $10\sim15min$ 杀死，煮沸立即死亡。常用的消毒药如 0.1% 升汞数分钟，1% 来苏儿、2% 福尔马林、5% 生石灰乳 15min 均可将其杀死。

二、流行病学

1. 传染源

自然条件下，犬布鲁氏菌主要经患病及带菌动物传播。流产母犬从阴道分泌物、流产胎儿及胎盘组织等排菌，流产后的母犬可排菌达 6 周以上。菌也随乳汁排出，其排菌时间可持续 1 年半以上。患病及感染的公犬、公猫，可自精液及尿液排菌，可成为布鲁氏菌病的传染来源，在发情季节非常危险，到处扩散传播。某些犬在感染后两年内仍可通过交配散播本病。

2. 传播途径

本病主要传播途径是消化道，即通过摄食被病原体污染的饲料和饮水而感染。口腔黏膜、结膜和阴道黏膜为最常见的布鲁氏菌侵入门户。损伤的黏膜、皮肤亦可使病原侵入体内造成感染。

3. 易感动物

多种动物如人、羊、牛、猪、马、犬、猫等均对布鲁氏菌有易感性或带菌，犬是犬布鲁氏菌的主要宿主，另外也是羊、牛和猪布鲁氏菌的机械携带者或生物学携带者。检测结果发现我国犬布鲁氏菌病阳性率为 1.68%～13.4%。

4. 流行特点

在群养犬、猫（场）中，断奶幼犬、猫的感染率可达 75%，呈现暴发流行。城市和农村散养的犬、猫多呈散发。

三、症状

潜伏期长短不一，短的半月，长的 6 个月。在未出现流产症状前，为隐性或仅表现为淋巴结炎。怀孕母犬、猫常在怀孕 $30\sim50d$ 时发生流产，流产前 $1\sim6$ 周，病犬一般体温不高，阴唇和阴道黏膜红肿，阴道内流出淡褐色或灰绿色分泌物。流产胎儿常发生部分组织自溶，皮下水肿、淤血和腹部皮下出血。部分母犬感染后并不发生流产，而是怀孕早期（配种后 10~20d）胚胎死亡并被母体吸收。流产母犬可能发生子宫炎，以后往往屡配不孕。有的则发生反复流产。公犬和公猫感染后有的不显症状，有的出现睾丸炎、附睾炎、前列腺炎及包皮炎等，也可导致不育。另外，患病犬和猫除发生生殖系统症状外，还可能发生关节炎、腱鞘炎，有时出现跛行。

四、病理变化

隐性感染病例一般无明显的肉眼及病理组织学变化，或仅见淋巴结炎。有临床症状的病例，剖检时可见关节炎，腱鞘炎、骨髓炎、乳腺炎、睾丸炎、淋巴结炎变化。

流产母犬和母猫及孕犬、孕猫可见到阴道炎及胎盘、胎儿部分溶解，并伴有脓性、纤维素性渗出物和坏死灶。发病的公犬和公猫可见到包皮炎性变化和睾丸、附睾丸炎性肿胀等病灶。

除定居于生殖道组织器官外，布鲁氏菌还可随血流到其他组织器官而引起相应的病变，如随血流达脊椎椎间盘部位而引起椎间盘炎；有时出现眼前房炎、脑脊髓炎的变化等。

五、诊断

通过流行病学资料、临床症状可怀疑本病，确诊需进行实验室检查。

1. 流行病学及临床诊断

犬、猫群中出现大批怀孕母犬、母猫流产及屡配不孕现象，公犬、公猫发生睾丸炎、附睾炎、包皮炎及配种能力降低时，应怀疑有本病存在。

2. 涂片镜检

取流产胎衣、胎儿胃内容物或有病变的肝、脾、淋巴结等组织材料，制成涂片，经柯兹罗夫斯基或改良 Ziehl-Neelsen 等鉴别染色法染色，镜检可见到红色细菌即可确诊。也可用革兰氏染色法染色，镜检可见到革兰氏阴性的球杆菌。

3. 分离培养

犬感染犬布鲁氏菌后，其菌血症可持续数月到数年，因此，取血液进行细菌培养是确诊的最佳方法。无菌采取血液样本接种于营养肉汤，在有氧条件下培养 3~5d，然后取样接种到固体培养基上进行鉴定。犬布鲁氏菌生长比较缓慢，需要 48~96h 后才能形成肉眼可见的菌落，然后进行涂片镜检。

也可将病料接种于豚鼠，腹腔、皮下、肌肉注射均可，接种 3~6 周后剖杀，可从脏器分离培养病原，部分豚鼠还可出现肉眼可见病理变化；同时采取豚鼠血液进行血凝试验。

4. 血清学检验

（1）凝集试验 一般在感染后 4~5d 血清中即出现凝集素，通常采用平板法，犬、猫血清凝集价 1:50（＋＋）以上判为阳性。

（2）补体结合试验 一般在感染后 7~14d 血清中出现补反抗体，补反阳性与细菌分离阳性有密切关系，是污染群净化的重要措施之一。

此外还有琼脂凝胶扩散试验，国外还有一种玻片凝集快速诊断盒出售。

六、防制措施

本病应坚持预防为主，每年进行1～2次检查，可用平板凝集试验进行，必要时抽血进行细菌培养，淘汰阳性犬、猫，并不得作为种用；尽量进行自繁自养，清净场最好实行封闭式的自繁自养方式，引进的种犬，应先隔离观察一个月，经检疫确认健康后方可入群；种公犬、猫在配种前要进行检疫，确认健康后方可参加配种；严格执行消毒措施，犬、猫舍及运动场应经常消毒，流产物污染的场地、栏舍及其他器具均应彻底消毒。清净场（群）和在检疫处理后的污染场（群）可用布鲁氏菌羊型5号弱毒苗免疫，皮下注射3～3.5亿活菌，每年1次；犬发病后，对经济价值不大的病犬，可以扑杀，有使用价值的病犬，可以隔离治疗，但一定要做好兽医卫生防护工作。

七、公共卫生

根据1990～1996年全国布鲁氏菌病监测结果表明，人群布鲁氏菌病发生有如下特点：
（1）牧区的布鲁氏菌病老疫区疫情活跃，半农半牧区、农区疫情明显回升。
（2）除广西、广东以病猪为主要传染源外，其余稳中有降省区主要传染源仍是布鲁氏菌病羊和牛，犬和鹿是值得注意的次要传染源。
（3）毒力强的羊布鲁氏菌已成为当前布鲁氏菌病流行的优势菌种。
（4）非职业人群、老年人及儿童感染率增高。
（5）布鲁氏菌病病人临床表现典型化。

犬布鲁氏菌对人的感染性虽然较低，但仍可以感染人。兽医工作人员在接触可疑病例，特别是流产病例时应加以注意。人感染后临诊表现多样，有急性、亚急性和慢性之分。急性和亚急性者有菌血症，主要表现体温呈波状热或长期低热，表现全身不适、头疼、关节痛、寒战、盗汗、淋巴结炎、肝脾肿大、睾丸炎、附睾炎及体重减轻等，孕妇可能出现流产。有些病例经过短期急性发作后可恢复健康，有的则反复发作。慢性者通常无菌血症，但感染可持续多年。需进行血清学和细菌检验才能确诊。

第八节　结核病

结核病是由结核分枝杆菌引起的人兽共患的慢性传染性疾病，偶尔也可能出现急性型，病程发展很快。病的特征是在机体多种组织器官形成肉芽肿和干酪样或钙化病灶。世界各地都存在，犬、猫也感染发病。

一、病原体

本病的病原是结核分枝杆菌，主要有牛型、人型和禽型三种型。人型结核分枝杆菌是直或微弯的细长杆菌，多为棍棒状，间有分枝状；牛型菌比人型菌短粗，且着色不均；禽型结核菌短小，为多形性。犬可被牛型及人型结核分枝杆菌感染，偶尔被禽型感染。猫对牛型结核杆菌似乎更易感。本菌不产生芽孢和荚膜，无鞭毛。革兰氏染色阳性，但不易染色，常用 Ziehl-Neelsen 氏抗酸染色法染色，本菌染成红色，非抗酸菌呈蓝色。人工培养时需严格需氧，在加有蛋黄、血清、牛乳、马铃薯、甘油的培养基上生长良好。

本菌由于含有丰富的脂类，因此对外界环境和常用消毒剂有相当强的抵抗能力。在干燥的痰中能存活 10 个月，在病变组织和尘埃中能生存 2～7 个月或更久，在水中可存活 5 个月，在粪便、土壤中可存活 6～7 个月。但对热的抵抗力差，60℃ 经 30min 即可死亡。对紫外线敏感，直射日照 4h 可杀死。常用消毒药经 4h 可将其杀死。本菌对磺胺类药物、青霉素及其他广谱抗生素均不敏感，但对链霉素、异烟肼、对氨基水杨酸和环丝氨酸等敏感。

二、流行病学

1. 传染源及传播途径

结核病的人、牛、犬、猫等可通过痰液排出大量结核杆菌，通过污染的尘埃、饲料和水经消化道、呼吸道传染给健康犬、猫。咳嗽形成的气溶胶或被这种痰液污染的尘埃成为主要的传播媒介。据介绍，直径小于 3～5μm 的尘埃微粒方能通过上呼吸道而达肺泡造成感染，体积较大的尘埃颗粒则易于沉降在地面，危害性相对较小。

2. 易感动物

结核病呈世界性分布，尤其在人口稠密、卫生和营养条件较差的地区，人群患病率更高，再加上结核病患畜（禽）构成了本病的传染源，尤其开放性结核病患者，能通过多种途径向外界散播病原。一般认为，犬和猫结核菌感染由人传播而来，迄今尚未见到由犬和猫传染给人的报道。

3. 流行特点

据调查，城区结核病家庭中猫的发病率最高，约占猫中的 1%～12%，而在猫结核病中牛型结核分枝杆菌的感染率占 94.7%、人型结核分枝杆菌占 5.3%。犬、猫对禽型结核分枝杆菌有天然的抵抗力，临床上极少有感染发病。

三、症状

犬和猫结核病多为亚临床感染。有时则在病原侵入部位引起原发性病灶。

1. 犬

潜伏期长短不一，十几天、数月以至数年。病犬常午后低热、嗜睡、无力、食欲减退，进行性消瘦，被毛失去光泽。肺结核病犬表现慢性干咳或不同程度的喀血，同时发生日趋严重的呼吸困难。病变范围大的胸部叩诊呈浊音，听诊有支气管、肺泡呼吸音和湿性啰音。消化器官结核可引起呕吐、腹泻等消化道吸收不良症状及贫血。肠系膜淋巴结常肿大，有时在腹部体表就能触摸到。某些病例腹腔渗出液增多。皮肤结核主要表现为边缘不整齐，基底部有无感觉的肉芽组织构成的溃疡，多发生于喉头部和颈部。子宫结核时，腹围扩大，从子宫中可以采得混有血丝的微黄色颗粒状渗出物。在犬结核中还曾见到杵状趾的现象，尤以足端的骨骼两侧对称性增大为特征。

2. 猫

猫结核病例表现以皮肤结核为多见，常在颈部和头部主要是眼睑、鼻梁、颊部出现结节和溃疡；同时食欲时好时坏、贫血，进行性消瘦。肺结核病猫出现呼吸急促乃至困难。

肠结核伴发下痢。

四、病理变化

剖检时可见患结核病的犬及猫极度消瘦，在许多器官出现多发性的灰白色至黄色有包囊的结节性病灶。

犬常可在肺及气管、淋巴结见到原发性结核结节，内含灰白色乃至黄灰色物，外有包囊。犬的继发性病灶多分布于胸膜、心包膜、肝、心肌、肠壁和中枢神经系统。一般来说，继发性结核结节较小（1～3mm），但在许多器官亦可见到较大的融合性病灶。有的结核病灶中心积有脓汁，外周有包囊围绕，包囊破溃后，脓汁排出，形成空洞。肝脏上的结核病灶淡黄色、中心凹陷，边缘呈晕状出血。肺结核时，常以渗出性炎症为主，初期表现为小叶性支气管炎，进一步发展则可使局部干酪化，多个病灶相互融合后则出现较大范围病变，这种病变组织切面常见灰黄与灰白色交错，形成斑纹状结构。随着病程进一步发展，干酪样坏死组织还能够进一步钙化。

猫则常在回、盲肠淋巴结及肠系膜淋巴结见到原发性病灶，多呈针头大、圆形、灰白色瘤状。眼结核病例，在虹膜边缘有小扁豆大的干酪样结节，在结膜、角膜也可见到。猫的继发性病灶则常见于肠系膜淋巴结、脾脏和皮肤。

组织学上，可见到结核病灶中央发生坏死，并被炎性浆细胞及巨噬细胞浸润。病灶周围常有组织细胞及成纤维细胞形成的包膜，有时中央部分发生钙化。在包囊组织的组织细胞及上皮样细胞内常可见到短链状或串珠状具抗酸染色特性的结核杆菌。

五、诊断

结核病无特征临床症状，扑杀或尸体剖检后根据结核病变可以作出诊断，对临床可疑病例应结合如下方法进行确诊。

1. X 射线透视检验

肺结核时，X 射线透视检验可见气管、支气管淋巴结炎和间质性肺炎的变化。疾病后期亦可见肺硬化和结节形成及肺钙化灶。继发性结核出现时，亦可见肝、脾、肠系膜淋巴结及骨器官组织的相似病变。

2. 血液、生化检验

取血液做细胞计数检查，患结核病的宠物常伴有中等程度的白细胞增多和红细胞减少；做生化检验，出现血清白蛋白含量偏低及球蛋白增高。

3. 变态反应试验

多采用提纯结核菌素进行皮内反应试验，剂量为 250U/0.1ml 然后测定注射部位皮厚（肿胀）作出判定。由于猫对结核菌素反应微弱，故一般此法不用于猫。

皮肤试验结果不容易判定。据报道，对于犬，接种卡介苗试验结果更敏感可靠。皮内接种 0.1～0.2ml 卡介苗，阳性犬 48～72h 后出现红斑和硬结。因为被感染犬可能出现急性超敏反应，所以试验有一定的风险。

4. 血清学检验

包括血凝（HA）及补体结合反应（CF），它们常作为皮肤试验的补充，尤其是补体结合反应的阳性与结核菌素皮内反应试验的阳性符合率可达 50%～80%，具有较大的诊断价值。

近年来，用荧光抗体法检验病料中的结核杆菌，也收到了满意的效果。

5. 细菌分离

病料常用 4% NaOH 处理 30min，再用 0.3% 新洁尔灭处理以杀灭其他细菌。然后取沉淀物接种于罗杰二氏（Lowenstein-Jensen）培养基，置 37℃ 培养一周以上，根据细菌菌落生长状况及生化特性来鉴定分离物。也可将可疑病料，如淋巴结、脾脏和肉芽肿腹腔接种于豚鼠、兔、小鼠和仓鼠，以鉴定分枝杆菌的种别。

有时直接取病料，如痰液、尿液、乳汁、淋巴结及结核病灶做成抹片或涂片，抗酸染色后镜检，可直接检到细菌。

六、治疗

从公共卫生角度看，除非名贵品种的犬、猫病例在严格隔离条件下有治疗价值外，通常对患病和实验室检查阳性病例均采取扑杀，以防止散播。

治疗时可选用下列药物：异烟肼 4～8mg/kg 体重，每天 2 或 3 次；利福平 10～20mg/kg 体重，分 2 或 3 次内服；链霉素 10mg/kg 体重，每 8h 肌肉注射 1 次（猫对链霉素较敏感，故不宜采用）。应该提及的是，化学药物治疗结核病在于促进病灶愈合，停止向体外排菌，防止复发，而不能真正杀死体内的结核杆菌。

出现全身症状时，可对症治疗。体温升高者可应用解热药；继发感染时应选用适当的抗生素药物治疗；咳嗽严重者可用镇咳药，如咳必清 25mg，复方樟脑酊 2～3ml 或可待因 15mg，一天 3 次内服。

此外，应加强饲养管理，给宠物以营养丰富的食物，增强机体自身的抗病能力。冬季应注意保暖。

七、防制措施

应对犬、猫定期进行检疫，将检出的阳性病例和可疑病例立即进行隔离或做扑杀处理。对开放性结核患犬或猫，无治疗价值者尽早扑杀，尸体焚烧或深埋。结核病家庭不宜饲养犬、猫，特别不能亲吻犬、猫，不得随地吐痰。人或牛发生结核病时，与其经常接触的犬、猫应及时检疫。平时，不用未消毒牛奶及生杂碎饲喂犬、猫。国外有人应用活菌疫苗预防犬结核病取得初步成效，尚未普遍推广应用。

八、公共卫生

人结核病是由人型结核分枝杆菌引起的，但牛型和禽型也可以引起感染发病。主要症状为全身不适、倦怠乏力、易烦躁、心悸。食欲不振、消瘦、体重减轻。长期低热、盗汗等。各种器官结核的特殊症状如下：肺结核表现为咳嗽和咯痰，有空洞的患者则咳出脓痰、咯血痰或咯血，胸痛、气短或呼吸困难等。颈淋巴结核可见颈部淋巴结肿大，初期可移动，如破溃，可经久不愈。肠结核则腹痛，多位于右下腹，可见腹泻、便秘或者交替出现，有时发生不全性肠梗阻。另外，还有结核性腹膜炎、结核性脑炎、结核性胸膜炎及肾结核、骨结核等。

人结核病可根据病史、体征、X 线检查，其中 X 线检查是重要的诊断方法，适用于大规模普查。怀疑开放性结核时，应采取痰液、咯血或粪尿等进行抗酸染色和结核菌的分离培养。

防治人结核病的主要措施是早期发现，严格隔离，彻底治疗。牛乳应煮沸后饮用；婴儿普遍注射卡介苗；与患病宠物接触应注意个人防护。治疗人结核病有多种药物，以异烟肼、利福平、链霉素和对氨基水杨酸钠等最为常用。在一般情况下，联合用药可延缓产生耐药性，增强疗效。

第九节　坏死杆菌病

坏死杆菌病是由坏死杆菌引起的各种哺乳动物、禽类的一种慢性传染病。其特征为损害部分皮肤、皮下组织和消化道黏膜使其发生坏死，有的在内脏形成转移性坏死灶。不同动物因发病部位和临床表现不同，曾有不同的病名，如牛、羊腐蹄病、猪坏死性皮炎等，但在犬、猫都称为坏死杆菌病。本病广泛存在于世界各地，我国也普遍存在。

一、病原体

坏死杆菌为一种多形性杆菌，多呈短杆状、梭状或球状，在感染组织中常呈长丝状，菌体内有颗粒包涵体，不形成芽孢和荚膜，无鞭毛。革兰氏染色阴性，在培养基上培养时间过长后用石炭酸复红或碱性美蓝染色，着色不均匀，似串珠状。

本菌为严格厌氧菌，在加有血液、血清、葡萄糖、半胱氨酸和肝块的培养基内生长良好。在血液琼脂平板上，呈 β 溶血。在血清琼脂平板上形成圆形，边缘呈波状的小菌落。

本菌能产生内毒素和杀白细胞毒素。内毒素可使组织发生坏死，杀白细胞毒素可使巨噬细胞死亡，释放分解酶，使组织溶解。

本菌对理化因素的抵抗力不强，1% 甲醛溶液、1% 高锰酸钾液、2% 氢氧化钠溶液和5% 来苏儿均可在 15min 内杀死，在污染的土壤中能存活 10～30d，在粪便中能存活 50d。60℃30min、煮沸 1min 可将本菌杀死。对四环素和磺胺类药物敏感。

二、流行病学

1. 传染源

本病传染源主要为患病宠物或隐性带菌宠物。据报道，患病宠物的粪便带菌率达52.3%～64.7%。

2. 传播途径

本病主要通过污染的土壤、场地、饲料、垫料、圈舍和尘埃等经损伤的皮肤、黏膜感染，而低洼地、烂淤泥、死水塘和沼泽地都是本菌的长久生存地，也是本病的疫源地。

3. 易感动物

易感宠物十分广泛，犬、猫均易感，实验动物中兔和小鼠最敏感。

4. 流行特点

本病在犬、猫多发生于发情季节，争斗、活动、损伤频繁，极易发生。但多呈散发或表现地方流行性，猫发病少。

三、症状

新生仔犬因产室污秽，本菌经脐部伤口感染，创伤、脐伤十分有利于本菌繁殖致病。病初无明显异常，随后表现弓腰排尿，脐部肿硬，并流出恶臭的脓汁，精神委靡。如局部转移至内脏器官肺、肝后，则可发生败血症死亡。有的由于四肢关节损伤感染而发生关节炎，出现局部肿胀、跛行。

成年病犬多表现为坏死性皮炎和坏死性肠炎。坏死性皮炎以猎犬发生多，主要经四肢损伤感染，病初出现瘙痒、肿胀，有热痛，跛行。当脓肿破溃后流出脓汁，痒觉和炎症消退，若及时治疗则可在3～5d后治愈。坏死性肠炎则由于肠黏膜损伤感染所致，出现腹泻、排出脓样稀便，混有坏死组织，迅速消瘦。

四、病理变化

剖检可见大、小肠黏膜坏死，有溃疡灶，坏死部有伪膜，膜下可见有溃疡。

五、诊断

根据临床症状和剖检变化可作出初步诊断，确诊应进行实验室检查。

1. 涂片镜检

取病健交界处组织或分离培养物制成涂片，用等量酒精、乙醚混合液固定，用碱性复红-美蓝、稀释石炭酸复红或碱性美蓝染色，镜检可见着色不均匀的串珠状或长丝状菌体。

2. 动物接种

将病料制成悬液，于兔耳外侧皮下接种0.5～1ml，或于小鼠尾根部皮下接种0.2～0.4ml，观察7～12d，可见局部坏死、脓肿、消瘦、死亡。取肝、脾、肺等病灶病料，再做涂片镜检和分离培养，均可见到坏死杆菌。

六、治疗

1. 局部治疗

首先对局部进行扩创清洗，然后用0.1%高锰酸钾液或3%煤酚皂液消毒，再涂擦5%～10%龙胆紫、撒布高锰酸钾、炭末混合剂或高锰酸钾、磺胺粉合剂。也可在创面直接涂搽龙胆紫。

2. 全身治疗

常用磺胺类药物或抗生素进行治疗，磺胺二甲基嘧啶、螺旋霉素、四环素、金霉素等均有效。

七、防制措施

据报道，用坏死杆菌A型强毒菌株制备的灭活菌苗免疫机体具有免疫力，可试用。但本病的预防重要的还是要采取综合性措施，平时要保持圈舍清洁干燥，粪便常清除干净，垫料干燥，场地平整，不积水、不泥泞，定期消毒；防止互相争斗、撕咬，不喂粗硬饲料及避免外伤发生。发生外伤时及时处理。发生本病时，应及时治疗，对污染场地、圈舍、用具进行彻底消毒。

第十节　巴氏杆菌病

巴氏杆菌病是由多杀性巴氏杆菌引起的一种哺乳动物和禽类共患传染病的总称。世界各地都存在，在犬、猫也有发生。

一、病原体

多杀性巴氏杆菌属于巴氏杆菌科巴氏杆菌属的细菌。为球杆状或短杆状菌，两端钝圆，大小为 $0.25\sim0.4\mu m\times0.5\sim2.5\mu m$。单个存在，有时成双排列。新分离的强毒菌株有荚膜，但经培养后荚膜迅速消失。革兰氏染色阴性。病料用瑞氏染色或美蓝染色时，可见典型的两极着色，即菌体两端染色深、中间浅，无鞭毛，不形成芽孢。

本菌为需氧或兼性厌氧菌，对营养要求较严格。在普通培养基上生长贫瘠，在麦康凯培养基上不生长。在加有血液、血清或微量血红素的培养基中生长良好。最适温度为 37℃，pH7.2～7.4。在血清琼脂平板上培养 24h，可长成淡灰白色、边缘整齐、表面光滑、闪光的露珠状小菌落。在血琼脂平板上，长成水滴样小菌落，无溶血现象。在血清肉汤中培养，开始轻度浑浊，4～6d 后液体变清朗，管底出现黏稠沉淀，震摇后不分散。表面形成菌环。

本菌可分解葡萄糖、果糖、蔗糖、甘露糖和半乳糖，产酸不产气。大多数菌株可发酵甘露醇，一般不发酵乳糖，可形成靛基质，甲基红试验和 VP 试验均为阴性，不液化明胶，产生硫化氢。

本菌抵抗力不强，在无菌蒸馏水和生理盐水中很快死亡。在阳光中暴晒 10min，或 56℃15min 或 60℃10min 可被杀死。在干燥空气中 2～3d 死亡，厩肥中可存活 1 个月。3% 石炭酸、3% 福尔马林、10% 石灰乳、2% 来苏儿、0.5%～1% 氢氧化钠等几分钟即可杀死本菌。对链霉素、四环素、土霉素、磺胺类及许多新的抗菌药物敏感。

二、流行病学

1. 传染源及传播途径

患病宠物及带菌宠物为主要传染源。病犬及带菌犬、猫从分泌物、排泄物排菌污染环境、饲料和饮水等。病菌可以通过呼吸道和消化道感染，也可由于争斗损伤、咬伤而由伤口传染。人感染往往是由犬、猫咬伤、抓伤经伤口发生的，也可通过亲嘴传播。

2. 易感动物

本菌对多种动物和人均有致病性，宠物中犬、猫易感。

3. 流行特点

犬、猫是本菌的带菌者，小鼠、大鼠、地鼠、豚鼠也是嗜肺性巴氏杆菌的健康带菌者，一旦在各种应激因素的作用下，或者在感染其他病原时或抵抗力降低时，就会引起本病的流行，其特点是犬、猫场（群）易发生、散养犬、猫中不多见。幼龄犬、猫多发。

三、症状

一般多与犬瘟热、猫泛白细胞减少症等疾病混合发生或继发，幼犬病例症状明显，成单独发病的不多。主要表现体温升高到 40℃ 以上，精神沉郁，食欲减退或拒食，渴欲增加，呼吸急促乃至困难，气喘或张口呼吸，流出红色鼻液，咳嗽，眼结膜充血潮红，有多量分泌物。有的病犬在后期出现似犬瘟热的神经症状，如痉挛、抽搐、后肢麻痹等。有的出现腹泻。急性病例在 3～5d 后死亡。

四、病理变化

气管黏膜充血、出血。肺呈暗红色，有实变。胸膜、心内外膜上有出血点，胸腔液增多并有渗出物。胃肠黏膜有卡他性炎症变化。肾脏充血变软，呈土黄色，皮质有出血点和灰白色小坏死灶。淋巴结肿胀出血，呈棕红色。肝脏肿大，有出血点。

五、诊断

根据临床症状、剖检变化只能作出初步诊断，确诊还必须进行实验室检查。

1. 涂片镜检

取心血、分泌物、渗出物和肺、肝、脾、淋巴结等病料做涂（触）片，用瑞氏、美蓝染色法染色后镜检，可见两极着色深中间浅的杆状细菌；墨汁染色，菌体为红色，荚膜在菌体周围的呈亮圈，背景为黑色。

2. 分离培养

取病料接种血液琼脂培养基，37℃ 培养 24h，观察菌落特征，可根据菌落形态和在 45°折光下观察到的荧光性等特征作出判定。必要时，可进一步做生化试验鉴定。

3. 动物接种

取肺、肝、渗出物等病料制成 1:10 的匀浆悬液或 24h 肉汤培养物皮下或腹腔接种小鼠、家兔，在 72h 内发病死亡。剖检观察病变并镜检进行确定。

4. 血清学检查

常用的是平板凝集法，血清凝集价在 1:40 以上判为阳性。琼脂扩散法可检出感染动物，一般在感染后 10～17d 即可检出抗体，血清抗体可持续数月以上。

六、治疗

广谱抗生素和磺胺类药物都有一定的疗效。常用的药物有：盐酸诺氟沙星，每天 10～20mg/kg 体重，每天 1～2 次口服，连服 3～4d；阿米卡星，5～10mg/kg 体重，每天 2 次，肌肉注射；磺胺二甲基嘧啶，每日 150～300mg/kg 体重，分 3 次口服，连服 3～5d。

七、防制措施

目前，尚无有效的疫苗用于免疫预防。预防重点应采取加强饲养管理，卫生防疫和减少应激因素，提高抗病力等综合性措施。此外，在常发地区（场、群）可用土霉素等加入饲料内喂用 1 周，进行间断性的药物预防，如能与其他抗生素或磺胺类药物交替使用则更妥。发病后，立即隔离患病宠物，并及时治疗，对污染的场地、用具进行彻底消毒。

第十一节　链球菌病

链球菌病是由一大类致病性、化脓性球菌引起的一种人兽共患性疾病，在人和多种动物中能引起诸如败血症、乳房炎、关节炎、脓肿、脑膜炎等疾病。对犬主要危害仔犬，成年犬多为局部化脓性病灶。世界各地都存在，在我国也屡有发生。

一、病原体

引起链球菌病的病原是链球菌，主要是马链球菌兽疫亚种和肺炎链球菌。本菌呈圆形或卵圆形，常排列成链，链的长短不一，短者成对，或由 4～8 个菌组成，长者数十个或上百个。本菌不形成芽孢，多数无鞭毛，革兰氏染色阳性。

链球菌为需氧或兼性厌氧菌，对生长要求很高，在普通琼脂上生长不良，在加有血液、血清、葡萄糖等的培养基中生长良好。在血液琼脂上形成 β - 溶血圈。能水解精氨酸，能发酵乳糖、山梨醇产酸，不发酵甘露醇、菊糖、棉子糖、海藻糖，不产生靛基质，VP 阴性，不液化明胶。

本菌的抗原结构比较复杂，除有荚膜多糖抗原、菌体种属特异抗原、菌体核蛋白抗原外，还有亚型抗原。目前肺炎链球菌已有 80 多个型，其中 Ⅰ、Ⅱ、Ⅲ 型菌致病力较强，其他型菌致病力弱或无致病力。致病性菌能产生溶血素、杀白细胞素和透明质酸酶。

本菌抵抗力不强，60℃30min 可以灭活。一般消毒药均可将其杀灭。对青霉素、红霉素、金霉素及磺胺类药物敏感。

二、流行病学

1. 传染源及传播途径

病犬、猫与带菌犬、猫是主要的传染源，成窝仔犬发病的传染源是哺乳母犬。病菌可直接或经污染的空气、用具、饲料等间接地通过损伤的皮肤和呼吸道、消化道黏膜感染，仔犬经脐感染和吮乳感染的较多见。

2. 易感动物

链球菌的易感动物十分广泛，在犬，不同年龄、品种、性别的犬都感染，但仔幼犬的易感性最高，发病率和死亡率高。

3. 流行特点

本病的发生和流行往往与多种诱发因素有关，诸如饲养管理不当，导致体质下降和抗病力低下；发情季节易于发生外伤而感染发病；环境卫生恶劣，饲养密度过大等都可诱发本病。

三、临床症状

主要呈现肺炎、脓胸、心内膜炎的症状。仔犬发病初期表现吸吮无力、空嚼，可视黏膜苍白、微黄染，呼吸急促，随后厌食，腹部膨胀，体温下降，四肢无力，伏卧式睡眠。

成犬多发生皮炎、淋巴结炎、乳房炎和肺炎，母犬出现流产。

四、病理变化

由于感染的链球菌的血清群和毒力不同，其病理变化也有一定差异。轻者肝肿大、质脆，肾肿大有出血点；严重者腹腔积液，肝脏有化脓性坏死灶，肾大面积出血，呈花斑状，胸腔积液有纤维素性沉着，心内膜有出血斑点。

五、诊断

根据疾病流行情况、临床症状、病理剖检等可作出初步诊断，确诊可进一步进行微生物学检查。

1. 涂片镜检

无菌采取母犬乳汁、死亡犬内脏或胸腹腔积液作涂片，革兰氏染色。镜检可见革兰氏阳性，单个、成对或呈短链的球菌。

2. 分离培养

取病料接种血液琼脂培养基上，37℃培养24h，可见到灰白色、透明、湿润黏稠、露珠状菌落，并有溶血圈。必要时还可进行生化试验鉴定。

3. 动物接种

取病料悬液、分离培养物，皮下或腹腔接种小鼠或家兔，经3～4d发病死亡，取病料做涂片镜检和分离培养可获得阳性结果。

六、治疗

有条件最好做药敏试验，选择最敏感的药物进行治疗。常用的敏感药物有青霉素、林可霉素、土霉素和磺胺类药物等。如肌肉注射青霉素20万～40万IU；林可霉素10mg/kg体重，肌肉或皮下注射，每天2次。同时口服磺胺类药物，每天2次，连服1周，均有良好的效果。同时做好保温护理工作。严重病犬可同时配合强心补液措施。

七、防制措施

预防本病的发生，关键在于加强平时的饲养管理和卫生防疫措施，其中尤以增强宠物的抵抗力与全面做好环境卫生消毒工作更为重要，并且减少应激因素的诱发作用。应在母犬分娩前后注意环境及母体卫生，要清理阴户，擦洗乳房。保持犬舍清洁、干燥、通风、定期更换褥垫。

第十二节 弯杆菌病

弯杆菌病是空肠弯杆菌引起的一种以腹泻为主要症状的人畜共患病，空肠弯杆菌最初是 Jones 等 1931 年在腹泻犬空肠中分离出来而命名的。近年来此菌被世界公认是引起人急性腹泻的主要病原菌。其主要宿主有犬、猫、犊牛、羊、貂及多种实验动物和人。

一、病原体

空肠弯杆菌（*Campylobacter jejuni*）为螺菌科弯曲菌属中的一个种。菌体弯曲呈弧形、S形、螺旋形或海鸥展翅状，在老龄培养物中，可形成球形或类球状体。大小为 $0.2\sim0.8\mu m \times 0.5\sim5\mu m$，有一个或多个螺旋，长者可达 $8\mu m$，革兰氏染色阴性，复染时沙黄不易着色，宜用石炭酸复红。无芽孢，一端或两端具有单鞭毛，运动活泼。

该菌属于微需氧菌，用常规方法在普通麦康凯、SS等培养基上不能分离。最适生长的微需氧条件为 $5\% O_2$、$85\% N_2$、$10\% CO_2$ 的混合气体环境。最适生长温度为 $42\sim43℃$，$37℃$ 可生长，$30℃$ 以下不生长。可生长 pH $7.0\sim9.0$，最适生长 pH 7.2。对营养要求较高，需要加入血液、血清等物质后方能生长。生化特征为不能发酵及氧化糖类，不水解明胶和尿素，VP、甲基红试验阴性。

由于本菌对氧敏感，故在外界环境中很易死亡。对干燥抵抗力弱。对酸和热敏感，pH $2\sim3$ 经 5min、$58℃$ 5min 可杀死本菌。对常用消毒剂敏感。

二、流行病学

1. 传染源及传播途径

空肠弯杆菌存在于多种动物（鸡、鸭、犬、猫、猪、人等）肠道中，可成为本病的主要传染源。家禽带菌率很高，可达 $50\%\sim90\%$ 以上，一般认为是最主要的传染源。猪的带菌率也很高。本病主要通过污染的食物、饮水、饲料及周围环境，或通过接触患病动物而经消化道感染。也可随牛乳和其他分泌物排出散播传染。苍蝇等节肢动物带菌率也很高，可能成为重要的传播者。犬、猫的一个重要感染途径是摄食未经煮熟的家禽或其他动物制品。

2. 易感动物

人和多种动物均可感染，犬、猫均易感染。

三、症状

幼龄动物腹泻严重，临床上犬、猫主要表现为排出带有多量黏液的水样胆汁样粪便，并持续 $3\sim7d$，出现血样腹泻的可致死。表现精神沉郁，嗜睡，部分出现厌食，偶尔有呕吐，也可能出现发热及白细胞增多。个别犬可能表现为急性胃肠炎。某些病例腹泻可能持续 2 周以上或间歇性腹泻。

四、病理变化

侵袭性弯杆菌感染可引起胃肠道充血、水肿和溃疡。通常可见结肠充血、水肿，偶尔可见小肠充血。

组织学检查可见结肠黏膜上皮细胞高度变低，结肠和回肠杯状细胞减少等。

五、诊断

对于空肠弯杆菌引起疾病的诊断，现主要采用细菌学检查，另外还可应用一些血清学检查方法。

（一）细菌学检查

1. 直接涂片镜检

取新鲜粪便直接涂片染色镜检，若有弧形、S 形、螺旋形或海鸥展翅状的革兰氏阴性无芽孢杆菌，可作为初步诊断的依据。特别是在疾病急性阶段，宠物粪便中可排出大量病菌。另外粪便中出现红细胞或白细胞也有利于诊断。

2. 细菌的分离鉴定

可选用专用选择性培养基对粪便进行培养，空肠弯杆菌在 42℃ 微需氧环境下培养可生长。然后进行生化鉴定。

（二）血清学检查

主要有试管凝集试验、间接免疫荧光试验等。可采用特异性的杀菌试验来检测血清抗体滴度上升情况，也可用 ELISA 方法检验感染情况。

在检验弯杆菌腹泻时，应排除其他的肠道病毒和细菌感染。

六、治疗

从宠物粪便中分离到空肠弯杆菌并不意味着必须使用抗生素进行治疗。对严重感染的病例或者对人的公共卫生构成威胁时，才必须使用抗生素进行治疗。

本菌对庆大霉素、红霉素、强力霉素敏感，对青霉素、头孢菌素耐药。庆大霉素 2.2mg/kg 体重、红霉素 50mg/kg 体重，每日 2 次，连用 5～7d，同时配合支持疗法可加快治愈。特别是幼龄腹泻宠物，需注意补充体液和电解质。

某些宠物虽然经过抗生素治疗，但仍然可以继续排菌，遇此情况可考虑用另一种抗生素连续治疗。进行药物治疗的同时应考虑其他并发疾病的防治。

七、防制措施

对圈舍和环境应定期的清洗和消毒，保持环境的清洁卫生。弯杆菌抵抗力较弱，加热、消毒药和 pH3.0 以下均可致死。本病的传播途径是经消化道感染，因此，预防本病应避免病犬、猫摄食被病菌污染的食物和饮水。发现患病后要隔离治疗，及时消毒。犬食具用自来水冲洗即可达到杀菌的作用。

八、公共卫生

空肠弯杆菌是人类腹泻的重要病原。现已证实，犬、猫和灵长类动物是人类感染的重要来源。人感染后，潜伏期一般为 3～5d，病情轻重不一。典型病人先有发热，全身无力，头痛，肌肉酸痛，婴儿还可发生抽搐症状。继而腹痛，排便后可缓解。发热 12～24h 后开始腹泻，呈水样，每天排便 5～10 次，1～2d 后部分病例出现黏液便或脓血便，经过 1 周可自行缓解，少数病例腹痛可持续数周，反复发生腹泻。

防止人类从动物感染本病的重要环节是加强肉食品、乳制品的卫生监督，注意饮食卫生。发现病人，要及时进行对症治疗，严重病例需加用抗菌药物，如四环素、庆大霉素、复方新诺明、呋喃唑酮或黄连素。

第十三节 放线菌病

放线菌病是由放线菌引起的一种人兽共患慢性传染病，特征为组织增生、形成肿瘤和慢性化脓灶。本病广泛分布于世界各地。

一、病原体

放线菌是介于真菌和细菌之间，近似丝状的原核微生物。革兰氏阳性、非抗酸性，不形成芽孢，无运动性。菌丝细长无隔，直径 $0.5\sim0.8\mu m$，有分枝。在病变组织里呈颗粒状，随脓汁排出后，外观似硫磺颗粒，直径 $1\sim2mm$。

本菌厌氧或者微需氧。部分对犬、猫致病的放线菌在有氧的条件下生长良好，如黏性放线菌（Actinomyces uiscosus）、溶齿放线菌（A. odontolyticus），其他的则要求降低氧浓度或严格厌氧，如内氏放线菌（A. naeslundii）。放线菌可以在血液或添加血清等的营养培养基上生长，生长比较缓慢，需要 $2\sim4d$ 才能形成肉眼可见的菌落，菌落较致密、灰白或瓷白色，表面呈粗糙的结节状。

放线菌在自然界中有较强的抵抗力，广泛存在于污染的土壤、饲料和饮水中，也可在正常犬、猫的口腔和肠道内存在。一般消毒药可杀死，但对石炭酸的抵抗力较强。对青霉素、链霉素、四环素、头孢霉素、磺胺类药物敏感，但因药物很难渗透至脓灶中，故不易达到杀菌目的。

二、流行病学

1. 传染源及传播途径

放线菌在自然界中广泛分布，污染的土壤、饲料、饮水、空气和环境都可成为传染来源，正常动物的口腔和肠道也有存在。当动物机体防御机能破坏，放线菌可经损伤的皮肤、黏膜或吸入污染的尘埃等途径感染。外界物体或带刺的草刺伤皮肤或黏膜后，使局部发炎坏死，氧气减少，为放线菌无氧繁殖创造了条件，放线菌大量繁殖则易引发全身性感染。

2. 易感动物

各种年龄犬、猫均易感，但动物放线菌不能直接传染给人。

三、症状

犬、猫放线菌病侵害的组织部位包括胸腔、皮下组织、椎骨体，其次为腹腔和口腔，并从发病部位通过血液散播到脑和其他器官。皮肤放线菌病损伤散布全身，但多见于四肢、后腹部和尾巴。发病皮肤出现蜂窝织炎、脓肿和溃疡结节，有的发展成瘘管，流出灰黄色或红棕色、常有恶臭气味的分泌物。

胸部放线菌病多见于犬，主要由吸入放线菌或异物穿透胸腔引起肺脏或胸腔发病，或肺脏和胸腔同时发病。肺放线菌病早期阶段，出现体温稍高和咳嗽，体重减轻。当胸膜出现病变时，由于胸腔内有渗出物而表现呼吸困难。

骨髓炎性放线菌病见于犬、猫，骨髓炎一般发生在第2和第3腰椎及其邻近椎骨，可能继发于芒刺的移行。芒刺等刺伤脊髓，引起脊髓炎，甚至脑膜炎或脑膜脑炎，此时脑脊髓液中蛋白质和细胞含量增多，尤其是多叶核细胞增多。

腹部放线菌病少见，可能继发于肠穿孔。放线菌从肠道进入腹腔，引起局部腹膜炎，肠系膜和肝淋巴结肿大，临床症状变化较大，一般表现体温升高和消瘦。

四、诊断

放线菌病的临诊症状和病变比较特殊，除诺卡氏菌病外，不易与其他疾病混淆，故诊断不难。必要时可进行实验室检查。取脓汁、渗出物和病变组织做涂片，革兰氏染色后镜检，可见到特殊的阳性形态，以此与诺卡氏菌区别。革兰氏染色初步掌握病菌感染情况，确诊需要从化脓病灶或穿刺组织中分离培养出放线菌并进行鉴定。

五、治疗

皮肤型病例可采用外科手术与长期抗生素联合疗法。胸部放线菌病，需要切开胸腔引流和冲洗，冲洗用生理盐水，每天 2 次，然后注入青霉素溶液和蛋白水解酶。

用青霉素治疗放线菌病剂量要大，需要长时间治疗，每天肌肉注射 10 万～20 万 IU/kg 体重。疗程 2～3 个月。此外，克林霉素、林可霉素等也有一定疗效，治疗一般需 2～8 个月，直到无临床症状和 X 射线照片正常为止。

皮肤型放线菌病容易治愈。胸部、腹部和散播型的放线菌病，只有 50% 的治愈率。治疗前 10d，疗效明显的才有治愈希望。

六、防制措施

预防本病的发生需采取综合性措施，重点应是加强日常的卫生消毒工作，尽可能清除环境中的病原。及时清除芒刺、笼舍内的金属刺和防止发情季节的争斗。防止皮肤、黏膜发生损伤，有伤口时及时处理和治疗。

七、公共卫生

人感染放线菌病，由于感染途径不同，病变部位亦有不同。如病菌随口腔或咽部黏膜损伤而侵入，一般多发于面颊及下颌等部位，病初局部肿痛，皮下可形成坚硬肿块，后逐渐软化形成脓肿，破溃后流出带有硫磺样颗粒的脓汁。如由呼吸道吸入，一般表现为肺炎，有咳嗽、咯痰，偶有咯血等症状，病变可扩展到胸膜，形成脓腔和胸壁瘘管，排出含硫磺样颗粒的脓汁。

人放线菌病的诊断与犬、猫放线菌病的诊断相似，但人患病后易与一般化脓感染、结核病、恶性肿瘤混淆，应注意区别。预防人放线菌病，要注意口腔卫生，拔牙或其他手术后出现的慢性化脓感染，应早期诊断，及时治疗，以防病变扩散。

第十四节 诺卡氏菌病

诺卡氏菌病是由诺卡氏菌属细菌引起的一种人兽共患的慢性病，特征是在肺、淋巴结、乳房、脑和皮肤、实质脏器等组织形成脓肿。本病广泛分布于世界各地，在犬、猫中也有发生。

一、病原体

犬、猫诺卡氏菌病多由星形诺卡氏菌（*Nocardia asteroides*）引起，巴西诺卡氏菌（*Nocardia braziliensis*）和豚鼠诺卡氏菌（*Nocardia caviae*）亦可引起。诺卡氏菌革兰氏染色阳性，有时有分枝，有时分枝菌丝缠结或呈长丝，不形成荚膜和芽孢，无运动性，有较弱的抗酸性。

本菌为专性需氧菌。在普通培养基和沙氏培养基中，室温或37℃可缓慢生长，菌落大小不等，不同细菌产生不同色素。星形和豚鼠诺卡氏菌菌落呈黄色或深橙色，表面无白色菌丝。巴西诺卡氏菌表面有白色菌丝。

本菌能发酵果糖、葡萄糖、糊精、甘露醇产酸，还原硝酸盐，产生尿素酶，过氧化氢酶反应阳性，氧化酶反应阴性。本菌不耐热，一般消毒药可杀死。

二、流行病学

1. 传染源及传播途径

诺卡氏菌是土壤腐物寄生菌，广泛分布于自然界，常通过伤口和呼吸侵入。犬、猫多由尖牙、骨刺、芒刺、杂物刺伤经黏膜、皮肤伤口感染。

2. 易感动物

诺卡氏菌病并不多见，犬、猫、牛、马、羊、鸡和人均易感。

3. 流行特点

本病主要发生在生长带有锐刺草的地区，犬的发病率比猫高，免疫功能降低的犬、猫容易发生感染。各种年龄、品种和性别的犬、猫都可发病，发情季节发病多。但是动物之间或动物与人之间不能相互传染。

三、症状

诺卡氏菌通过呼吸道、外伤和消化道进入宠物机体，再通过淋巴和血流散播到全身。根据临床症状可分为全身型、胸型和皮肤型3种。

1. 全身型

犬多发，症状类似于犬瘟热，由于病原在宠物体内广泛散播，宠物表现体温升高、精神沉郁，食欲减退乃至废绝。消瘦、咳嗽、呼吸困难及神经症状。

2. 胸型

犬和猫都有发生，由吸入感染，症状为高热，呼吸困难，胸腔有脓性渗出物而成为脓胸，渗出物像西红柿汤。X射线透视可见肺门淋巴结肿大，胸膜渗出，胸膜肉芽肿，肺实质和间质结节性实变。

3. 皮肤型

犬、猫皮肤型多发生在四肢，损伤处表现蜂窝织炎、脓肿、结节性溃疡和多个窦道，分泌物类似于胸型的胸腔渗出液。脓肿、瘘管中的脓汁内含有菌丝丛。

四、病理变化

主要病理剖检变化是损伤皮肤局部、肺、胸膜、肝、脾、肾等器官组织出现脓肿、蜂窝织炎、瘘管、脓胸、结节性坏死溃疡。脓汁中可见菌丝丛，血相中出现嗜中性白细胞和巨噬细胞增多。

五、诊断

根据流行病学和临床症状可作出初步诊断。确诊需实验室进行分泌物或活组织物的涂片镜检和分离培养。必要时可进行动物接种。

六、治疗

诺卡氏菌病的治疗包括外科手术刮除，胸腔引流以及长期使用抗生素和磺胺类药物。首选药物是磺胺类药物，如复方磺胺甲基异噁唑、磺胺二甲基嘧啶等疗效较好。磺胺二甲氧嘧啶按 24mg/kg 体重，每天 3 次口服；用磺胺嘧啶治疗，40mg/kg 体重，每天 3 次口服；也可用磺胺增效剂及磺胺和青霉素联合应用，青霉素最初的剂量可高达 10 万～20 万IU/kg 体重；氨苄青霉素每天 150mg/kg 体重，另外，还可用红霉素和二甲胺四环素治疗。

七、防制措施

本病尚无特异的疫苗预防。预防应采取综合性措施，主要是做好皮肤和犬舍的清洁卫生工作，关键在于防止发生创伤，并及时处理创伤。发现外伤应及时涂擦紫药水或碘酊。

第十五节 钩端螺旋体病

钩端螺旋体病是多种动物（包括人）共患的自然疫源性传染病。临床上有多种表现形式，主要有发热、黄疸、血红蛋白尿、出血性素质、流产、皮肤黏膜坏死、水肿等。

本病为世界性分布，尤其热带、亚热带地区多发。我国也有发生、流行。犬钩端螺旋体病也较常见，根据血清学调查，有些地区 20%～80% 犬曾感染过钩端螺旋体病。犬的发病率比猫多。

一、病原体

钩端螺旋体是一种独特的微生物，具有庞大的群体，迅速的繁殖能力和旋转能力，分致病性和非致病性两大类，二者的一般微生物学特性相似。致病性的为似问号钩端螺旋体，现有 14 个血清群、150 个血清型。无病原性的为双弯钩端螺旋体。

钩端螺旋体很纤细，中央有一根轴丝，螺旋丝从一端盘绕至另一端，整齐而细密；在暗视野检查时，常似细小的珠链状，运动非常活泼，可见旋转、屈曲、前进、后退或围绕长轴做快速旋转。革兰氏染色阴性，但很难着色。姬姆萨染色呈淡红色。镀银染色法着色较好，菌体呈褐色、棕褐色。

钩端螺旋体严格需氧，生长缓慢，培养基要求一定的酸碱度和添加一定量的血清。通常多用柯索夫氏培养基或切尔斯基培养基，在28～30℃下培养1～2周，用液体或半固体培养基培养的效果更好。

我国从犬分离的钩端螺旋体达8群之多，但主要是犬群（*Leptospira. canicola*）、黄疸出血群（*L. icterohemorrhagiae*）。其他的如玻摩那群（*L. Pomona*）和流感伤寒群（*L. Grippatyphosa*）及拜仑群（*L. ballum*）也可引起犬感染；猫钩端螺旋体病较少。

钩端螺旋体对自然环境的抵抗力较强，但对理化因素的抵抗力较弱。在一般的水田、池塘、沼泽里及淤泥中可以生存数月或更长，这在本病的传播上有重要意义。在尿中可存活28～50d。对热、日光、酸碱等很敏感，很快死亡。一般消毒药都能杀死。对多种抗生素敏感。

二、流行病学

1. 传染源及传播途径

钩端螺旋体主要通过动物的直接接触，经皮肤、黏膜和消化道传播。交配、咬伤、食入污染有钩端螺旋体的肉类等均可感染本病，有时亦可经胎盘垂直传播。直接方式只能引起个别发病。间接通过被污染的水感染可导致大批发病。某些吸血昆虫和其他非脊椎动物可作为传播媒介。

犬、猫感染后，病菌定位于肾脏，无论发病或不发病都能自尿液间歇地或连续性排出钩端螺旋体相当长时间，从而广泛地污染周围环境，如饲料、饮水、圈舍和其他用具，直接或间接地传播扩散。甚至在临床症状消失后，体内有较高滴度抗体时，仍可通过尿液间歇性地排菌达数月至数年，使犬成为危险的带菌者。

2. 易感动物

钩端螺旋体几乎遍布世界各地，尤其在气候温暖、雨量充沛的热带、亚热带地区，江河两岸、湖泊、沼泽、池塘和水田地带为甚。而且其动物宿主的范围非常广泛，几乎所有温血动物均可感染，而啮齿类动物特别是鼠类是重要的贮存宿主，多呈健康带菌，形成疫源地，从而给该病的传播提供了条件。

3. 流行特点

本病流行有明显的季节性，一是表现在发情交配季节，二是在春秋季节发病多。雄犬发病较多，幼犬容易发病，症状也较严重。

饲养管理好坏与本病发生有密切关系，如饲养密度过大、饥饿或其他疾病使机体衰弱时，均可使原为隐性感染的动物表现出临床症状，甚至死亡。

三、症状

犬感染后的潜伏期为5～15d。在临床上多出现急性出血型、黄疸型和血尿型三类。

1. 急性出血型

病早期体温升高到39.5～40℃，精神沉郁，震颤及肌肉触痛，以后出现呕吐、迅速脱水和微循环障碍，并可出现呼吸迫促，心律快而紊乱，毛细血管充盈不良。食欲减退甚至废绝。继而出现咯血、鼻出血、便血、黑粪和体内广泛性出血等症，随即精神极度委靡，体温下降以致死亡。死亡率达60%～80%。

2. 黄疸型

病初体温升高到 39.5～41℃，持续 2～3d，食欲减退，间或发生呕吐。由于肝脏炎症，引起肝内胆汁郁积，可使粪便由棕色变为灰色。有的犬则表现出明显的肝衰竭症状，出现体重减轻、腹水、黄疸或肝脑病。有的病犬由于肾脏大面积受损而表现出尿毒症症状，口腔恶臭，严重者发生昏迷。有的病例发生溃疡性胃炎和出血性肠炎等。

3. 血尿型

有些病例主要出现肾炎病状，表明肾脏、肝脏被入侵的病原体损伤，导致肾功能和肝功能障碍，从而出现呼出尿臭气、呕吐、黄疸、血尿、血便，脱水甚至引发尿中毒等病症。

猫能感染多种血清型钩端螺旋体，从血清中可检出相应的特异性抗体，在临床上仅可见到比较轻的肾炎、肝炎病症，几乎见不到急性病例。

四、病理变化

尸体可视黏膜、皮肤呈黄疸样变化，剖检还可见浆膜、黏膜和某些器官表现出血。口腔黏膜、舌可见局灶性溃疡，扁桃体常肿大；呼吸道水肿，肺呈充血、淤血及出血变化，胸膜面常见出血斑点。

肺脏组织学变化包括微血管出血及纤维素性坏死等。肝肿大，色暗，质脆；肾肿大，表现有灰白色坏死灶，有时可见出血点，慢性病例可见肾萎缩及发生纤维变性；心脏呈淡红色，心肌脆弱，切面横纹消失，有时夹杂灰黄色条纹；胃及肠黏膜有出血斑点，肠系膜淋巴结出血、肿胀。

五、诊断

根据临床症状，剖检变化仅能作出初步诊断。确诊必须进行实验室检查。

（一）微生物学检验

1. 直接涂片镜检

生前急性发病期（发病初期头 7d 并且未使用抗生素之前）常以血液、中后期以脊髓液和尿液作为病原检验的分离材料。死后检验时，最好在动物死亡 1h 内进行，最长不得超过 3h，否则组织中菌体大部分发生溶解而难于检出。病料采集后应立即处理，用暗视野显微镜及荧光抗体染色后检验，病理组织中菌体常以姬姆萨及镀银染色后检验。

2. 分离培养

取新鲜病料接种于柯索夫氏（Korthof）培养基或捷氏（Tepcknú）培养基中培养，培养基中应加入一定比例的灭能血清（常用 5%～20% 兔血清），接种后置 25～30℃，每隔 5～7d 用暗视镜观察 1 次。初次分离时，往往需较长时间，有的甚至长达 1～2 个月。

3. 动物接种

用病料直接接种或以钩端螺旋体培养物接种实验动物。腹腔接种 14～18 日龄地鼠，体重 250～400g；乳兔，体重 150～200g；幼豚鼠或 20～25 日龄仔犬，剂量为 1～3ml，每天测体温、观察 1 次，每 2～3d 称重 1 次；接种后第 1 周内隔日采血做直接镜检和分离培养。通常在接种后 4～14d 出现体温升高，体重减轻，活动迟钝，食欲减退，黄疸，天然孔出血等症状，然后将濒死和不发病的扑杀，扑杀的和病死的试验动物都进行剖检，采取膀胱尿液和肾脏、肝脏组织进行镜检、分离培养，并作出判定。

应注意的是，接种病料后的试验动物要严格管理，排出的粪便及时收集，彻底消毒，以防污染环境、实验器具和传染给工作人员。

近年来已有不少有关 PCR 技术应用于钩端螺旋体病早期诊断的报道。该方法具有很高的敏感性和特异性，在很大程度上可以弥补传统病原学诊断方法上的不足。

（二）血清学检验

在发病早期，血清中即可出现特异性抗体，并能维持一个相当长的时间。检测特异性抗体的存在及其滴度上升的情况，即可作出诊断。常用微量凝集试验和补体结合试验。

1. 微量凝集试验

是诊断钩端螺旋体的标准方法。由于钩端螺旋体抗原的复杂性，有必要以多种抗原检验同一份血清。一般初步诊断后应尽快取第 1 份血清，2～4 周后取第 2 份血清，后者比前者高出 4 个滴度时，就可基本上确诊为钩端螺旋体感染。据介绍，双份血清法的准确率约为 50%，若第 2 份血清 1～2 周后再取第 3 份血清检验，准确率一般可达 100%。

2. 补体结合试验

宠物感染发病后 3～4d，其血中就有补体结合性抗体出现，第 4 周达到高峰，并能维持一年之久。故对病的早期诊断和流行病学调查有价值。抗原为多价抗原，样本血清滴度在 1:20 以上者，或双份血清滴度升高 4 倍以上者判为阳性。此法操作复杂，但由于受钩端螺旋体血清群（型）的交叉反应限制较小，对于诊断来说就更有价值，尤其是慢性患犬的诊断就更有意义。

另外还可采用 SPF 协同凝集试验、酶联免疫吸附试验（ELISA）等免疫学方法进行检测。

六、治疗

青霉素、双氢链霉素对本病有较好的疗效。青霉素 4 万～8 万 IU/kg 体重，每天 1 次或分为 2 次肌肉注射；双氢链霉素 10～15mg/kg 体重，肌肉注射，每天 2 次。一般可先应用青霉素 2 周，待肾脏功能逐步恢复后改用双氢链霉素再用 2 周，如此可避免患犬长期带菌和排菌。同时，对于脱水严重的患犬应补液；腹泻时可给以收敛剂；口腔发生溃疡时，可用 0.1% 高锰酸钾液冲洗，再涂以碘甘油。犬治愈率可达 85.2%。

七、防制措施

（1）消除带菌排菌的各种动物（传染源），包括对犬群定期检疫，消灭犬舍中的啮齿动物等；

（2）消毒和清理被污染的饮水、场地、用具，防止疾病传播；

（3）进行预防接种，目前常用的有钩端螺旋体的多联菌苗，用于犬的包括犬钩端螺旋体-出血性黄疸钩端螺旋体二价菌苗，犬钩端螺旋体-出血性黄疸钩端螺旋体-流感伤寒钩端螺旋体-玻摩那钩端螺旋体的四价菌苗，通常间隔 2～3 周进行 3 或 4 次注射，一般可保护 1 年。

八、公共卫生

人感染常由于鼠类和牛、猪等家畜从尿中排出大量病原体，污染了水田、池塘，人们在水田或池塘中工作，钩端螺旋体可以通过浸泡肢体的皮肤或黏膜侵入体内。也可通过污染的食物由消化道感染，潜伏期平均为7～13d。病人突然发热、头痛、肌肉疼痛，尤以腓肠肌疼痛并有压痛为特征，腹股沟淋巴结肿痛，并有蛋白尿及不同程度的黄疸等症状。有的病例出现上呼吸道感染类似流行性感冒的症状。也有表现为咯血，可见脑膜脑炎等症状。临床表现轻重不一，大多数经轻或重的临床反应后恢复，少数严重者，如治疗不及时则可引起死亡。

人钩端螺旋体病的治疗，应按病的表现确定治疗方案，一般是以抗生素为主，配合对症、支持疗法，首选药物为青霉素G，其次为四环素族、庆大霉素、氨苄青霉素；有人证明强力霉素有良好疗效。

预防本病，人医和兽医必须密切配合，平时应做好灭鼠工作，加强动物管理，保护水源不受污染；注意环境卫生，经常消毒和清理污水、垃圾；发病率较高的地区要用多价苗定期进行预防接种。

第十六节　莱姆病

莱姆病是由伯氏疏螺旋体引起的多系统性疾病，也叫疏螺旋体病（Borreliosis），是一种由蜱传播的自然疫源性人畜共患病。主要特征是动物关节肿胀、跛行、四肢运动障碍、皮肤病变和人游走性慢性红斑、儿童关节炎与慢性神经系统综合征。该病与犬、牛、马、猫及人类的关节炎有关。

本病最早于1974年发生于美国康涅狄格州莱姆镇（Lyme）的一群主要呈现类似风湿性关节炎症状的儿童，因而命名为莱姆病。我国于1986年、1987年在黑龙江省和吉林省相继发现莱姆病，至今已证实18个省、区存在莱姆病自然疫源地。

一、病原体

本病病原为伯氏疏螺旋体（*Borrelia burgdorferi*），是1982年最先从蜱中分离到的一种新的疏螺旋体，1984年被正式命名。本菌形态似弯曲的螺旋状，呈疏松的左手螺旋状，有数个大而疏的螺旋弯曲，末端渐尖，有多根鞭毛。暗视野下可见菌体作扭曲和翻转运动。长度5～40μm不等，平均约30μm，直径为0.18～0.25μm，能通过多种细菌滤器。革兰氏染色阴性，姬姆萨染色着色良好。

本菌微需氧，最适培养温度为33℃。常用的培养基为含牛、兔血清的复合培养基，即Barbour-Stoenner-Kelly Ⅱ（简称BSK培养基）。如在此培养基内加入1.3%的琼脂糖可形成菌落。菌体生长缓慢，培养5d后即能传代，但在体外连续传10～15代可能丧失感染动物的能力。从蜱中较易分离到螺旋体，而从患病动物和人中分离则较难。不同地区分离株在形态学、外膜蛋白、质粒及DNA同源性上可能有一定的差异。

本菌具有特别耐受高温和干燥的特性，但对各种理化因素的抵抗力不强。对青霉素、红霉素、四环素等敏感，加入0.06～3.0μg/ml即有抑制作用；但对庆大霉素、卡那霉素和新霉素在8～16μg/ml浓度时仍能生长，可将其加入培养基中作为分离培养的选择培养基。

二、流行病学

1. 传染源及传播途径

本病主要由带菌蜱等吸血昆虫通过叮咬吸血而传染，感染动物可通过排泄物向外排菌，从而成为传染源。而经卵垂直传播极少发生。有人证实直接接触也能发生感染。犬和人进入有感染蜱的流行区即可能被感染。另外伯氏疏螺旋体也可能通过黏膜、结膜及皮肤伤口感染。

2. 易感动物

人和多种动物（牛、马、犬、猫、鹿、浣熊、狼、野兔、狐及多种小啮齿类动物）对本病均易感，蜱是主要的自然宿主和传播媒介。蜱类中，美国主要是达明硬蜱，欧洲主要是蓖麻硬蜱，亚洲是金钩硬蜱。在我国，东北地区主要是金钩硬蜱，而长角血蜱、三棘血蜱和嗜群血蜱则是东北、华北和西南地区主要传播媒介，福建林区为粒形硬蜱，内蒙古的森林草蜱也带菌。

3. 流行特点

本病的流行与硬蜱的生长活动密切相关，因而具有明显的季节性，多发生于温暖季节，一般多见于6～9月份，冬春一般无病例发生。

三、症状

感染宠物发病后的症状基本相同。病犬体温升高可达39℃以上，食欲减少，精神沉郁，嗜睡、关节发炎、肿胀，四肢僵硬和跛行，感染早期可能有疼痛表现。急性感染犬一般不出现关节肿大，所以难于确定疼痛部位。跛行常常表现为间歇性，并且从一条腿转到另一条腿。局部淋巴结肿胀。有的出现眼病和神经症状，但更多的病例发生肾功能性损伤，如出现氮血症、蛋白尿、血尿等。有些病犬还出现心肌炎症状。通常犬四肢蜱叮咬部位有明显的毛发脱落、皮肤坏死剥落。

犬莱姆病较明显的症状为经常发生间歇性非糜烂性关节炎。多数犬反复出现跛行并且多个关节受侵害，腕关节最常见。

人莱姆病所表现的慢性游走性红斑在犬中未见报道。

病猫的临床症状与犬相似，如发热、沉郁、食欲减少或废食、关节肿胀、跛行等。孕猫发生流产。

四、病理变化

尸体消瘦，被毛脱落，皮肤坏死剥落，体表淋巴结肿大、出血。心肌功能障碍，表现为心肌坏死和赘疣状心内膜炎。出现肾小球肾炎和间质性肾炎病变。关节病变，如关节腔积液，有渗出物。有的胸腔、腹腔有积液和纤维蛋白附着。在流行区，犬常出现脑膜炎和脑炎，与伯氏疏螺旋体的确切关系还未完全证实。

五、诊断

根据流行特点（蜱的分布、流行季节）、临床症状以及病理变化可作出初步诊断，确诊应进行实验室诊断。

1. 血清学诊断

免疫荧光抗体技术（IFA）和酶联免疫吸附试验（ELISA）是较为精确的诊断技术。血清效价低于 1:128 判为阴性；1:128～1:256 为弱阳性；1:512 或更高为强阳性。有临床症状而血清学检验阴性时，应在 1 个月后再检验，如果血清效价升高说明正被感染。检验关节液中的抗体更有利于确诊。已有医用 ELISA 试剂盒。免疫印迹技术从 20 世纪 90 年代应用于医学临床诊断，可以判断 IFA 和 ELISA 的真假阳性，可用于血清标本抗体检测。

2. 病原分离鉴定

分离伯氏疏螺旋体比较困难，但已有人成功地从野生动物、实验动物及血清学阳性犬的不同组织和体液中分离到该菌。应用 BSK 培养基可以使病原分离工作进一步改善。

此外，多聚酶链式反应（PCR）技术在检测菌体抗原上具有灵敏、特异性强等优点。

六、治疗

对有莱姆病症状或者血清学阳性犬应使用抗生素治疗 2～3 周。可选用四环素，按 15～25mg/kg 体重，每 8h 给药 1 次；强力霉素，按 10mg/kg 体重，每 12h 给药 1 次；头孢菌素，按 22mg/kg 体重，每 8h 给药 1 次。氨苄青霉素、红霉素等对伯氏疏螺旋体也有一定的疗效。同时结合对症治疗，可收到良好疗效。

感染宠物用抗生素治疗后很快见效。如果治疗见效，应在 1～3 个月之后再做一次血清学检验。如果某种抗生素治疗效果不佳，应考虑选用另一种抗生素或做进一步诊断。

七、防制措施

国外已有犬莱姆病灭活菌苗上市，但疫苗对自然感染及无症状感染犬的保护效果资料较少。另外，亚单位疫苗在医学研究中已取得可喜成果。

在不能完全依靠疫苗来进行预防的情况下，可以从以下几个方面预防莱姆病。

（1）控制犬进入自然疫源地。

（2）应用驱蜱药物减少环境中蜱的数量，定期检查宠物身上是否有蜱，并及时清除以减少感染机会；给犬戴驱杀蜱项圈等。

（3）受本病威胁的地区，要定期检疫，发现病例及时治疗。

（4）对感染宠物的肉应高温处理，杀灭病菌后方可食用。

八、公共卫生

没有证据表明伯氏疏螺旋体可以在犬、猫、家畜或者畜主之间直接传播，但犬感染伯氏疏螺旋体的几率比人高，因为犬更易与蜱接触，而且被蜱叮咬时不易驱除，使得叮咬时间延长。犬还可能是伯氏疏螺旋体的无症状携带者，成为周围人群的感染来源。家养犬、猫还可能将感染蜱带入家庭或社区。犬尿液中可以传播伯氏疏螺旋体使得其具有潜在的公共卫生学意义。

人感染莱姆病后，大多数病例首先是在蜱叮咬部位出现慢性游走性红斑，被咬伤处发生红色小斑疹或丘疹，继而红斑区扩大，中央部位变苍白，有的起疱，甚至坏死。多数患者发热恶寒，头痛，骨骼和肌肉游走性疼痛，关节疼痛，易疲劳、嗜眠，随后出现不同程度的脑炎、脑膜炎、多发性神经炎、心脏活动异常和关节炎等症状。

人发病后可用青霉素、四环素、红霉素、强力霉素、先锋霉素等，大剂量使用，有较好的效果。预防本病应避免人进入有蜱活动的地方，如进入必须做好防护，防止被蜱叮咬。发现被蜱叮咬时，应小心拔出，不可用手压碎蜱体，以免引起感染。人被蜱叮咬后给予抗生素，可以起到预防作用。

第十七节　附红细胞体病

犬、猫附红细胞体病（Eperythrozoonsis）是由附红细胞体（*Eperythrozoon*，*EH*）引起的一种人畜共患病。以贫血、黄疸、发热等为主要临诊症状。

最早于 1928 年由 Schilling 在啮齿动物中发现，随后国内外先后在猪、马、羊、牛、鸡、犬、猫、骆驼等多种动物及人体中也发现了附红细胞体病，但由于附红细胞体对人畜感染的普遍性和临床发病的不显性，并没有引起人们的足够重视。近几年来随着人畜患附红细胞体病的不断增多，本病逐渐引起了医学和畜牧兽医工作者的注意，已发现附红细胞体可以引起多种畜禽及人发病，在我国猪、犬等家畜中还有暴发流行的趋势。

一、病原体

世界范围内对附红细胞体的归属尚不统一。由于附红细胞体既有原虫的特点，又有支原体的特点，所以有学者认为其属于原虫，又有人认为其属于支原体。附红细胞体为多形态、无细胞壁、无明显细胞核和细胞器的典型原核生物，在培养基上不生长，与立克次氏体相似，故又有人认为将其归为立克次氏体目。目前普遍采用《伯杰氏细菌鉴定手册》（1984 年版）统一分类，将其归为立克次氏体目（Rickettsiaies），无形体科（Anoplasmataceae），附红细胞体属或血虫体属（*Eperythrozoon*）。附红细胞体已发现有 14 个种，无固定形态，宿主特异性十分强，如犬主要感染犬附红细胞体，猫主要感染温氏附红细胞体和猫附红细胞体，感染猪的是猪附红细胞体等。

附红细胞体病具多形性，大小为 0.3～2.5μm，可呈环形、球形、卵圆形、短杆状、顿号形、哑铃状、网拍状和星形等多种形状。有折光性。一般附着于红细胞表面或成团寄生，呈链状、串珠状、鳞片状或丛状，常分布于红细胞局部边缘，有时将整个红细胞包围起来。本菌对苯胺色素着色良好，姬姆萨染色呈淡红或淡紫色，瑞特氏染色为淡蓝色，革兰氏染色阴性。在动物红细胞上以二分裂及出芽分裂方式增殖。

本菌为细胞内寄生菌，在动物体内和鸡胚卵黄囊接种及细胞培养中能生长繁殖，在普通培养基中不能生长繁殖。

附红细胞体的抵抗力不受红细胞溶解的影响，对干燥、热和化学药品敏感，0.5% 石炭酸于 37℃经 3h 可将其杀死，一般常用浓度的消毒药在几分钟内即可使其死亡；但对低温抵抗力较强，在冷冻条件下可存活数年，在加有枸橼酸钠的抗凝血中，于 5℃可保存 15d，在脱纤血中置 −30℃时可保持感染力 83d，冻干保存可存活 2 年。本菌对广谱抗生素敏感。

二、流行病学

1. 传染源及传播途径

患病的和隐性感染的犬、猫等是主要的传染源，病的发生与流行与吸血节肢动物孳生活动有关，蜱、虱、蚤、蚊等节肢动物是本病的主要传播媒介。注射器具和外科手术器械等消毒不严，又是本病广泛传播的重要因素。

此外，临床治愈的犬、猫可长期带菌，而成为传染源，母犬、猫还可经胎盘、子宫感染仔犬、猫。

2. 易感动物

易感动物比较广泛，马属动物、反刍兽、狐、兔、犬、猫、猪、小鼠等均易感，人也感染。

3. 流行特点

本病多发生流行于热带、亚热带地区，春秋温热季节多见，寒冷季节自然平息。

三、症状

自然感染附红细胞体病例，病程多呈现隐性经过，即临床上表现为无明显或轻微症状，食欲与精神变化不大，不易被人发现。当患犬等宠物遭受某种应激因素（运输、疲劳、饥饿、风雨侵袭等）的刺激，机体抵抗力降低后，可呈现急性经过，表现为精神不振，四肢乏力，鼻镜干燥，可视黏膜先苍白后黄染，严重的甚至出现皮肤发黄和黄尿。卧地嗜眠，体温升高至40℃左右，心跳、呼吸加快。食欲不振，有呕吐现象，便少且时干时稀，尿少而黄。3～5d后少数严重患犬由于虚脱、休克及死亡外，多数可耐过急性经过而转入慢性经过，临床上仍表现为不同程度的贫血、黄疸、消瘦、低烧（39℃左右）等主要症状。病程可拖至1个月或更长一些时间。有的患犬则转入隐性经过，成为"长期带虫"者。

四、病理变化

特征性的肉眼病变是黄染和贫血。尸体黏膜、浆膜和脏器显著黄染，多数呈泛发性黄疸。血液稀薄呈水样，胸、腹腔积液，心包积液。淋巴结肿胀，多汁，发黄；肺脏水肿，心肌松弛；肝脏肿大，呈土黄色，明显黄染，胆囊充盈；肾肿大，有卡他性出血性肠炎病变。脾脏肿大质软；除继发感染病变外，其他组织器官均无明显眼观病变。

五、诊断

根据临床、剖检所见的贫血和黄疸等特征可以作出初步诊断，确诊需进行实验室检查。

1. 涂片镜检

因高热期动物血液中有大量的附红细胞体，很容易检出。在疾病后期，血液中红细胞数量明显减少，检查比较困难。因此，取血液做涂片直接镜检应采高热期的血液。取耳静脉血，按常规固定后用姬姆萨染色液染色，镜检可见到附着于红细胞表面呈淡紫色的菌体。

2. 血液悬滴镜检

取血液（静脉血或心血）1 滴置于载玻片上，加 1 滴灭菌生理盐水，盖上盖玻片，在暗视野显微镜下可见到附着在红细胞上的菌体，使红细胞变形呈星状或锯齿状，也可见到游离的呈扭曲、翻滚运动的菌体，数量有多有少不等。

3. 动物接种

用可疑患附红细胞体病的犬、猫血液病料接种小鼠的腹腔、鸡胚的卵黄囊或单层细胞，接种后观察其表现并采血检查附红细胞体。通常感染小鼠多在 2～3d 后发病死亡；感染鸡胚出现病变、死亡；感染细胞出现细胞病变（CPE）。

4. 血清学检查

用血清学方法不仅可以诊断本病，还可进行流行病学调查和疾病监测。常用的有间接血凝试验和补体结合试验，前者具有灵敏、简便等优点，而且可检出带菌者；后者检出率较低，且不能检出带菌者。

20 世纪 90 年代开始用分子生物学方法建立了 DNA 探针技术和 PCR 技术，对本病进行诊断。

六、治疗

发生本病，要及早治疗。治疗药物较多，诸如砷制剂、土霉素、贝尼尔和三氮脒等均有较好的效果。

（1）新砷凡纳明，注射 15～45mg/kg 体重，24h 内附红细胞体即从血液中消失。

（2）土霉素，肌肉注射 3～10mg/kg 体重，在 6min 后菌体即从血液中消失。

（3）三氮脒，深部肌肉注射 4mg/kg 体重，隔日重复 1 次。

（4）对来自污染群或地区的犬、猫，可在 1～2 日龄时用土霉素 10～25mg，铁葡聚糖 150～200mg 静脉注射，在 2 周龄时再重复 1 次，可达到防止扩散传播的目的。

对严重或继发感染的病例，应配合强心、镇吐、消炎、补液等对症治疗措施。

七、防制措施

预防本病应采取综合性措施。重点在于切实做好日常的卫生防疫工作，尤其要驱除媒介昆虫，加强灭鼠工作；做好针头、注射器等医疗器械的消毒工作；尽量减少应激的发生等。对受威胁或污染的地区的犬、猫，也可添加 48mg/kg 饲料土霉素拌匀后喂给，或者于每升水中添加 50mg 土霉素混匀后饮服，以进行药物预防和治疗。发病后，及时治疗。

第十八节　皮肤真菌病

皮肤真菌病是由多种病原性真菌引起的各种皮肤疾病。病菌通常寄生于犬、猫等多种动物的被毛与表皮、趾爪角质蛋白组织中，特征是在皮肤上出现界限明显的脱毛圆斑，皮肤损伤，具有渗出液、鳞屑或痂、发痒等。本病为人兽共患病，人医简称为"癣"。世界各国均有发生。

一、病原体

引起犬、猫皮肤真菌病的病原性真菌主要有两个属。小孢子菌属（*Microsporum*）和毛癣菌属（*Trichophyton*），前一属包括犬小孢子菌（*M. canis*）和石膏样小孢子菌（*M. gypseum*）；后一属只有须毛癣菌（*T. mentagrophytes*），须毛癣菌又有亲动物型和亲人型之分。犬的皮肤真菌病70%由犬小孢子菌引起，石膏样小孢子菌为20%，须毛癣菌为10%。猫皮肤真菌病病原大约98%是犬小孢子菌，石膏样小孢子菌和须毛癣菌各自占1%。

小孢子菌在病料镜检时，呈圆形、小孢子密集成群绕于毛干上，在皮屑上可见菌丝，可见直而有隔的菌丝和中央宽大两端稍尖纺锤形的大分生孢子，孢子末端表面粗糙有刺；石膏样小孢子菌，镜检时可见大量大分生孢子呈纺锤形，两端稍细，菌丝较少；须毛癣菌镜检可见到分隔菌丝和多量梨形或棒状的小分生孢子，偶见有结节菌丝和大分生孢子，也可见到螺旋状、球拍状或结节状菌丝，小分生孢子呈球形，常呈葡萄串状，有少量大分生孢子。

皮肤真菌在自然界生存力相当强，如在干燥环境中的犬小孢子菌能存活13个月，有些真菌甚至能存活5~7年。石膏样小孢子菌是亲土壤型真菌，它不但能在土壤中长期存活，还能繁殖。由于它们生栖在宠物圈舍附近表层土壤中，宠物和人，尤其是幼龄犬猫和儿童往往接触上述的土壤而被感染发病。

二、流行病学

1. 传染源及传播途径

病菌广泛存在于土壤、空气、水及腐败有机物中，遍布世界。污染物、病人和病的宠物都是传染源，主要是通过直接接触，或接触被其污染的刷子、梳子、剪刀、铺垫物等媒介物而传染的。患病犬、猫能传染给接触他们的其他动物和人，患病人和其他动物也能传染给犬、猫。

根据美国统计，大约45%的猫受过犬小孢子菌侵害，被侵害的猫身上带菌，成为传染源，但其中90%的猫不呈现临床症状（亚临床）。

2. 易感动物

犬、猫等宠物均可感染，幼小、年老、体弱及营养差的宠物比成年、体强及营养好的宠物易感染。这与成年宠物防御机能发育健全，通过免疫系统及皮肤局部皮脂腺和汗腺分泌脂肪酸，有力地制止皮肤真菌侵害有着密切的关系。

3. 流行特点

犬、猫皮肤真菌病的流行和发病率受季节、气候、年龄、性成熟和营养状况等影响较大，秋冬季节发病率高，群养比散养的发病率高。但犬小孢子菌能使猫全年感染发病。

皮肤真菌病愈后的宠物，对同种和他种病原性真菌再感染具有抵抗力，通常维持几个月到一年半不再被感染。

三、症状

潜伏期7~28d。犬多为显性感染，猫多呈亚临床感染而成为带菌者，都是危险的传染源。常在患病犬、猫的面部、耳朵、四肢、趾爪和躯干等部皮肤局部出现病状。初期红肿，损伤并有渗出液，继而被毛脱落，呈圆形迅速向四周扩展（直径1~4cm）。皮肤病变除呈圆形外，还有呈椭圆形、无规则的或弥漫状，或覆有断毛、渗出物等痂垢，当细菌混合或继发感染时甚至有脓疱或脓汁。本病除局部病症外，还有明显痒感，细菌感染严重的可出现全身症状。

石膏样小孢子菌和须毛癣菌的慢性感染，有时会出现大面积皮肤损伤。感染皮肤表面伴有鳞屑或呈红斑状隆起；有的形成痂，有痂下继发细菌感染而化脓的，称为"脓癣"。

有些皮肤真菌病在发病过程中，皮损区的中央部分真菌死亡，病变皮肤恢复正常。只要毛囊未被继发性感染的细菌破坏，仍能长出新毛。

本病急性感染病程为2～4周，若不及时治疗转为慢性，往往可持续数月至数年。

四、诊断

根据病史、流行病学、临床症状可作出初步诊断，但要作出确诊还需进行实验室检查。注意与螨病、疥螨和圆形皮脂溢病鉴别诊断。

1. 伍氏灯检查

用伍氏灯在暗室里照射病毛、皮屑或宠物皮损区，可见到犬小孢子菌感染而出现的绿黄色荧光，石膏样小孢子菌感染很少看到荧光，须毛癣菌感染无荧光出现。

2. 涂片镜检

从患病皮肤边缘采集被毛或皮屑，放在载玻片上，滴加几滴10%～20%氢氧化钾溶液，在弱火焰上微热，待其软化透明后，覆以盖玻片，用低倍或高倍镜观察。犬小孢子菌感染，可见到许多呈棱状、厚壁、带刺、多分隔的大分生孢子。石膏样小孢子菌感染，可看到多呈椭圆形，壁薄，带刺，含有达6个分隔的大分生孢子。须毛癣菌感染，可看到毛干外呈链状的分生孢子。亲动物型的须毛癣菌产生圆形小分生孢子，它们沿菌丝排列成串状，而大分生孢子呈棒状，壁薄，光滑。有的品系产生螺旋菌丝。

3. 分离培养

先将病料用70%酒精或2%石炭酸浸泡2～3min，以灭菌生理水洗涤后接种在沙氏葡萄糖琼脂培养基上，在室温条件下培养。犬小孢子菌培养3～4d，有白色到浅黄色菌落生长，1～2周后有羊毛状菌丝形成，表面浅黄色绒毛状，中间有粉末状菌丝，背面呈橘黄色为其特征。石膏样小孢子菌菌落生长快，浅黄色到黄棕色，表面平坦至颗粒状结构，背面呈浅黄色到黄棕色。须毛癣菌亲动物型的菌落，白色到淡黄色，表面平坦呈粉末状，背面一般呈棕色到黄棕色，也可能为深红色。亲人型的菌落表面为白色棉花样结构。

4. 动物接种

选择易感动物兔、猫、犬等。取病料或培养物接种经剃毛、洗净，用细沙纸轻轻擦伤（以不出血为宜）局部皮肤，使之感染。一般几天后就出现发痒、发炎、脱毛和结痂等病变。

五、治疗

对患病宠物要及时治疗，通常应用2种治疗方法。

1. 外用药物疗法

可选择刺激性小，对角质浸透力和抑制真菌作用强的药物。目前我国生产的有：皮康霜软膏、克霉唑软膏、硫软膏和癣净等，用前将患部及其周围剪毛，洗去皮屑和结痂等污物后，再涂软膏，每日 2 次，痊愈为止。也可用 0.5% 洗必泰每周洗 2 次。

2. 内服药物疗法

对慢性和重症的皮肤真菌病，必须内服药物治疗，或内服和外用药物同时治疗。内服灰黄霉素每天 30～40mg／kg 体重，将药碾碎，1 次或分几次拌食饲喂，连用 4 周以上，妊娠宠物忌用；酮康唑每天 10～30 mg／kg 体重，分 3 次口服，连用 2～8 周。此药在酸性环境条件下较易吸收，故用药期间不宜喝牛奶和饲喂碱性食物，偶有过敏反应。

六、防制措施

（1）加强营养，饲喂全价平衡商品性犬、猫食品，增强宠物机体对真菌感染的抵抗力。

（2）注意环境卫生、个体卫生和公共卫生，防止菌的繁殖、扩散、传染。

（3）加强检疫，用伍氏灯检查无临床症状的成年猫，凡是阳性者，应隔离治疗。新引进的宠物，应进行隔离（一般为 30d），用伍氏灯和真菌培养检验呈阴性后，方能解除隔离。

（4）发现患病犬、猫应马上隔离治疗，并对环境、用具应用洗必泰、次氯酸钠等溶液进行严格消毒杀菌。接触患病宠物的人，应特别注意防护。

（5）患有皮肤真菌病的人，应及时治疗，以免散播并传染给犬、猫等宠物。

第十九节 球孢子菌病

球孢子菌病又称为球孢子菌性肉芽肿。它是由粗球孢子菌（*Coccidioides immitis*）引起的主要经灰尘传播的一种非接触性传染病。临床上以呼吸道症状和肺及淋巴结形成化脓性肉芽肿为特征。呈慢性经过。世界各地均有发生，我国也有患此病的报道。

一、病原体

粗球孢子菌是一种双相型真菌，当在土壤中营腐生生活时和接种在培养基上培养时，都可产生分隔菌丝和少量节孢子。关节孢子具有高度传染性。抵抗力较强，在 4℃ 干燥条件下，可存活达 5 年之久。有感染性的节孢子被人和动物吸入体内，即发育成孢子囊，大小为 20～100μm，孢子囊内含有大量内生孢子。当内生孢子成熟后孢子囊破裂，内生孢子逸出进入到附近组织而致病。或随淋巴和血循环转移到其他组织生长发育成新孢子囊，反复侵害机体而致病。

二、流行病学

1. 传染源及传播途径

本病易在地势低、炎热的夏天、冬天适度潮湿而不结冰的地区流行，在这种地区，真菌能在土壤中生长繁殖，不断产生许多孢子，从而成为疫源地。本病为外源性感染，孢子被风吹到空中，污染空气和环境，人和宠物吸入后而感染发病；也可由菌污染的尘土、物品接触皮肤伤口引起感染。目前尚无人与人之间或动物与人之间相互传染的病例报道。

2. 易感动物

多种宠物，包括人对本菌易感，但只有犬发病最严重。

3. 流行特点

本病的发生流行与季节有关，干燥有风季节发生多，雨季发病率低。农村发病率比城市高，中心大城市的犬、猫很少发生。患病动物和人的脓汁、排泄物和尸体进入土壤，就会造成污染源，或成为新的疫源地，或者加重了土壤污染的程度，若不加以防范，就会成为永久的疫源地。

三、症状

球孢子菌病分为原发性和扩散性两种。

1. 原发性球孢子菌病

原发病例在临床上比较少见。多发生于皮肤和肺。在皮肤主要表现为损伤局部形成硬结，中心出现溃疡面，附近淋巴结肿胀成硬结。在肺部主要损伤支气管，有的侵害肺，出现咳嗽，呼吸促迫乃至呼吸困难，胸部 X 射线照相，肺脏有结节性实变和暂时性空洞。

2. 扩散性球孢子菌病

多由原发性病灶中的内生孢子随血流和淋巴扩散到机体其他部位而形成。犬感染后可扩散到多种组织包括眼和骨骼。主要表现为慢性咳嗽、厌食、恶病质、跛行、关节肿大、发热和间歇性腹泻等症状。眼损伤表现羞明、发红、有翳、视力差，甚至角膜炎和继发青光眼。扩散到皮肤可出现有引流口的溃疡。

四、病理变化

病理变化主要局限于肺、纵隔和胸部淋巴结，会扩散至其他器官。主要表现为分散存在的大小不同的结节，切面坚实呈灰白色，类似于结核结节的病理变化，有些病灶中央有脓性或干酪样渗出物。

五、诊断

根据临床症状和 X 射线检查可作出初步诊断，但应注意与结核病和放线菌病的区别。确诊需做进一步的实验室诊断。

1. 涂片镜检

采集痰液、脓汁等病料置载玻片上，加 10% 氢氧化钾溶液 1 滴，使之溶解、透明，镜检可见菌体。

2. 皮内变态反应

应用球孢子菌素皮内注射，经 24～48h 后，注射部位出现直径 5mm 的红斑硬结为阳性反应。此法检查，在原发性感染呈强阳性反应；在扩散性感染呈阴性或轻度反应。

此外，还可应用沉淀试验、补体结合试验检查血清抗体的滴度，作出判定。

六、治疗

两性霉素 B 为首选药物，犬 0.5～1.0mg/kg 体重，猫 0.25～0.5mg/kg 体重，加入

5%葡萄糖溶液 100～500ml 中，静脉注射，隔天 1 次，犬或猫最大累积量为 4～5mg/kg 体重。此药可引起肾损伤、呕吐、缺钾等副作用。此外也可用酮康唑，每天 5～10mg/kg 体重，分 3 次口服，疗效更理想。

七、防制措施

做好平时的饲养管理和卫生防疫工作，对环境和场地要经常消毒。病死尸体不得土埋，应焚烧，以防止在土壤中生长繁殖。对患病犬、猫及时治疗。

第二十节 隐球菌病

隐球菌病是由新型隐球菌（酵母）引起的多种动物感染的全身性真菌病。主要侵害犬、猫的呼吸系统、神经系统和皮肤，尤其是侵害犬、猫的面部和颈部。本病在世界范围内发生。

一、病原体

新型隐球菌又称新型隐球酵母，属真菌门、半知菌亚门、芽生菌纲、隐球酵母属。以单一芽生方式进行无性繁殖。在病变组织、渗出物和培养基上生长的新型隐球菌，呈椭圆形或圆形酵母样真菌，直径 5～20μm，外有一层透光的厚荚膜包围，而非致病菌无荚膜。本菌在葡萄糖蛋白胨琼脂上于 25～37℃（非致病菌在 37℃不生长）2～5d 长成乳白色黏稠的菌落，并形成类淀粉样物。菌落呈不规则圆形，表面有蜡样光泽，以后菌落变厚转为橘黄色，少数液化。

二、流行病学

1. 传染源及传播途径

隐球菌是一种腐物寄生菌，广泛存在于自然界中，在鸽粪、土壤、果汁、牛乳及健康人的口、喉、胃肠道和皮肤上可分离到本菌，是主要的传染源。本病主要通过污染的空气、饲料、饮水和用具经呼吸道、消化道和皮肤等途径侵入宠物机体引起感染。

2. 易感动物

隐球菌的感染最常见于猫和犬，但也可发生于马、牛、绵羊、山羊、禽和野生动物，人也可感染发病。

3. 流行特点

由于本菌是条件性病原菌，正常存在于健康动物的皮肤、咽喉、胃肠道，在机体抵抗力低下，体况不佳及各种应激因素的作用下，则可引起内源性感染。此外也可继发感染本病，如猫白血病可继发本病，尤其在长期或大剂量应用肾上腺皮质激素和抗生素后，更易引起本病的继发感染。猫的发病率比犬高，公猫的发病率更高。目前尚未发现本病在动物和人或人与人之间相互传染发病的公开报道。

三、症状

新型隐球菌侵害的部位不同，临床症状各异。

皮肤隐球菌病在猫的头部皮肤多发，在犬周身皮肤都易发病。主要于头部出现丘疹、结节或脓肿，破溃后流出脓血。新型隐球菌侵害眼睛可引起颗粒性脉络膜视网膜炎、视神经炎，有时眼前房出血，出现角膜混浊，有的失明。侵害的骨骼主要是头骨和鼻腔骨。

猫主要侵害上呼吸道，患猫从一侧或两侧鼻孔经常排出脓性、黏液性或出血性分泌物，并常混有少量颗粒组织。鼻梁肿胀、发硬，有时出现溃疡。颌下淋巴结肿大变硬，但触压无痛。新型隐球菌在猫只偶尔侵害肺脏，而在犬却常侵害肺脏，患病犬猫出现咳嗽、呼吸困难，有啰音，甚至出现体温升高等全身症状。

犬多感染中枢神经系统，发病后出现精神沉郁，共济失调，转圈，后躯麻痹，瞳孔大小不等，失明以及丧失嗅觉等神经症状。

四、诊断

根据流行病学和临床症状不能作出诊断，只有病原性真菌检验才是确诊的可靠依据。采集鼻液、脓汁、溃疡病灶渗出物、脊髓穿刺液或皮肤损伤处脓汁涂片，滴墨汁或美蓝染色，镜检发现新型隐球菌方可确诊；也可取病料接种葡萄糖蛋白胨琼脂37℃培养，可长出典型菌落；还可应用乳胶凝集试验，检验多糖荚膜抗原进行诊断。

五、治疗

感染扩散后，尤其是支气管肺部、脑膜及脑受侵害后，治疗无多大价值。未扩散的局灶性病变，可用外科手术方法切除。药物治疗首选两性霉素 B 治疗，首次用量为 0.5mg/kg 体重，加于 5% 葡萄糖液中静脉注射，如无副作用，以后隔日 1 次，剂量为 1mg/kg 体重，但累计量不得超过 8mg。可与 5 - 氟胞嘧啶联合应用，联合应用时，两性霉素剂量减半，5 - 氟胞嘧啶每天 150mg/kg 体重，分 3 或 4 次口服。酮康唑口服，10mg/kg 体重，每天 1 次。一般治疗上呼吸道感染，效果较好。其他部位感染用大剂量，每天可高达 70mg/kg 体重。

六、防制措施

在预防方面重点是做好平时饲养管理，保证宠物的健康和抵抗力。同时应注意保持环境的卫生和空气的清新。病死尸体要焚烧，防止污染土壤。

第二十一节　组织胞浆菌病

组织胞浆菌病是由荚膜组织胞浆菌（*Histoplasma capsulatum*）引起的一种多种动物感染的真菌病。主要特征为：肺炎、腹泻、肝脏和脾脏肿大及皮肤结节性溃疡。人和犬最易感染，猫较少感染。世界各地均有分布。我国北京、广州、广西等地均有本病发生。

一、病原体

组织胞浆菌属半知菌亚门、丛梗胞菌科、组织胞浆菌属，为双相性真菌。在感染组织中呈酵母样真菌，3～4μm 长，芽生方式繁殖。胞浆常浓缩于菌体中央，与胞壁之间有一条空白带；在氧气充足的土壤里、葡萄糖蛋白胨琼脂培养基中室温培养，产生白色到棕色棉絮样菌丝，菌丝上长有小分生孢子（2～5μm）和大分生孢子（8～14μm）。小分生孢子易感染肺脏，大分生孢子易感染胃肠道。

本菌对外界抵抗力较强，在圈舍内可存活 6 个月，含菌脓汁在日光下存活 5d，加热 80℃以上方可在数分钟内杀死，一般消毒药如 3% 甲醛、5% 石炭酸和 3% 来苏儿能将其杀死。

二、流行病学

1. 传染源及传播途径

病菌广泛存在于污染的土壤中，在温暖和热带地区，尤其是潮湿富含氮的表层土壤中，能长期生长和繁殖。如鸡、鸽舍和鸟类栖息地、蝙蝠生栖场所都可成为本病的疫源地。人和宠物的感染均来自污染严重的环境，经呼吸道和消化道传染，目前尚未有关宠物与宠物或宠物与人相互传染的报道。

2. 易感动物

组织胞浆菌能使各种年龄犬、猫感染发病，幼龄犬、猫多呈扩散性感染发病，而青年犬、猫多呈显性感染。

3. 流行特点

在饲养管理不当、卫生状况低下时导致宠物机体抵抗力减弱，更易感染发病，甚至经淋巴和血液转移到全身各个部位。

三、症状

根据侵害的器官、病程、原发性和扩散性的不同，临床表现也各异。

原发性肺组织胞浆菌病多数呈现典型肺炎症状：咳嗽、精神不振，厌食，消瘦，高热和呼吸困难；原发性胃肠道组织胞浆菌病出现排血便，腹泻，消瘦，不规则发热，肠系膜淋巴结肿大和低蛋白血症，腹腔积液。

扩散性肺组织胞浆菌病除呈现肺炎症状（同原发性）外，还由于侵害网状内皮系统，出现肝、脾和淋巴结肿大，贫血和单核细胞增多等。有的转移到眼会出现全眼炎，如红肿、流泪、眼有分泌物。有的扩散至脑，引发痉挛、麻痹、转圈等神经症状。另外，还侵害骨髓和骨骼，侵害皮肤时呈现结节性皮肤溃疡。

四、病理变化

病损伤部可见结节、溃疡等病灶，肝脏、脾脏和淋巴结明显肿大。

五、诊断

根据流行病学、症状和胸部 X 射线透视，可作出初步诊断，确诊需进行实验室检验。

1. 涂片镜检

采取病灶部渗出物、骨髓、痰、脓汁等涂片，经瑞氏或姬姆萨染色后，镜检可见到菌体。

2. 血液学检查

可将抗凝血离心，除去血浆，取白细胞层涂片，经瑞氏或姬姆萨染色后，镜检发现单核细胞或中性粒细胞内含有本菌即可确诊。

3. 血清学检查

可用乳胶凝集试验、琼脂凝胶扩散试验和荧光抗体试验等诊断方法进行诊断。

六、治疗

用两性霉素 B 和酮康唑治疗，一般需治疗 4～6 个月，但对慢性肺组织胞浆菌病疗效较差，用法参考球孢子菌病。两性霉素 B 和利福平联合应用治疗本病，具有协同作用。利福平口服，每天 10～20mg/kg 体重。

七、防制措施

对本病的预防应加强平时的饲养管理和卫生防疫工作，对环境、场地要经常消毒。病死的宠物不宜深埋，需烧掉，对污染的地方必须用 3% 来苏儿或 3% 甲醛溶液消毒，每天 1次，连续 3d。

第二十二节　孢子丝菌病

孢子丝菌病是由申克氏孢子丝菌（*Sporothrix schenckii*）引起的一种慢性真菌病。特征是在皮肤和皮下组织形成结节，继而发软，破溃，形成顽固性溃疡。本病多见于欧洲、北美洲和非洲，我国从北到南多个省市，都有人发病的报道。

一、病原体

申克氏孢子丝菌是一种腐物寄生菌，也是双相性真菌。本菌革兰氏阳性，长 3～5μm，为酵母样细胞，呈圆形、椭圆形或雪茄形芽细胞，芽生方式繁殖。在人工培养基上和土壤中，生成分隔菌丝，在菌丝末端有成堆的小分生孢子。

二、流行病学

申克氏孢子丝菌在自然界广泛分布，尤其是潮湿而温暖的地区。本病主要通过损伤的皮肤、黏膜、上呼吸道或消化道感染，并能传染给人。宠物发病率高低与性别、年龄无关。高温和湿度大的地区发病率较高，犬发病较多，猫较少，至今尚未有人和动物或动物之间相互传染的报道。

三、症状

潜伏期 3～12 周，症状分为局限皮肤型、皮肤淋巴管型和扩散型三种。

1. 局限皮肤型

发生在宠物背部或其他部位，发病部位无毛、形成有弹性的结节，而后露出糜烂或溃疡，病灶直径 0.5～3.5cm，通常无痛无痒。

2. 皮肤淋巴管型

是最多见的类型，特征为发病部位坚实，形成局限性皮肤和皮下组织结节性脓肿和淋巴结炎，有时还形成淋巴管炎。脓肿破溃后，成为红棕色溃疡。

3. 扩散型

很少发生，通常因宠物抵抗力降低，通过皮肤淋巴管或呼吸道转移扩散。扩散型可侵害多种器官组织，包括骨骼、眼、胃肠道、中枢神经系统、脾和睾丸等，由于侵害的器官不同，临床表现也各异，侵害内脏器官可能呈现低热、无力、贫血、继发关节炎等。

四、诊断

皮下形成结节、溃疡和有红褐色分泌物的应怀疑本病，确诊需进行实验室检查。

取痂皮或脓汁等置于截玻片上，滴加含墨汁的10%氢氧化钠溶液，直接镜检。也可革兰氏染色镜检，但一般直接检查的检出率不高。如取病灶脓汁、痂皮、脱屑或组织片接种于萨布罗氏葡萄糖琼脂培养基，24℃培养1周，可形成白色小菌落，逐步演变至黄褐色、皱褶薄膜样菌落。镜检可见细小分枝的有隔菌丝，在菌丝的侧枝末端生有成群的梨形小分生孢子。

五、治疗

局限皮肤型和皮肤淋巴管型孢子丝菌病可用碘化钾或碘化钠治疗，犬40mg/kg体重，猫20mg/kg体重，配成20%溶液口服，12～24h 1次，连续治疗三至四周，以防复发。在猫服药后如出现呕吐、厌食、颤抖、体温降低和心血管异常等碘敏感症时，应停止用药，等恢复后再试用减半剂量治疗。

扩散型孢子丝菌病可用两性霉素B和灰黄霉素治疗，配合应用5-氟胞嘧啶，效果更好。除顽固病例外，对病变部位应尽量避免外科切除手术，防脓肿和溃疡沿淋巴管扩散或恶化。

第二十三节 曲霉菌病

曲霉菌病是由曲霉菌属中的几种菌引起的人兽共患病。临床上以呼吸器官组织发生炎症，并形成肉芽肿结节为特征。本病呈世界分布，我国也有发生。

一、病原体

曲霉菌属中病原性真菌种类较多，犬、猫曲霉菌病主要由烟曲霉菌所致。烟曲霉菌为有隔呈分枝状菌丝，顶囊呈绿色烧瓶状，上长着许多小梗，小梗为单层且紧密地生长于顶囊上部，小梗上着生分生孢子。分生孢子呈圆形或卵圆形，呈灰、绿或蓝绿色。

在葡萄糖马铃薯培养基、沙堡氏培养基、血琼脂培养基上经25～37℃培养，生长较快，菌落最初呈白色绒毛状，迅速变为绿色、暗绿色以及黑色，外观呈绒毛状，有的菌株呈黄、绿和红棕色。本菌在感染组织的过程中，还产生一种蛋白质毒素，可导致动物组织发生痉挛、麻痹，直至死亡。

烟曲霉菌广泛分布于自然界，在土壤、用具及空气中经常可分离出其孢子。孢子对外界理化因素的作用有较强的抵抗力，煮沸 5min 可被杀死，一般消毒药经 1～3h 才能杀死孢子。对一般抗生素不敏感，制霉菌素、两性霉素 B、灰黄霉素及碘化钾对本菌有抑制作用。

二、流行病学

1. 传染源及传播途径

曲霉菌在自然界广泛分布，在土壤、腐败有机物内可繁殖，也可从大麦、玉米、小麦和发霉垫料中分离到，而成为传染来源。本病主要通过污染孢子的空气、饲料和水经呼吸道和消化道传染。人和犬、猫虽经常从空气中吸入其孢子，但不一定感染发病，只有在机体免疫功能降低，或应用皮质类固醇后，或在混合或继发感染状况下才会感染发病，如猫曲霉菌病多继发于猫泛白细胞减少症。目前尚未有动物传染给人的报道。

2. 易感动物

多种宠物和人都能感染，但以幼龄宠物的易感性和发病率较高。犬曲霉菌病多发生在具有中等头型和长头型品种犬，如德国牧羊犬。

三、症状

犬曲霉菌主要侵害鼻窦和额窦，常在鼻腔外伤、发生肿瘤后感染发病。由一侧或两侧鼻孔排出黏液性脓性分泌物，有的混有血液，患犬打喷嚏。X 射线透视检查可见鼻窦、额窦骨骼增生和破坏，也常见到弥散溶解性损伤。

猫曲霉菌病主要侵害支气管和肺。出现呼吸困难、咳嗽和发热。肺部 X 射线检查，可见肺实质含有大量结节性坏死。有的为肠型，表现腹泻、体温升高和精神沉郁。猫肺型与肠型曲霉菌病可同时发生，多为继发性，即继发于猫泛白细胞减少症。

四、诊断

根据病史、临床症状和 X 射线检查可作出初步诊断。确诊必须进行实验室检查。

1. 涂片镜检

采取患病宠物鼻分泌物等病料置玻片上，加 1 滴生理盐水，盖上盖玻片，镜检可见顶囊膨大，分生孢子梗不分枝，小梗与分生孢子的排列及色泽特征。

2. 分离培养

取病料接种于葡萄糖马铃薯培养基、沙堡氏培养基、血琼脂培养基上观察其菌落特征，则可确诊。

另外，琼脂凝胶扩散试验，可用于犬曲霉菌病的诊断。

五、治疗

犬曲霉菌病可用外科手术切开鼻翼或做额窦圆锯术，然后刮除鼻窦或额窦中病理组织，局部涂擦制霉菌素药液或 1% 卢戈耳氏（Lugol's）液。全身疗法可注射两性霉素 B 或两性霉素 B 结合 5 - 氟胞嘧啶注射液。曲霉菌病的发生常与宠物免疫功能降低有关，因此，可用非特异性刺激免疫药物噻苯达唑 10～20mg/kg 体重，每天 2 次拌食服用，连用 7

周。噻苯达唑也可和酮康唑同时应用治疗。

六、防制措施

主要措施是加强饲养管理，保持舍内通风干燥。环境及用具保持清洁，发病时及时治疗。

第二十四节 念珠菌病

念珠菌病是由白色念珠菌（Candida albicans）等侵入犬、猫体内引起的真菌病。病的主要特征是患病犬、猫消化道黏膜上形成黄白色伪膜斑片，并伴发黏膜炎症为特征。此病广泛分布于世界各地。

一、病原体

白色念珠菌等为假丝酵母样真菌。在渗出物、病变组织以及培养基上都能产生芽生孢子，呈圆形、卵圆形，不形成有性孢子。卵圆形芽生孢子的芽管延长形成假菌丝。新分离的菌株假菌丝上带有成团的球状芽生孢子，菌丝内有梨细胞。老龄菌株假菌丝上有少量芽生孢子，但真菌丝较多。革兰氏染色呈阳性。

本菌在吐温−80玉米琼脂培养基上可长出大而圆的厚膜孢子及芽生孢子。在葡萄糖蛋白胨琼脂上于室温（25℃）培养3～5d，出现表面乳白色（偶呈淡黄色）、圆形、奶酪样隆起的菌落。

本菌能发酵葡萄糖、麦芽糖产酸产气，发酵蔗糖产酸，不分解乳糖。

二、流行病学

1. 传染源及传播途径

白色念珠菌等为宠物体内常在的条件致病性真菌，常存在于宠物和人的皮肤、黏膜、消化道内。其感染发病取决于两个方面：一是内源性感染，由于白色念珠菌是一种条件性致病菌，当饲养管理不当、维生素缺乏、长期饲喂或使用广谱抗生素、皮质类固醇和免疫抑制剂时，导致机体抵抗力下降，常引起内源性感染；二是通过与患病犬、猫直接或间接接触感染。

2. 易感动物

幼龄和体弱的宠物较易感染发病，白色念珠菌等还能感染人和多种家畜和家禽，野生动物对本病也易感染。

三、症状

病菌主要侵害犬、猫的上消化道黏膜，在口腔和食道黏膜上形成一个或多个隆起软斑，软斑面覆有黄白色伪膜。有时整个食道被黄白色伪膜覆盖，去除伪膜，可见浅在性溃疡面，患病宠物疼痛不安，流涎。有的可发展到胃肠黏膜，同样出现散在的小溃疡性病灶，宠物常出现呕吐和腹泻症状。

除感染消化道外，有时可转移到支气管和肺脏、皮肤、肾和心脏。当散播到支气管和肺脏时，出现咳嗽、胸痛和体温升高等。

四、诊断

由于犬、猫念珠菌病在临床上缺乏特异性症状，确诊必须根据病原真菌学检验、参考病史、临床表现等，进行综合性诊断。

1. 涂片镜检

白色念珠菌等为条件致病性真菌，宠物的分泌物和排泄物中常易分离出此类真菌，所以，必须由病料涂片直接镜检，检验出白色念珠菌等为依据。如镜检到大量假菌丝和成群芽生孢子，表示此类真菌处于致病状态，故而有诊断价值。

2. 分离培养

为了鉴定念珠菌属中各种病原性菌种，将病料接种于吐温－80玉米琼脂培养基上培养，根据其培养特性和生长形态特点来鉴定。也可接种在葡萄糖蛋白胨琼脂上于室温培养3～5 d，出现表面乳白色、圆形、奶酪样隆起的菌落。

3. 血清学检查

取血清做乳胶凝集试验、琼脂扩散试验和间接免疫荧光试验，对全身性念珠菌感染有一定价值。

五、治疗

根据病变的部位不同，可采取局部疗法或全身疗法。前者适用于范围较小的黏膜和皮肤念珠菌病治疗，可用两性霉素B软膏、0.1%高锰酸钾溶液和龙胆紫液等涂擦，通常经过1～2周治疗痊愈。后者适用于消化道等念珠菌病治疗，用克霉唑，每天20～60mg/kg体重，分3次口服，连用2～3周。制霉菌素每天40万～100万IU/kg体重，分3或4次口服，连用1周，疗效较好。也可用两性霉素B静脉注射治疗。

六、防制措施

平时要加强宠物的饲养管理，饲养群体密度适宜，饲喂全价平衡食物；坚持做好日常的卫生工作，保持圈舍内外的通风、干燥卫生；对引进的动物要进行隔离检疫，观察1个月；尽量避免长期使用抗生素、皮质类固醇和免疫抑制剂，必须长期应用此类药物的患病犬猫，在每隔数周后投服克霉唑或制霉菌素3～5d，以防止继发感染。

第二十五节　芽生菌病

本病是由皮炎芽生菌引起的一种慢性真菌性疾病，以在肺和皮肤等器官产生肉芽肿、脓肿和溃疡为特征，为世界性分布，尤以北美为多。近年来，随着养犬业的发展，外国狗的引进，我国也发现本病。

一、病原体

皮炎芽生菌属半知菌亚门、芽生菌纲、隐球酵母科真菌，为双相型菌，在土壤内或在沙氏葡萄糖培养基上培养时呈菌丝型，有白色至黄褐色菌丝，并有圆形或椭圆形分生孢子；在组织内为酵母型，壁厚具有双层轮廓的芽细胞。本菌繁殖方式为无性繁殖，即成熟的酵母细胞先长出小芽，芽细胞长成熟后脱离母细胞，再出芽形成新个体，如此循环往复。

二、流行病学

1. 传染源及传播途径

污染的土壤、空气和环境等是主要的传播媒介，经直接地或间接地吸入、食入孢子而感染，孢子在宠物体内发育成酵母样菌，从而引发疾病。但宠物与宠物间不能直接接触传染。

2. 易感动物

本病幼犬发病多，猫较少发生，公犬比母犬发病率高，纯种犬、猫比杂交种、土种发生多，其中德国牧羊犬和泰国猫最易感染。

3. 流行特点

本病的发生与宠物健康状况、抵抗力以及应激因素有关，病程也不一，但大多是慢性经过。菌也可通过血液、淋巴途径转移到皮肤、骨骼等部位发病。

三、症状

潜伏期数日或数月，长的则数年才出现症状，多数呈慢性经过。本病感染的器官组织多数是肺、眼、皮肤、皮下组织、淋巴结、胃、鼻腔、睾丸和脑等，在临床上分为两型，即肺脏型和皮肤型，肺脏型较多见。

1. 肺脏型

病犬精神沉郁，食欲减退，体温升高到40℃以上，体重逐渐减轻。表现干咳，呼吸困难。听诊肺部肺泡音减弱或消失，叩诊肺部出现浊音区。X射线检查肺叶有局限性小结节及纵隔淋巴结肿大等。

2. 皮肤型

可由肺脏型病变蔓延而来。初起时皮肤发生丘疹或脓疱，在数周或数月内发展为溃疡或疣状病变。其边缘呈蛇形状，暗红或紫红色，隆起1～3mm，病损基底含数个小脓肿。其中可查出酵母样菌细胞。中央区结痂或形成菲薄的萎缩性疤痕而愈合。此种病变不引起局部淋巴结肿大。

眼受侵害后出现眼睑肿胀，流泪，有分泌物流出，角膜混浊，严重的失明。如侵害关节、骨骼，则出现跛行。

四、病理变化

肺脏型剖检可见整个肺叶布满结节和脓肿，肺呈灰白色和淡红色外观，局灶性或弥漫性实变。肉芽肿结节的中心坏死而不钙化。

五、诊断

病犬、猫皮肤发生小结节或脓肿以及呼吸障碍，即应怀疑芽生菌病。确诊应进行实验室诊断。

1. 直接镜检

取脓汁或痰液加 10% 氢氧化钾放置 10min，待透明后，镜检可见芽生菌呈单个或出芽的球形细胞，直径为 8～16μm，细胞壁厚而有折光性。在盖玻片标本上，细胞壁呈现"双重轮廓"的外观。

2. 分离培养

把脓汁或痰液接种于血液琼脂培养基 37℃ 培养继代为酵母状菌落，再进一步分离鉴定。接种于萨布罗氏葡萄糖琼脂培养基，24℃ 培养 2 周，可见菌丝型菌落。

3. 免疫学检查

用培养滤液制成芽生菌素抗原，可进行补体结合反应和皮内反应。抗体效价明显增高具有诊断意义。

4. 病变组织检查

从病灶取活检材料，用 HE、PAS 或 Comor 染色，可确定肉芽肿或化脓性病灶。在化脓坏死部和白细胞内有大量菌体。胸部摄片能发现肺部未钙化的结节或硬变，以及肿大的支气管和纵隔淋巴结。

本病肺型常被误诊为结核、肺炎、肺癌或其他真菌病，皮肤型常被误诊为基底细胞癌、皮肤结核或其他皮肤病，均应仔细鉴别。

六、治疗

与念珠菌病的治疗相同。治疗时可用两性霉素 B，首次于 5% 葡萄糖液加入 0.5mg/kg 体重，静脉注射，如无反应，于第 2 次可增加至 1mg/kg 体重，隔日 1 次，但累加量不得超过 8mg/kg 体重。两性霉素 B 与利福平合用，效果很好。也可用酮康唑治疗，疗效也较好。皮肤结节可外科切除。

七、防制措施

对本病的预防应加强平时的饲养管理和卫生防疫工作，环境、场地（特别是泥土地）要经常消毒。病死尸体应焚烧，不得土埋，以防止其在土壤中再繁殖。

第二十六节　丝状菌病

丝状菌病又称毛霉病，是由多种丝状菌引起的多种动物和人的真菌病。病的主要特征为急性型发生溃疡性坏死和血栓性梗死，慢性型形成肉芽肿。本病在多数国家存在，尤以欧洲和美洲地区多发，在我国也有发生。

一、病原体

本病的病原主要是总状毛霉菌、白吉利丝孢酵母、伞枝梨荚霉和米根霉，属于不同属。丝状菌的菌丝是由成熟孢子在基质上萌发产生的芽管伸长形成的丝状或管状的结构，单一的细丝为菌丝，交织成团的为菌丝体。菌丝分为多数的有隔菌丝和少数的无隔菌丝两种，其中部分菌丝伸入基质中专门吸取水分和营养，即为营养菌丝；另一部分伸向空中，即为气生菌丝，并发育成繁殖菌丝。菌丝细胞由细胞壁、细胞质、细胞核和线粒体、核糖体等组成，幼龄细胞充满细胞质，老龄细胞有大液泡。

丝状真菌在培养基上的菌落多种多样。底部菌丝直接生出分生孢子梗，有的分生孢子自底部菌丝体成束生出，菌落呈粒状或粉状。不同种的菌落大小也各异，颜色也不同，同一菌种在不同的培养基上所形成的菌落形态、大小、颜色和结构等是相对稳定的。这也是鉴定本菌的重要依据。

二、流行病学

病菌广泛存在于土壤、堆肥、干草、谷物、烂菜、垫料、空气中，主要通过呼吸道和消化道传染。当犬、猫外伤和免疫功能降低时感染此菌，则引起本病。

三、症状

1. 急性病例

表现胃肠炎病状，出现精神沉郁、呕吐、下痢，有的发热。食欲减退，咳嗽、呼吸迫促。

2. 慢性病例

无明显临床症状，仅见食欲减退、阵咳和下痢。

四、病理变化

剖检时，可见肠系膜淋巴结、支气管淋巴结、下颌淋巴结和纵隔淋巴结等肿胀，硬实，切开见有黄色肉芽肿；支气管、胃肠道有溃疡、结节和坏死灶；有的在肝脏也可有散发的干酪样坏死灶，甚至在慢性病例有些病灶已钙化。

五、诊断

本病无特殊的临床症状和特异的剖检变化，不易作出诊断。只有依赖实验室进行病原学检查才可确诊。常用的实验室检查方法包括采取病料（淋巴结病灶、胃肠道和肝脏病灶的组织、渗出物、脓汁等）做涂片镜检、分离培养和病理组织学检查，均可见到菌体。

六、治疗与防制措施

可参照念珠菌病、芽生菌病的方法进行。

复习题

1. 狂犬病的传播方式是什么？临床上有何症状？人被病犬咬伤后如何处理？
2. 如何预防破伤风？
3. 肉毒梭菌毒素中毒的初步诊断依据及确诊方法有哪些？如何防治？
4. 沙门氏菌病如何防治？
5. 结核病如何检疫？

6. 为什么在宠物抵抗力低下的情况下易发生巴氏杆菌的感染，其主要危害是什么？
7. 犬附红细胞体病的主要危害有哪些？如何进行实验室诊断？
8. 犬发生曲霉菌病的主要临床表现，实验室诊断方法有哪些？
9. 如何防治犬猫的皮肤真菌病？

第四章　犬的传染病

第一节　犬瘟热

犬瘟热（Canine distemper）是由犬瘟热病毒（Canine distemper virus，CDV）引起的，感染肉食兽中的犬科（尤其是幼犬）、鼬科及一部分浣熊科动物的高度接触性、致死性传染病。病犬初期表现为双相热型、白细胞减少、急性鼻卡他，随后以支气管炎、卡他性肺炎、严重胃肠炎和神经症状为特征。少数病例出现鼻部和脚垫的高度角化。

一、病原体

犬瘟热病毒（CDV）属副黏病毒科、麻疹病毒属的一种单股 RNA 病毒，大小为 100～300nm。病毒粒子呈圆形或不整形，有时呈长丝状。病毒粒子是由一个直径为 15～17.5nm 的螺旋形核衣壳和一个厚 7.5～8.5nm 的双层轮廓的膜所构成，膜上有排列接近对称，长约 1.3nm 的杆状纤突，只有一个血清型。

犬瘟热病毒与麻疹病毒和牛瘟病毒在抗原性上密切相关，但各自具有完全不同的宿主特异性。

犬瘟热病毒可以在原代或继代犬肾细胞、雪貂和犊牛肾细胞、鸡胚成纤维细胞、Vero细胞和 FL 细胞，还可以在犬和雪貂的脾、肺、淋巴结等细胞中进行培养，在犬肾细胞上，犬瘟热病毒产生的细胞病变包括细胞颗粒变性和空泡形成，形成巨细胞和合胞体，并在细胞中（偶尔在核内）出现包涵体及星状细胞。

犬瘟热病毒经各种途径接种雪貂、犬和水貂均可使之发病，也可通过实验感染其他动物，脑内接种乳小鼠、乳仓鼠和猫可产生神经症状；猪感染犬瘟热病毒强毒可产生支气管肺炎；兔和大鼠对非肠道接种具有抵抗力；猴和人类非肠道接种可产生不明显的感染。犬瘟热病毒对不同易感动物的致病性有所差异，这种差异的存在与病毒本身的适应性有关。随着病毒对某种动物的适应，对该动物的致病力不断增加，而对其他动物的致病力相应降低。将犬瘟热病毒接种鸡胚绒毛尿囊膜，传 3～10 代后产生病变，适应于鸡胚 80～100 代的犬瘟热病毒对犬和貂的毒力减弱。

犬瘟热病毒对热和干燥敏感，50～60℃，30min 即可灭活，在较冷的温度下，犬瘟热病毒可存活较长时间，2～4℃可存活数周，–60℃可存活 7 年以上，冻干是保存犬瘟热病毒的最好方法。因此，在炎热季节犬瘟热病毒在犬群中不能长期存活，这可能也是犬瘟热多流行于冬春寒冷季节的原因。

犬瘟热病毒对紫外线和有机溶剂（如乙醚和氯仿）敏感。犬瘟热病毒在 pH4.5～9.0 条件下均可存活，最适合 pH7.0。常用消毒药有 3% 甲醛溶液、5% 石炭酸及 0.3% 季胺类，临床上常用 3% 氢氧化钠作为消毒药，效果很好。

二、流行病学

1. 传染源

病犬是本病最重要的传染源，病毒大量存在于鼻汁、唾液中，也见于泪液、血液、脑脊髓液、淋巴结、肝、脾、心包液、胸、腹水中，并能通过尿液长期排毒，污染周围环境。

2. 传播途径

主要传播途径是病犬与健康犬直接接触，通过空气飞沫经呼吸道感染或通过污染的食物经消化道感染。犬瘟热病毒在犬可通过胎盘垂直传播，造成流产和死胎。

3. 易感动物

犬瘟热病毒的自然宿主为犬科动物（犬、狼、丛林狼、豺、狐等）和鼬科动物（貂、雪貂、白鼬、臭鼬、伶鼬、南美鼬鼠、黄鼠狼、獾、水獭等），在浣熊科中曾在浣熊、密熊、白鼻熊和小熊猫中发现。近年来，发现海豹、海狮等也可感染犬瘟热病毒。

4. 流行特点

本病一年四季均可发生，以冬春季多发，有一定的周期性。大约每隔 3 年有一次大的流行。不同年龄、性别和品种的犬均可感染，以不满 1 岁的幼犬最为易感。本病在养犬集中的地方发病较多，4～12 月龄的幼犬多发，人工感染的发病率为 70% 以上，死亡率 50% 以上。2 岁以上发病率降低。犬群中自发性犬瘟热发生的年龄与幼犬断乳后母源抗体的消失有关。纯种犬和警犬比土种犬的易感性高，且病情严重，死亡率高。

三、症状

犬瘟热的潜伏期，随传染来源的不同，长短差异较大。来源于同种动物的潜伏期为 3～6d，来源于异种动物，因需要经过一段时间的适应，潜伏期可长达 30～90d。

犬瘟热的症状表现多种多样，与病毒的毒力、环境条件、宿主的年龄及免疫状态有关。50%～70% 的犬瘟热病毒感染呈现亚临床症状，表现倦怠、厌食、发热和上呼吸道感染。重症犬瘟热感染多见于未接种疫苗，年龄在 84～112 日龄的幼犬。病犬体温升高，成双相热型，即病初体温达 40℃ 左右，持续 1～2d 后降至常温，2～3d 后再次升高，持续数周。

多数病例初期表现鼻炎和结膜炎、干咳症状，鼻流水样分泌物，并在 1～2d 内转变为黏液性、脓性，此后可有 2～3d 的缓解期，病犬体温趋于正常，精神食欲有所好转。此时如不及时治疗，就会很快发展为肺炎、肠炎、肾炎、膀胱炎和脑炎等，并出现湿咳、呼吸困难、呕吐、腹泻、里急后重、肠套叠等症状，最终因严重脱水和衰弱而导致死亡。

以呼吸道炎症为主的病犬，鼻镜干裂，排出脓性鼻液。眼睑肿胀，有脓性分泌物，后期可发生角膜溃疡。病犬咳嗽、打喷嚏，肺部听诊有啰音和捻发音，出现严重的肺炎症状，腹式呼吸，呼吸急促。

以消化道炎症为主的病犬，病初眼、鼻流水样分泌物，数天后转为脓性，食欲完全丧失，尿黄，有的病犬出现呕吐症状，排带有黏液的稀便或干粪，严重时排高粱米汤样的血便，病犬迅速脱水、消瘦。与细小病毒病十分相似。

以神经症状为主的病犬，有的开始就出现神经症状，有的先表现呼吸道或消化道症状，7～10d后再呈现神经症状。病犬轻则口唇、眼睑局部抽搐，重则空嚼、转圈、冲撞或口吐白沫，牙关紧闭，倒地抽搐，呈癫痫样发作。这样的病犬多半预后不良。也有的病犬表现四肢、后躯麻痹，行走摇摆，后躯麻痹、共济失调，甚至癫痫状、惊厥和昏迷等神经症状，这样的病犬常留有麻痹后遗症。

以皮肤症状为主的病犬较为少见。在唇部、耳部、腹下和股内侧等处皮肤上出现小红点、水疱或脓性丘疹。有少数病犬的足垫肿胀、增生、角化，形成所谓的硬脚掌病。

犬瘟热的神经症状是影响预后和感染恢复的最重要因素。由于犬瘟热病毒侵害中枢神经系统的部位不同，临床症状有所差异。大脑受损表现癫痫、转圈和精神异常；中脑、小脑、前庭和延髓受损表现步态及站立姿势异常；脊髓受损表现共济失调和反射异常；脑膜受损表现感觉过敏和颈部强直。咀嚼肌群反复出现阵发性抽搐是犬瘟热的常见症状。

幼犬经胎盘感染可在28～42d产生神经症状。母犬表现为轻微或不显症状的感染。妊娠期间感染犬瘟热病毒可出现流产、死胎和仔犬成活率下降等症状。

幼犬在永久齿长出之前感染犬瘟热病毒可造成牙釉质的严重损伤，牙齿生长不规则，此乃病毒直接损伤了处于生长期的牙齿釉质层所致。

犬瘟热的眼睛损伤是由于犬瘟热病毒侵害眼神经和视网膜所致。眼神经炎以眼睛突然失明，胀大，瞳孔反射消失为特征。炎性渗出可导致视网膜分离。慢性非活动性基底损伤与视网膜萎缩和瘢痕形成有关。

四、病理变化

犬瘟热病毒为泛嗜性病毒，对上皮细胞有特殊的亲和力，因此，病变分布非常广泛。新生幼犬感染通常表现胸腺萎缩；成年犬多表现结膜炎、鼻炎、气管、支气管炎和卡他性肠炎。表现神经症状的犬通常可见鼻端和脚垫的皮肤角化病。中枢神经系统的大体病变包括脑膜充血、脑室扩张和因脑水肿所致的脑脊液增加。

病毒存在于病犬的很多组织细胞中嗜酸性的核内和胞浆内，呈圆形、椭圆形或多形性，直径1～2μm。细胞浆内见于淋巴系统、泌尿道、呼吸系统、胆管、大小肠黏膜上皮细胞内以及肾上腺髓质、扁桃体和脾脏的某些细胞中。核内包涵体多位于被覆上皮细胞、腺上皮细胞和神经节细胞。

五、诊断

该病病型复杂多样，又易与多杀性巴氏杆菌、支气管败血波氏杆菌、沙门氏菌以及犬传染性肝炎病毒、犬细小病毒等病原混合感染或继发感染，所以诊断较为困难。根据临床症状、病理剖检和流行病学资料仅可作出初步诊断，确诊必须进行以下实验室检查。

（一）包涵体的检查

生前可取鼻、舌、结膜、瞬膜等，死后则刮膀胱、肾盂、胆囊和胆管等黏膜，做成涂片，干燥，甲醇固定，用苏木素-伊红染色后，镜检。包涵体嗜酸性，主要在细胞浆中，大小为1～2μm，呈圆形或椭圆形，红色，偶见细胞核中。1个细胞中可有1～10个（平均2～3个）包涵体。发现包涵体可作为诊断依据。有时仅根据包涵体的存在，可能导致假阳性诊断，最好还要进行病毒的分离鉴定或血清学检查。

（二）病毒分离

若从病料中分离出病毒，则可作出确实的诊断。取病犬的血液或排泄物，接种雪貂，若有病毒存在，则雪貂几乎100%发病，并于10～14d内死亡。雪貂感染后的特征症状为发热，口唇、下腹部、股部内侧以至全身出现红斑，鼻炎，结膜炎，阴道及肛门充血和浮肿。也可将病料接种1～2周龄易感幼犬或犬原代细胞、犬肺泡巨噬细胞等进行病毒分离。

（三）血清学诊断

1. 荧光抗体检查

对有明显症状病犬采血分离白细胞层涂片，或取病犬的结膜、瞬膜、扁桃体、阴道黏膜搔刮材料制作涂片，用直接荧光法或间接荧光法检查病毒抗原。在细胞浆中见有苹果绿色荧光，细胞核清晰可见呈暗黑色，可判为阳性；如细胞浆为紫红色或暗黄色无荧光，细胞核不清，可判为阴性。病毒抗原主要存在于细胞质内，有时也出现于细胞核内。一般制作眼结膜涂片标本较为方便，且病毒检出率高。涂片标本送检时，可冷藏保存和运送。本法具有较高的实用性，比检查包涵体的准确性高，于感染后7～10d即可检出病毒抗原，检出率最高的是第1、2次发热时。但是，本法当发病后期出现中和抗体时，则不适用。

2. 补体结合试验

用病犬脏器、感染的鸡胚绒毛尿囊膜提取液或感染的培养细胞作为抗原，若补体结合反应阳性，则可证明近期感染了犬瘟热。但补反抗体比中和抗体持续时间短。本法的敏感度和特异性都不如病毒抗原和包涵体检查法。

3. 中和试验

本病的感染初期和死亡病犬几乎都测不出中和抗体。本法一般是采用培养细胞或鸡胚绒毛尿囊膜检测中和抗体，从所需要设备和时间来看，临床诊断的实际应用受到限制。通常用本法测定机体的免疫状态和评价疫苗的效果。

4. 其他方法

目前有采用敏感度和特异性都很好的酶联免疫吸附试验（ELISA）等，现已经用于临床诊断。

在现在的许多宠物诊所或医院使用犬瘟热快速诊断试纸，取患犬眼、鼻分泌物、唾液、尿液为检测样品，可在5～10min内作出诊断。

（四）鉴别诊断

应注意与犬传染性肝炎、狂犬病、副伤寒及钩端螺旋体病相鉴别。

1. 犬传染性肝炎

犬传染性肝炎出血后血凝时间延长，剖检有特征性的肝和胆囊病变及体腔血样的渗出液，而犬瘟热无上述变化，可以区别。组织学检查犬传染性肝炎为核内包涵体，而犬瘟热为核内及胞浆内均有包涵体，并以胞浆内包涵体为主。

2. 狂犬病

狂犬病病犬对人和其他动物均有攻击性，而犬瘟热病犬对人和其他动物无攻击性。狂犬病病毒能凝集鹅红细胞，对其他动物和人的红细胞无凝集性。

3. 副伤寒

病犬脾脏显著肿大，病原为沙门氏菌。而犬患犬瘟热时脾脏正常或轻度肿大，本病的病原为犬瘟热病毒。

4. 钩端螺旋体病

本病无呼吸道和结膜的炎症，但具有明显的黄疸。病原体为钩端螺旋体。犬瘟热无上述症状，病原为犬瘟热病毒。

六、治疗

对病犬应在隔离条件下进行治疗。具体治疗方法如下：

1. 抗病毒

感染后出现临床症状之前的最初发热期间可应用特异性犬瘟热病毒单克隆抗体或大剂量高免血清，可使免疫状态增强到足以防止产生临床症状，这种情况仅限于已知感染后刚刚开始发热的青年犬。当出现神经症状时，使用高免血清则效果不佳，但应用单克隆抗体仍有一定的治疗作用；干扰素、丙种球蛋白或转移因子能诱导宿主细胞产生一种抗病毒蛋白，抑制多种病毒增殖；此外，病毒唑、病毒灵以及犬瘟灵（中药制剂），也有一定的抗病毒作用。

2. 抗细菌继发感染

选用头孢菌素类抗生素（如头孢唑啉钠、头孢拉定等）、喹诺酮类药物（如氧氟沙星、环丙沙星、恩诺沙星等）、磺胺类药物。病初应用糖皮质激素（如地塞米松、氢化可的松等），具有抗过敏、抗炎和解热作用。可减少死亡，缓解病情。

3. 对症治疗

根据病犬的病型和病征表现以支持和对症疗法，加强饲养管理和注意饮食，是增强机体抗病能力的关键。结合采用强心、补液、解毒、退热、收敛、止痛、镇痛等措施，具有一定的治疗作用。对早期出现消化道症状如呕吐、腹泻、脱水的病犬，要注意补液，同时补充 ATP、辅酶 A 等；对发热的病犬，可给予双黄连、清开灵、柴胡等；对肺功能差和呼吸困难的病犬，应减少输液量以防止医源性水肿，应给予平喘、镇咳药物，如氨茶碱、安定等。同时，可静脉注射犬血白蛋白，以增加营养。

对出现脑神经症状的犬，投与扑癫酮 55 mg/kg 体重或安定 2.5～20mg/kg 体重口服，每日 2 次。对缓解症状有一定效果，但彻底恢复有一定困难。

七、防制

犬瘟热传染性强，危害性大，死亡率高（占发病犬 80% 以上）。因此，一旦发生犬瘟热，为防止病原蔓延，必须迅速将病犬严格隔离，用火碱、漂白粉或来苏儿彻底消毒，停止宠物调动和无关人员来往，对尚未发病的假定健康犬和受疫情威胁的其他犬，可考虑用犬瘟热高免血清或小儿麻疹疫苗做紧急预防注射，待疫情稳定后，再注射犬瘟热疫苗。

患犬瘟热的康复犬能产生坚强持久的免疫力。因此，预防本病的合理措施是免疫接种。目前国内广泛使用的是美国、荷兰等国生产的犬瘟热、犬细小病毒感染、犬传染性肝炎、犬腺病毒 2 型、犬副流感弱毒苗以及灭活的犬钩端螺旋体组成的六联苗和夏咸柱等人研制的犬瘟热、犬细小病毒、犬传染性肝炎、犬副流感、狂犬病五联苗。这些疫苗对我国警犬、军犬、实验用犬、宠物犬等病毒性疾病的预防起到了积极的作用。同时要对病犬积极治疗。

第二节　犬细小病毒感染

犬细小病毒感染（Canine parvovirus infection）是近年来发现的犬的一种烈性传染病。是由细小病毒引起的，临床表现以急性出血性肠炎和非化脓性心肌炎为特征。幼犬多发，死亡率为 10%～50%。

1977 年美国 Eugster 等首先从腹泻犬粪便中发现了细小病毒。以后，加拿大、法国、日本等国相继报道了本病。我国自 1980 年因检疫不当，从外国引进带毒种犬、警犬，在北京、上海、南京、昆明、哈尔滨等警犬基地蔓延成灾，造成重大损失。

一、病原体

犬细小病毒（Canine parvovirus，CPV）是细小病毒科，细小病毒属的成员。病毒粒子直径为 21～24nm，呈二十面立体对称，无囊膜，病毒核衣壳由 32 个大小为 3～4nm 的壳粒组成。病毒基因组为单股线状 DNA。

犬细小病毒在抗原性上与猫泛白细胞减少症病毒（FPV）和水貂肠炎病毒（MEV）密切相关。犬细小病毒在 4℃ 条件下可凝集猪和恒河猴的红细胞，而不凝集其他动物的红细胞。犬细小病毒对猴和猫红细胞，无论是凝集特性还是凝集条件均与 FPV 不同，由此可与 FPV 区别。

与多数细小病毒不同，犬细小病毒可在多种细胞培养物中生长。如犬肾细胞和猫胎肾细胞（原代或传代细胞）、原代犬胎肠细胞、MDCK 细胞、CRFK 细胞以及 FK81 等细胞上生长。

犬细小病毒对多种理化因素和常用消毒剂具有较强的抵抗力。在 4～10℃ 存活 180d，37℃ 存活 14d，56℃ 存活 24h，80℃ 存活 15min。在室温下保存 90d 感染性仅轻度下降，在粪便中可存活数月至数年。甲醛、次氯酸钠、β-丙内酯、羟胺、氧化剂和紫外线均可将其灭活。

二、流行病学

1. 传染源

病犬是主要的传染来源。感染后 7～14d 粪便可向外排毒。发病急性期，呕吐物和唾液中也含有病毒。

2. 传播途径

本病主要由直接接触和间接接触而传染。犬细小病毒由感染犬的粪便、尿液、呕吐物、唾液中排出，污染食物、垫草、食具和周围环境，通过消化道而使易感犬受到感染。无症状的带毒犬，也是危险的传染源。有证据表明人、苍蝇和蟑螂等可成为犬细小病毒的机械携带者。

3. 易感动物

犬是主要的自然宿主，其他犬科动物，如郊狼、丛林狼、食蟹狐和鬣狗等也可感染。豚鼠、仓鼠、小鼠等实验动物不感染。

犬感染犬细小病毒发病急，死亡率高，常呈暴发性流行。不同年龄、性别、品种的犬均可感染，但以刚断乳至90日龄的幼犬较多发，病情也较严重，尤其是新生幼犬，有时呈现非化脓性心肌炎而突然死亡，且以同窝暴发为特征。纯种犬比杂种犬和土种犬易感性高。

4. 流行特点

本病的发生无明显的季节性，但以冬春季多发。天气寒冷，气温骤变，饲养密度过高，拥挤，有并发感染等均可加重病情和提高死亡率。

三、症状

犬细小病毒感染在临床上表现各异，但主要可见肠炎和心肌炎二种病型。有时某些肠炎型病例也伴有心肌炎变化。

1. 肠炎型

自然感染潜伏期7～14d，人工感染3～4d。病初48h，病犬精神沉郁、厌食、发热（40～41℃）和呕吐，呕吐物清亮、胆汁样或带血。随后6～12h开始腹泻。起初粪便呈黄色或灰黄色，覆有多量黏液及伪膜，而后粪便呈番茄汁样，带有血液，发出特殊难闻的腥臭味。胃肠道症状出现后24～48h表现脱水和体重减轻等症状。粪便中含血量较少则表明病情较轻，恢复的可能性较大。病犬因水、电解质严重失调和酸中毒，常于1～3d内死亡。

肠炎型主要表现白细胞减少，小犬可低到 $0.1 \times 10^9 \sim 0.2 \times 10^9$ 个/L，多数是 $0.5 \times 10^9 \sim 2 \times 10^9$ 个/L；较老的犬只有轻微的降低。

2. 心肌炎型

多见于24～28日龄幼犬，常无先兆性症状，或只表现轻度腹泻，继而突然衰弱，呼吸困难，可视黏膜苍白，脉搏快而弱，心脏听诊出现杂音，心电图发生病理性改变，濒死前心电图R波降低，S-T波升高。病犬短时间内死亡，致死率为60%以上。

四、病理变化

1. 肠炎型

自然死亡犬极度脱水，消瘦，腹部蜷缩，眼球下陷，可视黏膜苍白。有的病犬从口、鼻流出乳白色水样黏液，血液黏稠呈暗紫色。肛门周围附有血样稀便或从肛门流出血便。小肠以空肠和回肠病变最为严重，内含酱油色恶臭分泌物，肠壁增厚，黏膜下水肿。组织学检查可见小肠黏膜上皮坏死，脱落，绒毛萎缩，隐窝数减少以至消失。隐窝上皮变性，有的呈扁平变化，肠上皮细胞内可看到核内包涵体。黏膜弥漫性或局灶性充血，有的呈斑点状或弥漫性出血。大肠内容物稀软，酱油色，恶臭。黏膜肿胀，表面散在针尖大出血点。肠系膜淋巴结肿胀，并由于充血和出血而呈现暗红色。肝肿大，色泽红紫，散在淡黄色病灶，切面流出多量暗紫色不凝血液。胆囊高度扩张，充盈大量黄绿色胆汁，黏膜光滑。肾多不肿大，呈灰黄色。脾有的肿大，被膜下有黑紫色出血性梗死灶。心包积液，心肌呈黄红色变性状态。肺呈局灶性肺水肿。咽背、下颌和纵隔淋巴结肿胀、充血。胸腺实质缩小，周围脂肪组织胶样萎缩。膈肌呈现斑点状出血。

2. 心肌炎型

肺脏严重水肿，局部充血、出血，呈斑驳状。心脏扩张，左侧房室松弛，心肌和心内膜可见非化脓性坏死灶，心肌纤维严重损伤，可见出血性斑纹。损伤的心肌细胞内常看到核内包涵体。

五、诊断

根据流行特点，结合临床症状和病理变化可以作出初步诊断。确诊需进行实验室检查。

1. 病毒分离与鉴定

将病犬粪便材料先离心，再加入高浓度抗生素或过滤除菌后接种猫肾、犬肾等易感细胞。通常可采用免疫荧光试验或血凝试验鉴定新分离病毒。

2. 电镜和免疫电镜观察

病初粪便中即含有大量犬细小病毒粒子，因此可用电镜观察负染犬细小病毒粒子。在病的初期常可见到大小均一，散在的病毒粒子。感染后期的病犬，由于肠道内存在肠黏膜分泌性抗体，致使犬细小病毒呈凝集状态。为了与非致病性犬微小病毒和犬腺病毒相区别，可于粪液中加适量犬细小病毒阳性血清，进行免疫电镜观察。

3. 血凝和血凝抑制试验

由于犬细小病毒对猪和恒河猴红细胞具有良好的凝集作用，应用血凝试验可很快测出粪液中的犬细小病毒。

关于犬细小病毒的血清学诊断方法，目前已建立多种，乳胶凝集试验、酶联免疫吸附试验、免疫荧光试验、对流免疫电泳、中和试验等。可依据各自的实验室条件建立相应的检测方法。

近年来，田克恭等人研制成功犬细小病毒酶标诊断试剂盒，可在 30min 内检出病犬粪便中的犬细小病毒，达到了国外同类产品的水平，目前已在宠物门诊中广泛应用。

在诊断中要注意与犬瘟热、犬传染性肝炎和出血性胃肠炎等疾病进行区别诊断。

六、治疗

犬细小病毒感染发病快，病程短，临床上多采用对症治疗。心肌炎性病例转归不良，只要心电图已发生变化就难免死亡。发现肠炎型病例立即隔离饲养，加强护理，采用对症疗法和支持疗法。

1. 抗病毒及抗细菌继发感染

用抗细小病毒高免血清或犬细小病毒单克隆抗体，肌肉或皮下注射，每48h 一次，应用2～3 次即可。并应用其他抗病毒药物。

抗继发感染可选用喹诺酮类药物或头孢菌素类抗生素，配合应用地塞米松或氢化可的松，效果更佳。同时用 0.1% 高锰酸钾溶液灌肠。

2. 对症疗法

止血可选用止血敏、维生素 K_3 等止血药，血便不止者可输血；止吐可选用胃复安、爱茂尔、654－2 等止吐；脱水输液，应注意先盐后糖，最好静脉注射，先快后慢，有困难时可行腹腔输液。

3. 支持疗法

静脉输入健康犬或康复犬的全血 30～200ml；也可注射其血清或血浆 30～50ml；还可以使用 V_c、肌苷、ATP 等以增强支持疗法的效果。

在护理上要注意病初应禁食 1～2d；恢复期应控制饮食，给予稀软易消化的食物，少量多次，逐渐恢复到正常饮食。

污染的病犬舍、窝需在彻底消毒并空一个月后，方可启用。

七、防制措施

本病发病迅猛，应及时采取综合性防疫措施，及时隔离病犬，对犬舍及用具等用2%～4% 火碱水或10%～20% 漂白粉液反复消毒。

疫苗免疫接种是预防本病的有效措施。现在国外多倾向使用犬细小病毒灭活苗或弱毒苗。为了减少接种手续，目前多倾向于使用联苗。国内早已研制成功，由多个生物制品厂生产的单苗、二联苗（犬细小病毒病和传染性肝炎）、三联苗（犬瘟热、犬细小病毒病和犬传染性肝炎）和五联苗（犬瘟热、犬细小病毒病、犬传染性肝炎、狂犬病和犬副流感），均在临床上使用。

第三节　犬传染性肝炎

犬传染性肝炎（Infectious canine hepatitis，ICH）是由犬传染性肝炎病毒即犬腺病毒Ⅰ型（Canine adenovirus virus type Ⅰ，CAV-Ⅰ）引起的一种急性、高度接触性、败血性传染病，俗称为犬蓝眼病。临床上以体温升高、黄疸、贫血和角膜混浊为特征；病理上以肝小叶中心坏死、肝实质细胞和皮质细胞内出现包涵体和出血时间延长为特征。主要发生于犬，也可见于其他犬科动物。在犬主要表现肝炎和眼睛疾患，在狐狸则表现为脑炎。1947年由 Rubarth 发现，所以也叫 Rubarth 氏病。目前广泛分布于世界各地。

一、病原体

犬传染性肝炎病毒（Infectious canine hepatitis virus，ICHV）在分类上属腺病毒科，哺乳动物腺病毒属。世界各地分离的毒株抗原性相同。形态特征与其他哺乳动物腺病毒相似，呈二十面立体对称，直径为70～80nm，有衣壳，无囊膜。衣壳内由双股 DNA 组成的病毒核心，直径为40～50nm。

本病病毒为犬腺病毒Ⅰ型，与1962 年发现的犬腺病毒Ⅱ型在补体结合、血细胞凝集、中和抗原以及致病性方面都不同。应用血凝抑制试验与中和试验可以将其加以区别。后者是引发犬的传染性喉气管炎的病原，但两者具有70% 的基因亲缘关系，所以在免疫上能交叉保护。

犬传染性肝炎病毒能凝集人"O"型、豚鼠和鸡的红细胞，不凝集大鼠、小鼠、猪、犬、羊、马、牛、兔的红细胞。利用这种特性可进行血凝抑制试验。犬腺病毒Ⅰ型可在原代犬、猪、雪貂、豚鼠、浣熊的肾和睾丸细胞以及 MDCK 细胞上增殖。细胞病变为增大、变圆、变亮、聚集成葡萄串状。

本病毒易在犬肾和睾丸细胞内增殖，也可在猪、豚鼠和水貂等的肺和肾细胞中有不同程度增殖。感染细胞内常有核内包涵体，核内病毒粒子呈晶格状排列，已感染犬瘟热病毒的细胞，仍可感染和增殖本病毒。

犬传染性肝炎病毒抵抗力相当强，在 pH3.0～9.0 条件下可存活，最适 pH6.0～8.5。在 4℃ 可存活 270d，室温下存活 70～91d，37℃ 存活 26～29d，56℃ 30min 仍具有感染性。病犬肝、血清和尿液中的病毒，20℃ 可存活 3d，冻干后能长期存活。经紫外线照射 2h 后，病毒已无毒力，但还有免疫原性。对乙醚、氯仿有抵抗力。在室温下能抵抗 75% 的酒精达 24h，如果注射器和针头仅依赖酒精消毒，仍有可能传播本病。碘酊、苯酚和氢氧化钠可用于本病的消毒。

二、流行病学

1. 传染源

犬传染性肝炎的传染来源主要是病犬和康复犬。在病的急性阶段，病毒分布于病犬的全身各组织，通过分泌物和排泄物排出体外，污染周围环境。康复犬尿中排毒可达 180～270d，是造成其他犬感染的重要来源。

2. 传播途径

传播途径主要是通过直接接触病犬（唾液、呼吸道分泌物、尿、粪）和接触污染的用具经消化道传染给易感宠物，也可发生胎内感染造成新生幼犬死亡。此外，体外寄生虫也有传播本病的可能性。

3. 易感动物

犬和狐狸都是自然宿主，对本病的易感性最高。人工接种可使水貂、狼、浣熊和土拨鼠感染。此病毒与人的病毒性肝炎无关。本病也可感染人，但不引起临床症状。

4. 流行特点

本病已流行于世界各地，不分季节、性别和品种。虽然各种年龄的犬都有发生，但以 1 岁以内的幼犬常见，刚断奶的小犬最易发病，其死亡率高达 25%～40%。成年犬很少出现临床症状。

三、症状

犬传染性肝炎自然感染潜伏期 6～9d，人工接种潜伏期为 2～6d。病程较犬瘟热短，大约在两周内恢复或死亡。根据临床症状和经过可分为 4 种病型。

1. 最急性型

多见于初生仔犬至 1 岁内的幼犬。病犬突然出现严重腹痛和体温明显升高，有时呕血或血性腹泻，发病后 12～24h 内死亡。临床病理呈重症肝炎变化。

2. 急性型（重症型）

此型病犬可出现本病的典型症状，多能耐过而康复。病初精神轻度抑郁，食欲减退，患犬怕冷，体温升高（39.4～41.1℃），持续 2～6d 体温曲线呈"马鞍型"的双相热型，在此期间血液检查可见白细胞减少（常在 2 500 以下），血糖降低。随后食欲废绝，渴欲增加，流水样鼻汁，羞明流泪，呕吐、腹泻，粪中带血，大多数病例表现为剑状软骨部位的腹痛；扁桃体和全身淋巴结急性发炎并肿大，心搏动增强，呼吸加快，很多病例出现蛋白尿。也有步态跟跄、过敏等神经症状。黄染较轻。病犬血凝时间延长，如有出血，往往流血不止，这些病例预后不良。

恢复期的病犬最常见单侧性间质性角膜炎和角膜水肿，甚至呈现蓝白色或角膜翳，有人称之为"蓝眼病"，在 1～2d 内可迅速出现混浊，持续 2～8d 后逐渐恢复。也有由于角膜损伤造成犬永久视力障碍的。病犬重症期持续 4～14d 后，大多在 2 周内很快治愈或死亡。幼犬患病时，常于 1～2d 内突然死亡，如耐过 48h，多能康复。成年犬多能耐过，产生坚强的免疫力。

3. 亚急性型（轻症型）

症状较轻微，表现咽炎和喉炎，可致扁桃体肿大；颈淋巴结发炎可致头颈部水肿。可见患犬食欲不振，精神沉郁，水样鼻汁及流泪，体温约 39.0℃。有的病犬狂躁不安，边叫边跑，可持续 2～3d。

4. 隐性型（无症状型）

无临床症状，但血清中有特异性抗体。

四、病理变化

肝脏不肿大或仅中度肿大，呈淡棕色至红色，表面呈颗粒状，小叶界限明显，易碎。约有半数病例脾脏表现轻度充血性肿胀。常见皮下水肿。在实质器官、浆膜、黏膜内充满清亮、浅红色液体，暴露空气后常可凝固。肠管表面上有纤维蛋白渗出物覆盖，有时肠、胃、胆囊和膈膜，可见浆膜出血。胆囊壁水肿增厚，出血，整个胆囊呈黑红色，胆囊浆膜被覆纤维素性渗出物。由于犬的其他疾病很少有胆囊壁增厚，因此胆囊的变化具有诊断意义。肠系膜淋巴结肿大，充血；肾出血，皮质区坏死；中脑和脑干后部可见出血，常呈两侧对称性。

组织学检查，可见肝实质呈现不同程度的变性，坏死，窦状隙内有严重的局限性淤血和血液瘀滞现象。肝细胞及窦状隙内皮细胞核内有包涵体，且一个核内只有一个，有包涵体的核核膜肥厚、浓染，包涵体和核膜之间存有狭小的轮状透明带。

五、诊断

犬传染性肝炎早期症状与犬瘟热等疾病相似，有时还与这些疾病混合发生。因此，根据流行病学、临床症状和病理变化仅可作出初步诊断。特异性诊断必须进行病毒分离鉴定和血清学检查。

1. 病毒分离与鉴定

活病犬可采取血液，用棉棒采取尿液、扁桃体等；死后采取全身各脏器及腹腔液，但以肝或脾最适宜。将病料处理后接种犬肾原代细胞或传代细胞或幼犬眼前房中（角膜混浊，产生包涵体），可出现腺病毒所具有的特征性的细胞病变，并可检出核内包涵体。

2. 血清学诊断

（1）血凝和血凝抑制试验 急性或亚急性犬传染性肝炎病犬肝脏中含有大量病毒粒子。夏咸柱等（1990）根据 CAV－1 可凝集人"O"型红细胞，且此种凝集作用既可被

CAV－1血清所抑制，也可被 CAV－2 血清所增强的原理，建立了犬传染性肝炎的血清学诊断方法。本法既可通过病料中血凝抗原的检测用于急性病例的临床诊断，也可通过血清中血凝抑制抗体检查用于免疫力测定和流行病学调查。

（2）补体结合试验和琼脂扩散试验　主要用于检测感染犬体内的抗体，不宜作为早期诊断。但对死亡犬，可用琼脂扩散试验检出感染组织块（一般应用肝组织块）中的特异性沉淀原。

（3）中和试验　中和抗体约在感染后 1 周内出现，并可长期存在于血液中。因此，中和试验常用于犬群的感染率的调查及个体免疫程度的测定，很少用于个体的诊断。用人的"O"型红细胞做血凝抑制试验的结果与中和试验相平行。

（4）荧光抗体技术和酶染色技术　可以直接检测组织切片、触片或感染细胞培养物中的病毒抗原，此法可提供早期诊断。

3. 鉴别诊断

本病同犬瘟热、钩端螺旋体病、丙酮苄羟香豆素中毒症状相近，应注意鉴别。

（1）犬瘟热　感染初期的症状与本病相似，但犬瘟热无肝细胞损害的临床和病理变化。

（2）钩端螺旋体　有肾损害的尿沉渣及尿素氮的变化，无白细胞减少和肝功能变化。

（3）丙酮苄羟香豆素中毒　症状与本病非常相似，但无白细胞减少和体温升高。

六、治疗

无特效药物。此病毒对肝脏的损害作用在发病 1 周后减退，因此，主要采取对症治疗和加强饲养管理等综合性措施。

发现病犬立即隔离饲养和护理，消毒污染环境和用具等。在病初发热期，可大量注射抗犬传染性肝炎病毒的高免血清进行治疗以抑制病毒扩散，可有效地缓解临床症状；每天用 250～500ml 含 5% 水解乳蛋白的 5% 葡萄糖盐水输液，纠正水和电解质紊乱。但对最急性病例无效。然而，一旦出现明显的临床症状，由于已经产生广泛的组织病变，即使应用大剂量高免血清也很少有效。

对贫血严重的犬，可输全血，间隔 48h 以 17ml/kg 体重的量，连续输血三次。为防止并发或继发感染可应用抗生素以及大青叶、板蓝根、抗毒灵、维生素 B_{12} 和维生素 C 等制剂。

出现角膜混浊，一般认为是对病原的变态反应，多可自然恢复。若病变发展使前眼房出血时，用 3%～5% 碘制剂（碘化钾、碘化钠）、水杨酸制剂和钙制剂以 3∶3∶1 的比例混合静脉注射，每日一次，每次 5～10ml，3～7 日为 1 个疗程。或肌肉注射水杨酸钠，并用抗生素滴眼液。注意防止紫外线刺激，不能使用糖皮质激素。

对于表现肝炎症状的犬，可按急性肝炎进行治疗。葡醛内酯 5～8mg/kg 体重，肌注，每日一次，辅酶 A 50～700U/次，稀释后静滴。肌苷 100～400mg/次口服，每日 2 次。核糖核酸 6mg/次，肌注，隔日 1 次，3 个月为一个疗程。

七、防制措施

加强饲养管理和环境卫生消毒，防止病原传入。坚持自繁自养，如需从外地购入宠物，必须隔离检疫，合格后方可混群。一旦发病，需立即控制疫情发展。应特别注意康复病犬仍可向外排毒，不能与健康犬合群。

关于免疫接种，国外已成功的应用甲醛灭活疫苗和弱毒疫苗进行免疫接种。当前使用的疫苗，几乎都是与犬瘟热、钩端螺旋体病的混合疫苗。一般幼犬第七周时进行第 1 次免疫接种，第 9 周龄时再接种 1 次。成年犬需每隔半年或一年重复进行免疫。

第四节 犬副流感病毒感染

犬副流感病毒感染（Canine parainfluenza virus infections）是由副流感病毒（Canine parainfluenza virus，CPIV）引起的犬呼吸道传染病。临床表现突然发热、流涕和咳嗽。病理变化以卡他性鼻炎和支气管炎为特征。

1967 年美国首次发现本病毒，并一直认为仅局限于呼吸道感染。1980 年 Evermann 等发现，犬副流感病毒也可引起急性脑脊髓炎和脑内积水，临床表现后躯麻痹和运动失调等症状。

目前，世界所有养犬国家几乎都有本病流行，特别是新购入的随意来源犬常呈暴发性呼吸道感染。

一、病原体

犬副流感病毒在分类上是副黏病毒科，副黏病毒属中的一个亚群。核酸型为单股 RNA。病毒粒子呈多形性，直径 80～300nm，外有囊膜，内含螺旋对称的核衣壳。犬副流感病毒粒子表面有特征性突起，含有血凝素和神经氨酸酶。病毒在细胞浆中复制，成熟后在细胞膜上出芽释放。

本病毒只有一个血清型，但毒力有所差异。在 4℃ 和 24℃ 条件下可凝集人 "O" 型、鸡、豚鼠、大鼠、兔、犬、猫和羊的红细胞。犬副流感病毒可在原代和传代犬肾、猴肾细胞培养物中良好增殖并产生 CPE，感染细胞胞浆内形成嗜酸性包涵体。病毒可在鸡胚羊膜腔中增殖，鸡胚不死亡。鸡胚尿囊腔接种，病毒不增殖。羊膜腔和尿囊液中均含有病毒，血凝效价可达 1∶128。

本病毒对理化因素的抵抗力不强，将其悬浮于无蛋白基质中，室温或 4℃ 经 2～4h，感染力丧失 90% 以上。在 pH3 和 37℃ 下迅速灭活，即使在 0℃ 以下，活力也易下降。

二、流行病学

1. 传染源及传播途径

犬副流感病毒在军犬和实验犬中具有很高的传染性。急性期病犬是最主要的传染来源。感染犬的鼻液和咽喉拭子可分离到本病毒。自然感染途径主要是呼吸道，犬通过吸入飞沫感染。

2. 易感动物

犬副流感病毒可感染玩赏犬、实验犬和军、警犬，在军犬中常发生呼吸道病，在实验犬产生犬瘟热样症状。成年犬和幼龄犬均可发生，但幼龄犬、体弱及处于应激状态的易发生且病情较重，病程 1 周至数周不等，死亡率为 60%。

三、症状

潜伏期较短5～6d。临床症状为突然暴发，发热，大量黏液性、不透明鼻分泌物和咳嗽，呼吸困难。当与支原体或支气管败血波氏杆菌混合感染时，病情加重，成窝犬咳嗽、肺炎，病程3周以上。

有的犬感染后可表现后躯麻痹和运动失调等症状。病犬后肢可支撑躯体，但不能行走。膝关节和腓肠肌腱反射和自体感觉不敏感。随后从病犬脑脊液中分离到犬副流感病毒。

四、病理变化

感染犬的肺脏有少量出血点。呼吸道及其周围淋巴结呈炎性变化，剖检可见鼻孔周围有黏性脓性分泌物，结膜炎、扁桃体炎，支气管、气管内可见游走的白细胞和细胞崩解物贮积及黏膜上皮细胞增厚和肺炎病变。荧光抗体检查证明，鼻黏膜、气管、支气管、毛细支气管及支气管周围的腺体有病毒存在。神经型主要表现为急性脑脊髓炎和脑内积水，整个中枢神经系统和脊髓均有病变，前叶灰质最为严重。

五、诊断

根据流行病学、临诊症状和病理变化可作出初步诊断。本病与犬呼吸道传染病的临床表现非常相似，不易区别。确诊需进行病毒分离鉴定和血清学检查。

1. 血清学检查

主要用血凝抑制试验或补体结合试验测定抗体的滴度上升情况。

2. 病毒分离

从病犬分离犬副流感病毒，在许多细胞培养中，初次分离即能获得良好的生长，并可产生细胞病变。细胞病变开始比较轻微，传代后逐渐明显。接种后3～4d出现胞浆内包涵体和合胞体。也可用豚鼠红细胞作血细胞吸附试验或血细胞吸附抑制试验加以证实和鉴定。猴肾细胞培养适于作蚀斑检查。另一显著特点是犬副流感病毒具有吸附红细胞作用，可用于鉴定。因此，细胞培养是分离和鉴定病毒的最好方法。另外，利用血清中和试验和血凝抑制试验检查双份血清的抗体效价是否上升也可进行回顾性诊断。

本病的症状和临床病理与犬瘟热、腺病毒Ⅱ型、呼肠孤病毒、疱疹病毒、支气管败血症菌、支原体等病原感染的表现相似，应注意加以鉴别。

六、治疗

用犬五联血清2ml/kg体重，皮下注射，每天1次，连用3d。利巴韦林50～100mg/次，口服，每日2次，连用5d。当犬感染副流感病毒时，常常继发感染支气管败血波氏杆菌、支原体等。防止继发感染和对症治疗，可选用头孢菌素类抗生素或喹诺酮类药物，可减轻病情，促使病犬早日恢复。常合并使用氨茶碱10mg/kg体重肌肉注射，地塞米松0.5～2.0mg/kg体重肌肉注射等。咳嗽时使用镇咳药。

七、防制措施

预防本病主要是加强饲养管理，可减少本病的诱发因素，特别是犬舍周围环境卫生，新购入犬进行检疫、隔离和预防接种。近年来，美国生产的联苗中包括副流感病毒弱毒苗，国内夏咸柱等生产的五联苗中也包括副流感病毒弱毒苗。与 CDV、CPV、CAV 等弱毒苗联合使用可以减少免疫次数，对预防本病有重要意义。犬群一旦发病，立即隔离、消毒，重病犬及时淘汰。

第五节 犬疱疹病毒感染

犬疱疹病毒感染（Canine herpes virus infection）是由犬疱疹病毒（Canine herpes virus, CHV）引起犬的一种接触性传染病。本病毒感染可引起多种病型。新生幼犬多呈致死性感染；大于 21 日龄的犬主要表现上呼吸道症状。同时可造成母犬不育、流产和死胎以及公犬的阴茎炎和包皮炎。

本病于 1965 年 Carmichael 和 Stewart 分别在美国和英国首先报道。此后，日本、澳大利亚和许多欧洲国家相继出现，现已分布于多数国家和地区。我国养犬业中也有本病感染。

一、病原体

犬疱疹病毒在分类上属疱疹病毒科，甲型疱疹病毒亚科水痘病毒属，是 DNA 型病毒。具有疱疹病毒所共有的形态特征。位于细胞核内，未成熟无囊膜的病毒粒子直径为 90～100nm，胞浆内成熟带囊膜的病毒粒子直径为 115～175nm。

犬疱疹病毒只有 1 个血清型，但从不同地区、不同病型分离的毒株可能存在毒力的差异。犬疱疹病毒与其他疱疹病毒，如牛鼻气管炎病毒、马鼻肺炎病毒、猫鼻气管炎病毒和鸡喉气管炎病毒等疱疹病毒及犬肝炎病毒和犬瘟热病毒无抗原相关性。但与人单纯疱疹病毒之间存在轻度的交叉抗原关系。

本病毒可在犬源组织培养细胞中良好增殖，其中以犬胎肾和新生犬肾细胞最为易感。对犬肺和子宫组织细胞也敏感，35～37℃条件下迅速增殖，感染后 12～16h 即可出现CPE，初期呈局灶性的细胞圆缩、变暗，逐渐向周围扩展，随后由灶状中心部细胞开始脱落。

犬疱疹病毒的增殖温度为 33.5～37℃。当温度达到 39℃以上时，病毒的增殖性受到影响。3 周龄以下幼犬的体温偏低恰好处于病毒增殖的最适温度，这是 3 周龄以下仔犬易发生疱疹病毒感染的主要原因。随着仔犬的发育，体温调节机能逐渐完善，3 周龄以后的仔犬及成犬的正常体温为 39℃，这时犬对疱疹病毒的感染性显著降低，5 周龄以上的幼犬和成犬感染时，基本不表现出临床症状。但偶尔表现轻微的上呼吸道炎症，也有结膜炎、阴道炎等。

本病毒对温热的抵抗力较弱。56℃4min、37℃22h 或 4℃1d 均可灭活，37℃经 5h，感染病毒滴度下降 50%，在 −70℃仅可保存数月。冻干毒种保存数年毒价无明显变化。pH6.5～7.6 条件下稳定，但在 pH4.5 以下 30min 即失去感染性。病毒对脂溶剂、胰蛋白酶、酸性和碱性磷酸酶等敏感。犬疱疹病毒囊膜表面无血凝素，不凝集人和动物的红细胞。

二、流行病学

1. 传染源及传播途径

患病仔犬和康复犬是主要传染源，仔犬主要通过分娩过程中与带毒母犬阴道接触或生后由母犬含毒的飞沫而感染。此外，仔犬间也能互相传播。康复犬长期带毒，潜伏感染是本病的又一特征。犬疱疹病毒主要通过唾液、鼻汁、尿液向外排毒，传播途径为呼吸道、消化道和生殖道。病毒还可以通过胎盘感染胎儿，但母源抗体的滴度的高低可影响仔犬临床症状的严重程度。

2. 易感动物

犬疱疹病毒只能感染犬，小于 14 日龄幼犬的体温偏低，易感性最高，常可造成致死性感染，死亡率可达80%。

三、症状

自然感染潜伏期4～6d，人工感染3～8d，小于 21 日龄的新生幼犬可引起致死性感染。病程多为 4～7d，有的仔犬取急性经过，外观健康活泼，1～2d 内突然死亡。

初期病犬精神沉郁，厌食，呕吐，流涎，软弱无力，有的流浆液性鼻汁，鼻黏膜表面广泛性斑点状出血、呼吸困难以及肺炎等呼吸系统症状，压迫腹部有痛感，腹泻，排黄绿色或绿色稀粪，有时恶臭。病的后期粪便呈水样，停止吮乳后，1～3d 内发出持续的嘶叫声，随即死亡。皮肤病变以红色丘疹为特征，主要见于腹股沟、母犬的阴门和阴道以及公犬的包皮和口腔。病犬最终丧失知觉，角弓反张，癫痫。康复犬有的表现永久性神经症状，如运动失调、向一侧做圆圈运动或失明等。

21～35 日龄犬常呈轻度的鼻炎和咽炎的症状，主要表现流鼻涕、打喷嚏、干咳等上呼吸道症状，大约持续 14d，症状较轻，可以自愈。如发生混合感染，则可引起致死性肺炎。

母犬的生殖道感染以阴道黏膜弥漫性小泡状病变为特征。母犬出现繁殖障碍，可造成流产、死胎、弱仔或屡配不孕，本身无明显症状。公犬可见阴茎炎和包皮炎，分泌物增多。

四、病理变化

1. 剖检变化

死亡仔犬的典型剖检变化为实质脏器表面散在多量粟粒大小的灰白色坏死灶和小出血点，以肾和肺的变化更为显著。胸腹腔内可见浆液-黏液性渗出。肾脏被膜下以出血点和坏死灶为中心形成出血斑，肾脏断面的皮质与髓质交界处形成楔形出血灶，这是本病特征性肉眼变化。此外，肺充血、水肿，支气管内有黏性分泌物，肺门淋巴结肿大；脾充血、肿大；肠黏膜表面有点状出血。偶尔可见黄疸和非化脓性脑炎。

2. 组织学变化

主要表现为肝、肾、脾、小肠和脑组织内有轻度细胞浸润，血管周围有散在坏死灶，上皮细胞损伤，变性。在肝和肾坏死区临近的细胞内可见嗜酸性核内包涵体。妊娠母犬体内胎儿表面和子宫内膜出现多发性坏死。少数病犬有化脓性脑膜脑炎变化，可见神经胶质细胞凝集。急性病例的坏死灶一般无炎性细胞浸润，病程长的组织有单核细胞浸润。

五、诊断

本病无特征性的临床症状，仅凭临床表现不能确诊，但出生后3周龄以内仔犬出现上述症状并突然死亡的，可疑似本病。确诊必需依靠实验室检查。

1. 病毒抗原检测

采取症状明显幼龄犬肾、脾、肝和肾上腺，或用棉拭子蘸取成年犬或康复犬口腔、上呼吸道和阴道黏膜，制成切片或组织涂片，用荧光抗体染色检测，可发现大量病毒特异性抗原，是一种既准确又快速的诊断方法。一般用家兔提供生产制备荧光抗体的高免血清。

2. 病毒分离

采用上述方法采样，无菌处理后接种犬肾细胞，最适培养温度为35～37℃，逐日观察有无CPE。感染细胞变圆脱落，蚀斑形成明显，蚀斑变小表明毒力减弱。

3. 血清学试验

包括血清中和试验和蚀斑减数试验，用于检测本病血清抗体。

4. 鉴别诊断

本病各实质脏器有坏死灶和出血点特征性病变，应与犬传染性肝炎和犬瘟热等鉴别。

六、治疗

一般发病仔犬很难治愈，可进行补液，使用广谱抗生素，以防止继发感染。试用抗病毒类药物，如吗啉胍10mg/kg体重，口服，每日一次。静注5%葡萄糖液，防止脱水改善症状。当发现有病犬时立即隔离。提高环境温度对病犬有利，病犬应放入保温箱中，保温箱的温度以35℃、50%湿度为宜。同时皮下或腹腔注射康复母犬的血清或犬γ-球蛋白制剂2ml，可减少死亡。对新生幼犬急性、全身性感染治疗无效。在流行期间给幼犬腹腔注射1～2ml高免血清可减少死亡。

七、防制措施

由于犬疱疹病毒感染率低，且免疫原性较差，因此，疫苗研制进展不快。加强饲养管理、定期消毒、防止与外来病犬接触是预防本病的有效方法。有试验证明，多次接种加佐剂的灭活疫苗，能产生一定水平的抗体。对于病犬及时治疗。

第六节　犬冠状病毒感染

犬冠状病毒感染（Canine corona virus infections）又称为犬冠状病毒性腹泻，是由犬冠状病毒（Canine corona virus，CCV）引起的一种急性肠道传染病。可使犬产生轻重不一的胃肠炎症状，以频繁地呕吐、腹泻、沉郁、厌食及易复发等为特性。是当前危害养犬业较大的一种传染病。

冠状病毒感染在德国军犬中首次发生。1971年Binn等从军犬的粪便中首次分离出病毒。1978年在世界普遍暴发流行。我国江苏、辽宁、吉林、黑龙江、江西、陕西等地的军犬、民犬及实验犬中也发生了此病。

一、病原体

犬冠状病毒在分类上属冠状病毒科，冠状病毒属。核酸类型为单股 RNA。病毒粒子形态多样，多呈圆形或椭圆形，长径 80～100nm，宽径 75～80nm，表面有一层厚的囊膜，其上被覆有长约 20nm 呈花瓣样的纤突，冻融极易脱落，失去感染性。核衣壳呈螺旋状。病毒在 CsCl 中的浮密度为 1.15～1.16g/cm³。

犬冠状病毒存在于感染犬的粪便、肠内容物和肠上皮细胞内，在肠系膜淋巴结及其他组织中也可发现病毒。本病毒与猪传染性胃肠炎病毒、猫传染性腹泻病毒和人冠状病毒 229E 株有相关抗原，但至今犬冠状病毒只有一个血清型，存在毒力不同的毒株。本病毒与水貂、貉、狐冠状病毒是否存在抗原相关性尚不清楚。

犬冠状病毒可在多种犬的原代和继代细胞上增殖并产生 CPE，包括犬肾、胸腺、滑膜细胞和 A-72 细胞系。一般由病料初代分离病毒比较困难。病毒在胞浆内复制，在内质网和胞浆空泡膜上出芽成熟。

犬冠状病毒对乙醚、氯仿、脱氧胆酸盐敏感。对热敏感，用甲醛、紫外线等可使其灭活，但对酸和胰蛋白酶有较强的抵抗力，pH3.0、20～22℃条件下不能灭活，这是病毒经胃后仍有感染活性的原因。

二、流行病学

1. 传染源及传播途径

本病的传染来源主要是病犬和带毒犬，病犬排毒时间为 14d，保持接触性传染的能力为期更长。病犬经呼吸道、消化道随口涎、鼻液和粪便向外排毒，污染饲料、饮水、笼具和周围环境，直接或间接地传给健康犬及其他易感动物。犬冠状病毒在粪便中可存活 6～9d，在水中也可保持数日的传染性，因此一旦发病，则很难制止传播流行。

2. 易感动物

犬冠状病毒仅感染犬科动物，犬、貂、狐均有易感性，不同年龄、性别、品种均可感染，但幼犬最易感，发病率几乎 100%，死亡率约 50%。尚未见人感染犬冠状病毒的报道，病犬管理人员体内也未检出犬冠状病毒抗体。

3. 流行特点

本病一年四季均可发生，但冬季多发，可能与犬冠状病毒对热敏感，对低温有相对的抵抗力有关。犬群密度大，饲养卫生条件差，断乳、分窝、调运等饲养管理条件突然改变，气温聚变、长途运输等都会提高感染和临床发病的几率。

三、症状

潜伏期一般为 1～3d，人工感染潜伏期 24～28h。本病传播迅速，数日内即可蔓延全群。病犬突然发病，嗜眠、衰弱、厌食或食欲废绝，多数无体温变化。最初可见持续数天的呕吐，随后开始腹泻，排出的粪便，恶臭呈粥样或水样，黄绿色或橘红色，混有数量不等的黏液，偶尔可在其中看到少量血液。病犬迅速脱水，体重减轻，多数病犬在 7～10d 恢复，但有些病犬特别是幼犬在发病后 1～2d 内死亡。成年犬的症状多轻微，几乎无死亡。临床上很难与犬细小病毒区别，只是犬冠状病毒感染时间更长，且具有间歇性，可反复发作。

四、病理变化

剖检病变主要是不同程度的胃肠炎变化。尸体严重脱水，腹部增大，腹壁松弛，胃及肠管扩张；肠壁菲薄，肠内充满白色或黄绿色液体，肠黏膜充血、出血，肠系膜淋巴结肿大，胆囊肿大，肠黏膜脱落是该病较典型的特征；胃黏膜脱落出血，胃内有黏液，病犬易发生肠套叠。组织学检查主要见小肠绒毛变短、融合、隐窝变深，绒毛长度与隐窝深度之比发生明显变化。上皮细胞变性，胞浆出现空泡，黏膜固有层水肿，炎性细胞浸润，上皮细胞变平，杯状细胞的内容物排空。

五、诊断

根据流行特点、临床症状、病理剖检变化可怀疑本病，但由于缺乏特征性变化，在血液学和生物化学方面也没有特征性指标，因此，确诊必须依靠病毒分离、电镜观察和血清学检验。

1. 病毒分离鉴定

取典型病犬新鲜粪便，经常规处理后，接种于 A-72 细胞或犬肾原代细胞上培养，本病毒感染的第二天即出现 CPE 后，取培养物与已知标准阳性血清进行中和试验，鉴定本病毒。为提高病毒分离率，粪样要新鲜，避免反复冻结，最好先将病料实验感染健康幼犬，取典型发病犬腹泻粪便作为样品分离病毒。也可试用濒死期幼犬肾脏直接进行细胞培养以分离病毒。病毒分离最好使用 A-72 细胞，从粪便和小肠内容物分离病毒成功率最高。

2. 电镜检查

取粪便用氯仿处理后，低速离心，取上清液，滴于铜网上，经磷钨酸负染后，用电镜观察病毒，多呈圆形或椭圆形，长径 80～100nm，宽径 75～80nm，表面有一层厚的囊膜，其上被覆有长约 20nm 呈花瓣样的纤突的冠状病毒典型形态。进行电镜检查是检测犬冠状病毒最迅速的方法。

此外，中和试验、ELISA、免疫荧光试验等方法也可用于诊断本病检测血清抗体。

六、治疗

主要采取对症治疗，如止吐、止泻、补液，用抗生素防止继发感染等。乳酸林格氏液和氨苄青霉素 10～20mg/kg 体重，静脉滴注，同时投与肠黏膜保护剂。

七、防制措施

主要采取综合性防治措施。加强一般的兽医卫生防疫措施，减少各种诱因，对犬舍、用具和工作服坚持定期消毒，禁止外人参观。由于病犬粪便中含有大量的传染性病毒粒子，因此，对病犬的严格隔离和保持良好的卫生条件尤为重要。一旦有该病发生，如不进行粪便处理和适当消毒，就会在犬群中迅速传播。1:30 浓度的漂白粉水溶液或 0.1%～1% 的甲醛是经济有效的消毒剂。

第七节　犬轮状病毒感染

犬轮状病毒感染（Canine rotavirus infections）是主要侵害新生幼犬、以腹泻症状为特征的急性、接触性、胃肠道传染病。成年犬多呈亚临床感染。

一、病原体

犬轮状病毒（Canine rotavirus，CRV）在分类上属呼肠孤病毒科，轮状病毒属，双股RNA病毒。病毒粒子呈圆形，直径为 $68\sim83nm$，二十面体立体对称，病毒衣壳呈双层结构，内层衣壳壳粒呈柱形，向外呈放射状排列，如车轮的辐条，其外由外壳膜包围，如同轮胎。病毒的内衣壳具有各种轮状病毒共有的属抗原（共同抗原），外衣壳的糖蛋白抗原则具有特异性。

犬轮状病毒可在犬肾传代细胞上增殖，并可产生细胞病变。

犬轮状病毒对乙醚、氯仿和去氧胆酸钠有抵抗力，对酸和胰酶稳定，$56℃30min$ 其感染力可降低2个对数，粪便中的病毒在 $18\sim20℃$ 室温中，经7个月仍有感染性。温度在 $4℃$ 和 $37℃$，犬轮状病毒对猪和人红细胞（O型、AB型）具有较好的凝集作用并可被相应的犬轮状病毒抗血清所抑制。

二、流行病学

1. 传染源及传播途径

病犬和隐性带毒犬都是重要的传染源。病毒存在于肠道，随粪便排出体外，含毒粪便污染用具和周围环境经消化道传播，而使健康犬发生感染。

2. 易感动物

犬轮状病毒通常引起幼犬严重感染，成年犬多呈亚临床感染。

3. 流行特点

轮状病毒有一定的交互感染作用，可以从人或犬传给另一种动物，只要病毒在人或一种动物中持续存在，就有可能造成本病在自然界中长期传播。本病多发生于晚冬至早春的寒冷季节。卫生条件不良或腺病毒等合并感染，可使病情加剧，死亡率增高。

三、症状

1周龄以内的仔犬常发，突然发生腹泻，病犬排黄绿色稀便，夹杂有中等量黏液，严重病例粪便中混有少量血液。病犬被毛粗乱，肛门周围皮肤被粪便污染，轻度脱水。因脱水和酸碱平衡失调，病犬心跳加快，皮温和体温降低。脱水严重者，常因衰竭而死亡。

从腹泻死亡仔犬中分离的轮状病毒，人工感染新生幼犬，$20\sim24h$ 后发生中度腹泻，并可持续 $6\sim7d$。采集 $12\sim15h$ 之间的粪便能分离出病毒。还有一些无临床症状的健康犬粪便中，也可分离出轮状病毒。

四、病理变化

人工感染后 $12\sim18h$ 死亡，幼犬无明显异常。病程较长的死亡犬被毛粗乱，病变主要集中在小肠。特别是下 2/3 的空肠和回肠部。轻型病例，肠管轻度扩张，肠壁变薄，肠内容物中等、黄绿色；严重病例，小肠绒毛萎缩，柱状上皮细胞肿胀、坏死、脱落，使水分吸收障碍，引起腹泻，有的肠段弥漫性出血，肠内容物中混有血液。同时，脱水可使红细胞容积增高至 50% 以上，病后期血清尿素氮超过 50mg/100ml。其他脏器无异常。

经间接免疫荧光试验证实，犬轮状病毒主要存在于小肠黏膜上皮细胞，在肠系膜淋巴结皮质和副皮质区的网状细胞内也可见到犬轮状病毒。电镜观察，犬轮状病毒在肠黏膜上皮细胞的胞浆中复制，通过胞浆内质网膜"出芽"成熟。犬轮状病毒主要侵害肠绒毛上 1/3 处的上皮细胞。

五、诊断

由于导致犬腹泻的病原有很多，因此，依据流行病学、临床症状和病理变化只能作出初步诊断。确诊尚须做实验室检查。

1. 电镜及免疫电镜

由于病毒主要存在于肠道，可直接采取腹泻粪便，高速离心，取上清液滤过后镜检。也可加入特异性抗体，进行免疫电镜观察，可见到病毒集聚现象。

2. 病毒分离

病毒分离可将病犬粪便材料经水解蛋白酶或胰蛋白酶处理后，接种犬肾传代细胞或犬胎肺细胞，因犬轮状病毒的细胞病变不甚明显，可负染后电镜观察病毒粒子形态，也可采用间接免疫荧光试验和血凝抑制试验确认犬轮状病毒的存在。

3. 血清学诊断

（1）特异性荧光抗体检查 以腹泻粪汁或小肠柱状上皮制成涂片，37℃ 干燥 20min，冷丙酮固定 10min，之后用荧光素标记的特异抗体于室温染色 30min 后，彻底清洗，荧光显微镜检查。一般于接种后 16～24h 最易检出带阳性荧光的细胞，此后减少，接种后 180～240h 就很难找到了。

（2）补体结合试验 只能检验出各种动物轮状病毒的共同抗原，故只能用于初步鉴定。

（3）中和试验 可鉴别轮状病毒的种属特异性，也就是识别其动物来源。

近年来主要采用酶联免疫技术检测粪便抗原，方法简便、精确，特异性强，可区分各种动物的轮状病毒。

血清学检测方法还包括放射免疫测定法、对流免疫电泳、血凝和血凝抑制试验等，可用于病毒鉴定和流行病学调查。

六、治疗

腹泻犬的水和电解质大量丧失，小肠营养吸收障碍，因此，重症犬必须输液。根据皮肤弹性和眼球下陷情况以及测定红细胞容积和血清总蛋白量来确定脱水的程度，以乳酸林格氏液和 5% 葡萄糖以 1:2 的比例混合输液为好。

防止细菌继发感染，可投与抗生素、免疫增强剂等。

七、防制措施

预防本病应加强饲养管理，提高机体的抗病能力，认真执行综合性防疫措施，彻底消毒，消除病原。发病宠物以对症治疗为主，目的是减少发病率和防止疫情扩散。犬轮状病毒的免疫，不论是来自初乳（对幼犬而言），还是自身局部产生（对成年犬而言），都取决于小肠黏膜表面的抗体分泌情况。因此，应保证幼犬能摄食足量的初乳或给予采自成年犬的血清，使其获得免疫保护。

关于犬轮状病毒的疫苗研究，倾向于弱毒活苗，目前正处于研究阶段，尚未在临床上应用。

第八节　犬传染性气管支气管炎

本病也称犬窝咳，是除犬瘟热以外，由多种病原引起的犬传染性呼吸系统疾病。本病可侵害任何年龄的犬。

一、病原体

本病是由多种病毒（犬副流感 SV – 5 病毒、腺病毒Ⅱ型、疱疹病毒、呼肠孤病毒等）、细菌（可能为条件性致病菌）、支原体（虽不单独致病但可加重病毒性呼吸系统感染）单一或混合感染所致。

犬副流感 SV – 5 病毒是通过空气传播的，对犬有高度的传染性。接种该病毒的试验犬，第 8d 便可散播病毒。到目前为止，还未得到此病毒在犬体内长期生存的证据，因为在感染犬的血液中查出了特异性的中和抗体。

腺病毒Ⅱ型，其抗原性虽然与犬传染性肝炎病毒相近，但二者也有区别。腺病毒Ⅱ型对犬有很强的传染力，在呼吸道组织内可持续数日。该病毒不引起肝炎和眼病变，也不长期存在于肾中。

犬疱疹病毒和呼肠孤病毒虽可引起犬的致死性感染，但远不如副流感 SV – 5 病毒和腺病毒Ⅱ型感染性强。

环境因素如寒冷、贼风或高湿度等，能增加机体的易感性。

二、症状

本病潜伏期 5～10d。急性传染性气管支气管炎，虽然可出现严重的支气管肺炎，但一般来说是一个轻缓的自限性疾病。

单发的轻症犬表现为干咳，咳后间或有呕吐，目的是清除喉中的黏液。咳嗽往往随运动或气温变化而加重，人工诱咳阳性。当分泌物堵塞部分呼吸道时，听诊可闻粗厉的肺泡音及干性啰音。有些病犬表现为阵发性吸气性呼吸困难。

混合感染危重的犬，体温升高，精神沉郁，食欲不振，流脓性鼻汁，疼痛性咳嗽之后，持续干呕或呕吐。

支气管镜检查，轻者可见到支气管黏膜充血、变脆；重者除见到上述病变外，还可见到黏膜变厚及支气管内有大量分泌物。

早期体温正常，但当发生继发性细菌感染时，体温可能有中等程度的升高。白细胞数开始时正常，到后期嗜中性粒细胞稍有增加，并发生核转移。

三、诊断

根据与病犬有接触的病史，临床上以阵发性干咳和疾病明显局限于气管和支气管，可初步诊断为传染性气管支气管炎，但最后确诊尚需做病毒学检查。

单独感染的症状较轻，重症犬多为混合感染。可通过气管镜直接检查，气管清洗或咽喉拭子取病料，分离培养病原。混合感染严重的犬，X线摄影可见病变肺部纹理增强。

鉴别诊断：犬瘟热患犬的眼结膜触片及白细胞涂片可检出包涵体；寄生虫性或过敏性支气管炎的血液中嗜酸性白细胞增加，于气管及支气管取病料，可见增多的嗜酸性白细胞。

四、治疗

病毒感染时，可用抗血清及对症和支持疗法。首先使用镇咳祛痰剂，可投与蛇胆川贝液、氨茶碱等，也可用对支气管有扩张和镇静作用的盐酸苯海拉明、马来酸、扑尔敏等。例如可待因，每3h服一茶匙，或10%～20%乙酰半胱氨酸（痰易净）液，气管内滴注或雾化给药。为了缓解和减轻临床症状，可用硝基呋喃妥因4mg／kg体重，口服，每8h一次，连续7～14d；或地塞米松，每天0.125～1mg，口服或肌肉注射。或用强的松龙2.5mg，每天2次，连服3d；然后改为1.25mg，每天2次，连服3d；后再改为1mg，每天2次，连服1周。为了控制支原体和细菌感染，通过分离菌种及细菌耐药性试验，选择有效的抗生素。通常使用的抗生素有红霉素、头孢唑啉、卡那霉素、氨苄青霉素、庆大霉素等。轻症病犬预后良好，经2～3日或数周可自然恢复，但应注意避免转为支气管肺炎。

五、防制措施

为防止病毒性病原体的感染，犬出生后，必须定期免疫接种。

此外，要加强饲养管理，犬舍区要经常消毒，可用3%～5%福尔马林喷雾消毒，也可用紫外线消毒犬舍。

第九节 犬呼肠病毒病

犬呼肠病毒病（Canine Reovirus Disease）是由犬呼肠病毒（Canine Reovirus）引起的一种人畜共患直接接触性传染病。临床表现发热、咳嗽和上呼吸道炎症。多数情况下症状轻微，采取合理的对症治疗措施，病犬可以康复。

一、病原体

犬呼肠病毒在分类上属呼肠病毒科，呼肠病毒属。含有双股RNA病毒，病毒粒子直径为60～75nm，外壳呈大致的六角形。应用血清中和试验及血凝抑制试验，可将哺乳动物犬呼肠病毒分为3个血清型。在犬主要是犬呼肠－1病毒感染，犬呼肠－2病毒感染较少，血清流行病学调查证实犬群中存在犬呼肠－3病毒抗体。在4～37℃条件下，3个血清型都能凝集人的O型红细胞。56℃加热则可使呼肠病毒迅速丧失血凝特性。

犬呼肠病毒在 pH2.2～9.0 条件下稳定，对热相对稳定，对脱氧胆酸盐、乙醚、氯仿具有很强抵抗力。在室温条件下，能耐 1% H_2O_2、0.3% 甲醛、5% 来苏儿和 1% 石炭酸 1h，过碘酸盐可迅速杀死犬呼肠病毒。

二、流行病学

1. 传染源及传播途径

犬呼肠病毒已从多种脊椎动物体内分离到，包括人、猩猩、猴、猪、牛、绵羊、马、犬、猫、貂、袋鼠和禽类。犬主要感染 1 型病毒。感染宠物的粪、尿、鼻分泌物中含有病毒，可污染周围环境，通过消化道、呼吸道等途径造成健康动物的感染。

2. 易感动物

纯种犬比杂种犬易感性高。呼肠病毒对成年宠物一般不引起明显的疾病，但在某些呼吸道及消化道疾病的发生上呈现一定的辅助或促进作用。

3. 流行特点

本病发生具有一定的季节性，冬春季发病率和死亡率较高。

三、症状

犬呼肠病毒可引起犬发热、咳嗽、浆液性鼻漏、流涎等症状。感染犬病初可见持续性咳嗽，24h 后表现黏液性鼻漏、脓性结膜炎、喉气管炎和肺炎，随后 50% 病犬表现腹泻症状。成年犬多呈阴性感染。实验感染时，发生间质性肺炎，抗体效价上升。

四、诊断

1. 病毒分离

本病毒可在许多种类的细胞培养中增殖，包括原代猴肾细胞、KB 细胞、人羊膜细胞及 L 细胞等，从粪便、呼吸道分泌物或其他组织中分离病毒。并于 7～14d 产生病变，形成胞浆内包涵体。

2. 血清学试验

以补体结合反应检测犬群特异性抗原，再用中和试验或血凝抑制试验来确定特异性抗原。采双份血清作抗体检测，根据特异性抗体的增高情况可诊断本病。

五、治疗

加强护理和适当的对症治疗，多数病犬可在 7～14d 内康复。

六、防制措施

目前尚无有效疫苗可供使用。应采取综合性预防措施。

第十节　毛霉菌病

毛霉菌病原称藻状菌病，是犬的一种条件性真菌病。临床上以皮下组织肉芽肿病变为特征。

一、病原体

本病的病原性真菌为毛霉属的总状毛霉、犁头霉属的分枝犁头霉和根霉属、虫霉属以及蛙粪霉属的某种真菌。毛霉菌菌丝粗大，直径为 $6\sim50\mu m$，菌丝内不分隔，外形不规则，分枝常呈直角。在组织切片中菌丝可用苏木伊红、PAS 染色可着染。在一般培养基 $25\sim37℃$ 生长迅速；在 SGA（加氯霉素）培养基上 $28℃$ $1\sim3d$ 可产生此菌。

二、流行病学

该菌广泛分布于自然界，通过空气、尘埃和饮食而散布。在腐败植物、污水和含有机质的土壤中均可发现。犬外伤和免疫力降低是致病的诱发因素，因此，糖尿病、白血病、淋巴瘤、营养不良、肝肾疾病、烧伤、尿毒症及长期应用免疫抑制剂、抗生素及皮质激素等患犬易感染本病。主要通过消化道、呼吸道、皮肤黏膜交接处及被损皮肤进入犬体。

三、症状及病理变化

本病常在慢性消化道疾病的基础上发生，侵害的主要器官是消化道的淋巴结和胃肠黏膜，常见症状有持续性呕吐，腹痛、腹泻或血便。患犬皮下出现小结节，皮下组织形成肉芽肿、脓肿或形成瘘管排脓。胃、肠黏膜可有浅表溃疡。脑、肝、肺、肾和妊娠子宫可发生溃疡，但以胃肠发病为多见。

四、诊断

根据临床症状，诱发因素、霉菌检查及病理组织切片血管壁内有菌丝即可确诊。由于这些条件致病菌需要大量葡萄糖和强酸性培养基才能生长，因此，一般葡萄糖蛋白胨琼脂培养阳性者为数仅约 10%。为提高培养阳性率，可在葡萄糖蛋白胨培养基内加面包片。

在组织切片上，本病须与念珠菌病相鉴别，二者在组织内都表现为菌丝型，菌丝粗，不分隔，分枝呈直角；有血栓引起的组织梗死和坏死。念珠菌极少或不侵害血管，引起炎症或肉芽肿改变，分隔又分枝，菌丝细，有时可见芽孢。

五、防制措施

预防本病首先应控制原发病，特别是糖尿病、白血病和淋巴瘤等，以及免疫抑制剂药物的合理应用。一旦确诊就应积极治疗。两性霉素 B0.5mg/kg 体重，用 5% 葡萄糖 $20\sim30ml$ 稀释后静脉注射。对皮肤病变可涂克霉唑软膏或用碘伏液洗浴。皮下肉芽肿或脓肿，需手术摘除。

第十一节　犬鼻孢子菌病

犬鼻孢子菌病（Rkinosporidiosis）是由西伯立鼻咯孢子菌侵害犬鼻、眼黏膜引起犬慢性息肉性鼻炎和眼炎的一种浅在性真菌病。本病分布于世界各地，我国也存在。

一、病原体

犬鼻孢子菌病的病原为西伯立鼻咯孢子菌，直径 $7\sim9\mu m$，其孢子丝内生孢子呈球状，由大型孢子囊扩大、成熟、破裂、释放出。孢子能直接感染动物器官组织，也能循环自身的生长发育周期。

二、流行病学

本病的自然发病、流行还不十分清楚。有些学者认为病的传播是通过尘埃、污水等媒介间接传播。通常认为本病的发生、流行是由于病菌经损伤黏膜侵害鼻和眼所致。本病四季均可发生，犬舍潮湿不洁，在本病的发生上也起很大作用。本病一般无年龄、性别的差异。在兽医临床上，该病主要侵害犬、牛、马、驴，人可自然感染。

三、症状及病理变化

临床上，病犬初期表现为鼻眼黏膜红肿或浮肿，发痒，流泪，流出黏性鼻液。继而出现黏膜增生，在眼部呈小颗粒状增生物，在鼻腔则形成大大小小的鼻息肉，呈乳头状瘤或菜花样，质软、淡红色，易出血。鼻息肉有蒂或无蒂，表面和切开后可见灰白色的孢子囊。

四、诊断

根据病的症状可以作出初步诊断，但要确诊或与恶性肿瘤的鉴别就要做实验室检查。通常采用取病灶病料涂片直接镜检，或者取病变组织做病理切片按常规染色进行镜检，可见到鼻孢子菌的孢子囊与内生孢子。

五、防制措施

在发现鼻息肉后立即进行手术切除，也可向病灶部注入两性霉素 B，或者静脉注射锑制剂进行治疗。

本病的预防，重点在于加强犬舍、场地和环境的清洁卫生管理，防止外伤特别是头部黏膜的损伤发生。

第十二节 犬埃里希氏体病

犬埃里希氏体病（Canine Ehrlichiosis）是由犬埃里希氏体（E. canis）引起的一种犬败血性传染病。特征为发热、出血、消瘦、多数脏器浆细胞浸润、血液中血细胞和血小板减少。1935 年 Donatien 等于阿尔及利亚首次发现本病，当时称为犬立克次氏体（R. canis）。1945 年德国 Moshkovski 又重新将其命名为犬埃里希氏体病。以后，非洲南部和北部、叙利亚、印度和美国均报道此病。1999 年我国军犬中出现该病并分离到病原。人也患此病，无证据证明犬能传染给人。

一、病原体

埃里希氏体归属于立克次体目、埃里希氏体属。呈圆形、椭圆形或杆状，球状直径 $0.2 \sim 0.5\mu m$，杆状为 $0.3 \sim 0.55\mu m \times 0.3 \sim 2.0\mu m$，革兰氏染色阴性。用 Romanovsky 染色埃里希氏体被染成蓝色或紫色，姬姆萨染色时菌体呈蓝色。

埃里希氏体为专性细胞内寄生菌，以单个或多个形式寄生于单核细胞内和嗜中性粒细胞的胞质内膜空泡内，也存在于宿主循环血液中的白细胞和血小板中。在宿主的吞噬细胞的胞质内空泡中以二分裂方式生长繁殖，多个菌体聚在一起形成光镜下可见的桑椹状包涵体。犬埃里希氏体和里氏埃里希氏体主要侵害单核细胞，马埃里希氏体多侵害中性粒细胞，扁平埃里希氏体仅侵害血小板。

本菌繁殖类似于衣原体，分为原体、始体和桑椹状包涵体三个阶段，原体通过吞噬作用进入宿主细胞内，开始以二分裂进行繁殖，形成始体，始体发育成熟为包涵体。在每个包涵体内含有数量不等的原体。当感染细胞破裂时，成熟的包涵体释放出原体，即完成一个繁殖周期。

本病对理化因素抵抗力较弱，$56℃10min$ 或在普通消毒液中短时间内就死亡。金霉素和四环素等广谱抗生素能抑制其繁殖。

二、流行病学

1. 传染源及传播途径

本病主要发生于热带和亚热带地区，犬埃里希氏体和扁平埃里希氏体主要靠血红扇头蜱（*Rhipicephalus sanguineus*）作为传播媒介进行传播。通常情况下，蜱因摄食感染犬的白细胞而感染，尤其是在犬感染的头 $2 \sim 3$ 周最易发生犬-蜱传播。埃里希氏体在感染蜱体内可持续 155d 以上，因此，越冬的蜱可在来年感染易感犬。这种蜱是本病年复一年传播的主要保存宿主。除家犬外，野犬、山犬、胡狼、狐等亦可感染该病。

急性期过后的病犬可带菌 29 个月，临床上用这些犬的血液给其他犬进行输血疗法时，可将埃里希氏体病传给易感犬。这也是一条重要的传播途径。在一种非洲豺中曾发现埃里希氏体可存活 112d。

马埃里希氏体和里氏埃里希氏体在犬中的自然媒介、宿主及传播方式目前不甚清楚。

2. 易感动物

家犬、野犬和啮齿类动物是本病的宿主。不同性别、年龄和品种的犬均可感染本病。

3. 流行特点

本病多为散发，也可呈流行性发生。有季节性，多在夏末秋初发生，夏季有蜱生活的季节较其他季节多发。

三、症状

犬埃里希氏体感染的潜伏期为 $1 \sim 2$ 周。根据犬的年龄、品种、免疫状况及病原不同有不同表现。疾病的发展一般经过 3 个阶段：急性期、亚临床期和慢性期。

1. 急性期

持续 $2 \sim 4$ 周，此阶段病菌繁殖并遍及全身。主要特征为高热、食欲下降、精神沉郁，口鼻流出黏液脓性分泌物、呼吸困难、体重减轻。结膜炎、淋巴结炎、肺炎、四肢及阴囊水肿。偶见呕吐、腹泻及呼出气体恶臭；严重感染病犬，还表现贫血和低血压性休克，有30%～50%病例可见鼻腔出血，部分病犬腹腔黏膜、生殖道黏膜和口腔黏膜亦可见出血。遇有黏膜苍白、虚弱、黑粪及眼前房积血时，就怀疑有内出血的可能性。与犬梨浆虫混合感染时，还可出现黄疸症状。另外，在急性期病犬体表往往能够找到蜱。实验室检验可见轻度贫血、血小板减少及白细胞计数变化不定。

2. 亚临床期

大部分病例，在急性期症状1～2周后逐渐消失而进入亚临床阶段，在此阶段犬体重和体温恢复正常，病犬临床症状不明显，但实验室检验仍然异常，如轻度血小板减少和高球蛋白血症。亚临床阶段可持续40～120d，然后进入慢性期。

3. 慢性期

该期可持续数月或数年。病犬又可出现急性症状，如消瘦、精神沉郁。特征为各类血细胞减少、贫血、出血和骨髓发育不良。鼻出血，粪便带血，外伤出血不止。疾病发展及严重程度与感染菌株、犬的品种、年龄、免疫状态及是否并发感染有关。幼犬致死率一般较成年犬高。

血液学检验，疾病早期可见病犬单核细胞增多，嗜酸性粒细胞几乎消失。随着病程的发展，贫血症状明显，红细胞压积为10%～20%，白细胞低于6.0×10^9个／L，血小板少于50×10^9个／L。血红蛋白和红细胞总数下降。

四、病理变化

剖检可见贫血变化，骨髓增生，肝脏、脾脏和淋巴结肿大，肺脏有淤血点；四肢水肿，有的见有黄疸；还可见肠道出血，溃疡，胸腔和腹腔积水，肺脏水肿。

组织学检查，可见骨髓组织受损，表现为严重的巨核细胞发育不良和缺失，正常窦状隙结构消失；白细胞、红细胞、血小板、血色素减少。多数器官尤其在脑膜、肾和淋巴组织的血管周围有很多浆细胞浸润。

五、诊断

在临床症状、剖检变化和流行病学作出初步诊断的基础上，结合血液学检验、病原分离和鉴定、血清学试验等可作出确诊。

1. 血液涂片检查病原

取病犬初期或高热期血液涂片，姬姆萨氏染色，镜检，在单核细胞和嗜中性粒细胞中可见犬埃里希氏体和膜样包裹的包涵体。

2. 病原分离鉴定

取发病犬急性期或发热血液，分离白细胞，接种于犬单核细胞，培养后用荧光抗体检查病原体。用PCR技术和核酸探针技术检测，敏感性和特异性更高。多聚酶链式反应（PCR）基因扩增技术是目前埃里希氏体病原学诊断最有效的方法之一。根据埃里希氏体16SrRNA基因的特异性碱基序列设计的引物扩增其特异性片段，可以大大提高检测的敏感性。

有的学者应用犬腹腔内巨噬细胞培养技术进行犬埃里希氏体病病原分离和诊断，已获得成功。

3. 血清学检查

病犬感染后 7d 产生抗体，2~3 周达到高峰。间接荧光抗体技术和 ELISA 法可用于检测抗体。

4. 鉴别诊断

要注意与犬布氏杆菌病、霉菌感染、淋巴肉瘤及免疫介导性疾病相区别，尤其血小板减少症也可出现免疫介导性血小板减少性紫斑，应予鉴别。

六、治疗

及时隔离病犬，及时治疗。常选用四环素类抗生素治疗，可按 22mg/kg 体重，口服，每日 3 次。应注意用药持续时间，如果治疗见效，至少应持续 3~4 周。对慢性病例，可能要持续 8 周。重度贫血的患犬，可使用维生素 B_{12} 0.1~0.2 mg 肌肉注射，人造补血浆 10~20ml 口服，有条件的可输血，并给予高营养食物。除了用抗生素治疗以外，应配合一定的支持疗法，尤其是慢性病例。

七、防制措施

病愈犬往往能抵抗犬埃里希氏体再次感染。有人认为间接荧光抗体的滴度与保护性有着直接关系。

由于目前还缺乏有效的疫苗可供应用，预防本病主要依靠兽医卫生监测工作，定期消灭其传播宿主血红扇头蜱，切断传染链。但由于血红扇头蜱宿主范围太广，故将其完全消灭尚有一定困难。在疫区，犬口服四环素 6.6mg/kg 体重，每天 1 次，在血红扇头蜱的生活周期内连续用药，即可预防感染。

此外，可定期用荧光抗体技术检测犬群，发现病犬，严格隔离，抓紧治疗。直到检验阴性才能混群饲养。每隔 6~9 个月做一次血清学检验，这样才能很好地控制本病。

另外，应该注意，临床治疗中作为供血用犬应是血清学反应阴性。

八、公共卫生

目前犬埃里希氏体病主要发生于美国，男性比女性更易感染，大多数人在出现症状前 4 周有过蜱叮咬史，主要临床特征有急性发热、头痛、厌食、肌痛、恶寒、恶心或呕吐、体重减轻。

复习题

1. 犬瘟热的鉴别诊断及临床治疗方法有哪些？
2. 犬细小病毒感染的综合治疗方法是什么？
3. 犬传染性肝炎的临床症状有哪些？
4. 如何防制犬冠状病毒感染？

第五章 猫的传染病

第一节 猫泛白细胞减少症

猫泛白细胞减少症又称猫瘟热（Feline distempe）或猫传染性肠炎（Feline infections-enteritis）或猫运动失调症，主要是幼龄猫的由泛白细胞减少症病毒（Feline Panleucapenia Virus，FPV）引起的一种高度接触性、致死性传染病。临床上以患猫突发高热、呕吐、腹泻、脱水及循环血流中白细胞减少为特征。本病广泛存在于世界各地，我国近年来已蔓延到多数地区，成为猫重要的传染病之一。

一、病原体

猫泛白细胞减少症病毒在分类上属细小病毒科，细小病毒属。电镜下观察病毒的直径约 $20\sim40nm$，病毒粒子呈二十面立体对称，核衣壳由 32 个壳粒组成，每个壳粒 $3\sim4nm$。核酸类型为单股 DNA。本病毒可在猫的肾细胞中培养复制，但要在细胞形成单层之前接种，能产生明显的 CPE，在感染的细胞核内有包涵体。

猫泛白细胞减少症病毒仅有 1 个血清型，且本病毒与水貂肠炎病毒（MEV）、犬细小病毒（CPV）具有抗原相关性。但与其他种类的细小病毒无相关性。血凝性较弱，仅能在 $4℃$ 和 $37℃$ 条件下凝集猴和猪的红细胞。

猫泛白细胞减少症病毒能在多种猫源细胞如猫肾、肺、睾丸、骨髓、淋巴结、脾、心、膈肌、肾上腺及肠组织细胞培养物中生长繁殖，而不能在鸡胚组织中生长繁殖。

因病毒粒子无囊膜、结构比较致密，故对外界环境的抵抗力极强，对乙醚、氯仿等有机溶剂、胰蛋白酶、0.5% 石炭酸及 pH3.0 的酸性环境具有一定抵抗力。加热 $50℃$、$1h$ 即可将其病毒灭活。含毒组织中的病毒在低温下或 50% 甘油缓冲液内能长期保持感染性，病毒能引起白细胞数明显减少，从而降低机体的抵抗力。有机物内的病毒，在室温下可存活 1 年。对常用消毒剂敏感，如 2% 烧碱、10% 生石灰、5% 来苏儿等消毒剂均可在 $5\sim10min$ 使病毒失活。

二、流行病学

1. 传染源及传播途径

猫和康复的猫是本病的主要传染来源。本病在自然条件下可通过直接接触及间接接触而传播。病毒通过粪便、唾液、尿液、呕吐物等排出，污染食物、用具及周围环境，使易感猫接触而感染，其病毒主要由消化系统和呼吸道侵入。康复猫和水貂可在几周内甚至1年以上在粪尿中还带有病毒。除水平传播外，妊娠母猫还可通过胎盘垂直传播给胎儿。在猫发病的急性期间，跳蚤和吸血昆虫也可成为传播媒介。

2. 易感动物

本病常见于猫和其他猫科动物（虎、野猫、猞猁、猎豹和豹）及鼬科（貂、雪貂）和浣熊科（长吻浣熊、浣熊）动物。各种年龄的猫均可感染发病，但主要发生于1岁以内的小猫，尤其是2～5月龄的幼猫最为易感。母源抗体通过初乳可使初生小猫受到保护。在多数情况下，1岁以下的幼猫感染率可达80%，死亡率为50%～60%，最高达90%。成年猫也可感染，但临床症状不明显。

3. 流行特点

本病一年四季均可发生，但以冬末至春季多发，尤其以3月份发病率最高。因长途运输、饲养条件急剧改变以及来源不同的猫混杂饲养等不良因素影响，可能导致本病急性暴发性流行。

三、症状

本病潜伏期2～9d，临床症状与年龄及病毒毒力有关。几个月的幼猫多呈急性发病，不显临床症状而立即倒毙，往往误认为中毒，24h内死亡。6个月以上的猫大多呈亚急性型，病程7d左右，第1次发热体温升高至40℃以上，持续24h左右后常下降至正常体温，食欲减退以至废绝，但经2～3d后又可上升，呈明显的双相热。病猫倦怠，顽固性剧烈性呕吐是该病的主要特征，每天呕吐数十次。多数猫在24～48h内发生腹泻，后期粪便恶臭带血，呈咖啡色，严重脱水，体重迅速下降，此时病猫精神高度沉郁，对主人的呼唤和周围环境漠不关心，通常在体温第二次升高达高峰后不久就死亡，年龄较大的猫感染后，症状轻微，体温轻度上升，食欲不振，病猫眼球震颤，白细胞总数明显减少。当体温升到高峰时，白细胞可减少到降至 8×10^6 个/L以下（正常时血液白细胞 15×10^6 个/L～20×10^6 个/L），且以淋巴细胞和中性粒细胞减少为主，严重者血液涂片中很难找到白细胞，故称猫泛白细胞减少症。一般认为，血液白细胞减少程度标志着疾病的严重程度。血液白细胞数目降至 5×10^6 个/L以下时表示重症，2×10^6 个/L以下时往往预后不良。

妊娠母猫感染，可发生流产和产死胎。由于猫泛白细胞减少症病毒对处于分裂旺盛期细胞具有亲和性，可严重侵害胎猫脑组织，因此，所生胎儿可能小脑发育不全，呈小脑性共济失调征，旋转等症状。

四、病理变化

剖检可见病猫消瘦、脱水（除最急性外），小肠有出血性炎症、黏膜肿胀。广泛出血，尤其是十二指肠和空肠最严重。胃肠道空虚，整个胃肠道的黏膜面均有程度不同的充血、出血、水肿及被纤维素性渗出物覆盖，肠壁严重的充血、出血及水肿，肠壁增厚似乳胶管样，肠腔内有灰红或黄绿色的纤维素性坏死性假膜或纤维素条索。肠系膜淋巴结肿胀出血，切面湿润，呈红、白相间的大理石样花纹，或呈一致的鲜红或暗红色。肝肿大呈红褐色。胆囊内充满黏稠胆汁。脾脏出血，肺充血、出血和水肿。长骨红骨髓变成脂状，呈胶冻样，完全失去正常硬度。

组织学检查发现肠绒毛上皮细胞变性，其内可见有核内包涵体。肝细胞、肾小管上皮细胞变性，其内也见有核内包涵体。

五、诊断

根据流行病学、临诊症状、骨髓多脂状、胶冻样及小肠黏膜上皮内的病毒包涵体等病理变化及血液学检查发现白细胞大量减少，可以作出初步诊断。确诊则应进行实验室检查。

1. 病毒的分离与鉴定

急性病例生前宜采取患病猫的血液、睾丸或其排泄物；死后则采其脾、小肠和胸腺等病料，处理后接种于断奶仔猫或猫肾、肺原代细胞培养或 F 细胞系细胞。以观察接种动物发病、检查眼观和组织学病变或接种细胞的 CPE 和核内包涵体，以及用其细胞培养与猪红细胞凝集试验结果作出肯定或否定的判断。

病毒的鉴定可采用免疫荧光试验对患病宠物组织脏器的冰冻切片或接毒的细胞培养物进行检查，也可用已知标准毒株的免疫血清进行病毒中和试验。如有可能，还可应用免疫电镜技术对病猫粪便进行免疫电镜检查，以检出病毒抗原而进行确诊。

2. 血清学诊断

血清中和试验及血凝抑制试验是最常用的方法。采取猫粪便、感染细胞等都可用猪红细胞作血凝试验，以检测病毒抗原。血凝条件为：稀释剂是加有 0.5% 灭活兔血清的 pH 6～6.4磷酸盐缓冲液，0.7%～0.8% 猪红细胞悬液，感作温度为 4℃。血凝试验具有很高的特异性、敏感性，准确率达95%。采取猫血清作血凝抑制试验检测抗体，抗体效价超过 2^4 者为阳性。

此外也可用中和试验、免疫荧光和对流免疫电泳（出现明显的沉淀线，简便易行）进行诊断。

六、治疗

本病目前尚无有效的治疗方法，可用抗生素或磺胺类药物结合对症疗法进行综合治疗，对防止细菌继发感染，降低死亡率有一定效果。近些年，应用高效价的猫瘟热高免血清进行特异性治疗，同时配合对症治疗，取得了较好的治疗效果。

1. 血清疗法

有条件采用猫瘟热抗病血清肌注，使用越早越好，使用剂量为按 1～2ml/kg 体重，每天或隔天一次，连续注射 2～3 次。同时肌注聚肌胞 1～2mg/次，隔日 1 次，连用 3 次以上。若无猫瘟热血清，也可采用人医用转移因子 1～3 单位/次，每天 1 次，连用 3d 以上。

2. 抗病毒、抗感染

病毒唑 50～100mg，氨苄青霉素 30mg/kg 体重，地塞米松 2～5mg，肌注，每天 1～2 次，连用 4d 以上。

3. 对症治疗

呕吐严重肌注爱茂尔 1～2ml，654－2 0.5mg/kg 体重，每天 1～2 次。腹泻严重肌注

"372" 止泻灵 0.2ml/kg 体重，食欲废绝肌注维生素 B₁ 1～2ml，复合维生素 B 1～2ml。脱水严重的患猫静注复方生理盐水 50～80ml/kg 体重，氢化可的松 10～15mg，ATP10～20mg，CoA25～50 单位。有酸中毒症状另外静注适量 5% 碳酸氢钠。

七、防制措施

预防本病的主要措施是及时给猫进行预防接种，由于 FPV 仅有 1 个血清型，故所用疫苗均具有长期有效的免疫力。有三种疫苗可供选择：甲醛灭活的同种组织苗；灭活的细胞苗；弱毒苗。应用最多的是后两种。弱毒疫苗免疫程序是对出生40～60日龄的幼猫进行首次免疫接种，4～5 月龄时进行第 2 次免疫；灭活疫苗的免疫程序是6～8 周龄断奶幼猫进行第一次免疫，9～12 周龄第二次免疫，以后每年进行 2 次免疫。

对于未吃初乳的幼猫，28 日龄以下不宜应用活苗接种，可先接种高免血清（2ml/kg体重），间隔一定时间后再按上述免疫程序进行预防接种。由于 FPV 可通过胎盘垂直传播，弱毒活疫苗可能会对胎儿造成危害，故建议妊娠猫使用灭活疫苗。国外进口的猫采用三联疫苗，预防猫泛白细胞减少症、猫病毒性鼻气管炎、猫杯状病毒病，幼猫 9 周龄注射 1 次，间隔 3～4 周再注射 1 次，以后每年注射 1 次。免疫的猫可不受病毒的侵害。

除进行免疫接种预防本病外，平时要加强饲养管理，注意环境卫生，增强猫的体质和抵抗能力。不到疫区引进新猫，对于新引进的猫，必须经免疫接种并观察 60d 后，方可混群饲养。

未免疫的猫群一旦发病，立即隔离病猫。早期病猫可用抗血清以及对症、支持疗法和使用抗生素防止并发症等综合性措施进行抢救。在中后期病猫要扑杀，并对病死猫深埋。污染的料、水、用具和环境用 1% 福尔马林彻底消毒。

第二节 猫传染性鼻气管炎

猫传染性鼻气管炎又叫猫病毒性鼻气管炎（Feline Viral Rhinotracheitis），是由猫疱疹病毒 1 型（Feline herpesvirus，FHV-1）引起的猫的一种急性、高度接触性上呼吸道疾病，以发热、频频打喷嚏，精神沉郁和由鼻、眼流出分泌物为特征。病毒主要侵害仔猫，发病率可达 100%，死亡率约 50%。在我国的猫场、家猫及实验猫均有本病存在。

一、病原体

猫传染性鼻气管炎病毒（FHV-1），在分类上属于疱疹病毒科，甲型疱疹病毒亚科，具有疱疹病毒的一般特征。位于细胞核内的病毒粒子直径约 148nm，胞浆内 126～167nm，细胞外约 164nm。病毒粒子中心致密，具有囊膜。该病毒的核酸类型为双股 DNA。立体对称的核衣壳上分布有 162 个壳粒。

FHV-1 在感染猫的鼻、咽、喉、气管、黏膜、舌的上皮细胞内定位增殖，从而引起急性的上呼吸道炎症，有的甚至可扩展到全身。FHV-1 可在猫肾源细胞、肺及睾丸细胞和兔肾细胞内增殖。细胞接种病毒后，24～28h 内出现细胞内病变，表现为单层细胞呈灶状圆缩、变暗，甚至全部脱落，有时出现多核巨细胞或合胞体细胞。1～3d 后病毒滴度可达 $10^4 \sim 10^5 \text{TCID}_{50}/0.1\text{ml}$。病毒在细胞核内增殖，感染细胞经包涵体染色后，可见到大量嗜酸性核内包涵体，在显微镜下呈葡萄串状。本病毒不感染鸡胚和鸡胚成纤维细胞。

本病毒只有一个血清型。FHV-1 可吸附和凝集猫红细胞，可用红细胞凝集试验及红细胞凝集抑制试验检测病毒抗原和抗体，为临床诊断提供依据。FHV-1 具有高度的种属特异性，目前仅从家猫分离到了该病毒，但有时也能引起猫科其他动物发生感染，对猫科动物以外的其他异种动物及鸡胚不致病。

FHV-1 虽具有囊膜，但对外界环境抵抗力较弱，对酸、热、乙醚和氯仿较敏感。加热至 50℃时 4～5min 即可灭活。在 –60℃ 条件下可存活 180d，甲醛和酚易将其杀灭。在干燥条件下，12h 以内病毒即可灭活。

二、流行病学

1. 传染源及传播途径

病猫和带毒的猫是主要的传染来源。猫传染性鼻气管炎病毒主要通过接触传染，病毒经鼻、眼、咽的分泌物排出，易感猫通过鼻与鼻的直接接触及吸入含病毒的飞沫经呼吸道感染。据报道，在静止的空气中，即使距离 1m 远也能传播感染。自然康复或人工接种的耐过猫，能长期带毒和排毒，成为危险的传染源。发病初期的猫通过分泌物可大量排出病毒并能持续 14d。首次感染的猫带毒时间稍长。带毒猫的排毒呈间歇性，遇有应激反应如分娩、发情、运输等均可排毒，孕猫感染后可能发生垂直感染并致死胎儿。

2. 易感动物

本病主要是感染猫，尤其是侵害仔猫，发病率可达 100%。

三、症状

本病潜伏期为 2～6d，仔猫较成年猫易感且症状严重。病初患猫体温升高，可达 40℃ 以上。精神沉郁，食欲减退，体重下降，中性粒细胞减少。上呼吸道感染症状明显，表现为突然发作，阵发性喷嚏和咳嗽，羞明流泪，鼻腔分泌物增多，鼻液和泪液初期透明，后变为黏脓性。结膜炎，充血，水肿，角膜上血管呈树枝状充血。仔猫患病后可发生死亡，若继发细菌感染时，则死亡率会更高。

急性病例症状通常持续 10～15d，成年猫感染后一般舌、硬腭、软腭发生溃疡，眼、鼻有典型的炎性反应，个别表现角膜炎甚至角膜溃疡，严重的造成失明。但成年猫死亡率较低，仔猫可达 20%～30%。带毒母猫所产新生仔猫出现体衰、嗜睡、腹式呼吸或无症状死亡。耐过病猫 7 d 后症状逐渐缓和并痊愈。部分病猫则转为慢性，表现持续咳嗽、呼吸困难和鼻窦炎等症状。个别的病例有肺炎，肺、肝坏死及阴道炎的症状。

四、病理变化

主要病变在上呼吸道。轻型病例，鼻腔、鼻甲骨、喉头和气管黏膜呈弥漫性充血。较严重病猫，鼻腔、鼻甲骨黏膜坏死，扁桃体肿大，眼结膜、会厌软骨、喉头、气管、支气管以及细支气管的部分黏膜上皮也发生局灶性坏死，坏死区上皮细胞中可见大量的嗜酸性核内包涵体，若继发细菌感染可见肺炎病变。对于全身性感染的仔猫，血管周围局部坏死区域的细胞也可见嗜酸性核内包涵体。慢性病例可见鼻窦炎。表现下呼吸道症状的病猫，可见间质性肺炎及支气管和细支气管周围组织坏死，有时可见气管炎及细支气管炎的病变，还有的猫鼻甲骨吸收，骨质溶解。

五、诊断

从临床症状看，FHV-1 所致疾病，与 FCV 感染、FPV 感染和猫肺炎（衣原体感染）很难区分，只有靠特异性的血清学反应或病原分离才能作出准确诊断。最可靠的诊断是分离病毒。

1. 包涵体检查

取病猫上呼吸道黏膜上皮细胞，进行包涵体染色，可见典型的嗜酸性核内包涵体，具有一定的诊断价值。

2. 病毒分离鉴定

最可靠的诊断是分离病毒。在急性发热期，用棉拭子从病猫眼结膜和上呼吸道黏膜取样，除菌处理后接种于猫肺或睾丸或胎肾原代细胞上培养，37℃吸附 2h，更换新维持液，逐日观察有无细胞病变，盲传 3 代，再用标准抗血清做中和试验鉴定病毒。

3. 血清学试验

荧光抗体检查时取病猫结膜和上呼吸道黏膜做成涂片或切片标本，特异荧光抗体染色镜检。该法准确快速。

中和试验（病毒感染 21d 后中和抗体可达 64 倍）及血凝抑制试验也具有诊断意义。在诊断时，要与猫的流感、猫杯状病毒感染、猫泛白细胞减少症和猫衣原体相鉴别。

六、治疗

目前本病尚无特效药治疗。采用对症治疗和防止继发感染，对本病的恢复有良好作用。

对于病猫，应用广谱抗生素可有效地防止细菌继发感染，防止后遗症的发生。同时大量应用维生素 B 和维生素 C、补液等可提高机体的抵抗力。对症疗法极为重要，据报道，用 5 - 碘脱氢尿嘧啶核苷可治疗猫传染性鼻气管炎病毒感染引起的溃疡性角膜炎。鼻炎症状严重的病猫，用麻黄素 1ml、氢化可的松 2ml、青霉素 80 万 IU 混合滴鼻，每天滴 4～6 次。口腔损害和病程长的病猫，可口服或肌肉注射维生素 A。出现结膜炎的病例时，可每天多次用 10% 磺醋酰胺钠、0.5% 新霉素眼膏涂擦，但不宜使用含皮质类固醇的眼膏。

患病猫应早期隔离，加强护理，给予易消化且富含营养的食物，隔离舍保持恒温，最好在 21℃ 左右。如有脱水，可口服或皮下注射等渗葡萄糖盐水，每日 50～100ml，每日 2 次，直到开始正常进食。为增进食欲，可给予少量香味食物，如鱼、肝、瘦肉等，有利于患猫康复。

七、防制措施

有些研究者认为，猫传染性鼻气管炎病毒免疫性不强，持续时间较短。现在也有人认为，尽管某些病猫发病 21d 后仍缺乏中和抗体，但康复后患猫 150d 仍具有部分免疫力，此时接种病毒，仅表现轻微临床症状。

目前美国已有猫传染性鼻气管炎病毒弱毒苗可供应用。猫60～84日龄时首免,肌肉注射,以后每隔半年免疫1次。该疫苗可单独应用或与猫杯状病毒感染弱毒苗联合应用,均有良好的预防效果。有时,也与猫泛白细胞减少症及猫肺炎(衣原体感染)疫苗联合应用。

带毒猫不能留作种用,因为分娩常是促进带毒母猫排出病毒的应激因素之一,从而造成新生仔猫的感染。但应注意,并非所有表现慢性呼吸道症状的猫都是疱疹病毒带毒者。

平时加强饲养管理是预防本病的根本措施。应尽量减少应激因素,将猫饲养于通风良好的环境中。减少每个猫群的数量和饲养密度,加强饲养人员的个人卫生都对本病预防有一定好处。对新引进种猫或仔猫应严格检疫,隔离观察14d,确无本病后方能混群饲养。

发病后及时隔离治疗,尸体深埋处理。对污染的环境及用具进行彻底消毒。

第三节　猫呼吸道病毒病

猫呼吸道病毒病是病毒或支原体引起的猫的一类呼吸道传染病,包括猫的病毒性鼻腔气管炎和猫科动物肺炎等。各年龄猫都能感染发病,幼龄猫的感染性比成年猫高。

一、病原体

猫呼吸道病毒病类似于人和其他动物的上呼吸道疾病,但是称它为"猫流感"并不合适。因为猫的这类上呼吸道疾病,它的病原至少有猫科动物病毒性鼻腔气管炎疱疹病毒、猫科动物肺炎支原体等多种。还有人证明犬的副流感病毒也能感染猫。

二、流行病学

1. 传染源及传播途径

病猫及带毒猫可成为本病的传染源。长期带菌猫可在感染初期后通过口咽部散布病毒达数周至数年,对易感幼猫及成年猫构成很大威胁。本病一般是病毒首先侵害呼吸道,然后细菌继发侵入而引起。猫呼吸道综合征及寒冷、过劳是本病的诱因。可通过接触传染,病毒经过鼻、口腔等分泌物排出,易感猫接触或吸入含有病毒的飞沫经呼吸道传播。

2. 易感动物

猫科动物均可感染本病。各种不同年龄的猫都能发病,幼猫更易感染本病。

三、症状

猫呼吸道病毒病类似于人的流行性感冒,病初猫出现间断性的频繁的打喷嚏,随后出现连续数小时的流大量的眼泪和鼻涕。发病初期,分泌物性状有阶段性的变化,由浆性变成黏性,最后变成脓性。病猫精神沉郁,食欲减退,体温升高。在病的最后阶段,出现脱水,如果不补液纠正,有可能引起死亡。由于鼻黏膜血管扩张,黏膜肿胀以及有多量分泌物,妨碍了产生食欲的正常嗅觉刺激,缺乏饮食欲,水分的摄入量不足,并且有多量的鼻眼分泌物,也增加了机体水分的丢失,这些都能引起脱水。猫的上呼吸道疾病也常出现口腔溃疡的症状,口腔黏膜、舌与齿龈黏膜出现玫瑰红色烂斑,口腔分泌液增加。临床症状常因猫的年龄、营养状况、环境、感染途径和病原体数量不同而异。

四、诊断

除临床症状以外，主要依靠病原学诊断。因为引起猫发生呼吸道疾病的病原体种类太多，症状也很相似，一般从临床出现的症状很难区分，或者只能初步诊断。对于本病，血清学诊断价值不大。

五、治疗

本病在治疗方面，要针对不同的病原体选择药物，常采用抗菌消炎的药物，目的是预防继发感染，例如可用庆大霉素每日1万～1.5万IU/kg体重，分3～4次内服，或用复方新诺明每日2次，每次1/4片内服等均可。当病猫进食量太少或有脱水症状时，应及时补液，进行支持疗法。

六、防制措施

弱毒疫苗预防接种，是预防本病的主要措施。应对9～12周龄幼猫免疫接种。目前已有注射用和局部免疫的疫苗。临床上主要使用注射疫苗，但局部免疫可以更快激活免疫系统，并且不会扰乱口鼻黏膜上的母源抗体。但局部免疫的疫苗只有规定允许使用口鼻接种时，才能在该部位接种。部分幼猫接种后会出现一些不良反应，一般3～5d可自然缓解，反应严重的，需要维持性治疗。对于超过1岁的猫，建议3年加强免疫1次。

平时要加强饲养管理，搞好卫生消毒工作，增强猫的抗病能力。对引进的猫必须进行隔离饲养，经检查证明健康后才可混在一起喂养。认真执行各种疫病的检疫工作，及时发现各种疫病。要严密注意周围地区的疫病情况，防止传入等。

第四节　猫杯状病毒感染

猫杯状病毒（Feline calicivirus，FCV）感染又称猫传染性鼻-结膜炎或猫小RNA病毒感染，是由猫杯状病毒引起的猫的上呼吸道病的一种发病率高、死亡率较低的疾病。临床上主要表现为上呼吸道症状、双相发热、结膜炎、浆液性和黏液性鼻漏、舌炎和轻度的支气管炎以及精神高度沉郁等症状。有的病猫听诊时有呼吸啰音。

一、病原体

本病病原是猫杯状病毒，在分类上属杯状病毒科，杯状病毒属。病毒粒子呈二十面立体对称，无囊膜，直径35～40nm，衣壳由32个中央凹陷的杯状壳粒组成，衣壳在化学成分上只含有1种肽，分子量为73～76kD，由180个这种多肽组装成衣壳。病毒的基因组为线状，单股正链RNA，不分节段。病毒在胞浆内增殖，有时呈结晶状或串珠状排列。

猫杯状病毒的抗原很容易变异，即使同一猫群分离的2个毒株也不一定完全相同，但在中和试验中，所有猫杯状病毒分离株之间的抗原性广泛交叉。所以，一般认为猫杯状病毒只有1个血清型，各种不同毒株都是该单一血清型的变异株。不同毒株用琼扩试验即可区别。猫杯状病毒无血凝性，不能凝集各种动物的红细胞。

猫杯状病毒可在猫的肾、口腔、鼻腔、呼吸道上皮细胞和胎儿肺等原代细胞上生长，也可以在二倍体猫舌细胞以及胸腺细胞系上生长，通常在 48h 内细胞出现明显的病变。猫杯状病毒还能够在来源于海豚、犬和猴的细胞上生长。病毒存在于细胞浆中，呈分散或格状排列，不形成包涵体。目前尚不能使鸡胚或其他实验动物感染。

猫杯状病毒对脂溶剂（如乙醚、氯仿和脱氧胆酸盐）具有一定的抵抗力；病毒对酸性环境（pH≤3）敏感，对 pH 的敏感性介于肠道病毒和鼻病毒之间，pH3 时失去活力，pH4～5 时稳定；加热 50℃30min 便可使病毒灭活，常用消毒药如 2% NaOH、5% 来苏儿等，均可在短时间内将其杀死。

二、流行病学

1. 传染源及传播途径

病猫和带毒猫是本病主要的传染源。病猫在急性期可随唾液、眼泪、尿液、鼻腔分泌物和排泄物排出大量病毒，病毒散播在外界环境中，污染笼具、垫料、猫床、地面和周围环境等，也可通过直接接触传给易感猫。病毒可在扁桃体中持续存在。带毒猫一般是由急性病例转变而来，虽然没有明显的临床症状，但可以长期排出病毒，仍然是最重要和最危险的传染源。康复猫或成为持续感染的带毒猫，可在数月内不断排出病毒，特别是遇到应激或与其他疾病混合感染时，可在数月甚至数年后再排毒。常见在幼龄时受到感染的母猫同样又感染其仔猫的病例。

2. 易感动物

猫的这种病毒性上呼吸道病，在自然条件下，除猫感染外，猫科动物如野猫、虎、豹等也易感，7～84 日龄的猫均可感染发病，但常发于 56～84 日龄的猫。

3. 流行特点

宠物商店、宠物医院、后备种群、养猫较集中、气候越冷或骤变条件下越易发病。具有发病率高、死亡率低的特点。

三、症状

猫杯状病毒各毒株的毒力不同，其致病性有很大差异。本病一般感染的潜伏期为 2～3d，自然病程 7～10d，不继发感染时常自行耐过。发病初期，体温升高达 39.5～40.5℃。病猫精神沉郁，食欲不佳，打喷嚏，口腔和鼻眼分泌物增多，随后出现口腔溃疡，口腔溃疡是常见和具有特征性的症状，且有时是惟一的症状。口腔溃疡常见于舌和硬腭部，尤其是腭中裂周围。有时鼻腔黏膜上也会出现大小不等的溃疡面。舌部水疱破溃后形成溃疡，有时鼻黏膜也可出现溃疡病变。有时还会出现流涎和角膜炎。鼻眼分泌物初呈浆液性、灰色，后呈黏液性，4～5d 后眼鼻分泌物呈黏脓性。有时可见病猫下痢和白细胞减少的症状。严重病例，可发生支气管炎，甚至出现肺炎，而表现呼吸困难等症状。小于 84 日龄的猫常可因此致死，致死率高达 30% 以上。当发生混合感染时，则呼吸道炎症更为严重，病死率提高。某些毒株仅能引起发热和肌肉疼痛而不见有呼吸道症状。

四、病理变化

临床上表现为上呼吸道症状的猫，可见结膜炎、角膜炎、鼻炎、舌炎及气管炎。舌、腭部初为水疱，后期水疱破溃形成溃疡。

病理组织学观察可见溃疡的边缘及基底有大量中性白细胞浸润。表现下呼吸道症状的病猫肺部可见纤维素性肺炎及间质性肺炎，后者可见肺泡内蛋白性渗出物及肺泡巨噬细胞聚积，肺泡及其间隔可见单核细胞浸润。支气管及细支气管内常有大量蛋白性渗出物、单核细胞及脱落的上皮细胞。若继发细菌感染时，则可呈现典型的化脓性支气管肺炎的变化。表现全身症状的仔猫，其大脑和小脑的石蜡切片可见中等程度的局灶性神经胶质细胞增生及血管周围套出现。

五、诊断

猫呼吸道症状是由多种病原引起，且症状非常相似，因此，确诊本病较为困难。一般根据特征性的口腔溃疡可考虑发生本病的可能性，需要确诊，可刮取眼结膜组织进行荧光抗体染色，以检测抗原的存在，也可应用荧光抗体染色法检查扁桃体活组织。

在本病的急性期，可刮取眼结膜分泌物、鼻腔分泌物和咽部及溃疡组织，用猫源细胞培养，进行病毒分离。病毒的鉴定可用补体结合试验、免疫扩散试验及免疫荧光试验进行。

六、治疗

本病无特异性疗法。采取对症治疗，发生结膜炎的病猫，可用消炎眼药滴眼；口腔溃疡严重时，可用冰硼散涂患部，也可用棉签涂擦碘甘油或结晶紫；鼻炎症状明显时，可用麻黄素、氢化可的松和庆大霉素混合滴鼻；有结膜炎时，可用硼酸洗眼，再用青霉素、病毒唑和普鲁卡因混合后点眼；疾病急性期可应用广谱抗生素防止继发感染。

七、防制措施

该病康复猫带毒可达 7 周左右，故对其应严格隔离，防止病毒扩散。国外广泛应用灭活疫苗和弱毒疫苗进行免疫接种。弱毒疫苗都来源于 F9 株，该毒株是自然弱毒，仅引起温和的呼吸道症状。F9 株经进一步致弱和筛选，选育出注射和滴鼻两种弱毒疫苗，也可与 FHV-1 或 FPV 制成二联苗或三联苗。幼猫 21 日龄以后即可接种疫苗，每年重复免疫 1 次。猫杯状病毒疫苗只能保护动物不发病而不能抵抗感染，免疫后的猫可能成为带毒者，有时也可造成暴发，因此有人建议只用灭活苗。由于猫杯状病毒具有抗原漂移现象，应尽快研制新流行株疫苗。平时应搞好猫舍清洁卫生，对新引进猫应隔离观察，至少 2 周内无呼吸道疾病，方可混合饲养。

第五节　猫白血病

猫白血病是由猫白血病病毒（Feline leukemia virus，FLV）引起的一种恶性淋巴瘤病。其主要特征是骨髓造血器官破坏性贫血，免疫系统极度抑制和全身淋巴系统恶性肿瘤。

本病毒是一种外源性 C 型反转录病毒，感染猫产生两类疾病，一类是白血病，表现为淋巴瘤、成红细胞性或成髓细胞性白血病。另一类主要是免疫缺陷疾病，这类疾病与前一类的细胞异常增殖相反，主要是以细胞损害和细胞发育障碍为主，表现为胸腺萎缩，淋巴细胞减少，中性粒细胞减少，骨髓红细胞系发育障碍而引起的贫血。后一类疾病免疫反应低下，易继发感染，近年来已将其与猫免疫缺陷病毒（FIV）引起的疾病均称为猫获得性免疫缺陷综合征，即猫艾滋病（FAIDS）。

1964 年 Jarrett 等在美国首次发现本病，并从猫体内分离出病毒。目前，该病毒在世界许多国家的猫中发生感染，发病率和死亡率都很高，是猫的一种重要的传染病，引起各国的高度重视。

一、病原体

猫白血病病毒在分类上属反转录病毒科，肿瘤病毒亚科，C 型肿瘤病毒属，哺乳动物 C 型肿瘤病毒亚属。在电子显微镜下观察病毒粒子切面呈圆形或椭圆形，直径 90～110nm，由单股 RNA 及核心蛋白构成的类核体位于病毒粒子中央，内含有反转录酶，类核体被衣壳包围，最外层为囊膜，其上有许多由糖蛋白构成的纤突。当病毒进入机体复制时，囊膜表面的抗原成分可刺激机体产生中和抗体。猫白血病病毒为完全病毒，遗传信息在 RNA 上，可不依赖于其他病毒完成自身的复制过程。

与猫白血病病毒及所感染细胞有关的抗原有 3 类，即囊膜抗原、病毒粒子内部抗原和肿瘤病毒相关细胞膜抗原（FOCMA），根据囊膜抗原的不同，猫白血病病毒分为 A、B、C 三个亚群或血清型。猫白血病病毒 A 和猫白血病病毒 B 易从猫体分离到，猫白血病病毒 C 则不常见。在自然界，3 个亚群常以混合状态存在，常见猫白血病病毒 A 和猫白血病病毒 B 混合存在。猫白血病病毒 A 致病作用很弱，但能建立持久的病毒血症，猫白血病病毒 B 不易建立病毒血症，但致病作用最强，可能是诱导恶性病变和 FAIDS 的直接病原，而常同时与之混合存在的猫白血病病毒 A 则可能起辅助作用。猫白血病病毒 C 不多见，约占 1%。猫白血病病毒 C 主要引起骨髓红细胞系发育不全而导致贫血。

猫白血病病毒可在猫、人、犬、猪和牛源细胞上增殖，而在大鼠、小鼠及鸡源细胞上不能增殖。其宿主范围与亚群有关，猫白血病病毒 A 仅能在猫源细胞上增殖，猫白血病病毒 B 的宿主范围最广，在人源细胞上比在猫源细胞上更易增殖。猫白血病病毒的宿主范围决定于猫白血病病毒的囊膜抗原及细胞表面的受体。

猫白血病病毒对乙醚和脱氧胆酸盐敏感，在 56℃30min 即可使之灭活。常用消毒剂及酸性环境（pH5 以下）也能使之灭活。在 37℃半衰期为 150～360s。对紫外线有一定的抵抗力。在 22℃潮湿的室温下，病毒能存活数天。但在病猫的粪便中尚未检出病毒。

二、流行病学

1. 传染源及传播途径

猫白血病病毒在猫群中以水平传播方式为主，病毒通过消化道和呼吸道传播，通常认为，在自然条件下，消化道传播比呼吸道传播更易进行。在潜伏期感染的猫可通过唾液和尿液排出高滴度的病毒，每毫升唾液可含 10^4～10^6 个病毒粒子。健康猫与病猫直接接触后，病毒在猫气管、鼻腔、口腔上皮细胞和唾液腺上皮细胞内复制。除水平传播外，也可垂直传播，有病的母猫经乳和子宫将病毒传染给胎儿和幼猫。病猫和带毒猫是本病的传染源，此类病毒存在于上呼吸道分泌物和唾液中，经污染环境和物品造成传染。此外，猫血液中含有病毒，所以吸血昆虫如猫蚤也可作为传播媒介。污染的食物、饮水、用具等也可能传播本病。

2. 易感动物

猫白血病病毒主要引起猫的感染，不同性别和品种的猫均易感染，90%以上的感染猫终身带毒，4月龄以内的幼猫易感，随着年龄的增长其易感性降低。据报道，约33%死于肿瘤的猫是由于该病毒所致。该病毒除感染猫外，没有其贮存宿主。所以猫白血病病毒不传染给人，不会对人类健康构成威胁。

3. 流行特点

本病无季节性，四季均发，多呈散发。单养猫的感染率大约3%，而流浪猫则高达11%，群养猫及自由游走的家猫中感染率可高达70%，城市猫比农村猫感染率明显高。83%的感染猫会在3～5年内死亡。

三、症状

潜伏期约2个月，本病属慢性消耗性疾患。通常表现为精神沉郁，食欲减退，体重下降，黏膜苍白等临床症状，其他临床症状随肿瘤存在部位不同而表现多种病型。

1. 消化器官型

本病型最为多发，约占全部病例的30%。主要以消化道淋巴组织或肠系膜淋巴结出现B细胞性淋巴瘤为特征，腹部触诊时，可触摸到肠段、肠系膜淋巴结以及肝、肾等处的肿瘤块。临床上表现食欲减退，体重减轻，黏膜苍白，贫血，有时有呕吐或腹泻等症状。

2. 弥散型

本型病例约占全部病例的20%，其主要症状是全身多处淋巴结肿大，身体浅表的病变淋巴结常可用手触摸到（颌下、肩前、腋下及腹股沟等）。病猫临床表现消瘦、精神沉郁等。

3. 胸型

该型常发生于青年猫。瘤细胞常具有T细胞的特征，严重者整个胸腺组织被肿瘤组织代替。有的波及纵隔前部和隔淋巴结，由于肿瘤形成，压迫胸腔形成胸水，进而压迫心脏及肺，常可引起严重呼吸和吞咽困难，心力也随之衰竭。

4. 白血病型

这种类型常具有典型症状，表现为初期骨髓细胞的异常增生。由于白细胞引起脾脏红髓扩张会导致恶性病变细胞的扩散及脾脏肿大，肝肿大，淋巴结轻度至中度肿胀。临床上出现间歇热，食欲下降，机体消瘦，黏膜苍白，黏膜和皮肤上出现出血点，血液学检验可见白细胞总数增多。

四、病理变化

由于本病症状多种多样，病理变化也较复杂。猫白血病以淋巴结发生肿瘤为主，常可在病理切片中看到正常淋巴组织被大量含有核仁的淋巴细胞代替。病变波及骨髓、外周血液时，也可见到大量成淋巴细胞浸润。胸腺淋巴瘤时，由于胸腔渗出，剖检可见胸腔有大量积液，涂片检查，可见到大量未成熟淋巴细胞，肝、脾和淋巴结肿大，在相应脏器上可见到肿瘤。

五、诊断

根据临床症状和病理变化，结合实验室检验可以作出初步诊断。若病猫持续性腹泻，胸腺出现病理性萎缩，血液及淋巴组织中淋巴细胞减少，经淋巴细胞转化实验证明其细胞免疫功能降低即可怀疑本病。确诊需进行血清学和病毒学检验。

猫白血病病毒的分离可采用病猫淋巴组织或血液淋巴细胞与猫的淋巴细胞系或成纤维细胞系共同培养的方法进行。随后检测培养液中反转录酶的活性，电镜观察病毒粒子的形态结构，并采用免疫学方法进一步鉴定。

实验室诊断中最简便、快速的方法是用病猫的血液涂片作免疫荧光抗体技术检查，可检出感染细胞中的抗原。此外也可采用酶联免疫吸附试验、免疫荧光技术、中和试验、放射免疫测定法等方法检测病猫组织中猫白血病病毒抗原及血清中的抗体水平而进行猫白血病病毒的诊断和分型。

六、治疗

临床上可通过血清学疗法治疗猫白血病。有的学者不赞成对病猫施以治疗措施，因治疗不易彻底，且患猫在治疗期及表面症状消失后具有散毒危险。一旦发生典型临床症状，就应进行捕杀。治疗时可大剂量注射正常猫的全血或血清，可使患猫的淋巴肉瘤完全消退；小剂量输注含有高滴度 FOCMA 抗体的血清；利用放射性疗法可抑制胸腺淋巴肉瘤的生长，对于全身性淋巴结肉瘤也具有一定疗效。采用免疫吸收疗法，即将淋巴肉瘤患猫和血液通过金黄色葡萄球菌 A 蛋白柱，除去免疫复合物，消除与抗体结合的病毒和病毒抗原。经此治疗的病猫淋巴肉瘤完全消退。同时，病情严重的猫可进行对症治疗。呕吐下痢导致脱水的进行补液，同时还可进行止吐止痢，用苯海拉明、次硝酸铋、鞣酸蛋白、活性炭等。贫血者可使用硫酸亚铁、维生素 B_{12}、叶酸等治疗。

七、防制措施

加强饲养管理，搞好环境卫生。猫舍及时清扫，尤其是地面上的粪便应及时清理，定期消毒地面、用具。对全群猫进行检疫，剔除阳性猫；猫白血病的自然传播是经水平方式传染发生的，因此有必要用琼脂免疫扩散试验或免疫荧光抗体等方法定期检查，培养无白血病健康猫群。引进猫隔离检疫，每隔 3 个月检疫 1 次，直至连续两次皆为阴性后，视为健康群。

第六节　猫传染性腹膜炎

猫传染性腹膜炎又称猫冠状病毒病，是由猫传染性腹膜炎病毒（Feline infectious peritionitis virus，FIPV）引起的猫及猫科动物的一种慢性病毒性传染病。主要特征为腹膜炎、大量腹水聚积，腹膜膨胀和致死率较高。

一、病原体

猫传染性腹膜炎病毒在分类上属冠状病毒科，冠状病毒属成员之一。病毒核酸为单股

RNA。在电子显微镜下观察病毒粒子呈多形性，大小为 80～100nm，螺旋状对称。有囊膜，囊膜表面有长 15～20nm 的花瓣状或梨状的突起物。病毒在细胞质内增殖。

据文献报道，猫传染性腹膜炎病毒仅能在活体内连续传代增殖。近年来发现，也可在猫肺细胞、腹水细胞等组织培养物内增殖。在人工感染的腹水细胞培养，或将感染脏器病料接种于猫的小肠器官的培养，可见病毒增殖。

病原学研究表明：猫传染性腹膜炎病毒与猪传染性胃肠炎病毒（TGEV）、犬冠状病毒（CCV）和人冠状病毒 229E 株在致病性及抗原结构上均有不同程度的相似性。

本病毒对乙醚等脂溶剂敏感，病毒不稳定，对外界环境抵抗力较差，室温下 1d 失去活性，一般常用消毒剂可将其杀死。但对酚、低温和酸性环境抵抗力较强。

二、流行病学

1. 传染源及传播途径

病猫和带毒猫是本病的主要传染来源。本病以消化道感染为主，猫的粪尿可排出病毒。也可经媒介传播和胎盘垂直传播。其中昆虫是主要的传播媒介。

2. 易感动物

本病主要感染猫，不同品种、性别的猫对本病都有易感性，但纯种猫发病率高于一般家猫，以 1～2 岁的猫及老龄猫（大于 11 岁）易感。猫科动物中的美洲狮和美洲豹等也可感染发病。

3. 流行特点

本病呈地方性流行，首次发病的猫群发病率可达 25%，但从整体看，发病率较低。

三、症状

患病猫共有的症状是少食或拒食，精神沉郁，体重下降，体温升高达 39℃ 以上，并可持续 14d 以上。其他症状比较复杂，但可将其症状分为"湿型"（渗出型）和"干型"（非渗出型）两种。发病初期症状常不明显或不具特征性，主要表现为病猫精神沉郁，体重逐渐减轻，食欲减退或间歇性厌食，体况衰弱。随后，体温升高至 39.7～41.1℃，血液中白细胞数量增多。有些病猫可能出现温和的上呼吸道症状。持续 1～6 周以后，"湿型"病例腹水积聚，可见腹部膨胀。母猫发病时，常可误认为是妊娠。病猫的病程可持续 2 周到 2 个月。腹部触诊一般无痛感，但似有积液。病猫出现呼吸困难，逐渐衰弱，并可能表现贫血症状，有些病猫则很快死亡。约 20% 的病猫还可见胸水及心包液增多，从而导致部分病猫呼吸困难。某些湿性病例（尤其疾病晚期）可发生黄疸。

"干型"病例，不出现腹水症状，主要侵害眼、中枢神经、肾和肝等组织器官。腹腔病变时，虽可触及腹腔内的肿胀物，但临床症状不明显。眼部病变时，临床特征有虹膜、睫状体血管周围有坏死和脓性肉芽肿性炎症，角膜上有沉淀物，虹膜睫状体发炎，眼房液变红，患病初期多见有火焰状网膜出血。中枢神经受损时表现为后躯运动障碍，共济失调，痉挛，背部感觉过敏；肝脏受侵害的病例，可能发生黄疸；肾脏受侵害时，常能在腹壁触诊到肾脏肿大，病猫出现进行性肾功能衰竭等症状。有时还见有脑水肿的症状。

实际上某些病例无法严格区分，有的以渗出型为主而有器官病变，有的以非渗出型为主而在腹腔中有少量渗出液，但以渗出型较多见，常为非渗出型的 2～3 倍。

四、病理变化

湿性病例，病猫腹腔中大量积液，腹水清亮或浑浊，呈黄色或琥珀色，一旦与空气接触很快发生凝固，腹水量为 25～700ml 不等。胸、腹腔浆膜面无光泽、粗糙、覆有纤维蛋白样渗出物，在肝、脾、肾等器官表面也见有纤维蛋白附着。肝表面还可见直径 1～3mm 的小白色坏死灶，切面可见坏死深入肝实质中。少数病例还伴有胸水增加现象。

剖检干性病例，除可见眼部病变外，肝脏也可出现坏死，肾脏表面凹凸不平，有肉芽肿样变化，有时还有脑水肿的病变。

五、诊断

根据流行病学特点、临床症状和病理变化可作出初步诊断。"湿性"病例很容易确诊，检查腹腔或胸腔是否有液体便可，有时候液体也积聚于心包膜或阴囊；对于"干性"病例，由于常常缺乏必要的诊断依据，应结合实验室检查进行确诊。

1. 渗出液检验

腹腔渗出液早期多呈无色透明或淡黄色，有黏性，含有纤维蛋白凝块，暴露空气中即发生凝固，比重一般较高，蛋白质含量较高（32～118g/L），并含有大量巨噬细胞、间质细胞和嗜中性粒细胞。

2. 血清学检查

常用的有中和试验、免疫荧光试验。血清学检查比较常用，但是存在争议。兽医用的血清检查只限于检测冠状病毒抗体，还不能分辨是否是有毒性的猫传染性腹膜炎病毒。

3. 病原分离

目前还没有适用于猫传染性腹膜炎病毒增殖的组织培养细胞。有人试用腹水细胞及猫肺细胞进行培养取得了一定成效。

国外有学者认为，最有效的诊断猫传染性腹膜炎的方法是确认组织病理和辨认脓性肉芽肿的形成与脉管炎。

本病的诊断要注意与弓形虫病、猫白血病病毒感染相鉴别。

六、治疗

目前尚无有效的特异性治疗药物，一般抗生素无效。只能采用支持疗法，应用具有抑制免疫和抗炎作用的药物，如联合应用猫干扰素和糖皮质激素，并给予补充性的输液以纠正脱水，也可单独用强的松龙或环磷酰胺，免疫调节化合物。使用抗生素防止继发感染同时使用抗病毒药物，胸腔穿刺以缓解呼吸道症状，但这些治疗方式只能延长病猫的生命，不能治愈。对 6 岁以上的猫效果明显。一些猫在支持治疗下能存活数月至数年，但没有抗病毒药物，因此猫预后不良，一旦出现临床症状的猫多数是死亡。

七、防制措施

到目前为止，尚无有效的预防本病的疫苗，使用常规疫苗和重组疫苗效果不佳。近年来发现，由血清Ⅱ型 DF2 株制备的温度敏感突变株，通过鼻内接种，能诱导很强的局部黏膜免疫和细胞免疫，对预防本病的发生有一定的效果，建议 4 月龄以上的猫应用。随着致病机理的进一步阐明及该病毒分离技术的成熟，可望研制出有效的疫苗。

预防还应注重加强饲养管理，搞好猫舍的环境卫生，消灭猫舍的吸血昆虫及啮齿类动物。发现病猫后应隔离，对于污染的猫舍应用 0.2% 甲醛或 0.5g/L 洗必泰或其他消毒剂彻底消毒。死猫要深埋，从而降低本病的发病率。有人认为，本病的发生与猫白血病病毒在猫群中存在有关，因此，净化猫白血病病毒将有助于控制本病。

第七节　猫肠道冠状病毒感染

猫肠道冠状病毒感染是由猫肠道冠状病毒（Feline eneteric coronavirus，FECV）引起的猫的一种新的肠道传染病，主要引起 6～12 周龄幼猫患肠炎。临床上主要以呕吐、腹泻和中性粒细胞减少为特征。

一、病原体

猫肠道冠状病毒在分类上属冠状病毒科，冠状病毒属。在电子显微镜下观察病毒粒子直径 75～150nm，呈多形性，有囊膜，囊膜表面有许多放射状排列的纤突，具有典型冠状病毒的形态。间接荧光抗体法检查时，该病毒与猫传染性腹膜炎病毒（FIPV）、犬冠状病毒（CCV）和猪传染性胃肠炎病毒（TGEV）具有交叉反应。FECV 对外界理化因素抵抗力弱，大多数消毒剂可使其灭活。

二、流行病学

猫肠道冠状病毒主要感染 6～12 周龄幼猫，经消化道传染。由于母猫初乳中特异性抗体的作用，故 35 日龄以下仔猫很少发病。6～12 周龄猫感染时常表现为肠炎症状。成年猫则多呈隐性感染，若呈恶性发作也可出现致死性病例。患猫、健康带毒猫可经粪便排出大量病毒，病后康复猫体内虽仍可带毒，但 90～120d 不会引起发病。迄今未见猫肠道冠状病毒感染人的报道。

三、症状

本病常使断乳仔猫发病。人工接种猫肠道冠状病毒后 3d 后，仔猫病初体温升高，精神沉郁，食欲减退，甚至废绝。而后发生呕吐，肠蠕动加快，出现中等程度腹泻，肛门肿胀。较严重病例可见脱水症状。无继发感染多能自愈，死亡率一般较低。疾病急性期，血液中嗜中性粒细胞降至 50% 以下。感染后 10～14d，免疫荧光抗体滴度可达 1：32～1：1 024。

四、病理变化

本病与猪传染性胃肠炎病例的病变相似。尸体剖检常无明显损伤，自然感染的青年猫可见肠系膜淋巴结肿胀，肠壁水肿，粪便中有脱落的肠黏膜。除特别严重的病例外，几乎整个肠道损伤均可恢复。

五、诊断

根据临床症状和流行病学可以建立初步诊断，本病确诊较困难。应注意与 FIPV 感染的区别。两种病毒的致病性不同，猫肠道冠状病毒引起 6～12 周龄幼猫肠炎，FIPV 导致 0.5～5 岁猫致死性腹膜炎；猫肠道冠状病毒的靶组织只是十二指肠中段至盲肠末端的柱状上皮，尤其亲嗜空肠和回肠。当机体产生免疫反应时，猫肠道冠状病毒并不逃逸到其他部位；而 FIPV 亲嗜部位很多，当免疫产生时，可从淋巴组织逃逸到小静脉、肝、腹膜、胸膜、眼结膜、脑膜等靶组织，引起广泛的组织损伤。

目前的诊断方法是电镜下观察病猫粪便中有无猫肠道冠状病毒粒子。组织培养和病毒分离较难取得成功。常用的细胞系有 FC0009、FCWF - 4 Grandall、猪睾丸细胞和猫肾细胞系。检测病猫体内猫肠道冠状病毒中和抗体的滴度有助于诊断。

荧光抗体检测冷冻切片，病毒主要存在于小肠和肠系膜淋巴结，扁桃体及胸腺中较少，肺、脾、肝和肾中则看不到病毒。

血检时，急性期血中的中性粒细胞下降到 50% 以下，应注意与猫瘟热的鉴别诊断。

六、防制措施

本病没有特效的治疗方法。除非脱水严重的病例需要补液，一般情况下不需治疗。有学者认为，猫肠道冠状病毒可能广泛分布于猫群中，许多无临床症状的猫可能为带毒者。血清学阳性的猫可通过粪便排毒，因此，该病的预防较为困难。平时应加强猫舍卫生，各年龄猫分居饲养，断乳仔猫由于很快失去母源抗体的保护作用，需加强护理，以减少发病率。

第八节　猫免疫缺陷病毒感染

猫免疫缺陷病毒感染是由猫免疫缺陷病毒（Feline immunodeficiency virus，FIV）引起的危害猫类的慢性接触性传染病，也称猫艾滋病（FAIDS）。临床表现以免疫功能缺陷、继发性和机会性感染、神经系统紊乱和发生恶性肿瘤为特征。

本病呈地方性流行，遍及美国和欧洲，在加拿大、英国、日本、南非、新西兰、澳大利亚等国家也有流行。

一、病原体

猫免疫缺陷病毒在分类上属反转录病毒科，慢病毒亚科，免疫抑制群。病毒粒子由囊膜、衣壳及核芯组成，内含反转录酶。核酸为单股 RNA，在细胞膜上呈半月形，以出芽的方式成熟和释放。细胞外的成熟病毒粒子呈圆形或椭圆形，直径 105～125nm，具有很短的囊膜纤突。该病毒可抵抗抗体中和作用，故尽管血清中存在抗体，也可以引起病毒血症。

猫免疫缺陷病毒能在原代猫血液单核细胞、胸腺细胞、脾细胞和猫 T - 淋巴母细胞系如 LSA-1 和 FL-74 细胞上生长繁殖。但不能在非淋巴结细胞系如猫黏连细胞系 Fcwf4 和

Fc9 细胞上生长繁殖。在非猫源细胞如 Raji 细胞、人血液单核细胞、犬血液单核细胞、BALB/c 小鼠脾细胞、小鼠 IL-2 依赖 HT2cT 淋巴母细胞及绵羊正常纤维母细胞上观察不到猫免疫缺陷病毒增殖现象。

二、流行病学

1. 传染源及传播途径

猫免疫缺陷病毒主要经被咬伤的伤口而造成感染。散养猫由于活动自由，相互接触频繁，因此，较笼养猫的感染率要高。在猫两性间的互舐中，通过唾液也能传染本病。猫免疫缺陷病毒是否能通过精液传染尚未得到证实，母子间可相互传染。

2. 易感动物

病毒主要存在于受感染猫的血液、唾液、脑脊髓液中。病猫的感染率明显高于健康猫。各种年龄、性别的猫均可感染发病，由于猫免疫缺陷病毒感染的潜伏期较长，因此，发病多为 5 岁以上的猫；公猫的感染率比母猫高 2 倍多。尤其是未经去势的公猫患病更多；因此，认为猫患 FAIDS 与其性行为有直接关系。

3. 流行特点

本病呈世界范围性分布，在流行地区的猫群中，猫免疫缺陷病毒阳性率达 1%～12%，高危险猫群中高达 15%～30%。猫群密度越大，患 FAIDS 的猫越多。

三、症状

潜伏期的长短因猫而异。人工感染猫免疫缺陷病毒 21～28d 后，从血液中可分离到猫免疫缺陷病毒，30～36d 后表现淋巴腺肿、齿龈发红、腹泻等症状。发病初期，表现发热、不适、中性粒细胞、淋巴细胞和血小板减少，淋巴腺肿等非特异性症状。随后 50% 以上的病猫表现慢性口腔炎、齿龈红肿、口臭、流涎，严重者因疼痛而不能进食。约 25% 的猫出现慢性鼻炎和蓄脓症。病猫常打喷嚏，流鼻涕，长年不愈，鼻腔内储有大量脓样鼻液。由于猫免疫缺陷病毒破坏了猫的正常免疫功能，肠道菌群失调，常表现菌痢或肠炎。约 10% 猫的主要症状为慢性腹泻，约 5% 表现神经紊乱症状。发病后期常出现弓形虫病、隐球菌病、全身蠕形螨病和耳痒螨病及血液巴尔通氏体病（Hemobartonellosis）等。有些病猫因免疫力下降，对病原微生物的抵抗力减弱，稍有外伤，即会发生菌血症而死亡。猫发病到死亡多为 3 年，尚未发现数月内发生死亡的病例。

四、病理变化

根据临床症状表现不同，其病理变化也不相同。在盲肠和结肠可见肉芽肿，结肠可见亚急性多发性溃疡病灶，空肠可见浅表炎症。淋巴小结增生，发育异常呈不对称状，并渗入周围皮质区，副皮质区明显萎缩。脾脏红髓、肝窦、肺泡、肾及脑组织可见大量未成熟单核细胞浸润。在自然和人工感染猫的胸部，常有神经胶质瘤和神经胶质结节。

五、诊断

根据本病的流行特点、临床症状及病理变化，可作出初步诊断。要确诊则需进行实验室检查。

1. 病毒分离和鉴定

将猫外周血淋巴细胞经刀豆素 A（5μg/ml）处理后培养于含有白细胞介素 - 2（100μg/ml）的 RPMI 培养液中，然后加入被检病猫血液样品制备的血沉棕黄色层，37℃培养，14d 后培养细胞出现细胞病变，取细胞病变阳性培养物电镜观察，免疫转印分析。

2. 血清学试验

兔感染病毒 14d 后出现血清抗体。抗体产生与病毒感染具有较好的相关性。免疫荧光试验、酶联免疫吸附试验等可用于抗体测定。采用酶联免疫吸附试验检出抗体比免疫荧光试验早 7d 以上，且滴度高。但也存在病毒阳性而抗体阴性的情况，应予以注意。目前广泛采用的是免疫荧光试验，用猫免疫缺陷病毒感染血液淋巴细胞做基质，用 PBS 将被检血清 1:10 稀释，加在经丙酮固定的基质上，置湿盒 37℃30min。取出用 PBS 冲洗 3 次，加荧光素标记的兔抗猫 IgG 抗体，复置 37℃30min，取出用 0.01% 伊文斯蓝复染，细胞质出现荧光者为阳性，每次试验均设阴性和阳性对照。但应注意感染猫并不总是血清阳性，有些猫在感染后数月至一年才出现抗体，有些病猫由于免疫抑制和极度衰弱发生抗体阳性。

由于受感染母猫可把抗体经初乳传给幼猫，因此，很难评估 6 月龄以下小猫的阳性抗体测试。猫免疫缺陷病毒抗体阳性反应的幼猫应在 6 月龄时再做测试，如第二次是阳性，应以蛋白印迹鉴定法做确认。

六、治疗

本病目前尚无特效治疗方法，应采取综合措施。对患病猫只采取对症治疗和营养疗法以延长生命。特异性抗病毒药物叠氮胸腺嘧啶虽已成功地试用于人艾滋病治疗，但尚未在猫免疫缺陷病毒感染猫中试用。使用核苷类药物能降低病毒血症和提高 $CD4^+$ 细胞数量，但副作用较大。人类的重组性 α - 干扰素也被广泛应用，以治疗免疫缺陷的猫，治疗费用不高而且有一定的效果，但是它们都不能使猫免疫缺陷病毒阳性转为阴性。

使用皮质类固醇、醋酸甲地孕酮有助于缓解全身症状。另外，可采用对症治疗，铁剂、维生素 B_{12} 等，以促进造血。多数动物经上述方法治疗 2～4d，可明显好转。

七、防制措施

最好的预防措施是改善饲养管理和饲养方式，改散养为笼养。猫的住处和饮食器具要经常消毒，保持清洁，公猫施行阉割去势术，限制户外活动，减少因领土之争而发生咬伤；对受污染的猫群实行定期检疫，每年 4 次，凡检出阳性者应隔离或淘汰；病（死）猫要集中处理，彻底消毒，以消灭传染源，逐步建立无猫免疫缺陷病毒猫群；减少各种应激因素，如高密度饲养，引入新猫，改换主人等。

第九节　猫抓病

猫抓病是由汉赛巴通体（Bartonella henselae）经猫抓、咬人体后而引起的人、猫共患传染病。临床表现多变，但以局部皮肤损伤及引起淋巴结肿大为主要特征。病程呈自限性，而在免疫功能低下者可发生严重的全身性病变。

一、病原体

汉赛巴通体为本病的主要病原体，归属于立克次体目、巴通体科（Bartonellaceue）的巴通体属而命名为汉赛巴通体。曾用名为汉赛罗卡利马体（Rochlimaea henselae），属于立克次体目、立克次体科的罗卡利马体属。病原体革兰氏染色时呈阴性，为细小微弯曲杆状，大小为 $1\mu m \times 1.5\mu m$ 左右。

巴通体对营养要求苛刻，对血红素具有高度的依赖性，生长缓慢，在大多数营养丰富的含血培养基上需要 5～15d，甚至 45d 才能形成可见的菌落。培养巴通体的传统方法是采用含有新鲜兔血（也可用绵羊或马血）的半固体培养基。初次分离培养可形成白色、干燥的粗糙型菌落，菌落常陷于培养基中。

二、流行病学

1. 传染源及传播途径

传染源主要是猫，尤其是幼猫和新领养的猫，其他尚有狗、猴等报道。传播途径中 90% 以上的患者与猫或狗有接触史，75% 的病例有被猫或狗抓、咬伤的病史。人被猫抓伤、咬伤或舔过，猫口腔和咽部的病原体经伤口或通过污染的毛皮、脚爪侵入而感染，个别病例可能是接触松鼠而引起。

2. 易感动物

猫是本病的易感者，犬也可感染。本病易感人群多发生于学龄前儿童及青少年，占 90%。男性略多于女性。

3. 流行特点

本病的发病率，包括亚临床感染、轻症感染、未被明确的病例等在内可能是较高的。猫抓病主要为散发，分布于全球，温带地区秋、冬季发病者较多，热带地区则无季节性变化。

三、症状

本病呈多样性，轻症病例占较大比例。

1. 原发皮肤损伤

在被猫抓、咬后 3～10d，局部出现一至数个红斑性丘疹，疼痛不显著；少数丘疹转为水疱或脓疱，偶可穿破形成小溃疡，经 1～3 周留下短暂色素沉着或结痂而愈。皮损多见于手、前臂、足、小腿、颜面、眼部等处，可因症状轻微而被忽视。

2. 局部淋巴结肿大

抓伤感染后 1～2 周，90% 以上病例的引流区淋巴结呈现肿大，以头颈部、腋窝、腹股沟等处常见。初期质地较坚实，有轻触痛，直径 1～8cm 不等。25% 患者的淋巴结化脓，偶或穿破形成窦道或瘘管。肿大淋巴结一般在 2～4 个月内自形消退，少数持续 6～24 个月。邻近的或全身淋巴结也见肿大。

3. 全身症状

大多轻微，32%～60% 有发热（>38.3℃）、疲乏、厌食、恶心、呕吐、腹痛等胃肠道反应，伴体重减轻；头痛、脾肿大、咽喉痛和结膜炎，伴耳前淋巴结肿大。

4. 不常见临床表现及并发症

根据大多数病例的综合分析，少见的临床表现及并发症有脑病、慢性严重的脏器损害（肝肉芽肿、骨髓炎等）、关节病（关节痛、关节炎等）、结节性红斑等。也有短暂性丘疹、红斑、血小板减少性紫癜、腮腺肿大、多发性血管瘤和内脏紫癜（多见于 HIV 感染者）的，但均属偶见。

脑病在临床上常表现为脑炎或脑膜脑炎，发生于淋巴结肿大后 1～6 周，病情一般较轻，很快恢复。脑脊液中淋巴细胞及蛋白质正常或轻度增加。重症患者的症状常持续数周，可伴昏迷及抽搐，但多数于 1～6 月完全恢复，偶有致残或致死病例。

四、诊断

对于猫汉赛巴通体感染可采用免疫荧光抗体技术检测血清抗体，但不能判定猫是否具有菌血症。从血液中分离病原可以进行确诊，但要求具备一定的实验技术条件，而且需要数周时间才能观察到长出的菌落。

1. 血液检查

白细胞总数及中性粒细胞增多，10%～20% 的嗜酸粒细胞比例增高，病初数周血沉增速。

2. 特异抗原皮内试验

皮试液是从患者的淋巴结脓液中，经适当处理而制成。以 0.1ml 注入皮内，48～72h 出现≥5mm 硬结者为阳性，阳性率达 95%。受感染后阳性反应可持续 10 年以上，故皮试阳性尚不能反映为现症感染。病初 3～4 周皮试可呈阴性，宜重复测试，两次阴性一般可排除猫抓病。国内尚无标准化、安全的皮试液供应。

3. 血清免疫学检查

有 IFA 和 EIA 两种方法，以检测血清中的特异性 IgG，灵敏度均较高。由于缺乏纯化抗原制成的药盒，故在一般实验室内尚难推广。

4. 病原体分离

需用特殊液体培养基，普通实验室很少置备和采用。

5. 病原体抗原或 DNA 检测

已开展各种新方法（包括 PCR）以检测活检切片中的汉赛巴通体抗原或活检标本和脓液中的特异性 DNA，其实用意义有待进一步研究。

被猫抓、咬后 2～3 周出现局部淋巴结肿大，特别伴有原发皮损可疑为本病。如目前尚无法进行血清特异性 IgG 测定、病原体抗原或 DNA 检测、病原体分离等新技术，则确诊有赖于下列 4 个条件：

（1）与猫（或犬）频繁接触和被抓伤，或有原发损害（皮肤或眼部）；

（2）特异性抗原皮试呈阳性；

（3）从病变淋巴结中抽出脓液，并经培养和实验室检查，排除其他病因引起的可能性；

（4）淋巴结活检有特征性病变，饱和银染色找到多形革兰氏阴性小杆菌。

一般病例满足 4 个条件中 3 个即可。

猫抓病主要需与各种病因如 EB 病毒感染、分枝杆菌属感染、葡萄球属感染、β - 溶血链球菌感染、性病（梅毒、性病性淋巴肉芽肿等）、弓形体病、炭疽、兔热病、鼠咬热、恙虫病、腺鼠疫、孢子丝菌病、结节病、布鲁氏菌病、恶性或良性淋巴瘤、川畸病等所致的淋巴结肿大和/或化脓相鉴别。有眼部损害伴耳前淋巴结肿大常提示猫抓病。

五、治疗

本病多为自限性，一般2～4个月内自愈，治疗以对症疗法为主。淋巴结化脓时可穿刺吸脓以减轻症状，必要时2～3d后重复进行，不宜切开引流。淋巴结肿大1年以上未见缩小者可考虑进行手术摘除。

目前口服效果最好的3种药物是利福平、环丙沙星和复方新诺明。有人用庆大霉素治疗成年人全身性猫抓病获得成功，用量是每日5mg/kg体重，静脉滴注，5日为1个疗程。多数病例淋巴结肿大可自行消退。

一般认为，免疫功能正常的患者可不予抗生素治疗。对重症病例，为提高疗效、降低复发，抗生素治疗时间应在2周以上，对免疫功能损害者治疗时间更长。

六、防制措施

预防本病，主要应和宠物保持一定距离，不玩弄猫、犬，一旦被它们抓伤，要立即用碘酊处理伤口。

第十节　猫衣原体病

猫衣原体病又称猫肺炎，是由鹦鹉热衣原体引起的猫的一种高度接触性传染病。临床上主要以结膜炎、鼻炎和肺炎为特征。鹦鹉热衣原体可引起多种动物和人的多种疾病，已在我国许多地区发生。

一、病原体

鹦鹉热衣原体猫株，属衣原体目、衣原体科、衣原体属，鹦鹉热衣原体种，介于病毒和立克次氏体之间。姬姆萨染色呈紫色，Macehiavello染色呈红色，革兰氏染色阴性，为严格的寄生性菌。鹦鹉热衣原体在抗原性和致病性上有明显的株特异性。猫型毒株对眼结膜、鼻黏膜、气管和细支气管黏膜上皮细胞有亲和性，并在细胞内繁殖致病。

衣原体对高温的抵抗力不强，加热37℃48h、56℃5min即可死亡，而在低温下可以存活较长时间，如4℃可存活5d，0℃存活数周。衣原体可在6～8日龄鸡胚卵黄囊中生长繁殖，在感染的鸡胚卵黄囊中-20℃可存活多年，并可使小鼠感染。一般的消毒药就可将其杀死，对磺胺类药物、四环素类药物敏感。0.1%福尔马林、0.5%石炭酸在24h内，70%酒精数分钟、3%过氧化氢片刻，均能将其杀灭。

二、流行病学

1. 传染源及传播途径

病猫和带毒猫是本病主要的传染来源。易感猫主要通过接触具有感染性的眼分泌物或污物而发生水平传播，也可能通过鼻腔分泌物而发生气溶胶传播，但较少见。也可从眼及呼吸道分泌物大量排菌，扩散传播，污染的空气、尘埃、飞沫、饲料等经黏膜感染。

有报道鹦鹉热衣原体猫株还可感染人，人与带菌猫或污染物接触，或通过空气、食物的传染而发病，曾使猫主人发生滤泡性结膜炎，也可使牛犊发生猫衣原体性肺炎。

2. 易感动物

猫对鹦鹉热衣原体猫株非常敏感，不同品种、年龄的猫都可感染。正常猫也可分离到鹦鹉热衣原体，所以该病原体有可能作为结膜和呼吸道上皮的栖生菌群。

三、症状

易感猫感染鹦鹉热衣原体后，经过 3～14d 的潜伏期后表现明显的临床症状，而人工感染发病较快，潜伏期为 3～5d。常表现为结膜炎，呈单侧性脓性结膜炎。新生猫可能发生新生儿眼炎，即生理性眼睑边缘粘连，尚未消退之前出现渗出性结膜炎，结果引起闭合的眼睑突出及脓性坏死性结膜炎。推测可能是被感染母猫分娩时经产道将鹦鹉热衣原体传染给仔猫，病原经鼻泪管上行至新生猫睑间隙附近的结膜基底层所致。

5 周龄以内的幼猫的感染率通常比 5 周龄以上的猫低。急性感染初期，出现急性结膜水肿、睑结膜充血和睑痉挛，眼部有大量浆液性分泌物。结膜起初暗粉色，表面闪光。单眼或双眼同时感染，如果先发生单眼性感染，一般在 1～2 周后，另一只眼也会感染。并发其他条件性病原菌感染时，随着炎性细胞进入被感染组织，浆液性分泌物可转变为黏液性或脓性分泌物。急性感染猫可能表现轻度发热，但在自然感染病例中并不常见。

患衣原体结膜炎的猫很少表现上呼吸道症状，即使发生，也是多发生于 5 周龄～9 月龄猫。患有结膜炎并打喷嚏者往往以疱疹病毒 1 型（FEW-1）阳性猫居多。对于猫来说，如果没有结膜炎症状，一般不会考虑鹦鹉热衣原体感染。

四、病理变化

典型病变在眼、鼻、肺脏等器官。剖检可见结膜充血、肿胀，明显的中性粒细胞、淋巴细胞、组织细胞浸润性变性坏死，淋巴滤泡肿大。有的可见化脓性鼻炎，鼻腔内有脓汁，黏膜充血出血、溃疡，肺脏间性肺炎病变。

五、诊断

根据临床症状和病理剖检变化能作出初步诊断，但确诊尚须实验室检查。实验室检查包括涂片镜检、病理组织切片等。

1. 病理组织学检查

取病灶组织病料做切片，进行常规染色和姬姆萨染色，镜检可见到眼结膜、鼻腔黏膜上皮细胞内有大量的衣原体，肺泡内巨噬细胞浸润，间质内白细胞浸润及肺泡上皮细胞增生。

2. 涂片镜检

取新鲜的分泌物、渗出物和病灶组织病料做涂片，姬姆萨染色后镜检，可见到细胞浆内小的亮红点或紫红色、球形或卵圆形的衣原体。

此外，还可采用分离培养、动物接种和血清学检查等方法。

六、治疗

衣原体对四环素类和一些新的大环内脂类抗生素敏感。由于衣原体是散布的，所以建议局部和系统同时治疗。故发病时，可应用强力霉素治疗（5mg/kg 体重，隔 12h 口服 1 次），21d 可迅速改善临床症状。对妊娠母猫和幼猫应避免使用四环素，因为该药物可使牙釉质变黄。

对猫鹦鹉热衣原体也可间隔 6h 用四环素眼药膏，但猫外用含四环素的眼药膏制剂常发生过敏性反应，主要表现结膜充血和眼睑痉挛加重，有些发展为睑缘炎。一旦出现过敏反应，应立即停止使用该药。

七、防制

预防措施重点在于加强卫生检疫、改善饲养管理。幼猫可以从初乳中获得抗鹦鹉热衣原体的母源抗体，母源抗体对幼猫的保护作用可持续 9～12 周龄。免疫接种不能阻止人工感染衣原体在黏膜表面定植和排菌。

由于本病的主要易感猫与感染猫直接接触传播，预防本病的重要措施是将感染猫隔离，并进行合理的治疗。

尽管现在有包括灭活苗和弱毒苗的多种疫苗，但在接触衣原体前 7～10d 进行免疫并不都是有效的。目前，所有用于猫衣原体的疫苗都不经消化道给予。只建议用于已知或疑似接触过病原体的猫，不推荐应用于所有的猫。

第十一节 猫血巴尔通氏体病

猫血巴尔通氏体病又叫猫传染性贫血，是由一种在血液中增殖的微生物所引起猫的急性和慢性疾病。临床特征以贫血、脾肿大为主。于 1953 年首次发现于美国猫群，目前本病在世界很多国家存在。

一、病原体

病原是猫血巴尔通氏体，为立克次氏目血巴尔通氏体属中的一个种，是介于细菌和立克次氏体之间的微生物。据 Bergery 在细菌鉴定手册中的分类，巴尔通氏体可分巴尔通氏体层，格雷汉体层，血液巴尔通氏体层和附红细胞体层 4 个层。猫血液巴尔通氏体病在体内的病原体是猫血液巴尔通氏体层和猫附红细胞体层，它们寄生在猫的红细胞内，其形态呈小颗粒状或杆状，大小不一，球状直径为 0.1～0.2μm，杆状长度为 3μm。用瑞氏或姬姆萨染色的血涂片，可见到菌体呈蓝黑色或深紫色。

本病原对外界环境抵抗力弱。不耐干燥，一般消毒剂均可将其杀灭。56℃时经 10min 即死亡，在低温下可长期保存，对广谱抗生素敏感。该微生物一般存在于红细胞表面，数量不一，有时游离于血浆中，形成寄生体血症。毒力强的菌株感染后发生重病症，有明显的症状，毒力弱的菌株感染后多为无明显的症状。

二、流行病学

1. 传染源及传播途径

本病可经咬伤、抓伤、也可通过子宫垂直感染。猫多数呈隐性感染，也是最危险的传染源，但在各种应激因素作用下可引起恶化乃至暴发流行。在自然条件下有关发生流行的情况尚不十分清楚。

吸血的节肢动物（蚤、虱等）是重要的传播媒介，同时不仅是载体，而且能在其肠壁上皮细胞、唾液腺、生殖器等特定细胞内增殖而不引起死亡，成为自然宿主。同样，吸血节肢动物通过叮咬病母猫传递给新生子代。犬、鼠不感染本病。另外，在兽医临床上，如输血、注射器械等污染传递也存在，这在我国目前不重视的状况下更加危险。实验证明，用小剂量的病猫血液经腹腔、静脉注射和口服途径均能使健康猫感染发病。

2. 易感动物

猫对不同的菌株感染性也有差别，1～3岁猫的易感性和发病率均较高，尤以公猫更高，犬、鼠不感本病。

三、症状

潜伏期一般为8～15d。本病可取急性和慢性经过。

1. 急性型

体温升高，可达到40～41℃，精神沉郁，食欲废绝，身体虚弱，体重急剧下降，脉搏和呼吸频繁，呼吸加快。血液中出现血液巴尔通氏体，在红细胞内大量繁殖，引起红细胞数和血红蛋白含量降低，出现巨红细胞溶血性贫血的症状，轻度黄疸以及血红蛋白尿，可视黏膜苍白、黄染。脾脏肿大。也有的病猫出现呼吸困难，且与贫血程度有关。

2. 慢性型

症状发展缓慢，体温正常或偏低，机体营养不良、精神沉郁、消瘦、食欲减少、呼吸无力，贫血，血红蛋白减少，眼结膜发白，心跳快。

病猫血液白细胞总数及分类值均增高，大多数病例单核细胞绝对数增高，并且发生变形，单核细胞和巨噬细胞有吞食红细胞现象。血细胞压积（PCV）通常在20%以下，出现临床病状前的病猫的血细胞压积在10%以下。典型的再生性贫血变化是本病血液学特征之一。

四、病理变化

感染的猫会发生长期的菌血症，初次感染往往造成一过性淋巴结病变和低热，一般菌血期持续时间不长。可视黏膜、浆膜黄染，血液稀薄，脾脏明显肿大，肠系膜淋巴结肿胀多汁，骨髓出现再生现象。

五、诊断

根据流行特点、临床症状和剖检特征可以作出初步诊断，确诊有赖于实验室检查。血液学检查是诊断此病的主要手段。

1. 血液学检查

按常规进行血液学检查，红细胞数减少，白细胞总数增加，多数病例单核细胞绝对数增加；血红蛋白值降为 7g/ml 以下；血细胞压积常在 20% 以下，严重的病猫在症状出现前降到 10% 以下。

2. 血片检查

该病原体能在储存时从红细胞中分离，因此，应在采血后立即制作血涂片。取血液涂片用姬姆萨染色液染色，然后镜检，可见血细胞出现典型的再生性贫血，即呈现大量的弥散性嗜碱性粒细胞、有核红细胞、大小不一的红细胞以及豪威尔周立氏小体（Howell-Jolly bodies）和网状细胞数增多。在观察时需要注意不要把其他嗜血性病原和物质误认为是该病原。

3. 病原体检查

可连续数天采取血液做涂片染色镜检，可见到着色的猫血巴尔通氏体。取血液做涂片，用姬姆萨染色液染色，镜检可见寄生或附着于红细胞的紫蓝色菌体；如用吖啶橙染色，在显微镜下可见到受害红细胞上的小体；用马基维罗氏染色液染色镜检，可见红色菌体。白细胞数和血小板数都很正常。急性期感染猫只有 50% 能从血涂片中检出病原体。

六、治疗

输血疗法最有效，对急性病猫更佳，但应选择在早期，即发现溶血现象或血细胞压积在 15% 以下时，每隔 2～3d 输给 30～80ml 全血。这对于出现急性贫血症状的猫特别重要。使用抗生素也有一定的疗效，口服四环素（85～110mg/kg 体重）、土霉素（35～45 mg/kg 体重），每日 2 次投给，持续 10～20d，均有效果。此外，静脉注射硫乙胂胺钠也有效。同时要进行全身治疗，补糖、补液、维持胶体渗透压。

在治疗中约有 1/3 急性的病猫仍预后不良，即使临床治愈猫也可成为带菌者，呈隐性感染，在应激因素作用下仍有可能复发。

七、防制措施

尚无有效的预防方法。目前还没有针对此病的疫苗。仍要采取综合性预防措施。重点是防止猫的打斗、抓咬和灭鼠，控制跳蚤是预防本病的最有效手段；其次是定期消毒，保持卫生环境；第三是清除患病的、隐性感染的猫，以消灭传染源；第四是选择一次性医疗器械，特别是输血器械、注射器，要严加注意供血猫的检疫，消除人为的临床上的传播途径。

复习题

1. 猫泛白细胞减少症的防制措施有哪些？
2. 猫传染性鼻气管炎是如何发生的？
3. 猫呼吸道病毒病的临床症状有哪些？
4. 猫白血病的症状有哪些？
5. 如何预防和治疗猫抓病？

第六章 其他宠物传染病

第一节 观赏鸽的传染病

一、鸽瘟

鸽瘟又称鸽新城疫或鸽Ⅰ型副黏病毒病，是鸽的一种高度接触传染性、高致死性传染病。其临床特征是下痢，震颤，单侧或双侧性腿麻痹，在慢性及流行性后期，往往可见到扭头和歪颈等神经症状。病理剖检则以黏膜和浆膜下的广泛性充血和出血为特征。

1981 年首次报道苏丹鸽群流行本病，以后迅速蔓延至欧洲、美国、加拿大等地。1985年，我国香港不少鸽场也暴发本病，深圳动植物检疫所在我国首次分离出病毒。

本病传播迅速，死亡率一般可达到 20%～80%，近几年来严重地威胁着养鸽业的发展。鸽新城疫病常常继发细菌性疾病，如沙门氏菌、大肠杆菌的感染，死亡率增加。感染新城疫的鸽子常有神经症状的后遗症，种鸽失去作用，信鸽失去通讯能力，赛鸽失去比赛的资格，观赏鸽失去了观赏价值，给养鸽业带来了不可估计的损失。鸽子患新城疫病以神经症状者为多，约占发病鸽的 80%，雏鸽发病率和死亡率均高，尤其伴有细菌感染时，情况更为严重，甚至整个鸽场毁灭。

（一）病原体

本病由鸽Ⅰ型副黏病毒引起，属于副黏病毒科副黏病毒属。目前研究已证实，引起鸡、鸽、鹅、鸭发病的Ⅰ型副黏病毒，均属于鸡新城疫病毒的不同基因型，各基因型病毒具有高度的交叉免疫原性，一般的新城疫病毒可引起鸽发病，但鸽Ⅰ型副黏病毒一般不引起鸡发病。

成熟的病毒粒子近圆形，多数呈蝌蚪状。具有囊膜，含有一长螺旋状核衣壳，内含有单链核糖核酸（RNA）。该病毒具有凝集多种禽类红细胞的特性，这一特性又可被特异性抗血清所抑制。

本病毒对外界环境的抵抗力不强，阳光直射或加热到 60℃，30min 失去活力，100℃经1min 即失去活性，紫外线能使病毒灭活。但病毒对低温抵抗力较强，在 -20℃能生存 10 年以上，pH 2～12 范围内不被破坏，这种对酸碱的稳定性可区别于禽流感病毒。常用的消毒剂如 2%火碱溶液，3%来苏儿，10%碘酒，75%酒精等，均可在 20min 内将其杀死。

（二）流行病学

1. 传染源

病鸽、带毒鸽以及病死鸽是本病的主要传染源，新城疫病鸡和带毒鸡及其他鸟类也是不可忽视的传染源。病毒通过活鸽或鸽类产品的运输，有关人员和养鸽器械的来往，空气流动，饲料饮水的污染而传播。

2. 传播途径

易感鸽通过与病鸽（鸡）或带毒鸽（鸡、野鸟等）的直接接触而被感染，也可经过被污染的饲料、饮水和用具等，经消化道、呼吸道、泌尿生殖道、眼结膜以及损伤的皮肤黏膜而感染。

3. 易感动物

不同年龄、品种的鸽对本病均易感，幼鸽比成年鸽更易感染，而且传播非常快。发病率高达80%～90%，死亡率依不同年龄和不同的饲养条件而有差异，一般在20%～80%，乳鸽的病死率多在60%～80%以上。鸡也可感染，但通常不表现明显的临床症状。

4. 流行特点

本病一年四季都可发生，但以春秋季节多发。本病在新疫区来势凶猛，发病率100%，死亡率80%以上。而在老疫区流行缓慢，发病率、死亡率逐渐降低，出现散发性、病程延缓和部分死亡，特别是进行过人工免疫的鸽场，成年鸽并不表现临诊症状，只是乳鸽、幼鸽，尤以断乳前后幼鸽易发病和死亡。

（三）症状

鸽受感染后潜伏期为1～10d，通常是1～5d。

临床上以严重拉稀、呼吸困难和神经症状为特征，主要症状表现为体温升高，食欲减少或废绝，渴欲增加。大量水泻，早期病鸽排白色稀便，继而排草绿色粪便，随着病情发展，部分病鸽出现神经症状，精神委顿、嗜饮、扭头歪颈、翅膀下垂、转圈运动、共济失调。闭目缩颈、摇头、鸡冠、肉髯呈暗紫色，口鼻腔分泌多量黏液，甩头、张口伸颈、嗉囊积液，充满黏液，倒提时常有酸臭液体从口腔流出。飞翔、行走困难，进食障碍。双腿麻痹，卧地不起，有的出现瘫痪、肌肉震颤、头颈扭曲、歪斜、旋转或转脖等神经受损的症状，死亡率较高。

（四）病理变化

从病鸽的剖检中，发病初期急性死亡的病理变化不明显，个别鸽颈部皮下、脑、腺胃、十二指肠等处有不同程度的出血。中后期死亡的鸽，各组织器官充血，出血较为典型，尤其是腺胃乳头呈现弥漫性出血，肌胃角质膜下有斑状充血或出血。泄殖腔黏膜充血、出血。气管黏膜充血严重，少数出血；肺有时可见淤血或水肿，心冠脂肪有针尖大出血点，肝肿大、有出血点和出血斑，脾肿大，肾苍白、肿大；胰腺有充血斑及色泽不均的大理石状纹。结膜发炎、充血、出血，并有分泌物。免疫鸽群发病时，病变不很典型，仅见黏膜卡他性炎症、喉头和气管黏膜充血，腺胃乳头出血少见，直肠黏膜和盲肠扁桃体多见出血。

（五）诊断

根据临床症状和剖检结果，患鸽出现腹泻、神经症状以及皮下、黏膜浆膜广泛性出血即可作出初步诊断。但确诊，必须进行病原的分离与鉴定。此外还可用鸽血清进行红细胞凝集抑制试验，此法已成为检查本病和抗体监测的一种有效手段。

本病应与以下疾病相区别：

1. 沙门氏菌病

由沙门氏菌引起的鸽副伤寒也是鸽群的一种常见病和多发病，也排水样或黄绿色稀粪和肢体麻痹。故应注意鉴别。鸽副伤寒缺乏颈部皮下的广泛性淤斑状出血，也无颅骨、肌胃角质膜下的斑状出血和胰腺的大理石样病变。用抗菌药物治疗有效，其发病率、死亡率也低，故两病的区别不难。

2. 禽脑脊髓炎（流行性震颤）

禽脑脊髓炎病鸽表现明显震颤（尤其是头部），与本病的震颤类似，故有区别之必要。死于禽脑脊髓炎的病鸽在腹部皮下和脑部均有蓝绿色区，少数幼龄鸽的单侧或双侧眼睛有同样的变色区。故区别两病较易。

3. 维生素 B_1 缺乏症

呈慢性过程，主要在饲料中维生素缺乏时产生，鸽呈观星状，而内脏器官未见病变。

（六）治疗

本病目前仍无有效治疗药物，对于出现腹泻症状的病鸽选用 0.2%～0.3% 利高霉素饮水治疗；对有呼吸道症状的病鸽，可用 0.04%～0.2% 盐酸土霉素拌料或 0.01% 浓度饮水，也可用 0.01%～0.02% 强力霉素拌料内服，效果较好。

治疗本病可使用中药银翘解毒片，1 次半片至 1 片，1 日 2 次，连喂 3～5d。也可用黄芩 100g、桔梗 70g、半夏 70g、桑白皮 80g、枇杷叶 80g、陈皮 30g、甘草 30g、薄荷 30g，煎水供 100 只鸽饮用 1d，连用 3d。此外还可用金银花、板蓝根、大青叶各 20g，煎水饮服或灌服，每只鸽每次 5ml，日服 2 次。

（七）防制措施

1. 制定严格的兽医卫生防疫制度

严把引种关，严禁从疫区或发病鸽场购买种禽；购进种鸽后，必须严格检疫，并且严密隔离观察饲养，隔离期至少 2～3 周。定期对饲养鸽群进行检疫，做好日常的清洁卫生消毒工作，定期杀虫、灭鼠、驱鸟，及时扑杀处理可疑病鸽。

2. 加强饲养管理工作

鸽场必须加强鸽群的饲养管理，喂以营养充足的食料，以提高鸽的体质和抗病能力。注意通风换气，保证合理的饲养密度，减少应激因素的发生。

3. 做好平时的疫苗免疫工作

对易感鸽群进行疫苗的免疫接种，是预防和控制本病的最有效的方法。由于本病既可由鸽（禽）Ⅰ型副黏病毒引起，也可由鸡新城疫病毒感染所致，因此，疫苗的选用应顾及这两方面。推荐的免疫程序是：2 周龄时用新城疫Ⅳ系弱毒苗点眼、滴鼻或饮水；离窝转为青年鸽饲养时，同时接种鸡新城疫Ⅳ系弱毒苗和鸽Ⅰ型副黏病毒蜂胶佐剂灭活疫苗；配对上笼前以鸡新城疫Ⅳ系弱毒苗和鸽Ⅰ型副黏病毒蜂胶佐剂（或油佐剂）灭活疫苗加强免疫一次，以后每半年或一年接种鸡新城疫Ⅳ系弱毒苗和鸽Ⅰ型副黏病毒蜂胶佐剂（或油佐剂）灭活疫苗一次。

4. 疫情发生时的应急措施

（1）疫情发生后，首先应尽快实行隔离、封锁 禁止鸽及鸽产品、相关人员、车辆用具等物品的外出流动，深埋或焚烧销毁病死鸽，粪便、饲料残渣和垫草应彻底清扫，并集中堆放作无害化处理，以扑灭传染源。

（2）对鸽舍、用具和环境等进行严格彻底的清洁和消毒　常用的消毒剂有烧碱、过氧乙酸、百毒杀等，以切断感染途径。

（3）对易感鸽群采取紧急预防接种　在疫情初期或对受威胁的鸽场，可采用被动抗体预防，这种预防有迅速控制疫情的作用，但抗体有效持续期不长，仅7～14d。因此，同时要接种疫苗，常用鸽Ⅰ型副黏病毒灭活苗或新城疫弱毒苗进行紧急免疫，可很快控制疫情，对于雏禽可选用Ⅳ系苗、克隆30、Ⅱ系苗20倍稀释点眼、滴鼻，以增强易感群特异抗病力。

二、鸽痘

鸽痘是由鸽痘病毒引起的一种常见的接触性传染病，又称传染性上皮瘤、皮肤疮、头疮和禽白喉，以体表无羽毛部位散在的、结节状的增生性皮肤病灶为特征（皮肤型），也可表现为上呼吸道、口腔和食管部黏膜的纤维素性坏死性增生病灶（白喉型）。

（一）病原体

鸽痘病毒属于痘病毒科禽痘病毒属的一种，具有与鸡痘病毒相同的形态和理化特性，两者在抗原性上明显交叉。其化学成分为蛋白质、DNA和脂质。成熟的病毒粒子呈砖形，大小为250～354nm，由电子致密而居中的双凹核或拟核、两个凹陷中的两个侧面小体及囊膜组成，最外层有不规则分布的表面管状物。病毒主要在感染鸽的皮肤及黏膜病灶的上皮细胞胞浆内复制，上皮细胞核也参与此病毒的复制过程。病毒感染鸽后72h可在上皮细胞浆内出现A型包涵体。

鸽痘病毒对外界自然环境的抵抗力较强，对乙醚和氯仿有抵抗力。痘病毒对热抵抗力不强，55℃20min或37℃24h丧失感染力，故在腐败的环境中病毒很快死亡。对冷及干燥有抵抗力，冷冻干燥可保存3年。在干燥的痂皮中病毒能存活几个月甚至数年，在正常条件下的土壤中可生存几周。在pH3的环境下，病毒可逐渐地失去感染能力。阳光或紫外线能迅速杀死病毒。在20℃的条件下，用0.2%烧碱溶液、3%石炭酸溶液分别作用10min及30min均可被致弱，3%甲醛溶液作用20min可将其灭活。

（二）流行病学

1. 传染源

病鸽是主要的传染源，病鸽康复后不再发病，但仍带有病毒，成为隐蔽的传染源，往往被人们忽视。

2. 传播途径

病鸽脱落和碎散的痘痂，是散布病毒的主要形式，病毒也可通过泪液、鼻分泌物以及唾液排出。鸽痘的传播多经损伤的皮肤和黏膜而感染，鸽子打架互啄、接吻、蚊虫叮咬均会传染。被病毒污染的饲料、饮水或空气含有病毒的尘埃、羽毛、干燥的痂皮可以传播本病。

3. 易感动物

鸽痘病毒对宿主有明显的专一性，即自然情况下，只使感染鸽发病，而不使其他鸟类感染发病。不同品种和年龄的鸽都可发生，尤其是乳鸽对本病特别易感，严重的地方发病率高达80%，死亡率达到10%；童鸽也易发生；成鸽则较少感染发病。

4. 流行特点

鸽痘的发生有明显的季节性，一般夏秋季节多发，这与气候闷热，蚊虫叮咬有关，此外在季节变换时多易发生。拥挤、阴暗、潮湿、通风不良、体外寄生虫、啄癖或外伤、饲养管理不良和维生素缺乏等诱因，均可使本病加速发生或加重病情，如果此时又有并发症发生，则可造成大批病鸽死亡。

（三）症状及病理变化

鸽痘自然发病的潜伏期为4～14d，根据痘疮出现的部位可分为皮肤型、黏膜型、混合型三种。症状的严重程度取决于宿主的易感性、病毒毒力、病灶分布情况和其他并发因素的影响。

1. 皮肤型

鸽体无毛或少毛的眼睑、嘴角、鼻瘤、肛门、脚腿和翼内等的皮肤上长出特殊的结节状病灶，病的初期皮肤呈小点状病变，以后随病情的发展小点不断增大、融合并经过丘疹、水疱、脓疱、结痂的过程，在体表形成痂性赘生物。剥去痂皮，出现出血性病灶。若有细菌感染会使痘痂化脓，一般痘痂3～4周后干枯而自行脱落，留下一平滑灰白色的疤痕。

本型病鸽沉郁，毛松，食欲减退甚至废绝，闭眼呆立，生长迟缓。反应迟钝，行走困难。病情严重或饲养管理不良的，多以死亡为转归；不死的可逐渐康复，但生长发育都受到不同程度的阻滞。

2. 黏膜型

又称白喉型，病变通常发生在喙部口腔、喉（咽）部、气管和食道的黏膜上，在病变部可见到溃疡或白喉样黄白色病灶，初发为白色，不透明，稍有突起小结，然后迅速增大，融合而呈黄色干酪样，坏死物呈假膜状态，恶臭，不易剥落，剥离后则露出糜烂、出血的病灶。在气管里发生痘，危害最大，鸽因咽喉沉积物堵塞，引起气管闭塞而窒息死亡。多发于秋冬季节，死亡率较高。有时也可在眼睑边缘和眼睑内发生，此时眼结膜弥漫性潮红、肿胀和分泌物增多，随着病情进一步发展，分泌物由浆液性变成黏液性、脓性，甚至变成干酪样的块状物，影响视力，有的上下眼睑粘连，眼部肿大向外凸，造成失明。口腔的痘疮还可下行蔓延至喉头及食道的上段，严重影响采食和饮水，最后常死于饥饿，病程较上型为短。若有细菌感染，则喉部发炎，伪膜增厚而障碍饮食，呼吸困难，进而衰弱，窒息而死。

3. 混合型

这种病型常称为"痘血喉"，是皮肤型和黏膜型混合发生的类型。病鸽皮肤和黏膜均受到侵害。该病以体表无羽毛部位散在的、结节状的增生性皮肤病灶为特征（皮肤型），也可表现为上呼吸道、口腔和食管部黏膜的纤维素性坏死性增生病灶（白喉型）。近年来在鸽场多发，常引起乳鸽大量死亡，种鸽繁殖力下降。病情往往较单型的严重，危害也较大。病鸽表现精神委顿，呆立脚软，头低垂，翅膀松散下垂，食欲降低，体重减轻，患鸽肛门周围的羽毛粘有粪便，部分病鸽呼吸困难，机体衰弱以至死亡。亦常并发细菌感染或毛滴虫、球虫、呼吸道疾病发作，甚至造成死亡。

病理组织学变化皮肤型及黏膜型均是以上皮的增生和细胞的肿大及相应的炎症反应为特征，光镜下可见病变上皮的胞浆内出现嗜酸性包涵体。

4. 败血型

很少见，若发生则以严重的全身症状开始，继而发生肠炎，病鸽有时迅速死亡，有时急性症状消失，转变为慢性腹泻而死。病变与临诊所见相似。口腔黏膜的病变有时可蔓延到气管、食道和肠。肠黏膜可能有小点状出血。肝、脾和肾常肿大。心肌有时呈现实质变性。组织学检查，病变的上皮细胞的胞浆内有包涵体。

（四）诊断

可根据皮肤及黏膜上的特征性病变作出初步诊断，但须注意与泛酸、生物素或维生素A缺乏引起的病灶相区别。确诊需进行病理组织学检查或病毒的分离鉴定。

1. 组织学检查

取病灶部位皮肤或白喉样病灶的组织做切片，通过常规方法染色，如见到胞浆内包涵体即可诊断。

2. 动物接种

采取病鸽痂皮、伪膜病料制成匀浆悬液、离心，取上清液通过刺翼或毛囊接种易感鸽，5～7d后如产生特征性皮肤病灶即可确诊。

3. 鸡胚接种

取病料悬液上清液接种10日龄鸡胚绒毛尿囊膜，经3～4d可见到绒毛尿囊膜的痘斑与水肿等病变。

4. 血清学检查

常用的有血清中和试验、琼脂扩散试验、血凝与血凝抑制试验和ELISA等。

（五）防制措施

预防本病，应特别注意加强管理，搞好环境卫生与灭蚊工作，保持鸽舍干燥，及时发现病鸽并作无害化处理，消除传染源，再者提高鸽子抵抗力，如在保健砂和饮水中增加维生素A及维生素B_2、鱼肝油等多种维生素，可减少鸽痘的发病率。同时对受该病威胁的鸽群及时作预防接种，对防治鸽病十分重要。春季是鸽痘进行免疫接种预防的最好时期，鸽群采用鸽痘弱毒疫苗经腿部、翅内侧或翼膜刺种，也可将鸽腿部或肛门周边羽毛拔去一部分，然后用毛笔或硬刷将疫苗涂擦羽毛囊上。

鸽痘是一种病毒性疾病，目前无特异性治疗方法，临床上主要进行对症治疗和防止继发感染。

鸽群发生本病时，临诊上采用以抗菌消炎为主的对症性辅助疗法。一方面应进行全场投药；另一方面是采取外科手术，用小钳子钳去痘痂，皮肤型涂上碘酒、龙胆紫或四环素药膏。黏膜型则滴上碘甘油和冰硼散。但要注意外科手术易引起大量出血，加速死亡。对眼、鼻发炎的病鸽，除去痘痂后，用2%硼酸溶液冲洗患部，并涂擦金霉素眼膏，再滴入5%的蛋白银溶液有较好的疗效。连续3～5d。对于经济价值较高的鸽，如信鸽、优良种鸽等，可以选择肌肉注射2头份的干扰素。

此外，农户们发现黄豆可很好的治愈鸽痘，具体方法是每日喂捣碎的黄豆10颗，能迅速抑制痘的进一步发作。如鸽痘生在口腔内，可涂食盐和碘酒，同时中草药对鸽痘病毒也有很好的作用，常用的有云南白药、刀口药。饲料中喂服0.02%～0.04%的土霉素、0.04%的四环素对鸽痘有很好的疗效。

三、鸽流感

鸽流感又称鸽流行性感冒，是由A型流感病毒引起的接触性传染病，除鸽之外其他多种家禽及野鸟亦可感染发病。由于病毒的毒力不同，可从无症状感染到比较高的死亡率，临床症状和病理变化和鸽新城疫相似。

（一）病原体

病原为正黏病毒科中的 A 型流感病毒，根据流感病毒核蛋白（NP）和基质蛋白（MS）抗原性的不同，可将流感病毒分为 A、B 和 C 三个血清型。A 型流感病毒能感染多种动物，包括人、禽、猪、马、海豹等；B 型和 C 型主要感染人。根据流感病毒血凝素（Hemagglutinin，HA）和神经氨酸酶（Neuraminidase，NA）的抗原性差异，可将 A 型流感病毒分为不同的亚型，如 H_5N_1、H_7N_5 等。据报道现已发现的流感病毒亚型至少有 80 多种，其中绝大多数属非致病性或低致病性，高致病性亚型主要是含 H_5 和 H_7 的毒株。A 型流感病毒的变异频度要远比 B 型和 C 型流感病毒高，故新的血清型也将不断出现，这样无形中增加了禽流感的防控难度。

鸽流感病毒对外界环境的抵抗力不强，对高温、紫外线、各种消毒药敏感，容易灭活被杀死。56℃加热 30min、60℃加热 20min、65～70℃加热数分钟即丧失活性。但存在于有机物如粪便、鼻液、泪水、唾液、尸体中的病毒能存活很长时间。病毒对低温抵抗力较强，在有甘油保护的情况下，可保持活力一年以上。在 -70℃稳定，冻干可保存数年。该病毒对冻融作用较稳定，但反复冻融的次数过多，最终会使病毒灭活。

（二）流行病学

1. 传染源及传播途径

病毒可通过直接接触和间接接触感染，主要经消化道传染。病毒通过病鸽的分泌物、排泄物（特别是粪便）和尸体等污染许多物体，饲养管理用具、运输工具、受精工具、饲料、饮水、垫草、衣物、饲养人员等都能成为病原的机械性传播媒介。昆虫、野鸟、鼠等出入鸽舍的动物也都是本病的传播者。通过空气经呼吸道的感染危害性更大，发病更快。人工感染途径包括颅内、结膜、口腔、鼻内、气管、气囊、腹腔、皮下、肌肉、静脉内、泄殖腔等。此外人员的流动与消毒不严，在疾病的传播方面起着非常重要作用。

2. 易感动物

A 型流感病毒在家禽中以鸡和火鸡的易感性最高，其次是珍珠鸡、野鸡和孔雀，鸭、鹅、鸽、鹧鸪也能感染。在人工感染试验中，A 型流感病毒还能感染猪、猫、雪貂、水貂、猴和人类。

3. 流行特点

鸽流感一年四季均可发生，尤其是气候变化剧烈的冬春季节发生较多，夏秋季节零星发生。阴雨、潮湿、寒冷、贼风、运输、拥挤、营养不良和内外寄生虫侵袭等诱因，均可促使本病的发生、发展和流行。

（三）症状

鸽流感潜伏期从几小时到几天不等，其长短与病毒的致病性、感染病毒的剂量、感染途径和被感染禽的品种有关。

病鸽精神委顿，不活动，羽毛松乱，食欲差，逐渐消瘦。表现为咳嗽、打喷嚏、呼吸急促和大量流泪。严重时则引起支气管炎，流鼻液，鼻液污染背部羽毛，两眼肿胀流泪，眼睑被浆液性分泌物黏附。头部和脸部水肿，神经紊乱和腹泻。母鸽产蛋量下降。这些症状中的任何一种都可能单独或以不同的组合出现。有时疾病暴发很迅速，在没有明显症状时就已发现鸽死亡。急性死亡鸽通常营养状况良好；亚急性或慢性病死鸽，瘦弱、脱水，皮肤及皮下干燥。眼、鼻有分泌物，有的可见颜面、头部肿大，鸽冠及肉髯发紫或见水肿。

（四）病理变化

病理变化主要表现为机体缺水，发绀、水肿，广泛的皮下胶冻样，鳞片成紫色出血，气囊可见卡他性、黏液性炎症，有干酪样物；鼻腔、气管有黏液，或见眶下窦内积有黏液或干酪样物，肺淤血；喉头、气管黏膜充血、出血，内脏浆膜出血，肠道脂肪有出血点，脾充血、水肿；肌胃出血坏死，心包膜增厚，心外膜、冠状沟脂肪及心外膜出血，心尖部有深红色出血斑，有时还见心肌条状或点状坏死；有的可见胰腺出血和有淡黄色斑点状坏死点；肾脏常见肿大及肾小管中尿酸盐沉积，有时充血、水肿；十二指肠及小肠黏膜红肿，有程度不等的出血点或出血斑；空肠充血出血，盲肠扁桃体肿大、出血；直肠黏膜及泄殖腔黏膜出血。生殖道病变也较明显，可见卵泡充血、出血，呈紫红、紫黑色，有的卵泡变形、破裂，卵黄液流入腹腔，形成卵黄性腹膜炎。

（五）诊断

根据临床症状、病理变化结合流行病学可进行初步诊断，确诊需要进行实验室检查。常用的方法有病毒的分离鉴定、血凝和血凝抑制试验、琼脂扩散试验、ELISA 以及聚合酶链反应（PCR）。

（六）防制措施

预防本病主要防止从国外引入，一旦发生，采取严密的隔离封锁措施，淘汰全群鸽，控制产品流动。首先要注意卫生消毒工作，包括笼舍、饲槽等的定时消毒。其次，免疫接种是一个有效的预防途径。对种鸽和后备鸽接种疫苗，减少垂直传播的可能，以彻底消灭鸽流感。实行全进全出制。

本病无特效药物治疗。在流行过程中一般不主张治疗，以免疫情扩大。病毒唑和金刚胺有一定的疗效。使用抗病毒药的同时，应配合应用一些抗生素来防治细菌的继发感染，目前可以从病鸽体内快速分离病毒，并研制出相应的疫苗，进行紧急免疫接种，效果理想，但周期较长。虽然血清不易储存，价格昂贵，但由于效果明显，为此应用广泛。对症治疗对本病能起到很好的效果。

平时加强饲养管理对预防本病是至关重要的，给予全价饲料，如饮水中加高锰酸钾，以减少病原扩散；其次每隔 3～4d 于饮水中加硫酸镁（1L 水中加 1 药匙），起到净化鸽群消化系统的作用。饲料和饮水中添加维生素 C、维生素 A 及其他微量元素，以增强机体的抵抗力。添加环丙沙星等抗生素来防止细菌继发感染，同时尽量避免一些应激因素，如寒冷刺激等。

四、鸽马立克氏病

鸽马立克氏病是由有致瘤作用的马立克氏病毒引起鸽的淋巴组织增生性恶性肿瘤病。本病以病鸽的外周神经、各脏器、卵巢、皮肤等发生淋巴细胞浸润和增生以及肿瘤形成为特征。引起鸽及野生禽类急性消瘦、肢体麻痹和死亡。

本病近年来有进一步蔓延的趋势，其原因主要是频繁引进种鸽及规模化养殖业的发展，具备了传染病流行的三个基本环节。该病在世界各主要养鸽国家和地区均有流行，在我国也是最重要的禽病之一，对我国养鸽生产造成严重威胁和巨大的经济损失。

（一）病原体

鸽马立克氏病（Marek's Disease，MD）是由疱疹病毒科的马立克氏病病毒引起的，马立克氏病病毒（MDV）是一种嗜淋巴性的细胞结合病毒，病鸽羽囊上皮细胞含病原最多，以不完全病毒和完全病毒两种形式存在于病鸽体内。不完全病毒也称为没有发育成熟的细胞结合毒或裸体病毒，在体外活力很低。成熟型病毒也称为完全病毒，为非细胞结合毒，所以对外界环境有很强的抵抗力，广泛存在于自然界，病毒随尘埃飞扬经呼吸道而传播，对雏鸽有很强的感染力。

马立克氏病毒对各种理化因素的抵抗力很强，特别对干燥及低温有较大的耐受性，干燥的羽毛在室温中 8 个月仍有感染力，在 −65℃ 的保护剂中 210d 不受破坏，在室温的粪便或垫料中，16 周尚保持活力，但病原对热的抵抗力不强，37℃ 经 18h、60℃ 经 10min 即可被灭活。本病毒在 pH3 或 11 时很快死亡。常用消毒药作用 10min 就能使其灭活。

（二）流行病学

1. 传染源及传播途径

带毒或发病的禽类为本病的传染源，马立克氏病病毒对鸽类危害较大，病毒通过直接接触和间接接触传播。主要经呼吸道、消化道传染，病鸽的羽毛、分泌物和排泄物都含有病毒，常同尘土、粉尘混合在一起在空气中到处传播，还可借被污染的饲料，饮水，用具等传播媒介传染，不良的环境条件有利于本病的发生和传播。鸽马立克氏病病毒不经蛋内传染。此外，在炎热季节吸血昆虫如蚊子等也可通过血液传播病毒。

2. 易感动物

本病的自然宿主是鸡，其次是火鸡，野鸡和珍珠鸡也易感。此外禽类包括鸭、鹅、鸽、鹌鹑、金丝雀以及天鹅也有报道感染。鸽的性别、年龄、品种（遗传）与本病感染率和死亡率有关。初生雏鸽对马立克氏病强毒最易感染；雌鸽比雄鸽对本病毒更易感染；肉鸽、蛋鸽均易感染。

3. 流行特点

本病具有传播速度快、传播广、潜伏期长（1～6 个月不等）等特点。

（三）症状

该病以外周神经、虹膜、皮肤、肌肉和各内脏器官的淋巴样细胞浸润、增生和肿瘤形成为特征。潜伏期较长，通常在受感染后几周才出现症状，随之开始发生零星的死亡。短的 3～4 周，长的数月。根据临床表现和病变发生的主要部位，可分为神经型、眼型、皮肤型、内脏型和混合型 5 种。

1. 神经型

又称为古典型或慢性型。主要侵害机体外周神经（特别是坐骨神经）而出现运动机能障碍、头颈歪斜，头颈和翅膀下垂、翅膀下垂似"穿大褂"一样，失声、嗉囊扩张变大、呼吸困难及腹泻等一系列外周神经损伤症候群。有时几种症状一起出现，但多数表现两后肢一侧或两侧运动障碍的临床各种体征。随着病情的不断发展，最终多见两腿一前一后伸张，呈典型劈叉姿势。

因运动障碍，病鸽消瘦，羽毛松乱，食欲减退或废绝，精神委靡，出现跛脚，常因两后肢麻痹卧地不起、多横卧于一侧等。最终由于营养衰竭、脱水而引起体内组织各种变化而死亡。

2. 眼型

主要表现一侧或两侧眼睛失明，虹膜受到损伤后引起色素消失，虹膜色变淡，呈现同心的环状或斑点状以至青蓝色或淡灰白色的混浊，似鱼眼样，瞳孔收缩而呈针状大小。边缘不整齐，视力下降，甚至眼睛失明，病鸽可由此出现精神、采食、运动等一系列临床表现。

3. 内脏型

又称为急性型，多与神经型混合发生，本型多侵害50～60日龄的幼鸽，尤其对肉仔鸽。主要表现严重的精神委顿、闭眼，沉郁、呆立，食欲不振，羽毛粗无光泽，可视黏膜褪色等。间有腹泻症状，排白色或绿色粪便。不久便迅速消瘦，体质衰弱，腹围增大，触摸病鸽腹部时，有坚实块状感，后期脱水，极度消瘦，呈昏迷状态。常突然死亡或进行性全身衰竭而死亡。神经症状不明显。本类型在临床上多见，在尸体内脏肿瘤进行实验室组织切片检查时而得到确诊。不易接近的野生禽类（如丹顶鹤、天鹅等）患病易出现本类型症状。

4. 皮肤型

发生在翅、颈、腿、背和尾部皮肤，毛囊肿大，皮肤增厚，羽毛脱落及皮肤有大小不等的结节肿块为本型临床表现的主要特点。从颈、翅皮肤羽毛先脱落，随后逐渐扩展至其他体表皮肤。羽毛脱落部位的皮肤，可见到大小不等的小结节肿块，且不断增大，质地坚实而不滑动，严重时可呈疥癣样结痂。

5. 混合型

同时出现上述两种或几种类型的症状。

（四）病理变化

神经型主要损伤外周神经，病变主要集中于坐骨神经及腹腔神经、臂神经和内脏大神经、迷走神经、翼神经及腰荐神经，多见单侧性坐骨神经或臂神经，神经比原来粗大几倍，色灰白或黄白水肿，像在水中泡过一样，呈透明状，横纹消失，粗细不均；横纹肌光泽消失，外周有透明的胶样浸润，降低了神经的可见度。

内脏型的病理变化主要在肝脏、脾脏、肾、心脏、卵巢、骨骼肌、胰、肺脏、腺胃、肠管、肠系膜及肠道弥漫性散布淡黄白色肿瘤结节，法氏囊萎缩或弥漫性肿大。

皮肤型的皮肤小结节肿块，由淋巴样细胞形成，病灶可呈疥癣样结痂。

（五）诊断

根据临床表现的特征性麻痹、进行性消瘦、流行特点及肉眼病理变化可作出初步诊断。确诊则需进一步进行实验室检查。

采病鸽肿瘤器官或神经送实验室做切片染色镜检；应用琼脂扩散试验、荧光抗体试验和间接血细胞凝集试验等血清学方法进行诊断；也可采取病料进行鸽胚卵黄囊接种及人工发病，但一般情况下，极少采用，而以病状、病变为确诊依据。

与皮肤型鸽痘的不同点在于质地坚实、不断增大和不会自行脱落消失。与羞螨病的区别是羽区体表的皮肤无发痒表现，结节处也观察不到爬行的羞螨。眼型马立克氏病与 V_A 缺乏症相类似，但本病的眼炎，无眼球干涸、皱缩和眼内有干酪样物的情况。

（六）防制措施

马立克氏病目前尚无有效治疗方法。免疫预防是最好的办法，发病的鸽场，可试用鸽马立克氏病疫苗对出壳 24h 内的雏鸽进行颈部皮下免疫接种。同时加强鸽群卫生条件，严格消毒，添加多种微量元素，给予全价饲料以提高机体的抵抗力，在饲料中添加一些抗生素预防细菌继发感染，如有病鸽，宜淘汰并作焚烧处理。注意新引进鸽或禽类的检疫工作，从根本上杜绝传染源。对发病普遍、危害严重的场，可考虑全部停产并封锁 1～12 个月，在此期间要进行全场环境、栏舍、用具的彻底消毒。

五、鸽大肠杆菌病

大肠杆菌病是由大肠埃希氏菌引起的传染性疾病，多见于家禽和鸟类，哺乳动物和人均可传染本病，鸽子也易得本病。

本病在临床上有多种类型，包括急性败血型、内脏型、卵黄性腹膜炎型、生殖型、大肠杆菌性肉芽肿、神经型、眼炎型、脐炎型等。危害最大的是急性败血型，但近几年神经型、眼炎型及生殖型大肠杆菌病在国内时有发生，而其他类型则较少发生。

（一）病原体

致病性大肠杆菌为肠杆菌科、埃希氏菌属，本菌革兰氏染色阴性的杆菌，不形成芽孢，有的有荚膜，大小通常为 $2～3\mu m \times 0.6\mu m$，具有周身鞭毛，可活泼运动，本菌在病料和培养物中均无特殊排列。本菌兼性厌氧，对营养要求不高，在普通培养基中即可生长。

大肠杆菌在自然界中分布极广，可以说凡是有哺乳动物和禽类活动的环境，其空气、水源和土壤中均有本菌存在的可能。大肠杆菌的血清型极多，有关文献报道，菌体抗原（O）141 个、荚膜抗原（K）89 个、鞭毛抗原（H）49 个，根据大肠杆菌的 O 抗原、K 抗原、H 抗原等表面抗原的不同，可将本菌分成很多的血清型。

大肠杆菌是畜禽肠道的正常栖居菌，是构成禽类正常菌群的一部分，其中大部分有益，能合成维生素 B、K，供寄主利用，并对许多病原菌有抑制作用。但其中约 10%～15% 的大肠杆菌是潜在的致病血清型。一部分菌株有致病性，或者平时不致病，在寄主体质下降、体弱的情况下致病。

本菌对外界环境因素的抵抗力属中等，对理化因素较敏感，55℃1h 或 60℃20min 被灭活杀死，120℃高压消毒立即死亡，而在寒冷而干燥的环境中能生存较久。大肠杆菌在水、粪便和尘埃中可存活数周或数月之久。本菌对石碳酸和甲醛高度敏感，但黏液和粪便的存在会降低这些消毒剂的效果。

（二）流行病学

1. 传染源

病鸽和带菌鸽是主要的传染源，病菌通过污染的蛋壳，病鸽的分泌物、排泄物及被污染的饲料、饮水、食具、垫料及粉尘而传播。鼠是本菌的携带者。

2. 传播途径

传播途径有很多种，接触传染是最重要的，主要经过呼吸道、消化道、交配等途径传染，也可通过母源性带菌垂直传递给下一代，也可经肛门及皮肤创伤等门户入侵。饲料、饮水、垫料、空气等是主要传播媒介。通过粪便污染饲料、饮水、蛋壳等，使胚胎、幼雏或成年鸽发病。

3. 易感动物

各类动物、野生鸟和观赏鸟皆易感染。通常由于卫生条件差，维生素和其他营养物质缺乏，或有其他疾病时，多易发生此病。

4. 流行特点

本病一年四季均可发生，但以冬春寒冷和气温多变季节多发，湿度大，密度大、管理不当会引起此病。常与慢性呼吸道病、新城疫、传染性支气管炎、支原体病，传染性法氏囊病、马立克氏病、曲霉菌病、葡萄球菌病、绿脓杆菌病、沙门氏杆菌病、鸡副嗜血杆菌病、念珠菌病、球虫病、腹水症等混合感染。

（三）症状

潜伏期约数小时至3d，常见的有以下几种类型：

1. 急性败血型

病鸽表现精神委靡，呼吸困难，食欲、饮欲下降或废绝，羽毛逆立，呆立一旁，流泪、流涕，排黄白色或黄绿色稀粪，全身衰竭。最急性病例突然死亡，有的临死前出现仰头、扭头等神经症状。鸽子常陆续发病死亡，持续很久，在日龄较低、饲养管理不善，治疗药物无效的情况下，累计死亡率可达50%以上。

2. 大肠杆菌性肉芽肿型

此型的症状只是一般性的，并没有特征性表现。

3. 腹膜炎

是由大肠杆菌局部感染引起的。一般以母鸽的卵黄性腹膜炎为多，以大肠杆菌破坏卵巢造成蛋黄进入腹腔而导致腹膜炎较为常见。

4. 幼鸽脐炎

主要是大肠杆菌与其他病菌混合感染造成的雏鸽脐炎，本病主要发生于出壳初期，出雏提前，出壳雏鸽脐孔红肿发炎并常有破溃，脐带断痕愈合不良，后腹部胀大、皮薄、发红或呈青紫色，常被粪便及脐孔渗出物污染。粪便黏稠，黄白色、有腥味。全身衰弱，闭眼，垂翅，懒动，很少采食或废食，有时尚能饮水，较易死亡。

5. 气囊炎

大肠杆菌常使鸽子气囊发生感染，引起呼吸困难。本病通常是一种继发性感染，当出现新城疫、支原体等感染时，本病多伴随发生。病鸽初期吃料少，喝水多，2～3d后不食，体瘦、衰竭，粪便稀如水样。呼吸困难，伸颈张口喘气。口腔黏膜增厚，有大小不等的淡黄色沉着物，沉着物有时阻塞喉头及食道。口腔中有的积聚多量液体，很快体重下降，衰竭死亡。

6. 全眼球炎

本病一般发生在败血症的后期。病鸽头部轻度肿大，少数鸽的眼球由于大肠杆菌的侵入而引起炎症，大多数是单眼发炎，少数为双眼发炎。表现为眼皮肿胀，闭眼流泪，眼内蓄积脓性渗出物，眼睑肿胀。有的眼睑发生粘连，眼球发炎，角膜浑浊，拥挤呆立或蹲伏地下，少数呼吸困难，病情较轻的，出现歪头斜颈的症状，腹泻，排黄白色或绿色水样、恶臭的粪便，严重时双眼失明。病鸽精神沉郁，蹲伏少动，觅食困难，最后衰弱死亡。

（四）病理变化

剖检病死鸽尸体，因病程、年龄不同，有以下多种病理变化。

1. 急性败血型

急性败血型病鸽剖检可见胸肌丰满、潮红，嗉囊内常充满食料，发出特殊的臭味，有时可见腹腔积液，液体透明、淡黄色。肠黏膜充血、出血，脾脏肿大，色泽变深。肛门周围有粪污。其特征性的病变为心包、肝周围及气囊覆盖有淡黄色或灰黄色纤维素性分泌物，肝的质地较坚实，有时有古铜色变化。

2. 大肠杆菌性肉芽肿型

大肠杆菌性肉芽肿型病鸽其明显的肉眼变化是胸、腹腔、脏器出现大小不等、近似枇杷状的增生物，有的呈弥漫性散布，有时则密集成团，灰白、红、紫红、黑红色不等，切开可见内容物为干酪样，各脏器为不同程度的炎症。

3. 腹膜炎

剖检可见腹水较多，腹腔内布满蛋黄样凝固的碎块，使肠系膜、肠相互粘连，卵巢中正在发育的卵泡充血、出血，有的萎缩坏死。

4. 幼鸽脐炎

幼鸽脐部受感染时，脐带口发炎，多见于蛋内和刚孵化后感染。

5. 气囊炎

病鸽气囊增厚，附着多量豆渣样渗出物，由于原发病的掩盖而不表现出特殊症状。

6. 全眼球炎

病鸽消瘦，切开眼部，内含黄白色豆腐渣样块状物，眼球外层覆盖一层混浊的淡白色薄膜，喉部有黄色干酪样渗出物，肠黏膜充血、出血、淤血，尤以十二指肠最为严重，肝、脾略肿大，气管环状出血。

（五）诊断

临床检查结合流行病学、剖检变化可初步确诊，进一步确诊可通过实验室检验，取眼内分泌物，肝、脾等病变部位涂片，镜检发现大量大肠杆菌，即可确诊。

（六）防制措施

在预防方面，一方面可接种多价苗或本场分离的大肠杆菌所制的菌苗。考虑到减少场内污染问题，若用菌苗，建议尽可能选用相应血清型的灭活大肠杆菌菌苗。另一方面做好平时的兽医卫生防疫工作，加强饲养管理及定期投服预防药等，搞好环境卫生，及时消除粪便，饲槽、水槽要清洗，鸽舍及运动场要定期消毒。全群用多维饮水，增强鸽子的抗病力。近年来对微生态制剂研究表明，乳酸菌、双歧杆菌、芽孢杆菌等，在早期饲喂可促进肠道菌群的正态分布，从而减少致病性大肠杆菌的数量和发病率。

大肠杆菌病的治疗药物较多，但在发病早期和预防时效果较为明显，而后期治疗只能减少死亡。可以根据药敏试验的结果，优选三种及敏药或高敏药交替使用，每日仅用一种，早晚各用一次，连用6d，中间不能停药，或选用鸽群从未用过的抗菌药物三种进行交替防治。以下抗菌药物也可选用：四环素类抗生素（土霉素、强力霉素等），0.01%～0.06%混合于饲料，0.004%～0.008%饮水，连用5～7d；多黏菌素B与多黏菌素E，每天用8 000～10 000单位，1次肌肉注射，或一天分3次口服，连用3～5d，在治疗时与四环素药物合用有协调作用；呋喃唑酮，0.01%～0.04%混合于饲料或饮水，连用7d；磺胺类药物，磺胺噻唑（ST）、磺胺嘧啶（SD）、磺胺二甲嘧啶，0.5% 混合于饲料或 0.2% 饮水，连用 2～4d；磺胺间甲氧嘧啶（SMM）、磺胺甲基异噁唑（SMz）、磺胺喹噁啉（SQ），0.1% 混合于饲料，连用 2～4d。

六、鸽副伤寒

副伤寒是由肠杆菌科沙门氏杆菌属中数十种能运动的沙门氏杆菌引起的多种动物共患的一种传染病。也是肉鸽，尤其是幼鸽的一种常见多发病，对养鸽业的危害十分严重。发病后幼鸽多呈急性败血性经过，可造成大批死亡。而成年鸽则呈现慢性或隐性经过。本病常与鸽新城疫、毛滴虫病、败血霉形体病合并发生，造成更为严重的损失。

（一）病原体

引起鸽副伤寒的沙门氏杆菌约有十多种，其中以鼠伤寒沙门氏菌哥本哈根变种最为重要。副伤寒群中的细菌都是革兰氏阴性、不产生芽孢的杆菌。在血清学上具有相关性。大小一般为 $0.4～0.6\mu m \times 1～3\mu m$，但偶尔也形成短丝。常靠鞭毛运动，但在自然条件，也可遇到无鞭毛或有鞭毛而不能运动的变种。副伤寒菌为兼性厌氧菌，在牛肉汁和牛肉浸液琼脂以及肉汤培养基中容易首次分离培养成功（除粪便外的其他样本）。最适生长温度为 37℃。留种用的培养物在封有石蜡的琼脂穿刺柱中，不经移植可以维持存活数年。

沙门氏杆菌在外界环境中的生存和繁殖能力较强，在土壤中能存活 280d，在池塘中能存活 119d，在饮水中可存活 3 个月之久，粪便中的沙门氏杆菌可存活 28 周，蛋壳表面、蛋壳膜和蛋内的沙门氏杆菌在室温条件下可存活 8 周。本菌对热和多种消毒剂敏感，加热至 60℃5min 即可被杀死。甲醛与含有甲醛的化合物能有效地杀灭土壤和鸽舍中的沙门氏杆菌，同时也广泛用于种蛋、孵化器、孵化室与建筑物的熏蒸消毒。

（二）流行病学

1. 传染源

病鸽和带菌鸽、特别是耐过的成年鸽常成为带菌者，从粪便中持续排菌，故成为主要传染源；慢性型成年鸽也可成为最危险的传染源。

2. 传播途径

本病的传播方式有两种，即水平传播和垂直传播。水平传播主要是通过污染的饲料、饮水经消化道传播，鸽子相互接吻，亲鸽哺喂乳鸽也是经消化道传播的方式。此外也可通过呼吸道、眼结膜及受损伤的皮肤而传播。垂直传播是带菌的种蛋和被污染的种蛋经孵化使胚胎受到感染，导致本病经种蛋传播给后代，垂直传播对本病的发生具有极为重要的意义。

3. 易感动物

在发病年龄上，虽无明显特异性，但多侵害 1 岁以内的幼鸽。大多数种类的温血与冷血动物都可发生副伤寒感染，并能互相传染。据致病性试验，鼠伤寒沙门氏菌哥本哈根变种不仅能特异性感染鸽子，还可引起鸡、鸭、鹅和小鼠发病、死亡。鼠类和苍蝇等都是副伤寒菌的主要带菌者，对传播本病起重要作用。

4. 流行特点

本病虽一年四季均可发生，但常发于气候多变的季节，特别是冷湿季节。当鸽舍污秽、潮湿、拥挤，饲料和饮水供应不足、质量低，长途运输中气候恶劣、饥饿，体内外寄生虫寄生等，均可促进本病的发生。

（三）症状

乳幼鸽多呈全身性感染，表现败血症，青年鸽与成鸽感染后呈慢性经过。

1. 乳幼鸽

在暴发流行时都呈急性死亡，或出现胚胎死亡，或出壳后不久死亡，均属蛋内感染。病鸽出现嗜眠呆立，垂头闭眼，两翅下垂，羽毛松乱。病初排出水样粪便，随后排出灰绿色恶臭便，肛门周围污秽并有石灰样物粘连，精神委靡，有的出现呼吸困难，病程3～5d，多数死亡。

2. 青年鸽与成鸽

急性型不多见，一般均为慢性经过，主要出现精神沉郁，食欲不振，羽毛松乱无光泽，体况下降，逐渐消瘦。时断时续出现下痢，拉稀便，有的出现不愿活动、行走困难、关节肿胀发硬、单脚站立等关节炎症状。

（四）病理变化

在幼鸽，极为严重的暴发中，可能不出现病变。若在暴发中有逐渐发展为晚期的病例，最常见到的病变为消瘦、脱水、卵黄凝固、肝和脾充血并有条纹状出血斑或针尖大小坏死灶，肾脏充血，心包炎并有粘连。

在鸽副伤寒感染中常可见到关节炎，最常发生于翼关节，而且皮下软组织肿胀明显。眼睑肿胀，结膜发炎。在口腔、舌根与上腭都有黄绿色纤维蛋白沉积。

在成年鸽急性感染表现为肝、脾和肾的充血与肿胀以及出血性或坏死性肠炎、心包炎与腹膜炎。产蛋禽的病变可见输卵管有坏死性和增生性病变以及卵巢有化脓性和坏死性病变。

（五）诊断

根据其临床症状，病理剖检变化及流行病学调查等，可作出初步诊断，作为制定早期治疗或控制措施的基础，确诊需进行实验室诊断。

（六）防制措施

首先要做好种鸽场的检疫和净化工作。沙门氏杆菌在成年鸽体内常呈现隐性感染和带菌状态，这些鸽外观看似健康，但它可通过种蛋将病菌传播给下一代鸽。所以，首先应定期做好检疫工作，将隐性感染的种鸽和带菌鸽清理出种鸽群，从种源上杜绝本病的发生。其次是要做好消毒工作，除做好鸽场内的卫生消毒以外，特别要注意对种蛋的消毒和选择。种蛋常常在产蛋过程中被粪便污染，或在产出后被窝内的垫草所污染，而污染的种蛋其表面的沙门氏杆菌能够透过蛋壳进入蛋内，造成先天污染。所以要保护种蛋不被污染，从而消除本病的垂直传播。对于本病发生的鸽场，应定期进行药物预防，但要注意轮换用药，以防病原菌产生耐性。

磺胺类药物、抗生素、呋喃类药物，均可用于治疗鸽副伤寒感染。萘啶酸钠是最有效的药物；其次是庆大霉素、磺胺噻唑、磺胺二甲嘧啶以及呋喃唑酮、四环素、土霉素也可选用。

七、鸽传染性鼻炎

本病是由鸽副嗜血杆菌引起的慢性上呼吸道病。主要症状为鼻腔和鼻窦的炎症，表现流涕，面部水肿和结膜炎。

此病分布全世界，尤以赛鸽多发，发病率很低，死亡率也低，且一般接受治疗后都能迅速痊愈。

（一）病原体

鸽副嗜血杆菌呈多形性，幼龄时为一种革兰氏阴性的小球杆菌，不成芽孢，无鞭毛、不能运动。本菌为兼性厌氧，在有 $5\% \sim 10\%$ CO_2 的环境中易于生长。本菌的致病力与菌体脂多糖（引起中毒症状）、多糖（引起心包积液）及含有透明质酸的荚膜（引起鼻炎）有关。

本菌的抵抗力很弱，离开鸽体很快死亡。常用的消毒药均可在短期内将其杀死。培养基上的细菌在 $4℃$ 时能存活两周，卵黄囊内菌体 $-20℃$ 每月继代一次。对热很敏感，在 $45 \sim 55℃$ 的温度下 $2 \sim 10min$ 可致死。在冻干条件下可保存十年，因此，多采用真空、冷冻干燥的方法长期保存菌种。本菌对结晶紫和杆菌肽有一定的抵抗力。

（二）流行病学

1. 传染源及传播途径

已经发病的病鸽和隐性带菌鸽是本病的主要传染源，主要是经由呼吸道感染，通过飞沫进行传播，此外，消化道感染也有可能，被病菌污染的饮水和饲料，啄石等，也可经口进入健康鸽的消化道而引起。

2. 易感动物

鸽不论年龄大小都能感染，老龄鸽感染较为严重，但在自然的情况下，大幼鸽和老龄鸽最易得病，最早在 25 日龄就出现临床症状。

3. 流行特点

本病有明显的季节性，多发于秋冬季节，流行高峰期在每年 12 月至次年 2 月。鸽子生活在通风不良，日照不足和密集饲养的恶劣条件下，加上体质虚弱，维生素缺乏，特别是罹患寄生虫（肠虫、球虫和毛滴虫）等时更易暴发本病。

（三）症状

潜伏期很短，为 $1 \sim 2d$。幼鸽生长发育受阻，种鸽性欲下降。临床表现为结膜炎，眼、鼻、口有黏液性分泌物，头部肿胀、脸部水肿，眶下窦肿胀，打喷嚏、厌食，腹泻，有时伴有气管和气囊炎症，引起呼吸困难。

成年鸽发病初期厌食，闭目嗜睡，不愿走动。在中后期，病鸽眼睑和肉垂浮肿，鼻腔内有浓性分泌物。严重时肉髯、脸部乃至整个头部肿大，头如猫头鹰状，眼、鼻出现上卡他性炎症。鼻液分泌急剧增加，初期是清液，继而转为脓浆样黏液，有时有呼吸道啰音，病鸽委顿、厌食，排绿色稀粪，消瘦。常打喷嚏，眼陷于肿胀的眼眶内，有个别鸽肿胀延至颈部。产蛋母鸽产蛋率显著下降。本病的死亡率不高且甚易痊愈，但若并发鸽的其他严重疾病，致死情况也会发生。

霉形体感染是最常见的并发症，并可继发为严重呼吸道病变，如果鸽子营养状况不良，病鸽体质下降，最终虚脱致死。

（四）病理变化

病理变化相当明显且常见于鸽子脸部，表现为脸部及肉髯皮下水肿，颜面肿胀，鼻腔和窦黏膜呈急性卡他性炎症，鼻分泌物剧增。黏膜充血肿胀，表面覆盖大量黏液，窦内有渗出性凝块，后成为干酪样坏死物。常见卡他性结膜炎，结膜充血肿胀，出现的典型症状是：眼睑粘连，结膜囊积聚干酪样渗出污物，进一步发展会并发气管炎，慢性肺炎和气囊炎。卵泡变性，坏死和萎缩。

（五）诊断

本病的症状相当典型，可凭借典型的病史和症状作出初步诊断。但是，鉴别诊断仍需进行，这是因为传染性鼻气管炎，传染性支气管炎，禽霍乱，甚至维生素缺乏症（特别是维生素 A 的缺乏），也会出现类似的症状。确诊和鉴别诊断可通过镜检，进行病原分离鉴定，动物接种试验，也可通过检验血清中的嗜血杆菌凝集素进行确诊。

（六）防制措施

预防本病应加强饲养管理，搞好卫生消毒工作，降低鸽舍的饲养密度，注意控制鸽舍温度、湿度，并保持通风，严防病原菌传入。保证饲料和饮水清洁，定期灭鼠灭虫。发病鸽场要进行清理整群，分群饲养，隔离治疗。对病鸽和带菌鸽最好做淘汰处理，病鸽舍经彻底清扫消毒后，空闲 1～2 周后再引进新鸽。有人认为用 A 型或 C 型鸡副嗜血杆菌生产的鸡用疫苗，对鸽能起到预防作用。

治疗本病可选用下列药物：链霉素 100mg/kg 体重或庆大霉素 1 万 IU/kg 体重，肌肉注射，每日 2 次，连用2～3d；磺胺噻唑或磺胺二甲基嘧啶0.5%拌料，连喂5～7d；还可应用土霉素、红霉素、泰乐菌素进行治疗。在整个治疗过程中应避免应激。

八、鸽巴氏杆菌病

鸽巴氏杆菌病（禽霍乱）又称鸽出血性败血症，是由多杀性巴氏杆菌引起的鸽的一种急性传染病，其特征是突然发生、下痢、败血症和高死亡率。本病在我国鸽群中时有发生、流行，在世界上分布很广，已成为鸽的一种常见病。

（一）病原体

本病病原为多杀性巴氏杆菌。本菌是一种革兰氏阴性、不运动、不形成芽孢的杆菌，单个或成双存在，偶尔可见成链状或丝状排列。其大小为 $0.2～0.4\mu m \times 0.6～2.5\mu m$。经反复继代培养后，趋向于呈多形性。用美蓝、石炭酸-复红或姬姆萨染色后，组织、血液中的细菌及新分离物呈明显的两极着色。

本菌在血液琼脂上生长良好，呈淡灰色、圆形、湿润、露滴状、不溶血小菌落。利用血清（或马丁肉汤）琼脂上培养18～24h 的菌落在 45°折光观察，根据菌落的荧光特征可分为 F_0 型（对禽致病力强）、Fg 型（对禽致病力较弱）和 Nf 型（无荧光、无毒）三型。

本菌的抵抗力不强，在阳光直射或干燥情况下很快死亡。加热 56℃ 30min，60℃ 20min，70℃5～10min 即可死亡。5% 石炭酸、1% 漂白粉、5%～10% 热石灰水等作用1min 即可灭活。

（二）流行病学

1. 传染源

病禽和病鸽是本病的主要传染源。飞禽、猪、猫、狗、鼠及某些昆虫如苍蝇均可机械性地将禽霍乱病菌带入禽群或鸽群。病菌可通过死禽的尸体、粪便、分泌物以及污染的笼子、饲槽、饲料、垫料、水源和空气及任何其他设备传入鸽群。

2. 传播途径

主要是消化道和呼吸道，通过食入被污染的饲料和饮水，以及吸入被污染的空气而感染；体外寄生虫也可起媒介者的作用；还有人类、野禽和其他动物等带菌者也能起机械性传播作用。

3. 易感动物

各种家禽（鸡、鸭、鹅、鸽和火鸡）、人工饲养的珍禽（鹌鹑、锦鸡、珍珠鸡和石鸡等）、野生水禽和接近禽场的小型飞鸟（麻雀、乌鸦和椋鸟等）对本病均具易感性。在实验动物中，家兔和小鼠非常敏感。鸽群中乳鸽和童鸽发病多，青年鸽较少发生，老龄鸽几乎不发生。

4. 流行特点

经常呈散发性，偶尔呈现流行性。本病虽一年四季均可发生，多发生于夏末和秋季，多见于温热、潮湿的季节。空气污秽、饲养密度高、通风不良，饲养不佳都可成为群体发病的诱因。

（三）症状

1. 最急性型

多见于肥壮、高产的鸽群和流行前，常突然发病，并迅速死亡，死前多有乱跳、拍翅等垂死挣扎的表现。

2. 急性型

病程1~2d，病鸽精神委顿，羽毛松乱，头低眼闭，翅膀下垂，离群呆立，不愿走动，食欲废绝，渴欲增加，呼吸急促，口、鼻有黏液流出，常有腹泻，粪便稀烂、恶臭，呈黄绿色或棕色。结膜发炎，鼻汁灰白，嗉囊积液，倒提时，病鸽口流带泡沫的黏液，最后死于衰竭，在昏迷中死亡。从原发急性败血期幸存下来者，可由于消耗和脱水而衰弱，转为慢性或康复。

3. 慢性型

由急性转化而来，多见于流行后期，亦可由于低毒力菌株感染所致。主要表现为呼吸道和消化道的慢性炎症。喉头、鼻孔有黏液，鼻窦肿大，呼吸啰音，食欲不振，经常腹泻，形体消瘦、贫血，精神委靡不振。有的发生慢性关节炎，关节肿胀、跛行，病程可达1个月以上，一般不致死亡，但生长发育严重受阻。

（四）病理变化

1. 最急性型

病死鸽多无明显病变，或偶见心外膜有散在、针尖样出血点。

2. 急性型

肺淤血或有出血点，心外膜及心冠脂肪有出血点，心包液增多，肝肿大淤血，有的肝有针尖大小的白色坏死灶，肠充血或出血，肾脏有肿胀。

3. 慢性型

表现为局部感染，如鼻窦肿大，鼻腔内有多量黏液性渗出物。病鸽关节肿大，在关节和腱鞘内蓄积有混浊或干酪样渗出物。

（五）诊断

根据流行病学特点，结合临床症状，病理剖检变化等，即可作出初步诊断，确诊应进行实验室诊断。

骨髓、心血、肝脏、脑膜及局部感染的渗出物（如鼻腔分泌物）是病原分离的优选器官。可采取上述组织作触片，美蓝或瑞氏染色镜检，可见两极着染形态微小的球杆细菌，或进行细菌的培养鉴定。

动物接种取病料用灭菌生理盐水制成 1:10 的匀浆悬液的上清液，或取分离培养菌的纯培养物 0.3~0.5ml，腹腔接种小鼠、鸽或鸡，经 24~48h 发病死亡，并能从接种动物的心血或肝脏中分离到纯的细菌培养物。

对于慢性禽霍乱可采用快速全血凝集试验、血清平板凝集试验或琼脂扩散试验作出诊断。

（六）防制措施

1. 预防

目前本病的预防关键仍然是综合性措施。

（1）做好平时的饲养管理工作　如饲粮要全价营养，饮水要新鲜充足，饲养密度要合理，通风换气要良好等，增强鸽体的抗病力，尽量消除可能降低鸽体抗病力的因素。切忌与其他家禽混养及不同日龄的鸽群混养；避免家畜，尤其是猪、狗和猫接近养鸽区。同时要防止其他飞禽及啮齿动物接触鸽群。

（2）强化卫生防疫措施　认真做好卫生防疫和消毒工作是防止疫病发生的基础，以达到防止病原侵入和消除可能残留的致病因素。

（3）合理地进行药物预防　应根据对定期从病鸽分离菌的药敏试验结果，选择最敏感药物进行药物防治，以维持生产、防止扩散和及时控制，同时也避免耐药性菌株的产生。

（4）免疫接种　目前尚无鸽霍乱的专用疫苗，禽霍乱的活疫苗也存在一定的副作用和免疫效果不够理想等问题，在必要时只能试用于鸽。实践证明，禽霍乱油乳剂灭活疫苗的安全性和免疫效果则比较良好，可试用于鸽。

2. 治疗

多杀性巴氏杆菌对链霉素、广谱抗生素及磺胺类药物都敏感。链霉素可按每只每次 4 万 IU 灌服，日服 2 次，或按此剂量进行肌肉注射；也可将链霉素按每升水加 40 万 IU 配成饮水，口服 2~3d。大群病鸽治疗可用土霉素，按 0.05%~0.1% 的剂量拌入饲料中，连用 1 周。磺胺二甲基嘧啶：以 0.5%~1.0% 加入饲料或 0.1% 加入饮水，连服 3~4d。需要注意的是，治疗用药必须在暴发的早期进行。

九、鸽溃疡性肠炎

溃疡性肠炎又名鹌鹑病，是由肠梭菌（又名鹌鹑梭状芽孢杆菌）引起的一种多种鸟类共患的急性传染病。临床上，以肝、脾坏死，肠道出血、溃疡和下痢为主要特征。

（一）病原体

肠梭菌是革兰氏染色阳性的大杆菌，呈直杆状或稍弯曲，两端钝圆。大多具有周鞭毛而能运动。该菌不形成荚膜，于菌体近端可见芽孢，芽孢位于菌体的亚极位，呈圆筒形，两端钝圆。人工培养生长条件要求苛刻，需营养丰富，严格厌氧。

本菌接种鸡胚卵黄囊可在 48~72h 致死鸡胚。本菌对外界抵抗力极强，芽孢广泛存在于污染的土壤、空气尘埃、场地、用具，以及人和动物肠道及粪便等环境中。在 -20℃ 下可存活 15 年以上，70℃经 3h 、80℃经 1h 、100℃经 3min 才能杀死。

（二）流行病学

1. 传染源

病鸽（禽）和带菌鸽（禽）是主要的传染源。由于肠梭菌可形成芽孢，故发病后细菌长期污染环境。

2. 传播途径

上述传染源体内的肠梭菌随粪便排出，污染饲料、垫料、饮水和环境等，经消化道传染给健鸽，苍蝇是本病传播的主要媒介。

3. 易感动物

自然条件下，鹌鹑的易感性最高，鸡、野鸡、火鸡、鹧鸪、鸽等多种野禽均可自然感染。本病多发于幼鸽，而青年鸽及成年鸽则很少发生。

4. 流行特点

本病一年四季均可发生，尤其在气候湿热的夏、秋季节发病率较高，南方地区在 3～6 月份的梅雨季节、潮湿天气多发。常突然发病，病死率很高。该菌广泛存在于环境中，当鸽舍卫生条件差、过分拥挤、通风不良、潮湿且饲料营养缺乏，造成鸽只机体抵抗力降低时容易诱发此病。本病常与球虫病、沙门氏菌病等并发或继发感染，因此，若防治不及时、不合理，死亡率较高。

（三）症状

病鸽发病常呈急性发作，无明显症状突然死亡，且死亡率较高，可达 100%。以坏死性肠炎和下痢为特征。病鸽精神委靡，缩颈闭眼，身体蜷缩，双翅下垂，呆立一旁，眼半闭，食欲废绝或减少，嗜水，腹部膨胀，腹泻下痢，粪便由正常转为水泻，病初排白色水样稀粪，中后期呈黏糊状黄绿色，肛门周围羽毛污染粪便。后期为绿色或褐色，并带有臭味。羽毛蓬乱，逐渐消瘦，多在病后 7～10d 死亡。

（四）病理变化

各种禽类的病理变化基本相似，主要表现在肝脾和肠道。肝脏肿大呈砖红色，表面有粟粒至黄豆大的黄色、淡黄色、灰黄色或灰白色的坏死灶，其周边有一圈淡黄色的晕；濒死病鸽极度消瘦，剖开腹腔即有强烈的酸臭味，肠道有严重的出血性坏死病灶，尤以十二指肠最明显，呈黄色点状或圆形，有的病灶融合成大的坏死性伪膜斑块，剥离后可见肠壁下陷的溃疡，数量多时可能互相融合。严重病例的坏死灶深达肠壁全层，进而发生穿孔引起腹膜炎和肠粘连。脾出血，肿大，有坏死点。其他实质器官基本正常。心肺无明显眼观病变。

（五）诊断

根据流行特点以及临床症状、剖检变化可初步诊断。肠道溃疡伴有肝脏坏死和脾脏的充血肿大和出血，是作出诊断的主要依据，确诊还需进行实验室检查。

1. 涂片镜检

取肝的坏死灶、脾、血液等涂片，革兰氏染色后镜检，可见到革兰氏阳性直杆状或稍弯曲的杆状细菌，两端钝圆，在菌体的亚极位有圆筒形芽孢。有时可见游离的芽孢。

2. 鸡胚接种

取肝、脾病料组织制成 1∶10 的匀浆悬液，取上清液接种 5～7 日龄鸡胚卵黄囊，37℃

培养48～72h，鸡胚死亡，剖开卵黄囊有恶臭味，作卵黄涂片染色镜检可见典型的梭状芽孢杆菌。

3. 动物接种

取肝坏死灶、脾病料接种鹌鹑，可于1～3d内见到鹌鹑死亡，剖检可见典型的病变。

4. 鉴别诊断

本病在临床上与沙门氏菌病、组织滴虫病、坏死性肠炎、球虫病的某些症状具有相似之处，因此要注意鉴别诊断。

（1）沙门氏菌病　病雏鸽白痢的突出症状是频繁排出石灰浆样白色稀粪；病死雏鸽的主要病变是心、肺、肝和肠道等脏器散布大头针头至粟粒大、稍隆起的黄白色结节。肠型副伤寒病幼鸽排水样或黄绿色、褐绿色或绿色带泡沫的稀粪，并散发恶臭；病死幼鸽的肠壁增厚，黏膜潮红。肠腔充满绿色或黄绿色、白色带泡沫、糊状内容物。

（2）组织滴虫病　病鸽常排淡黄色、淡绿色或带血的稀粪，并散发恶臭；病死鸽肠道增大，肠壁肿胀、肥厚而坚实，状似香肠，即干酪样柱状物。肝脏肿大，表面出现黄色或黄绿色、环形或不规则形、大小不一、数量不等、中央稍凹陷、边缘稍隆起的坏死灶。

（3）坏死性肠炎　病鸽排黑色或带血的稀粪；病死鸽的主要病变在空肠和回肠，表现为肠管肿大，肠腔内充满气体和带血的内容物，肠黏膜充血、坏死，并常附有黄色或绿色假膜。

（4）球虫病　病鸽排带黏液的水样粪，重者可出现血性下痢；病死鸽的主要病变在小肠，表现为黏膜发炎充血、出血和坏死，肝脏肿大或散布黄色坏死点。使用磺胺类药物后，疗效明显。

（六）防制措施

预防的关键是要采取综合性措施。如不从疫区引进种鸽、种蛋；做好日常卫生管理工作；网上饲养，不让粪便与鸽接触，结合清扫和消毒等措施可控制本病。药物预防可选用链霉素等，间歇喂给或饮用及注射均可。对多种禽实行隔离饲养；实施全进全出制；用疫苗进行免疫接种，据报道，禽溃疡性肠炎油乳剂灭活苗具有98%～100%的保护率，免疫期可达6个月以上。

发现病禽及时隔离，扑杀重病乳鸽，喷洒消毒，死禽应深埋或烧毁；粪便及时清理并消毒，禽舍和运动场定期消毒以彻底消灭传染源等，改造鸽舍，使鸽舍空气流通。添加多种微生素，如维生素A、维生素C，并给予全价饲料，以增强机体的抵抗力，并在饲料中添加抗生素预防细菌继发感染。

治疗本病最有效的药物是链霉素和杆菌肽，青霉素、四环素等，也有较好的治疗效果。但是使用磺胺类药物和土霉素进行治疗无效。

十、鸽葡萄球菌病

鸽葡萄球菌病是由金黄色葡萄球菌引起的鸽的一种经皮肤损伤感染的传染病。以局灶性关节化脓为多见，也可见到腹泻、化脓性脊髓炎和脐炎等症状。

葡萄球菌常引起皮肤的化脓性炎症，也可引起菌血症、败血症和各内脏器官的严重感染。葡萄球菌病在动物中危害最大的是鸡，奶牛次之，除鸡、兔等可呈流行性发生外，其他动物多为个体的局部感染。

（一）病原体

葡萄球菌为革兰氏阳性菌，呈圆形、卵圆形，单个、成对和葡萄串状排列，但在脓汁或液体培养基中，有些呈双球或短链排列，需氧或兼性厌氧。葡萄球菌的致病力取决于其产生毒素和酶的能力，已知致病性菌株能产生血浆凝固酶、肠毒素、皮肤坏死毒素、透明质酸酶、溶血素、杀白细胞素等多种毒素和酶。大多数金黄色葡萄球菌能产生血浆凝固酶，还能产生数种能引起急性胃肠炎及蛋白质变性的肠毒素。

葡萄球菌对外界环境的抵抗力较强。在尘埃、干燥的脓血中能存活几个月。80℃经30min才能杀死，煮沸消毒可迅速将其杀死。3%～5%石炭酸5～15min即能杀灭，70%酒精、0.1%升汞可在数分钟到半小时之内使其灭活，0.3%过氧乙酸的消毒效果也很好。本菌对龙胆紫、青霉素、红霉素、庆大霉素敏感，但易产生耐药菌株。

（二）流行病学

1. 传染源及传播途径

破裂和损伤的皮肤黏膜是主要的入侵门户，甚至可经汗腺、毛囊进入机体组织，引起毛囊炎、疖、痈、蜂窝织炎、脓肿以及坏死性皮炎等。经消化道感染可引起食物中毒和胃肠炎；经呼吸道感染可引起气管炎、肺炎。也常成为其他传染病的混合感染或继发感染的病原。

2. 易感动物

葡萄球菌在自然环境中分布极为广泛，空气、土壤、饲料、饮水、地面、垫料、尘埃以及粪便都有存在，也是人和动物体表及上呼吸道的常在菌。多种动物及人均有易感性。各种年龄的鸽均可感染本病。

3. 流行特点

本病一年四季均可发生，但在阴雨、潮湿季节多发，通常笼养的发病多。葡萄球菌病的发生和流行，与各种诱发因素有密切关系，如饲养管理条件、恶劣环境、污染程度严重等。

（三）症状

主要表现为急性败血症、关节炎、眼炎和脐炎四大类型。雏鸽多呈败血症型，中雏发生皮肤病，成鸽以局灶性关节化脓为多见，发生关节炎和关节滑膜炎。也可见到腹泻、化脓性脊髓炎和脐炎。

1. 急性败血型

体温升高，精神委靡，食欲初期减退后期废绝，呆立一角或蹲伏，双翅下垂闭眼似昏睡状。足关节红肿，站立不稳。胸、腹部和大腿内侧皮下浮肿，按压有波动感，局部羽毛易脱落。皮肤脓肿破溃后流出茶色或紫黑色液体，有的皮肤有出血点、坏死、干痂，有的出现下痢，拉出灰白色或黄绿色稀便。病鸽多在发病后2～5d死亡。有些病例在病后期出现眼炎症状和肺炎型症状。

2. 关节炎型

多发生于幼鸽，常突然发病，不能站立，驱赶时行走不稳，跛行。关节肿胀、疼痛，卧伏于地，采食、饮水困难，进行性消瘦，最后衰竭死亡。有的趾底部肿胀呈瘤状。有的趾尖坏死，甚至发展成趾坏疽。鸽的喙部与易碰撞部也易出现坏死等病变。

3. 眼炎型

上下眼睑肿胀、闭眼，眼内充满脓汁分泌物而发生眼黏合。结膜红肿，有的有肉芽肿，最后失明并衰竭而死。

4. 脐炎型

新出壳雏鸽因脐部闭合不全而感染，脐孔部发炎肿胀，腹部膨大，局部发硬呈黄红色或紫黑色，俗称"大肚脐"病，精神委靡，眼半闭，最后多数死亡。

（四）病理变化

1. 急性败血型

病变主要在胸部，胸、腹部羽毛脱落，呈泛发性浮肿，外观呈紫黑色，剖开胸腹腔可见紫黑色或红黄色水肿液。全身组织、肌肉有出血斑与条纹状出血，有的有坏死灶；肝脏肿大呈土黄色，呈斑纹样，有的有灰白色坏死灶；脾脏肿大呈紫红色，有的有灰白色坏死灶。

2. 关节炎型

关节肿大，滑膜增厚、充血，关节囊内有纤维素性渗出物，病程长的呈干酪样物或坏死或关节周围结缔组织增生或畸形。

3. 眼炎型

多与其他症状同时出现，具体表现为眼睑肿胀、出血、坏死、发生化脓和干酪样坏死，严重的引起失明和死亡。

4. 脐炎型

雏鸽脐孔发炎肿大，有时脐部有暗红色或黄色液体。病程稍长则变成干酪样坏死物。

（五）诊断

根据发病情况、主要症状和剖检病变，可作出初步诊断。但最后确诊或为了选择最敏感的药物，还需进行实验室检查。

1. 涂片镜检

采取皮下渗出物、关节液、眼分泌物和肝、脾、肺、脐部、卵黄囊等病料作涂（触）片后进行革兰氏染色，镜检可见到葡萄球菌。根据细菌形态、排列和染色特性等，可作出初步诊断。

2. 分离培养

将病料接种普通琼脂和5%绵羊血液琼脂平板和高盐甘露醇琼脂上进行分离培养。

3. 毒力强弱及致病性判定

分离得到的葡萄球菌的毒力强弱及致病性如何，尚需进行下列试验方可确定：凝固酶试验，阳性者多为致病菌；菌落颜色，金黄色者为致病菌；溶血试验，溶血者多为致病菌；生化试验，分解甘露醇者多为致病菌。

4. 动物试验

（1）家兔　皮下接种分离菌培养物1ml，可引起皮肤坏死、溃疡；静脉接种0.1～0.5ml，可于24～48h死亡。

（2）雏禽（鸽、鸡）　皮下、肌肉接种分离菌培养物0.2ml，可于3～5d发病死亡。

（六）防制措施

饲粮要全价营养，供给足量的维生素与矿物质，以提高抵抗力；保持舍内的通风换气、干燥和安静，以消除应激因素；消除笼刺、杂物和防止互啄、争斗，以防止内外损伤，如发现皮肤有损伤，应及时给予处置，防止感染。鸽舍内外环境应每天清扫干净，每月用0.3%过氧乙酸进行一次消毒，包括圈舍、场地、笼器具等都要作一次常规的消毒，以便及时消灭病原、消除传染源。从种蛋清洗、消毒至孵化器（室）、育雏舍（室）都要进行严密的消毒，工作人员进出也不例外，以杜绝病原的侵入扩散。

在污染场、户、群要定期检测分离菌的药敏性，然后选择最敏药物对全污染群进行药物预防，以防止发病、流行及减少损失。

目前尚无葡萄球菌通用的疫苗。如果将自污染场（户）病例分离的病菌经培养增殖、灭活制成灭活菌，用于免疫接种会收到一定的预防效果。

本病的治疗首先应对从患鸽分离的菌株进行药敏试验，找出敏感药物进行治疗。据报道，金黄色葡萄球菌对新型青霉素耐药性低，特别是异噁唑类青霉素，应列为首选治疗药物。其他如红霉素、庆大霉素或卡那霉素等也可考虑合用或单用。对皮肤或皮下组织的脓创、脓肿、皮肤坏死等可进行外科治疗。对食物中毒的患鸽，早期可用0.1%高锰酸钾液洗胃，严重病例可用抗生素治疗，并进行补液。

十一、鸟疫

鸟疫又称禽衣原体病，是由衣原体引起的鸽的一种全身性接触性传染病。病鸽以多处黏膜发炎、机体消瘦为主要特征。有的突然死亡，无前驱症状，有的不显症状或仅为短暂腹泻。

本病最早发生于人类和鹦鹉（1895），自然情况下鹦鹉感染率最高，所以称为鹦鹉病或鹦鹉热。后来，人们发现，除了鹦鹉之外，各种家禽及100多种鸟类均可感染此病，又将其称为鸟疫。人也可以感染发病，因此本病具有重要的公共卫生意义。

（一）病原体

鸟疫的病原体是鹦鹉衣原体。衣原体是一种严格的细胞内寄生物，对于动物上皮柱状细胞有趋向性。由于严格的细胞寄生性，过去被认为是一种病毒。然而衣原体具有细胞壁，其构造与组成和革兰氏阴性细菌相似。体内既有DNA又有RNA，能合成自己的核酸、蛋白质和脂类，但是合成能力有限，不能脱离细胞而营自由生活。又因其对抗生素敏感，所以不是病毒。

随着发育阶段的不同，衣原体有两种不同的形态。一种是具有传染宿主作用的原生小体，另一种是具有分裂能力负责繁殖任务的网状体。原生小体微小、致密、球形，大小$0.2 \sim 0.3 \mu m$，无鞭毛、菌毛，不能运动。宿主从外界摄入原生小体，原生小体附着在柱状上皮细胞上，上皮细胞膜凹陷将原生小体包围在内，原生小体发育成为直径$0.6 \sim 0.8 \mu m$的网状体，以二分裂方式繁殖。数百个新分裂的网状体聚集在一起形成所谓的包涵体，网状体进而浓缩而成为原生小体。宿主细胞破裂释放出的原生小体随宿主排泄分泌物排出体外感染其他易感动物，完成其生活史的循环。

鹦鹉热衣原体对外界环境的抵抗力不强，许多常用消毒剂可使其灭活，碘酊溶液、70%的酒精等可在几分钟内破坏其感染性。置于乙醚中30min、0.1%甲醛（福尔马林）或0.5%的苯酚溶液24h均可灭活。但对煤酚类化合物和石灰具有抵抗力。可耐低温，在$-75℃$或冷冻干燥状态下存活，不能用甘油保存，对热敏感，鹦鹉热衣原体在60℃时

10min、37℃时2～3h可丧失感染力。紫外线照射可迅速灭活。四环素和红霉素等抗生素有抑制衣原体繁殖作用。

（二）流行病学

1. 传染源及传播途径

鹦鹉热衣原体主要存在于病鸟的体内，经呼吸道和消化道的途径均可传染易感鸟。混于尘埃中的衣原体或感染性气溶胶可经呼吸道进入引起吸入性感染；而接触带菌鸟及其污染的分泌物、排泄物（如粪便、口腔内黏液、泪液、鸽乳等）等，则可经由破损皮肤或黏膜以及消化道等多种途径获得感染。

2. 易感动物

该病能感染包括家禽在内的100多种鸟类，也可从鸟类传给人，使人发生肺炎。各种年龄的鸽均可感染，但以幼鸽易发，青年鸽多为隐性感染，成年鸽较少发病，每年的5～7月和10～12月为最常发病的季节。

3. 流行特点

本病的暴发流行，多发生于与家禽和鸟类集市的经常接触者，或有关的职业人群。在其生产活动或加工过程中，同时有大批人员受到感染，以至引起较大规模流行。易感性普遍，感染后不一定产生免疫力，加上疫苗接种效果仍不理想，复发很常见。带菌鸽受环境应激或继发沙门氏杆菌病或毛滴虫病时，常出现急性型症状并引起死亡。

（三）症状

鸽的鸟疫通常有两种类型，即急性型和隐性型。

急性型常发生于幼鸽，死亡率可达80%。病鸽精神不振，食欲减退，腹泻，早期粪便呈水样，颜色为绿色或灰色，中期粪便量减少，黏稠，呈黑色或绿色，常污染羽毛。到后期粪便为大量水样。多呈单侧结膜炎、流泪，初为水样分泌物，以后多为黏性或脓性，眼睑粘在一起，引起眼睑明显肿胀。早期角膜混浊，当炎症逐渐加重，特别是继发细菌感染时，可出现眼睛失明。有些病鸽发生鼻炎，最初的分泌物是较为稀薄的水样液，以后变成黄色黏性物阻塞鼻孔，病鸽半张口呼吸，发出吱嘎声或格格声，打喷嚏，头颈不时出现突发性痉挛。呼吸困难，胸肌皮肤呈蓝色，主要表现为肺炎，有干咳，少量黏液性痰，有时痰中带铁锈颜色，各种检查也呈现肺部有病变。

成年的鸽类受感染后，多呈隐性或慢性经过，症状不明显。

（四）病理变化

病理变化为伴有单核细胞渗出的肺炎，与其他"原发性非典型性"肺炎相同，气管有黏液，心脏表面有纤维素性渗出液，心包积液，心脏肥大，心包膜充血、出血；胸腹腔内也有纤维素性渗出物，肠壁黏膜有大量黏液。肝肿大、肝表面有淡黄色芝麻至绿豆大的坏死灶、脾明显肿大，比正常大3倍，胆囊肿胀，肾肿大和膜下小点出血等。气囊浑浊、增厚，个别呈干酪样病变，卡他性肠炎，泄殖腔内有较多的尿酸盐沉积。

（五）诊断

鸟疫皮肤呈紫黑色，具有传播速度快、发病多、死亡少的特点，再根据鸽群中反复出现结膜炎、呼吸困难，以及肝、脾、心等病理变化，可初步诊断，确诊需结合镜检、血清学检查、病毒分离、动物接种等实验室检验手段来进行。本病易与霉形体病、巴氏杆菌病、嗜血杆菌病等病混淆，现区别如下：

1. 霉形体病

没有严重卡他性症状和结膜炎表现。

2. 巴氏杆菌病

发病时眼结膜炎常是双侧的。

3. 嗜血杆菌病

眼睑高度肿胀，并伴有脓性分泌物。

（六）防制措施

主要预防措施是消灭传染源，切断传染途径，彻底销毁病死鸟，发现病鸽，应隔离治疗，对鸽舍应封锁。加强饲养管理，对舍内外进行全面彻底的清洗消毒，还应保持舍内干燥清洁，防止各种应激。新引进的鸟隔离检疫，不合格者不得混群。因该病属人、鸟共患病，应注意防止饲养人员被感染。还要严禁外来人员进出疫区，以免感染和疫情扩散。消灭吸血昆虫，也是预防本病的重要措施。

治疗本病常用土霉素、四环素。治疗时可按具体病情给药。拌料饲喂，添加土霉素 0.4～0.8g/kg 饲料，或按每只 50～100mg 计算混料，连服 5d 后停 2d，再用药 5d。治疗 5d 后和完成第二个疗程后应进行鸽舍的全面消毒。并发霉形体感染时，可在饮水中加入泰乐菌素饮服，按 0.8g/L 比例给药，连饮 2～3d。

十二、鸽霉形体病

本病又名支原体病，也称鸽慢性呼吸道病，是由致病性霉形体引起的禽呼吸道传染病。普遍存在于鸽群中，其主要特征为上呼吸道以及邻近的窦黏膜发炎，气囊炎，表现为流鼻液，咳嗽，呼吸困难，啰音。

（一）病的发生

鸽霉形体病是由致病性霉形体引起的。支原体对外界的抵抗力不强，离体后即可迅速灭活，对热敏感，一般 45℃加热 1h，50℃20min 即可破坏。但可在低温下长期保存。对常用浓度的重金属盐类、石炭酸、来苏儿等消毒剂均比细菌敏感，而对醋酸铊、结晶紫、亚硝酸钾等有较强的抵抗力。对影响细胞壁合成的抗生素如青霉素、先锋霉素有抵抗作用，对放线菌素 D，丝裂菌素 C 最为敏感，而对影响蛋白质合成的抗生素如四环素族，大环内酯族抗生素（泰乐菌素、螺旋霉素）较为敏感。

（二）流行病学

1. 传染源

病鸽或隐性感染鸽是主要的传染源。感染本病的母鸽产出带菌蛋，孵出的幼禽带有本菌而成为传染源，使本病迅速在雏禽之间传播开来。

2. 传播途径

本病的传播有水平传播和垂直传播两种方式。病原通过患病鸽咳嗽、喷嚏排出体外，经呼吸道传染易感鸽群。也可通过鸽乳将病原传给仔鸽。蛋是本病传播的主要途径，病鸽可将病原体通过种蛋孵化后，传给下一代而形成垂直传染，使之在鸽场中代代相传；已康复的病鸽和无明显症状的鸽群内，蛋的带菌率很低，但在新发病母鸽所产的蛋中，其带菌率最高，疾病的传播也极为迅速。带病的乳鸽若留种出场，本病就很快向外传播。

3. 易感动物

各种品种、各种年龄鸽都感染，幼龄鸽易感性更高，症状也更重。成年鸽感染后症状轻微，多数能自愈，但是长期带菌排菌。

4. 流行特点

本病一年四季都有流行，但以冬春两季更为严重，在阴雨季节，多因饲料原因而发生。本病发病率高，病程长，死亡率低。

（三）症状

病鸽多呈慢性经过，病程较长，潜伏期1～2周。病初类似感冒，精神不振，病鸽间有咳嗽、呼吸困难，有呼吸啰音，夜间更为显著，初期因鼻和咽喉发炎而出现水样清涕；中期则变为浆液性或黏液性，鼻孔周围和颈部羽毛常被沾污；后期分泌物更加浓黏以至干结堵塞鼻孔，常打喷嚏，颜面肿胀，口腔和咽喉发炎并有恶臭和灰色积聚物。尤其是夜间常发出"咯咯"的喘鸣声，呼出的气体带有恶臭味。病鸽发育不良，逐渐消瘦，最后因衰竭或喉头被干酪样物堵死而窒息。患鸽饮食明显减退，羽毛松乱，鼻瘤原有的灰白色粉脂变得污黏；眼睛流泪，一侧或两侧眼睛肿胀、发炎，或眼角积有豆腐渣样渗出物，眼球受到压迫、损害，甚至眼球突出，以至失明，飞翔力减弱。

（四）病理变化

鼻呈卡他性炎症。剖检可见鼻腔、气管、支气管中含有大量黏性分泌物，气管黏膜增厚、变红，早期气囊轻度混浊、水肿、不透明，可见干酪样渗出物，似炒鸡蛋样。如伴有大肠杆菌感染常有纤维素性心包炎和肝周炎症状。口腔和咽喉发炎并有恶臭和灰色积聚物。有的病鸽发生眼结膜炎，眼肿胀突出呈球状。

（五）诊断

本病主要以出现呼吸困难、咳嗽等慢性呼吸道症状为主，结合流行病学、病理变化可初步诊断，对本病的确诊是以病原体分离为基础，动物接种结合血清学方法加以判断。

在确诊本病时，必须考虑鸟疫的可能性，霉形体病眼结膜一般不受侵害，而且该病极少呈现激烈的过程，很少发生死亡。而幼鸽患鸟疫则死亡率很高，这两种病常同时发生，有时很难区别。鸽的曲霉菌病亦同样会引起呼吸困难，但曲霉菌病的鸽没有卡他性炎症。

（六）防制措施

为了预防本病的发生，应采取净化鸽群，做好种蛋的消毒，做好鸽舍及工具、环境的平时和发病时消毒，加强饲养管理，供给足够的营养成分，尤其是维生素A，提高上呼吸道的抗病能力，尽量减少应激因素等措施。同时，应特别注意种用鸽苗的自繁自养，必须要引入种鸽时，应先隔离观察，证明无病者方可合群饲养或配对；要避免鸡、鸽同场饲养，严防由种蛋带入疾病或由鸡传播本病。

治疗本病的药物较多，链霉素、广谱抗生素对本病均有治疗作用。但痊愈鸽常出现重复感染，不易根治。故主要靠平时搞好预防工作。在饲料和饮水中添加抗生素以预防疾病的发生。常用的防治方法有很多，可应用强力霉素原粉，每50kg饲料加12g，连用5d。链霉素肌肉注射10万IU/kg体重，连注2～3d；环丙沙星混饮浓度应达0.007%，即每100kg饮水加纯品7g，连饮3～5d；如能与氨苄青霉素6g加水50kg混饮，可协同增效。由于支原体易形成耐药性，在治疗时要注意交叉用药并要达到足够的疗程。

第二节 观赏鱼的传染病

由病原微生物引起的鱼病也称传染性鱼病。按病原体的不同，可将它们分成病毒性鱼病、细菌性鱼病、真菌性鱼病和寄生藻类引起的鱼病等四大类。其鱼病种类虽不及寄生虫鱼病种类那样多，但其发病率占鱼病总数的60%。

一、鲤春病毒血症

鲤春病毒血症，又名鲤鱼鳔炎症、鲤鱼传染性腹水症、出血性败血症，是由鲤春病毒血症病毒引起的，以全身出血、水肿、鳔炎、腹水为主要特征的一种急性病毒病。常在鲤科鱼类特别是在鲤鱼中流行，该病通常于春季暴发并引起幼鱼和成鱼死亡。在春季水温低于15℃时，锦鲤尤其易感。

（一）病原体

鲤春病毒血症病毒属于弹状病毒科水泡病毒属的成员，病毒粒子呈弹状，具有弹状病毒典型的形态学特征，其一端为圆弧形，另一端较平坦，病毒粒子长90～180nm，宽60～90nm，直径约50nm。

病毒粒子的感染活性可以被pH3和pH12、脂类溶剂以及56℃经30min等破坏，对乙醚和酸敏感，在pH3时30min，侵染率仅1%；在pH7～10时稳定，侵染率100%；pH11时侵染率50%～70%。3%福尔马林、含氯消毒剂（500mg/L）、0.01%碘、2%NaOH、紫外线（254nm）和γ射线（103krads）等可以使病毒在10min之内灭活。

（二）流行病学

病鱼、死鱼及带毒鱼都是传染源，带毒鱼还是引起春季大规模发病的主要原因和来源。本病可通过水平传播，但并不排除垂直传播。水平传播是可以直接进行的，也可以通过媒介传播，其中水是主要的非生物性媒介。生物性媒介和污染物也能传播本病，吸血的寄生虫如水蛭和鲺等是传播该病的主要机械载体，排泄物以及污染的器具也能进行传播。强毒力的病毒可通过粪便、尿液、鳃、皮肤黏液和皮肤上的水泡或水中部位的分泌物排出体外，排泄出的病毒粒子仍可保持感染活性，4～10℃时在水中可保持4周时间，在泥中可保持6周。病毒可以通过鳃侵入鱼体内，在鳃上皮细胞中增殖。当病鱼出现显性感染时，其肝、肾、脾、鳃、脑中含有大量病毒。

本病流行地域广，在我国大部分地区都有发生，可以感染所有年龄的鲤鱼，但死亡的大都是仔鱼。该病的暴发取决于水温、鱼类的年龄和生理状态、种群密度以及生长因子等。在春季疾病暴发时，1龄仔鱼死亡率可达70%，感染的成鱼死亡率稍低，水温是病毒感染的关键环境因素，高死亡率发生在水温10～17℃时，受感染的鲤鱼能够产生体液免疫，这样发病存活下来的鱼就很难再被感染。

（三）症状

本病的潜伏期为1～60d。病鱼初期多群集在鱼池入水处，不愿活动，呼吸困难，有的卧于池底。运动失常，或无目的地游动，或向一侧倾斜。眼球突出、肛门外突、发炎、水肿，粘有长条状粪便。病鱼腹部膨大，消瘦，体表发黑，鳃贫血、发白，骨骼肌纤维化，如将鱼从水中捞出竖立，从肛门流出血水。

（四）病理变化

剖检可见皮肤、肌肉、鳔、脑和心包上有淤血斑，尤其鳔的内壁最常见。脾肿大，肝、肾、腹膜、骨骼肌有点状出血，肠呈卡他性炎症变化。肝血管发炎、水肿及坏死，脾充血，网状内皮细胞增生。黑素-巨噬细胞中心增大；肾小管渐进性闭塞，细胞玻璃样变性，胞浆内有包涵体。鳔上皮细胞由单层变成多层，黏膜下血管肿大，附近淋巴细胞浸润。心肌变性、坏死。胰腺化脓性炎症，渐进性坏死。小肠血管发炎。

（五）诊断

根据全身出血、水肿及腹水等特征症状及流行病学可作出初步诊断。确诊需进行实验室检查。

可先将病鱼材料接种对鲤春病毒血症敏感的鱼细胞系分离病毒，然后进行鉴定。

动物实验取75g重的鲤鱼，在脑内接种待检内脏均浆或细胞培养上清液，放于17℃水温，13d内出现典型的鲤鱼春病毒血症的病变或死亡，如经鳔内接种，剂量应为脑内注射的1倍，9d能出现症状或死亡。

可以采取荧光抗体试验和血清中和试验等血清学诊断方法。

（六）防制措施

（1）要为越冬锦鲤清除寄生虫（鱼鲺和水蛭），并用消毒剂处理养殖场所。可用含碘量100mg/L的碘仿预防。

（2）根据锦鲤在水温高于15℃时不发病这一点，也可以考虑利用高水温防病。加强营养，增强鱼体质。

（3）及时注射疫苗，感染鲤春病毒血症病毒的鱼体在水温为10～25℃时能产生中和抗体。腹腔注射病毒的鱼体在10℃时要8周才第一次出现中和抗体；而在20℃时1周后就可以查到抗体。抗体可持续存在17周以上，能够抵抗再次感染。

二、出血病

出血病是由出血病病毒引起的，以全身充血、出血为主要特征的一种广泛流行的暴发性的病毒性传染病，该病发病季节长，发病率及死亡率均很高，对鱼种的培育危害较大。

（一）病原体

出血病病毒属呼肠孤病毒科病毒，直径为65～72nm，无囊膜，为二十面体，具双层衣壳，外周有20个壳粒，核心直径为50nm左右。对乙醚有抵抗力，对酸及热稳定。

（二）流行病学

发病季节多在6～9月，可引起金鱼、热带鱼大量死亡，一般水温在25～30℃时流行，死亡率颇高。患病的有当年金鱼和少数1日龄金鱼，最小的金鱼全长2.9cm时开始发病，能引起金鱼大量死亡。该病发病多为急性型，最初仅死亡数尾鱼，2～3d后就有数十尾、数百尾死鱼出现。

（三）症状

病鱼的体表发黑无光泽，口腔、肌肉、各种鳍条基部都充血；有时鳃盖、头部、腹壁也有充血现象；鳃丝呈鲜红的点状或斑块状充血；严重的病鱼，因其他器官组织大量充血，使鳃失血而呈苍白，表现出"白鳃"，通常各鳍条、鳞片都较完整。此外，眼球突出，肠道和各内脏器官表现充血。病鱼食欲不振,行动迟缓,常离群独游或回旋慢游,体质消瘦,肌肉萎缩,以致死亡。

（四）病理变化

剖检可见皮肤下肌肉呈点状充血,严重时全部肌肉呈血红色,某些部位有紫红色斑块。肠道、肾脏、肝脏、脾脏也都有不同程度的充血现象,有腹水。

（五）诊断

根据症状、病理变化及流行情况进行初步诊断。确诊需进行病原体的分离、培养、鉴定；也可以通过血清中和试验、荧光抗体试验等血清学方法。

（六）防制措施

（1）在饲养过程中,多行日光浴,让鱼在阳光下充分照射,适当稀养,保持池水清洁。每周要有 3d 投喂水蚯蚓等鲜活食料。及时将病鱼、死鱼捞出,水簇箱及时彻底消毒,更换新水,对预防此病有一定的效果。

（2）流行季节遍撒漂白粉,使水体成 1mg/L 的浓度,每 15d 进行一次预防,有一定的作用。

（3）可用红霉素 10mg/L 浓度浸洗 50～60min,再遍撒呋喃西林,使水体成 0.5～1.0mg/L 的浓度,70d 后再用同样浓度遍撒,有一定的效果。

（4）可注射出血病疫苗预防。

三、痘疮病

痘疮病,又叫鲤痘疮病,是一种以病灶的表皮增厚,形成石蜡样增生物为主要特征的一种病毒性传染病。该病主要侵害锦鲤和金鱼,流行不广,危害不大。

（一）病原体

属于疱疹病毒类群。病毒为二十面体,呈六角形,外面包有一层囊膜,整个病毒粒子近似球形,病毒直径为 140～160nm,核心直径为 80～100nm,为有囊膜的 DNA 病毒,对乙醚、pH 值及热不稳定。将病毒悬液划痕接种到健康鲤鱼体表,在水温 10～15℃时,经39℃左右在体表出现痘疮。

（二）流行病学

本病早在 1563 年就有记载,流行于欧洲,目前在我国上海、湖北、云南、四川等地均有发生,大多呈局部散在性流行,大批死亡现象较少见。主要危害鲤鱼、鲫鱼及圆腹雅罗鱼等,锦鲤对痘疮病很敏感,一般在秋末至初冬或春季水温 10～15℃时出现病例。本病通过接触传染,也有人认为单殖吸虫、蛭、鲴等可能是传播媒介。

（三）症状

发病初期,体表或尾鳍上出现乳白色小斑点,覆盖着很薄的一层白色黏液。随着病情的发展,白色斑点的大小和数目逐渐增加、扩大和变厚,其形状及大小各异,直径可从1cm 左右逐渐增大,厚 1～5mm 左右,严重时可融合成一片。增生物表面初期光滑,后来变粗糙并呈玻璃样或蜡样,质地由柔软变成软骨状,较坚硬,颜色为浅乳白色、奶油色,俗称"石蜡样增生物",状似痘疮,故痘疮病之名由此再来。这种增生物一般不能被摩擦掉,但增长到一定程度会自然脱落,接着又在原患部再次出现新的增生物。病鱼消瘦,游动迟缓,食欲较差,常沉在水底,陆续死亡。

（四）病理变化

组织学检查，增生物为上皮细胞及结缔组织增生形成，细胞层次混乱，组织结构不清，大量上皮细胞增生堆积。尤其在表层，在有些上皮细胞的核内可见包涵体，染色质边缘化，增生物不侵入真皮，也不转移。电子显微镜下在增生的细胞质内可以见到大量的病毒颗粒，病毒在细胞质内已经包上了囊膜，内质网扩张及粗糙，线粒体肿胀，嵴不清楚，核糖体增多，核内仅显示少量周边染色质。

（五）诊断

根据病灶的表皮增厚，石蜡状增生物等症状及流行情况可作出初步诊断。

病理组织学检查，可见增生物为上皮细胞及结缔组织异常增生，有些上皮细胞的核内有包涵体。

最后确诊需进行电子显微镜观察，见到疱疹病毒或分离培养到疱疹病毒。

（六）防制措施

（1）强化秋季培育工作，使金鱼、锦鲤在越冬前有一定肥满度，增强抗低温和抗病力。经常投喂水蚤、水蚯蚓、摇蚊幼虫等动物性鲜活食料，加强营养，增强对痘疮病的抗病力。

（2）加强综合预防措施，严格执行检疫制度。流行地区改养对本病不敏感的鱼类。

（3）升高水温及适当稀养，也有预防效果。将病鱼放入含氧量高的清洁水（流动水更好），体表增生物会自行脱落。

（4）用红霉素 10mg/L 浓度浸洗鱼体 50～60min，对预防和早期的治疗有一定的效果。也可用浓度为 0.4～1.0mg/L 的甲砜霉素浸洗。

四、传染性胰腺坏死病

传染性胰腺坏死病是由传染性胰腺坏死病病毒引起的，以胰腺坏死为主要特征的一种高度传染性的病毒病。

（一）病原体

传染性胰腺坏死病病毒，为双股 RNA 病毒科。病毒粒子呈正二十面体，无囊膜，有 92 个壳粒，直径 55～75nm，衣壳内包有 2 个片段的双股 RNA 基因，在鱼类的 RNA 病毒中是最小的。病毒在胞浆内合成和成熟，并形成包涵体。

病毒对不良环境有极强的抵抗力，在温度 56℃ 时 30min 仍具感染力，温度 60℃ 经 1h 才能灭活；冷冻干燥后在 4℃ 下保存，至少 4 年不失掉感染力。在过滤除菌的水中，在温度 4℃ 下感染力至少可保持 5～6 个月。在温度 4～10℃ 的海水中感染力也能保持 4～10 周。对酸不敏感，pH3 中 30min，感染率为 100%；对碱敏感，pH11 时感染率仅为 0.01%。

（二）流行病学

本病主要在春季到夏季鱼苗生产集中季节，水温（12～14℃）提高时发病，并且反复流行。主要感染河鳟、虹鳟、褐色鳟、银鳟、大西洋鲑、北极鲑、鳝、梭鱼、鳗鱼、银大马哈鱼、红点鲑、克氏鲑等，危害 14～17 日龄的鱼苗和鱼种，其死亡率为 80%～100%。发病后幸免遇难而残存的鱼就成为带病毒者，是该病的传染源。病毒存在于病鱼的各个组织器官，可通过病鱼的粪便、卵、精液及污染的水、物品而传播，再经鳃及口而感染。带毒的成鱼，经人工授精得到的卵多被病毒感染，并且通过卵垂直传播。已知该病在1种圆口类、37种鱼类、6种瓣鳃类、2种腹足类和3种甲壳类中均有感染。该病流行广泛，欧美大部分国家以及日本、中国一些省份也流行。

（三）症状

本病的潜伏期为6～10d。鱼在病初生长良好，外表正常的鱼苗死亡率突然升高。病鱼游动缓慢，顺流漂起，摇晃游动，痉挛时浮起横转，激烈狂游后死亡。鱼体色变黑，眼球突出，鳃苍白，腹部膨大，腹部及鳍条基部充血，鳃呈淡红色，肛门处常拖有一条线状白色黏液的粪便。

（四）病理变化

病理剖检可见肝、脾和前肾贫血、苍白、褪色。病鱼严重贫血，消化道内无食物，肠内见有硬黄色物或白色卡他性渗出物，有时可见腹水，在胃的幽门部见有淤点样出血或淤斑，生殖器官和内脏脂肪组织有出血点。

该病典型的病理变化是胰腺坏死，胰腺泡、胰岛及所有的细胞几乎都发生异常，多数细胞坏死，特别是核固缩、核破碎明显，有些细胞的胞浆内有包涵体。病毒存在于胰腺泡细胞、肝细胞、枯否氏细胞的胞浆内，浸润在胰腺的巨噬细胞和游走细胞的胞浆内也有病毒颗粒。胰腺周围的脂肪组织也发生坏死。骨骼肌发生玻璃样变。疾病后期，肾脏造血组织和肾小管也发生变形、坏死，肝脏局灶性坏死，消化道黏膜发生变性、坏死、剥离。

（五）诊断

解剖病鱼取胰脏组织作切片、H-E染色，根据胰腺坏死等特征及流行病学可初步诊断。确诊进行病原的分离，再用免疫学中和试验，直接（间接）荧光抗体或酶联免疫吸附试验（ELISA）等方法鉴定病毒，也可用免疫荧光技术直接在组织切片中查找病毒粒子。近几年，核酸探针和聚合酶链式反应技术（PCR）已逐渐应用于检测传染性胰腺坏死病病毒。

（六）防制措施

加强综合预防措施，严格执行检疫制度，发现病鱼或检测到病原时应实施隔离养殖，严重者应彻底销毁。

疾病暴发时，降低饲养密度，可减少死亡率。鱼卵用$50g/m^3$碘伏消毒15min；疾病早期用碘伏拌饲投喂，每天用有效碘1.64～1.91g/kg饲料，连续投喂15d。也可以注射传染性胰腺坏死病疫苗，防治效果良好。

五、淋巴囊肿病

淋巴囊肿病是由淋巴囊肿病病毒引起的，以体表乳头状肿瘤为主要特征的一种慢性皮肤瘤，在淡水鱼、海水鱼及观赏鱼中均有发生，有100多种鱼患过本病。

（一）病原体

淋巴囊肿病病毒为虹彩病毒科淋巴囊肿病毒属中的成员。病毒粒子为二十面体，其轮廓呈六角形，有囊膜，囊膜厚约50～70nm。生长温度20～30℃，适宜温度为23～25℃。该病毒对乙醚、甘油和热敏感，无血凝活性；对干燥和冷冻很稳定，在干燥状态下可存活10d。其传染性在18～20℃的水中能保持5d以上；经冷冻干燥后同样温度下能保持105d；在温度−20℃下经2年仍具感染力。病毒对寄主有专一性，所以可能有许多血清型。

（二）流行病学

自然感染的范围很广，有 125 种淡水鱼、海水鱼及观赏鱼均可感染此病。该病流行很广，近年来，日本以及我国广东、山东、浙江、福建等地均发生过此病。多数鱼全年发病无季节性，少数鱼有季节性，但在水温 10～20℃时为发病高峰期。在低密度和良好养殖条件下一般不会引起大量死亡，但如果环境差或与细菌并发感染，可引起严重疾病，导致死亡。这种病毒的传染性不强，主要传染源为病鱼。接触传染是主要传播途径，尚未见垂直传染。病鱼的囊肿破裂释放出病毒进入水中，其他鱼接触后被感染。皮肤擦伤或受寄生虫损伤后往往成为病毒侵入的门户，寄生虫也能机械地传播病毒。

（三）症状

本病的潜伏期长短不一，冷水鱼的潜伏期及病程较长，1 年才出现病变。而温水鱼只需几周。鱼发病时行为、摄食正常，但生长缓慢；病症严重的基本不摄食，部分死亡。病鱼的皮肤、鳍和尾部等处出现许多水泡状囊肿物，这些肿胀物有各个分散的，也有聚集成团的，囊肿物多呈白色、淡灰色、灰黄色，有的带有出血灶而显微红色，较大的囊肿物上有肉眼可见的红色小血管；囊肿大小不一，小的近 1～2mm，大者 10mm 以上，并常紧密相联成桑椹状。部分感染的鱼体表囊肿物脱落，恢复正常，并可在一定时间内具有免疫力。

（四）病理变化

剖检病鱼，在鳃丝、咽喉、肌肉、肠壁、肠系膜、围心膜、腹膜、肝、脾等组织器官的浆膜上可见囊肿细胞，严重患者可遍及全身。

（五）诊断

根据外观症状肉眼可初步诊断。确诊可进行病毒分离培养，通过电镜观察到病毒粒子；也可应用 ELISA 进行检测。

（六）防制措施

严格控制养殖密度，防止高密度养殖；优化水环境，加大换水；提高养殖鱼体抗病力。

治疗可将病鱼囊肿割除（囊肿量少和轻度时），并用浓度为 300ml/m³ 福尔马林浸浴 30～60min，再饲养在清洁的池中，精心管理；投喂抗菌素药饵，饵料拌氟哌酸 50～100mg/kg 或土霉素 1～2g/kg，连续投喂 5～10d，可防止继发性细菌感染；H_2O_2（30% 浓度）稀释至 3%，以此为母液，配成 50mg/L 的浓度，浸洗 20min，然后将鱼放入 25℃ 水温饲养一段时间后，淋巴囊肿会自行脱落。

六、细菌性烂鳃病

细菌性烂鳃病又称乌头瘟，是由柱状纤维黏细菌引起的，以鱼体发黑、鳃丝肿胀、鳃丝末端腐烂为主要特征的一种细菌性传染病。流行地区广，全国各地养鱼区都有此病流行。

（一）病原体

病原为柱状纤维黏细菌，又称鱼害黏球菌。烂鳃病黏细菌的菌体细长、柔软而易弯曲，粗细基本一致，0.5μm 左右；两端钝圆，一般稍弯，有时弯成半圆形、圆形、U 形、V 形和 Y 形等，但较短的菌体通常是直的，其长短很不一致，体长 2～24μm，有的长达

37μm。革兰氏染色阴性。菌落最初与培养基颜色相似，粗看不易发现，以后逐渐变淡黄色，菌落随培养时间的延长而扩大，菌层增厚，颜色也随之加深，一般在5d后就不再生长。最适温度28℃，适宜pH6.5～8，为好气性细菌。

（二）流行病学

细菌性烂鳃病是金鱼的常见病、多发病，全国各地都有流行，一般流行于4～10月，尤以夏季流行为多。本病在水温15℃以上时开始发生；在15～30℃内，水温趋高易暴发流行，致死时间越短。能使当年鱼大量死亡，1龄以上大金鱼常患病，锦鲤患病较少。病鱼是主要传染源，水中病原菌的浓度越大，鱼的密度越高，鱼的抵抗力越低，水质越差，则越易暴发流行。鱼体与细菌接触而引起感染，如鱼鳃被机械损伤或有寄生虫存在，更易引起感染发病。

（三）症状

病鱼在水中游动缓慢，刺激时反应迟钝，食欲减少，呼吸困难，常游近水表呈浮头状，常离群独游。体色变黑，尤其头部颜色更为暗黑，因而称此病为"乌头瘟"。发病缓慢的病鱼病程长，消瘦明显。

（四）病理变化

病鱼鳃盖内皮肤发炎、充血，中间烂成一个圆形或不规则的透明小窗，一般叫"开天窗"。鳃的黏液增多，鳃丝肿胀，呈淡红色或灰白色，有的淤血而呈紫红色，有小的出血点。病情严重时，鳃丝腐烂，特别是鳃丝末端黏液很多，带有污泥和杂物碎屑，有时在鳃瓣上可见血斑点。

用显微镜检查鳃丝，可见鳃丝软骨尖端外露，附着许多黏液和病菌。鳃组织病变不是发炎充血，而是病变区域的细胞组织呈现不同程度的腐烂、崩溃。

（五）诊断

根据鱼体发黑，鳃丝肿胀，黏液增多，鳃丝末端腐烂缺损，软骨外露等眼观变化可以初步诊断。病原学诊断可取病鱼鳃上淡黄色黏液或少量病灶鳃丝放于载玻片上，加2～3滴无菌水，盖上盖玻片，20～30min后，放于显微镜下观察，见有大量细长，有的菌体呈柱状，即可确诊本病。也可作酶免疫测定。以病鱼鳃上的淡黄色黏液进行涂片，丙酮固定，加特异抗血清（兔抗鱼害黏细菌的抗血清）反应，然后显色、脱水、透明、封片，在显微镜下见有棕色细长杆菌，即为阳性反应，可确诊为细菌性烂鳃病。

此外还应注意与下列鳃病相区别：

1. 车轮虫、指环虫等寄生虫引起的鳃病

显微镜下可以见到鳃上有大量的车轮虫或指环虫。用大黄和抗菌药物治疗无效。

2. 大中华鳋

鳃上能看见挂着像小蛆一样的大中华鳋，或病鱼鳃丝末端肿胀、弯曲和变形。细菌性烂鳃病无此现象。

3. 鳃霉

显微镜下可见到病原体的菌丝进入鳃小片组织或血管和软骨中生长，鱼害黏球菌则不进入鳃组织内部。

（六）防制措施

（1）当年小金鱼适于稀养。经常投喂水蚤、摇蚊幼虫等活食料，对预防烂鳃病发生有明显作用。

（2）用2%食盐水溶液浸洗。水温32℃以下时，浸洗5～10min，有效进行预防和早期治疗，尤其是鳃和体表寄生虫感染。

（3）遍撒漂白粉，使水体成1mg/L的浓度。适用于室外大水体。

（4）遍撒中药大黄，使水体成2.5～3.75mg/L的浓度。每0.5kg干品大黄用10g的氨水（0.3%）浸泡12h后，将大黄浸出液、药渣一起遍撒（氨水的含氨量按100%纯氨水浓度计算）。此药适用于室外大水体，特别是多年使用呋喃类，已经产生抗药性的金鱼养殖场，改用大黄有显著疗效。

（5）用20mg/L浓度利凡诺浸洗。水温5～20℃时，浸洗15～30min；21～32℃时，浸洗10～15min。也可遍撒利凡诺，使养鱼水体成0.8～1.5mg/L的浓度。治疗皮肤发炎充血病、黏细菌性烂鳃病等细菌性疾病有特效。

七、细菌性肠炎

鱼细菌性肠炎又称烂肠瘟、红屁股，由肠型点状产气单胞菌感染引起，以腹部膨大，肛门外突红肿，轻压腹部有淡黄色黏液或脓血从肛门流出为主要特征的一种细菌性传染病。本病是危害鱼健康最严重疾病之一，我国各地区均有发生。

（一）病原体

病原体为肠型点状产气单胞杆菌，菌体短杆状，两端钝圆，多数两个相连，革兰氏阴性。极端单鞭毛，有运动力，无芽孢。细胞色素氧化酶试验阳性，发酵葡萄糖产酸产气或产酸不产气。在R-S选择和鉴别培养基上，菌落呈黄色。在pH6～12中均能生长。生长适宜温度为25℃，在60℃中30min则死亡。琼脂培养基上，经24～48h后菌落周围可产生褐色色素，半透明。

（二）流行病学

本病可以危害各种品种和日龄的鱼，死亡率高，一般死亡率在50%左右，发病严重的死亡率可高达90%以上。流行时间为4～10月，水温在18℃以上开始流行，流行高峰时水温25～30℃。此病常和细菌性烂鳃病、赤皮病并发。

肠型点状产气单胞杆菌为条件致病菌，在水体及池底淤泥中常有大量存在，在健康鱼体的肠道中也是一个常居者。当鱼体处在良好条件、体质健壮时，虽然肠道中有此菌存在，但数量不多，不是优势菌，只占0.5%左右，且在心血、肝脏、肾脏、脾脏中没有菌，因此并不发病。当条件恶化、鱼体抵抗力下降时，本菌在肠内大量繁殖，就可导致疾病暴发。条件恶劣是综合性的，包括很多方面，如水质恶化、溶氧低、饲料变质、吃食不均等都可引起鱼体抵抗力下降，从而暴发本病。病原体随病鱼及带菌鱼的粪便而排到水中，污染饲料，经口感染。

（三）症状

病鱼离群独游，游动缓慢，体色发黑，食欲减退或废绝。病情较重的，腹部膨大，两侧上有红斑，肛门常红肿外突，呈紫红色，轻压腹部，有黄色黏液或脓血从肛门处流出，有的病鱼仅将头部拎起，即有黄色黏液从肛门流出。

（四）病理变化

剖开鱼腹，早期可见肠壁充血发红、肿胀发炎，肠腔内没有食物或只在肠的后段有少量食物，肠内有较多黄色或黄红色黏液。疾病后期，可见全肠充血发炎。肠壁呈红色或紫红色，尤其以后肠段明显，肠黏膜往往溃烂脱落，并与血液混合而成脓血，充塞于肠管中。肠内繁殖的病原菌产生毒素和酶，使黏膜上皮坏死，毒素被吸收后损害肝，肝脏常有红色斑点状淤血。肠道中的病原菌大量繁殖后，可穿过肠壁到血液，而后经血液循环到达各内脏器官，继续不断繁殖，同时菌体逐渐释放出毒素，最后可致病鱼发生败血症而死去。

（五）诊断

主要根据以下两点作出诊断：

（1）肠道充血发红，尤以后肠段明显，肛门红肿、外突，肠腔内有很多淡黄色黏液。

（2）取病鱼的肝、肾、心血接种在 R-S 选择和鉴定培养基上，如长出黄色菌落，则可确诊为患细菌性肠炎病。

此外，许多传染性疾病，均能引起肠道充血发炎，如病毒性出血病、赤皮病等，因此，诊断时要注意鉴别。

病毒性出血病：与肠炎病一样，肠道也发红充血，由于继发感染也可能在肝、肾、血液中检出产气单胞杆菌，但是肠道往往多处有紫红色瘀斑、瘀点。剖开皮肤，有的可见肌肉有出血斑点。除菌后的肝、肾等组织可以感染健康鱼发生出血病，单纯肠炎病的病鱼的除菌组织浆则不能再感染健康鱼发病。细菌性肠炎病时，用手轻按腹部时，有似脓状液流出，肠道内充满黄色积液，而病毒性出血病则无此症状。

赤皮病：有时肠道充血发炎，不如细菌性肠炎病严重和具有特征性。其主要症状在体表，体表皮肤局部或大部分发炎出血，鳞片脱落。单纯肠炎病鱼的皮肤鳞片一般完整无损。

（六）防制措施

1. 定期水体消毒

漂白粉 30g/m³ 水体或生石灰 300g/m³ 水体。定期加注新水，投喂新鲜饲料，不喂变质饲料，是预防此病的关键。

2. 鱼种投放前浸洗

漂白粉 15g/m³ 水体 15～30min 或高锰酸钾 20g/m³ 水体 15～30min，或 2%～3% 食盐水 4～10min。

3. 治疗采用外用和内服相结合的方法

外用药：漂白粉 2g/m³ 或优氯净 1g/m³，鱼胺 1g/m³ 全池泼洒。内服药：以 50g 鱼为例，肠炎灵 8g 或鱼服康 150g 拌饵料 5g，连用 5d；大黄、黄柏、黄芩（100g、80g、80g）磺胺嘧啶 12 片，拌 5g 饵料，连用 5d。每千克鱼每天用干的穿心莲 20g 或新鲜的穿心莲 30g，打成浆，再加盐 0.5g 拌饲料分上下午二次投喂，连喂 3d。

八、白头白嘴病

白头白嘴病是由细菌引起的，以白头白嘴症状为主要特征的一种细菌性传染病。

（一）病原体

尚未完全查明，是一种与细菌性烂鳃病的病原体很相似的黏球菌。菌落淡黄色，稀薄地平铺在琼脂上，边缘假根状。中央较厚而高低不平，有黏性，似一朵菊花。菌体细长、粗细几乎一致、而长短不一，革兰氏阴性，无鞭毛，滑行运动。

（二）流行病学

白头白嘴病是危害夏花鱼种的严重病害之一，小金鱼苗和锦鲤苗对白头白嘴病很敏感，而大鱼通常不发病。其发病快，来势猛，一日之间能使成千上万的鱼死亡。流行季节一般在 5 月下旬开始出现，6 月份是发病高峰，7 月中下旬以后比较少见。我国华中、华南地区都有白头白嘴病出现。

（三）症状

病鱼自吻端至眼球处的一段皮肤色素消退，变成乳白色，唇部肿胀，张闭失灵，因而造成呼吸困难。口周围的皮肤糜烂，有絮状物黏附其上，个别病鱼的颅顶充血，呈现"红头白嘴"症状。病鱼反应迟钝，通常不合群，游近水面呈浮头状，不久即死。

（四）病理变化

病理组织切片观察，病鱼鼻孔前的皮肤病变较为严重，上皮细胞几乎全部坏死、脱落，偶尔在基底膜之外尚能见到一些坏死、解体的上皮细胞和黏附在上面的成堆或单个的病原体。基底膜下面的色素细胞也已坏死、解体，色素颗粒分散于结缔组织中。结缔组织发生水肿，因此显得比正常的厚。同时还可看到部分成纤维细胞和胶原纤维发生变性、坏死，有的地方病原菌和坏死解体的组织混杂在一起。口咽腔及鼻腔的黏膜组织损坏也很严重，上皮细胞都坏死脱落，固有膜发生水肿、变性，甚至坏死。

（五）诊断

本病的诊断应抓住以下三点：

1. 病鱼在水中白头白嘴的症状比出水面时明显

病鱼衰弱地浮游在下风近岸水面，对人、声反应迟钝，可见明显的白头白嘴症状。若把病鱼拿出水面，白头白嘴症状又不甚明显。

2. 有似黏细菌的病原菌通常只感染鱼苗和夏花鱼种

刮下病鱼病灶周围的皮肤，放在载玻片上，加 2～3 滴清水，压上盖玻片，在显微镜下观察，除可看到大量的离散崩溃的细胞、黏液、红细胞外，还有群集成堆、左右摆动和少数滑行的细菌。

3. 注意与车轮虫病和钩介幼虫病相区别

从病鱼的外表来看，这两种病也可能显白头白嘴，有一定程度的相似，但病原体不同，危害程度的差别也很大。车轮虫病和钩介幼虫病来势不如白头白嘴病凶猛，死亡率也没有这么高。镜检白头白嘴病患处黏液有大量滑行杆菌，若见大量车轮虫或钩介幼虫则为寄生虫病。

（六）防制措施

（1）当年小金鱼适于稀养。经常投喂水蚤、摇蚊幼虫等活食料，对预防此病发生有明显作用。

（2）用食盐水、呋喃西林或呋喃唑酮浸洗。

（3）用利凡诺 20mg/L 浓度浸洗。当水温为 5～20℃ 时，浸洗 15～30min；21～32℃ 时，浸洗 10～15min。用于早期的治疗，疗效比呋喃西林或呋喃唑酮更显著。

九、赤皮病

赤皮病又称出血性腐败病、赤皮瘟、擦皮瘟，是由荧光假单胞菌感染引起的，以体表皮肤发炎、出血、鳞片脱落为主要特征的一种细菌性传染病。

（一）病原体

病原菌为荧光假单胞菌，属假单胞菌科，是一种带荧光的，极端鞭毛细菌。菌体为短杆状，两端圆形，大小为 $0.7\sim0.75\mu m\times0.4\sim0.45\mu m$，单个或二个相连；有动力，极端 $1\sim3$ 根鞭毛，无芽孢，菌体染色均匀，革兰氏阴性。琼脂培养基上菌落呈圆形，直径为 $1\sim1.5mm$，微凸，表面光滑湿润，边缘整齐，灰白色，半透明，20h 左右开始产生绿色或黄绿色素，弥漫培养基。肉汤培养，生长丰盛，均匀浑浊，微有絮状沉淀，表面有光滑柔软的层状菌膜，一摇即碎，24h 培养基表层产生色素。

（二）流行病学

鱼体受伤后易患本病。当年金鱼患病较多，而 1 龄以上的大金鱼中少见，锦鲤患病比金鱼多，春季和秋季为流行季节，全国各地均有流行。水体环境直接影响鱼体的体表健康和致病菌的致病能力，环境恶劣是本病发病的重要因素。当水质发生变化，溶氧含量低，溶解有机质含量高，易发病。

（三）症状

病鱼行动缓慢，反应迟钝，衰弱地独游于水面、在鳞片脱落和鳍条腐烂处往往出现水霉菌寄生，加重病情。发病几天就会死亡。

（四）病理变化

病鱼体表局部或大部出血发炎，鳞片脱落，特别是鱼体两侧和腹部最为明显。鳍的基部或整个鳍充血，鳍的末端腐烂，常烂去一段，鳍条间的组织也被破坏，使鳍条呈扫帚状，形成"蛀鳍"，或像破烂的纸扇状。鱼的上下颚及鳃盖部分充血，呈块状红斑。鳃盖中部表皮有时烂去一块，以致透明呈小圆窗状。

（五）诊断

根据外表症状即可诊断。本病病原菌不能侵入健康鱼的皮肤，因此病鱼有受伤史，这点对诊断有重要意义。因放养、扦捕、体表寄生大量寄生虫等原因造成鱼体受伤后，给病原造成可乘之机是发病的基础。注意与疖疮病相区别。疖疮病的初期体表也充血发炎，鳞片脱落，但局限在小范围内，且红肿部位高出体表。

（六）防制措施

（1）合理密养，水中溶氧量应维持在 5mg/L 左右。注意饲养管理，操作要小心，尽量避免鱼体受伤。

（2）遍撒漂白粉，使水体成 1mg/L 的浓度。适用于室外大水体养殖。

（3）内服氟哌酸，每天按鱼 $10\sim30mg/kg$ 剂量，投入饵料中内服，$3\sim5d$ 为一个疗程。

（4）磺胺嘧啶饲料投喂，第一天用量 100mg/kg 饲料，以后每天用药 50mg/kg 饲料，$5\sim7d$ 为一个疗程。

十、打印病

打印病又称腐皮病，是由点状产气单胞菌点状亚种引起的，以病灶周围充血、肌肉发炎形成类似红色印章形为主要特征的一种细菌性传染病。该病为金鱼的常见病、多发病。

（一）病原体

病原菌为点状产气单胞菌点状亚种。菌种短杆状，大小为 $0.6\sim0.7\mu m\times1.7\mu m$。单个或两个相连，两端圆形，极端单鞭毛，有运动力，无芽孢，革兰氏阴性。生长适温为 28℃左右，65℃30min 死亡，pH $3\sim11$ 中均能生长。R-S 培养基培养 $18\sim24h$ 菌落呈黄色，琼脂平板上菌落呈圆形，直径 1.5mm 左右，48h 增至 $3\sim4mm$，微凸，表面光滑、湿润，边缘整齐，半透明，灰白色。琼脂斜面，生长丰盛，丝状，扁平高起，表面光滑，湿润，边缘整齐，灰白色。肉汤培养，中等生长，均匀浑浊，表面有薄菌膜，或呈环状，摇后即散。

（二）流行病学

打印病危害个体较大的是金鱼和锦鲤，从鱼种、成鱼直至亲鱼均可发病，主要原因是因操作不当，使鱼体受伤而感染病菌。病鱼感染后，往往拖延较长时间不愈，严重影响生长发育和繁殖。患病的多数是 1 龄及 1 龄以上的金鱼，当年金鱼患病少见。本病终年可见，但以夏、秋季较易发病，$28\sim32℃$ 为其流行高峰期，全国各地都有病例出现。

（三）症状

病灶部位通常在肛门附近的两侧，或尾鳍基部，少数在身体前部；亲鱼患病没有固定部位，全身各处都可出现病灶。病鱼身体瘦弱，食欲减退，游动缓慢，终至衰竭而死。

（四）病理变化

病初皮肤及其下层肌肉发炎，出现红斑，随着病情的发展，鳞片脱落，肌肉腐烂，病灶的直径逐渐扩大和深度加深，形成溃疡，严重时甚至露出骨骼或内脏。病灶呈圆形或椭圆形，周围充血发红，像打上了一个红色印章，因此称为打印病。

（五）诊断

根据症状、病理变化（尤其是病鱼特定部位出现的特殊病灶）及流行情况进行初步诊断，确诊须接种在 R-S 培养基上，如长出黄色菌落，则可作出进一步诊断。如用荧光抗体法则能作出准确诊断。注意与疖疮病区别，鱼种及成鱼患打印病时通常仅一个病灶，其他部位的外表未见异常，鳞片不脱落。

（六）防制措施

注意保持池水洁净，避免寄生虫的侵袭，谨慎操作勿使鱼体受伤，均可减少此病发生。用下列药物和方法治疗都有满意的效果。

（1）外用药同细菌性烂鳃病。

（2）肌肉或腹腔注射硫酸链霉素，剂量为20mg/kg 鱼重。或金霉素，剂量为 5 000IU/kg 鱼重。

（3）患处可用1% 高锰酸钾溶液清洗病灶，或用纱布吸干病灶上的水分后，用四环素药膏涂抹。

十一、竖鳞病

竖鳞病又称鳞立病、松鳞病、松球病等，是由细菌引起的，以鳞片竖起、眼球突出、腹水为主要特征的一种细菌性传染病。本病是金鱼、鲤以及各种热带鱼的一种常见病。

（一）病原体

初步认为是水型点状假单胞菌。菌体短杆状，近圆形，单个排列，有动力，无芽孢，革兰氏阴性。菌落呈圆形，中等大小，边缘整齐，表面光滑、湿润、半透明、略黄而稍灰白，迎光透视略呈培养基色。

（二）流行病学

水型点状假单胞菌是水中常在菌，是条件致病菌，当水质污浊、鱼体受伤时经皮肤感染。主要危害个体较大的金鱼和锦鲤，每年秋末至春季水温较低时是流行季节。鱼类越冬后，抵抗力减弱，最容易患竖鳞病。在我国东北、华北、华东和四川等地常有发生。

（三）症状

疾病早期鱼体发黑，体表粗糙，鱼体前部的鳞片竖立，向外张开像松球，而鳞片基部的鳞囊水肿，它的内部积聚着半透明的渗出液，以致鳞片竖起。严重时全身鳞片竖立，鳞囊内积有含血的渗出液，用手指轻压鳞片，渗出液就从鳞片下喷射出来，鳞片也随之脱落。有时伴有鳍基充血，鳍条间有半透明液体，顺着与鳍条平行的方向用力压之，液体即喷射出来。病鱼离群独游，游动缓慢，无力，严重时呼吸困难，对外界刺激失去反应，身体失去平衡，身体倒转，腹部向上，浮于水面，最后衰竭而死。

（四）病理变化

病鱼常伴有鳍基、皮肤轻微充血，眼球突出，腹部膨大，腹腔内积有腹水。病鱼贫血，鳃、肝、脾、肾的颜色均变淡，鳃盖内表皮充血。文金、龙睛的病鱼，看来像珍珠鳞那样的外形。

（五）诊断

根据其症状，如鳞片竖起，眼球突出，腹部膨大，腹水，鳞囊内有液体，轻压鳞片可喷射出渗出液等，可作出初步诊断。如同时镜检鳞囊内的渗出液，见有大量革兰氏阴性短杆菌即可作出进一步诊断。

应注意的是，当大量鱼波豆虫寄生在鲤鱼鳞囊内时，也可引起竖鳞症状，这时应用显微镜检查鳞囊内的渗出液，加以区别。金鱼的竖鳞病要注意与正常珍珠鳞区别，珍珠鳞金鱼的鳞片上有石灰质沉着，有光泽，给人以美的感觉，患竖鳞病的病鱼鳞片无光泽，病鱼通常沉在水底或身体失去平衡。

（六）防制措施

（1）强化秋季培育工作，使金鱼在越冬前达到一定的肥满度，增强抗低温和抗病力。

（2）内服维生素 E。每天用 30～60mg/kg 鱼重，拌料服用，可有效预防竖鳞病、水霉病等；每天用 60～90mg/kg 鱼重，内服，连续 10～15d 作为辅助治疗药物。待鱼病治愈后，维生素 E 用量改为预防用药量。

（3）以浓度为 5mg/L 的硫酸铜、2mg/L 的硫酸亚铁和 10mg/L 的漂白粉混合液浸洗鱼体 5～10min。

（4）将病原菌制成灭活菌苗，通过注射菌苗，可获得对该病有较高的免疫保护力。因此，可以采用免疫的方法进行预防。

（5）每 50kg 水加入捣烂的大蒜 250g，浸洗病鱼数次。发病初期冲注新水，可使病情停止蔓延。

（6）轻轻压破鳞囊的水肿泡，勿使鳞片脱落，用 10% 温盐水擦洗，再涂抹碘酊，同时，肌肉注射磺胺嘧啶钠 2ml，有明显效果。

（7）内服氟哌酸，每天用 10～30g/kg 鱼重，连用 3～5d，疗效非常显著。

（8）内服磺胺二甲氧嘧啶（SDM），每天用 100~200mg/kg 鱼重，连用 3~5d。

十二、白皮病

白皮病又叫白尾病，是由细菌引起的，以鱼体后半段发白为主要特征的一种细菌性传染病。病程短，死亡率高，广泛流行于全国各地，每年 6~9 月为流行季节。

（一）病原体

王德铭等（1963）分离到白皮病的病原菌是白皮假单胞菌，大小为 0.8μm×0.4μm，多数二个相连。极端单鞭毛或双鞭毛，有运动力。无芽孢，无荚膜。染色均匀，革兰氏阴性。菌落呈圆形，微凸起，直径 0.5~1.0mm。表面光滑，边缘整齐，灰白色，24h 后产生黄绿色色素。

黄惟灏等（1981）提出白皮病的病原菌是鱼害黏球菌，并在试验鱼体表完整的情况下，经过该菌液浸泡感染，均呈现出与自然发病鱼相同的症状。菌体细长，柔软易弯曲，粗细基本一致，0.6~0.8μm，两端钝圆，革兰氏染色阴性。

（二）流行病学

本病广泛流行于我国各地鱼苗、鱼种，病程较短，病势凶猛，死亡率很高。每年 6~8 月为流行季节，尤其因操作不慎碰伤鱼体，或体表有大量车轮虫等原生动物寄生使鱼体受伤时，病原菌乘机而入，暴发流行。病原菌广泛存在于淡水水体中，由于水质不清洁和恶化，病原菌更易滋生和繁殖，鱼体更易感染生病。

（三）症状及病理变化

发病初期，只在背鳍基部或尾柄处出现一小白点，随着病情发展，迅速扩展蔓延，从鱼体背鳍向后蔓延，以致背鳍与臀鳍间的体表至尾鳍全部发白。严重的病鱼，尾鳍烂掉，或残缺不全。病鱼的头部向下，尾部向上，与水面垂直，时而作挣扎状游动，时而悬挂于水中，不久病鱼即死亡。

（四）诊断

根据鳍条、皮肤无充血、发红，背鳍以后至尾柄部分皮肤变白等症状，结合镜检有大量杆菌存在，即可初步诊断。

（五）防制措施

同细菌性烂鳃病的防治方法。捕捞、运输、放养时应尽量避免鱼体受伤；发现体表有寄生虫寄生时，要及时杀灭。用金霉素 12.53mg/L 的浓度，浸洗 0.5h；或用土霉素 25mg/L 的浓度，浸洗 0.5h。

十三、弧菌病

弧菌病是由弧菌引起的，以体表皮肤溃疡为主要特征的一种传染性疾病。弧菌病是海水鱼类最常发生的细菌性疾病，该病在全球范围内广泛发生。

（一）病原体

弧菌属，常见的一些种类有鳗弧菌、副溶血弧菌、溶藻胶弧菌、哈维氏弧菌、创伤弧菌等。弧菌病的病原主要是鳗弧菌，为革兰氏阴性，短杆状，稍弯曲，两端圆形，大小为 0.5~0.7μm×1~2μm，以单极生鞭毛运动，有的一端生两根鞭毛或更多根鞭毛，没有荚膜，兼性厌氧菌，不抗酸。在普通琼脂培养基上形成正圆形、稍凸、边缘平滑、灰白色、略透明、有光泽的菌落。生长温度为 10～35℃，最适温度为 25℃左右；生长 pH 6.0～9.0，最适 pH 8。

（二）流行病学

弧菌在海洋环境中是最常见的细菌类群之一，广泛分布于海水、海洋生物的体表和肠道中，是海水和原生动物、鱼类等海洋生物的正常优势菌群。弧菌是条件致病菌，海水鱼类弧菌病的发生与弧菌数量密切相关，各种鱼类都有一定的阈值，超过一定的阈值就会暴发弧菌病。弧菌属细菌中约有一半左右随着其环境条件或宿主体质和营养状况的变化而成为养殖鱼类等动物的病原菌。

弧菌病是多种海水养殖鱼类最为常见的一种细菌性疾病，鲷科、鲈科、鲻科、鲆、鲽类等都可受其害。发病适宜水温 15～25℃，每年的 5 月末至 7 月初和 9～10 月份是发病高峰期。水质不良，池底污浊，放养密度过大，投喂氧化变质的饲料，操作管理不慎，鱼体受伤等环境因素降低了鱼的抵抗力，使鱼的消化道或肝脏受到损害，弧菌自肠黏膜的损伤处侵入组织。感染途径主要为经皮感染，其次为经口感染。此病的地理分布是世界性的，特别是在温带地区。

（三）症状及病理变化

弧菌病的症状既与不同种类的病原菌有关，又随着患病鱼的种类不同而有差别。比较共同的病症是体表皮肤溃疡。感染初期，体色多呈斑块状褪色；食欲不振，缓慢地浮游于水面，有时回旋状游泳；中度感染，鳍基部、躯干部等发红或出现斑点状出血；随着病情的发展，患部组织浸润呈出血性溃疡；有的鳞片脱落，吻端、鳍膜烂掉，眼内出血，肛门红肿扩张，常有黄色黏液流出。此外，有的病鱼鳃褪色呈贫血状或形成腹水症等。

（四）诊断

根据临床症状、病理变化及流行病学可进行初步诊断。确诊应取可疑病灶组织用 TCBS 弧菌选择性培养基进行分离培养。已有鳗弧菌单克隆抗体、溶藻弧菌单克隆抗体、创伤弧菌单克隆抗体、杀鲑弧菌单克隆抗体等，采用间接荧光抗体（IFAT）技术和 ELISA 免疫检测，对上述弧菌引起的弧菌病进行早期快速诊断；分子生物学 PCR 技术在某些情况下也可应用于对弧菌病的检测。

（五）防制措施

（1）保持优良的水质和养殖环境，不投喂腐败变质的小杂鱼、虾。

（2）投喂磺胺类药物饵料，用磺胺甲基嘧啶 100mg/kg 鱼重，制成药饵，连续投喂 7～10d。

（3）投喂抗菌素药饵，例如土霉素，每天用药 70～80mg/kg 鱼重，制成药饵，连续投喂 5～7d。

（4）在口服药饵的同时，用漂白粉等消毒剂全池泼洒，视病情用 1～2 次，可以提高防治效果。

十四、水霉病

水霉病又称肤霉病、白毛病、卵丝病，由水霉引起的，以体表或鳍条上长出白毛状菌丝为主要特征的一种真菌性传染病。水霉病是金鱼的常见病、多发病，我国各地都有流行。

（一）病原体

在我国淡水水产动物的体表及卵上发现的水霉共有十多种，其中最常见的是水霉和绵霉两个属的种类，属水霉科。水霉和绵霉的菌丝为管形没有横隔的多核体，一端像根样附着在鱼的损伤处，分枝多而纤细，可深入至损伤、坏死的皮肤及肌肉称为内菌丝，具有吸收营养的功能；伸出在体外的叫外菌丝，菌丝较粗壮，分枝较少，可长达3cm，形成肉眼能见的灰白色棉絮状物。附着于死鱼的霉菌在12~24h内可蔓延全身。

水霉和绵霉的繁殖方式有无性生殖和有性生殖两种。水霉在无性生殖时，外菌丝的梢端略膨大成棍棒状，同时内部原生质由下部往这里密集，达到一定程度时，生出横壁与下部菌丝隔开，自成一节，即动孢子囊。囊中稠密的原生质不久分裂成很多的单核孢子原细胞，并很快发育成动孢子。动孢子呈梨形，在尖端有2条等长的鞭毛；动孢子从动孢子囊中游出后，在水中自由游动几十秒至几分钟，即停止游动，分泌出一层细胞壁而静止休息，叫孢孢子，孢孢子静休1h左右，原生质从细胞壁内钻出，又成为动孢子，叫第二动孢子，呈肾脏形，在侧面凹陷处长出2条鞭毛，游动时间较第一次为长，最后它们又静止下来分泌一层细胞壁成第二孢孢子，经一段时期的休眠，即萌发成菌丝体。当水分和营养不足的情况下，第二孢孢子不萌发为菌丝，而改变为第三动孢子，甚至第四动孢子；另外，如动孢子囊的出口受阻塞，动孢子无法逸出时，它们也能在囊中直接萌发。

绵霉所产生的动孢子与水霉不同。它的动孢子无鞭毛，不能游动，从动孢子囊产生后成群地聚集在动孢子囊口而不游动，经过一段时期静休后，它们逸出细胞壁而在水中自由游动，空的细胞壁蜂窝状地遗留在动孢子囊口附近；在这一阶段的动孢子都为肾形，两条鞭毛从侧面凹处生出。

水霉和绵霉的外菌丝，在经过一个时期的动孢子形成以后，或由于外界环境条件不甚适合时，会在菌丝梢端或中部生出横隔，形成抵抗不良环境的厚垣孢子，呈念珠状或分节状，当环境条件转好时，这些厚垣孢子可以直接发育成动孢子囊。

有性生殖包括产生藏卵器和雄器。藏卵器的发生，一般由母菌丝生出短侧枝，其中的核及细胞质逐渐积聚，然后生成横壁与母菌丝隔开。接着积聚的核及细胞质在中心部分退化，余下的核移向藏卵器的周缘，形成分布稀疏的一层，然后核同时分裂，其中半数分散消失，最后细胞质按核数割裂成几个单核部分、每一部分变圆而成卵球（也有的属只形成一个卵球）。

与藏卵器发生的同时，雄器也由同枝或异枝的菌丝短侧枝上长出，逐渐卷曲缠绕于藏卵器上，最后也生出横壁与母体隔开。雄器中核的分裂与藏卵器中的核分裂大约同时发生。受精作用是由雄器的芽管穿通藏卵器壁来完成，雄核经过芽管移到卵球内，与卵核结合形成卵孢子，并分泌双层卵壁包围，经3~4个月的休眠期后，萌发成具有短柄的动孢子囊或菌丝。

（二）流行病学

水霉是腐生性寄生物，专寄生在伤口和尸体上。鱼类患水霉病的原因，主要是由于捕捉、搬运时操作不慎，擦伤皮肤，或因寄生虫破坏鳃和体表，或因水温过低冻伤皮肤，以至水霉的动孢子侵入伤口。当水温适宜时（15℃左右），3~5d就长成错综交叉的菌丝体。如伤口继发感染细菌，则加速了病鱼的死亡。水霉全年都存在，秋末到早春是流行季节。

（三）症状及病理变化

疾病早期，肉眼看不出有什么异状，当肉眼能看出时，菌丝不仅在伤口侵入，且已向外长出外菌丝，体表或鳍条上有似灰白色棉毛状，故俗称白毛病。严重时菌丝厚而密，鱼体负担过重，游动迟缓，食欲减退，终至死亡。在鱼卵孵化过程中，此病也常发生，内菌丝侵入卵膜内，卵膜外丛生大量外菌丝，故叫"卵丝病"；被寄生的鱼卵，因外菌丝呈放射状，故又有"太阳籽"之称。

（四）诊断

用肉眼观察，根据症状即可作出初步诊断，必要时可用显微镜检查进行确诊。如要鉴定水霉的种类，则必须进行人工培养，观察其藏卵器及雄器的形状、大小及着生部位等。

（五）防制措施

（1）加强饲养管理，避免鱼体受伤。在越冬以前，根据显微镜下活体检查结果，用药物杀灭寄生虫，可以有效地预防水霉病。

（2）外用药

①全池遍撒食盐及小苏打（碳酸氢钠）合剂（1:1），使池水成 8mg/L 的浓度。②全池遍撒亚甲基蓝，使池水成 2～3mg/L 浓度，隔 2d 再泼 1 次。

（3）内服抗细菌的药（如磺胺类、抗生素等），以防细菌感染，疗效更好。

十五、打粉病

打粉病又称卵甲藻病、嗜酸性卵涡鞭虫病，是由嗜酸卵甲藻引起的，以体表形成粉块样病变为主要特征的一种传染病。主要危害当年金鱼，1 龄鱼死亡较少。

（一）病原体

病原体为嗜酸卵甲藻，是胚沟藻目胚沟藻科卵甲藻属的种类。因为它只生活在微酸（pH5～6.5）的淡水水质中，故定名为嗜酸卵甲藻。成熟的个体呈肾脏形，宽大于长，大小为 102～155μm×83～130μm，中部有明显的凹陷，没有柄状突起，也没有伪足状的根丝；体外有一层透明、玻璃状的纤维壁，体内充满淀粉粒和色素体，中间有 1 个大而圆的细胞核。这样的个体不久就进行分裂，形成 128 个子体，以后每个子体再分裂 1 次，形成裸甲子。裸甲子大小为 13～15 μm×11～13μm，由不明显的横沟将虫体分为上、下两部分，下部分腹面有 1 条不甚明显的纵沟，前与横沟相接；一条横鞭毛在横纵沟相接处长出，沿横沟作短波形的快速波动；一条纵鞭毛也在其附近长出，沿纵沟向后作缓慢的左右摆动，推动虫体前进。裸甲子在水中迅速地游动，与鱼类接触，就寄生上去，失去鞭毛，静止下来，逐步成长为成熟个体。

（二）流行病学

嗜酸卵甲藻对其所在的水体中的所有鱼类都能寄生，对小鱼的危害比大鱼大。病鱼为主要传染源，凡被病鱼污染的水族箱、工具、水体，在适宜的条件下，均能引起卵甲藻病的流行。在放养过病鱼而未经冲洗的水体中，放入健康的鱼种，经 62h 就出现明显的症状。卵甲藻病发生在酸性水体（pH5.2～6.5）中，春末至初秋，水温 22～32℃时为流行季节。小金鱼密度过大，缺少水蚯蚓等动物性食料时，病情特别严重，发生大量死亡。在中性和微碱性（pH7 以上）的水体中，还未发现卵甲藻病。

（三）症状及病理变化

病鱼最初在池中拥挤成团，或在水面形成几个环游不息的小圈。病鱼体表黏液增多，背鳍、尾鳍及体表出现白点，随着病情的发展，白点逐渐蔓延至尾柄、头部和鳃内。骤看和小瓜虫病的症状相似，仔细观察（或用放大镜），可见白点之间有红色血点，尾部特别明显。后期病鱼食欲减退，游动迟缓，不时呆浮水表或群集成团，身上白点连接成片，就像裹了一层面粉，故有"打粉病"之称。"粉块"脱落处发炎溃烂，并常继发水霉病，最后病鱼瘦弱，大批死亡。

（四）诊断

根据临床症状可以初步诊断，取病灶部位粉块和组织进行显微镜检查可以观察到嗜酸卵甲藻，即可确诊。

（五）防制措施

（1）给观赏鱼类投喂水蚯蚓等动物性食料，最好还要加喂少量芜萍，以增强抗病力。

（2）将病鱼转移到微碱性水质（pH7.2～8.0）的水族箱等小水体中饲养。

（3）遍撒碳酸氢钠，使水体成10～25mg/L的浓度。适用于水族箱、小缸、小池等小水体。

（4）遍撒生石灰，使水体成5～20mg/L的浓度。适用于室外土池或大鱼池。

在此必须指出，此病切忌用硫酸铜治疗，否则会造成病鱼大批死亡。

复习题

1. 鸽瘟的临诊症状有何特点？如何进行防治？
2. 鸽痘有哪几种类型，各有何特点？
3. 鸽流感的症状有哪些？
4. 鸽霉形体病的主要症状和病变有何特点？如何进行防治？
5. 针对鲤春病毒血症，应采取哪些措施进行预防？
6. 如何鉴别诊断赤皮病与打印病？

第七章　宠物传染病及公共卫生实训

一、实训的目的与任务

根据宠物医疗专业的教学计划内容，结合本课程的特点制定了宠物传染病及公共卫生的实训内容。目的和任务是掌握宠物传染病的消毒、免疫接种技术，能正确的采集传染病病料和处理尸体；掌握常见宠物传染病的实验室诊断方法。同时培养学生的实践动手能力，使之掌握诊断宠物传染病的基本方法和技能，为从事宠物门诊治疗奠定良好的基础。

二、实训内容和要求

（一）实训内容

1. 宠物免疫接种技术

了解宠物疫苗的使用方法，掌握免疫接种的方法及操作技术。

2. 消毒技术

了解常用的消毒方法，掌握常用消毒药的配制方法，能对消毒效果进行检查。

3. 传染病病料的采集、保存和送检

了解采集病料的目的，掌握被检宠物病料的采集、保存和送检方法。

4. 传染病尸体的处理

了解传染病尸体运送的方法，掌握正确处理尸体的方法。

5. 狂犬病的实验室诊断

掌握狂犬病的实验室诊断技术。

6. 伪狂犬病的实验室诊断

掌握伪狂犬病的实验室诊断技术。

7. 大肠杆菌病的实验室诊断

了解大肠杆菌的生化特性，掌握大肠杆菌病的实验室诊断方法。

8. 沙门氏菌病的实验室诊断

了解沙门氏菌的生化特性，掌握沙门氏菌病的实验室诊断技术。

9. 巴氏杆菌病的实验室诊断

了解巴氏杆菌的生化特性，掌握巴氏杆菌病的实验室诊断程序。

10. 犬瘟热的诊断

了解犬瘟热的诊断要点，掌握犬瘟热实验室诊断方法，能正确使用犬瘟热病毒诊断试剂盒。

11. 犬细小病毒感染的实验室诊断

了解犬细小病毒诊断试剂盒诊断的原理，掌握犬细小病毒血凝及血凝试验的操作技术，能正确判定结果。

12. 犬传染性肝炎的诊断

掌握犬传染性肝炎的诊断方法。

13. 鸽瘟的实验室诊断

了解血凝试验和血凝抑制试验的原理，掌握血凝和血凝抑制试验的操作技术，能正确的判定实验结果。

（二）实训要求

1. 突出实践能力

在教学实训中要按实训内容进行，注意学生的能力培养和实训内容的实用性，切实把培养学生的实践能力放在突出位置。

2. 实现自主参与能力

在实训中按照学生形成实践能力的客观规律，让学生自主参与实训活动，注重多做、反复练习。

3. 培养兴趣、强化诊断思维

要注意学生的态度、兴趣、习惯、意志等非智力因素的培养，注重学生在实训过程中的主体地位，培养学生的观察能力、分析能力和实践动手能力。

4. 理论联系实际

教师在实训准备时要紧密结合生产实际的应用，对实训目标、实训用品、实训方法和组织过程进行认真设计和准备。

5. 实训结束必须进行实训技能考核

三、实训学时分配

根据宠物传染病及公共卫生的实训内容合理安排实训课时，实训学时分配见表 7 - 1。

表 7 - 1　实训学时分配表

序　号	实　训　内　容	学时
1	宠物免疫接种技术	2
2	消毒技术	2
3	传染病病料的采集、保存和送检	2
4	传染病尸体的处理	2
5	狂犬病的实验室诊断	4
6	伪狂犬病的实验室诊断	6
7	大肠杆菌病的实验室诊断	2
8	沙门氏菌病的实验室诊断	2
9	巴氏杆菌病的实验室诊断	2
10	犬瘟热的诊断	4
11	犬细小病毒感染的实验室诊断	4
12	犬传染性肝炎的诊断	4

续表

序　号	实　训　内　容	学时
13	鸽瘟的实验室诊断	4
总　计		40

四、实训技能考核

根据实训内容，结合本校的实际情况，可选择其中的任何一项或几项进行考核，未列入实训技能考核中的实训内容，可在理论考试中予以考试或考查。

（一）免疫接种技术（表7-2）

表7-2　免疫接种技术考核标准

考核内容及分数分配	操作环节与要求	评　分　标　准		考核方法	熟练程度	时限
		分值	扣分依据			
免疫接种技术（100分）	皮下注射法	20	局部未剪毛扣4分；未消毒扣4分；疫苗稀释不准扣4分；注射不规范扣4分；注射失败扣4分	单人操作考核	熟练掌握	20min
	皮内注射法	20	局部未剪毛扣4分；未消毒扣4分；疫苗稀释不准扣4分；注射不规范扣4分；注射失败扣4分			
	肌肉注射法	20	局部未剪毛扣2分；未消毒扣2分；疫苗稀释不准扣2分；注射不规范扣2分；注射失败扣2分			
	口服免疫法	20	未口述停水时间扣5分；疫苗稀释倍数有误扣5分；免疫前后2d使用消毒药物扣5分；饮水器数量少，导致免疫不均扣5分	分组操作考核		
	熟练程度	20	在教师指导下完成，扣5分	操作		

（二）消毒技术（表7-3）

表7-3　常用消毒剂的配制考核标准

考核内容及分数分配	操作环节与要求	评　分　标　准		考核方法	熟练程度	时限
		分值	扣分依据			
（1）2%苛性钠溶液的配制（2）20%石灰乳的配制（3）0.2%过氧乙酸溶液的配制（各100分）	溶质数计算	20	计算误差每超过10mg扣1分，直至20分	单人操作考核	掌握	10min
	称（量）取溶质	20	称取误差每超过10mg（ml）扣1分，直至20分			
	量取稀释液	20	量取误差每超过10ml扣1分，直至20分			
	溶解稀释	20	定容不精确扣5分			
	规范程度	10	欠规范者，酌情扣1～5分			
	熟练程度	10	欠熟练者，酌情扣1～5分			

（三）病料的采集、保存和送检（表7-4）

表7-4 病料的采集考核标准

考核内容及分数分配	操作环节与要求	评分标准		考核方法	熟练程度	时限
		分值	扣分依据			
病料的采集 （100分）	采集病料时间适当	20	叙述时间不正确扣20分	口试	熟练掌握	5min
	器械正确消毒	20	消毒方法及时间不正确扣10分			
	正确采取各种病料	30	操作不规范时，每个部位扣5分	单人操作考核		
	熟练程度	15	在教师指导下完成，扣5分			
	完成时间	15	每超时1min扣3分，直至15分			

（四）传染病尸体的处理（表7-5）

表7-5 传染病尸体的处理考核标准

考核内容及分数分配	操作环节与要求	评分标准		考核方法	熟练程度	时限
		分值	扣分依据			
传染病尸体的处理 （100分）	尸体运送	10	叙述不完整，酌情扣2~5分	报告考核或口述	掌握	15min
	方法种类	10	每缺一种方法扣2分，直至10分			
	方法原理	20	每缺一个原理扣4分			
	适用对象	20	每少1个扣0.5分，直至20分			
	操作方法	20	每缺1法扣3分，直至18分			
	熟练程度	10	在教师提示下完成扣5分			
	完成时间	10	每超时1min扣2分，直至10分			

（五）大肠杆菌病的实验室诊断（表7-6）

表7-6 涂片镜检考核标准

考核内容及分数分配	操作环节与要求	评分标准		考核方法	熟练程度	时限
		分值	扣分依据			
涂片镜检 （100分）	病料采集	10	采集病料不正确，酌情扣5~10分	单人操作考核	掌握	15min
	涂片	10	涂片不均匀扣5分			
	干燥	5	干燥方法不当扣2分			
	固定	5	固定不正确，方法不当扣5分			
	革兰氏染色	30	染色步骤每错一步扣5分			
	结果观察	20	结果观察不正确扣20分			
	熟练程度	10	在教师提示下完成扣5分			
	完成时间	10	每超时1min扣2分，直至10分			

实训一 宠物免疫接种技术

一、技能目标

免疫接种是预防宠物传染病所采取的有效方法之一。要求学生熟悉宠物各种疫苗的保存、运送和检查方法，能结合生产实践熟练掌握免疫接种的操作技术，具备临床实际应用的能力。

二、教学资源准备

（一）材料与用具

高压蒸汽灭菌器、金属注射器（5ml、10ml、20ml 等规格）、玻璃注射器（1ml、2ml、5ml 等规格）、金属皮内注射器、镊子、毛剪、体温计、水盆、出诊箱、注射针头、气雾免疫器、毛巾、纱布、脱脂棉、搪瓷盘、工作服、登记卡、宠物保定用具，5%碘酒、70%酒精、来苏儿或新洁尔灭、疫苗等适量，犬、猫、鸽等实习宠物。

（二）实训场所

校外实训基地。

三、操作方法与步骤

（一）疫苗的使用

1. 疫苗的保存

一般疫苗怕热，特别是活疫苗，即必须低温保藏。冷冻真空干燥的疫苗，多数要求放在 -15℃温度下保存，温度越低，保存时间越长。实践证明，一些冻干苗在27℃条件下保存 1 周后有20%不合格，保存 2 周后有60%不合格。需要说明的是，冻干苗的保存温度与冻干保护剂的性质有密切关系。一些国家的冻干苗可以在 4～6℃保存，因为用的是耐热保护剂。多数活湿苗只能现制现用，在 0～8℃下仅可短时期保存。灭活苗保存在 2～11℃，不能过热，也不能低于0℃。

工作中必须坚持按规定温度条件保存，不能任意放置，防止高温存放或温度忽高忽低损害疫苗的质量。

2. 疫苗的运送

不论使用何种运输工具运送疫苗都应注意防止高温、暴晒和冻融。运送时，药品要逐瓶包装，衬以厚纸或软草然后装箱。如果是活苗需要低温保存的，可先将药品装入盛有冰块的保温瓶或保温箱内运送，携带灭活铝胶苗或油乳苗时，冬季要防止冻结。在运送过程中，要避免高温如直射阳光。寒冷时要避免液体制品冻结，尤其要避免由于温度高低不定而引起的反复冻融。切忌把疫苗放入衣袋内，以免由于体温较高而降低疫苗的效力。大批量运输的疫苗应放在冷藏箱内，用冷藏车以最快速度运送。

3. 疫苗使用前的检查

各种疫苗用前均需仔细检查，有下列情况之一者不得使用：

（1）没有瓶签或瓶签模糊不清，没有经过合格检查者。

（2）过期失效者。

（3）疫苗的质量与说明书不符者，如色泽、沉淀、制品内有异物、发霉和臭味者。

（4）瓶盖不紧或玻璃瓶破裂者。

（5）没有按规定方法保存者。如加氢氧化铝的菌苗经过冻结后，其免疫力可降低。

4. 疫苗的稀释

各种疫苗使用的稀释液、稀释倍数和稀释方法都有明确规定，必须严格地按生产厂家的使用说明书进行。稀释疫苗用的器械必须是无菌的，否则，不但影响疫苗的效果，而且会造成人为的污染。

（1）注射用疫苗的稀释　用70%酒精棉球擦拭消毒疫苗和稀释液的瓶盖，然后用带有针头的灭菌注射器吸取少量稀释液注入疫苗瓶中，充分振荡溶解后，再加入全量的稀释液。

（2）饮水用疫苗的稀释　饮水免疫时，疫苗最好用蒸馏水或去离子水稀释，也可用洁净的深井水或泉水稀释，不能用自来水，因为自来水中的消毒剂会把疫苗中活的微生物杀死，使疫苗失效。稀释前先用酒精棉球消毒疫苗的瓶盖，然后用灭菌注射器吸取少量的蒸馏水注入疫苗瓶中，充分振荡溶解后，抽取溶解的疫苗放入干净的容器中，再用蒸馏水把疫苗瓶冲洗几次，使全部疫苗所含病毒（或细菌）都被冲洗下来。然后按一定剂量加入蒸馏水。

（二）免疫接种方法

1. 皮下注射法

皮下注射宜选择皮薄，被毛少，皮肤松弛，皮下血管少的部位。犬、猫宜在股内侧，鸽宜在翼下或胸部。

注射部位消毒后，注射者右手持注射器，左手食指与拇指将皮肤提起呈三角形，沿三角形基部刺入皮下约注射针头的2/3，将左手放开后，再推动注射器活塞将疫苗徐徐注入。然后用酒精棉球按住注射部位，将针头拔出。

大部分疫苗及免疫血清均采用皮下注射法。此法优点是免疫确实，效果佳，吸收较快；缺点是用药量较大，副作用较皮内注射法稍大。

2. 皮内注射法

皮内注射宜选择皮肤致密，被毛少的部位。犬宜在颈侧或股内侧，鸽宜在翼下。

接种时，用左手将皮肤夹起一皱褶或以左手绷紧固定皮肤，右手持注射器，将针头在皱褶上或皮肤上斜着使针头几乎与皮面平行轻轻刺入皮内 0.5cm 左右，放松左手，左手在针头和针筒交接处固定针头，右手持注射器，徐徐注入药液。如针头确在皮内，则注射时感觉有较大的阻力，同时注射处形成一个圆丘，突出于皮肤表面。

皮内接种目前只适用于痘苗等，皮内接种的优点是使用药液少，注射局部副作用小，产生的免疫力比相同剂量的皮下接种高；缺点是操作需要一定的技术与经验。

3. 肌肉接种法

肌肉注射，应选择肌肉丰满、血管少、远离神经的部位。较大宠物的注射部位一般在其颈部或臀部，鸽子宜在腿肌或胸部肌肉。

接种部位要严格消毒，消毒方法是首先剪毛，再用2%～5%碘酊棉球螺旋式由内向外消毒接种部位，最后用75%的酒精棉球消毒。

肌肉注射方法有两种。一种方法是，左手固定注射部位的皮肤，右手持注射器垂直刺入肌肉后，改用左手夹住注射器和针头尾部，右手回抽一下活塞，如无回血，即可慢慢注入药液。另一种方法是，把注射器针头取下，以右手拇指、食指、中指紧持针尾，对准注射部位垂直刺入肌肉，然后接上注射器，注入药液。

根据宠物大小和肥瘦程度掌握刺入深度，以免刺入太深（常见于小宠物）刺伤骨骼、血管、神经，或因刺入太浅（常见于大宠物）将疫苗注入皮下脂肪而不能吸收。注射的剂量应严格按照规定的剂量注入，同时避免药液外漏。此法优点是操作简便，吸收快；缺点是有些疫苗会损伤肌肉组织，如注射部位不当，可能引起跛行。

4. 滴鼻点眼接种法

滴鼻与点眼是有效的局部免疫接种途径，鼻腔黏膜下有丰富的淋巴样组织，能产生良好的局部免疫。滴鼻与点眼的免疫效果相同，比较方便，快速。据报道，眼部的哈德尔氏腺呈现局部应答效应，不受血清抗体的干扰，因而抗体产生迅速。

接种时按疫苗说明书注明的羽分和稀释方法，用蒸馏水或生理盐水进行稀释后，用干净无菌的吸管吸取疫苗，滴入鸽的鼻内或眼内。要求滴鼻或点眼后等疫苗吸入后再释放鸽子。

5. 口服接种法

口服接种法有饮水法、饲喂法和口腔灌服法。根据口服免疫接种只数计算所需疫苗数量和饲料、饮水数量，按规定将疫苗加入饲料和水中，让宠物自由采食、饮水或用容器直接灌入宠物口腔。

6. 刺种接种法

该方法常用于鸽痘等疫病的弱毒疫苗接种。按疫苗说明书注明的稀释方法稀释疫苗，充分摇匀，然后用接种针或蘸水笔尖蘸取疫苗，刺种于鸽翅膀内侧无血管处皮下。要求每针均蘸取疫苗 1 次，刺种时最好选择同一侧翅膀，便于检查效果时操作简单。

（三）免疫接种的注意事项

1. 工作人员需穿工作服及胶鞋，必要时戴口罩。工作前后均应洗手消毒，工作中不应吸烟和吃食物。

2. 接种时严格执行消毒及无菌操作。注射器、针头、镊子应高压或煮沸消毒。注射时最好每注射一头宠物更换一个针头。在针头不足时可每吸液一次更换一个针头，但每注射一头后，应用酒精棉球将针头拭净消毒后再用。注射部位皮肤用 5% 的碘酊消毒，皮内注射及皮肤刺种用 70% 酒精消毒，被毛较长的剪毛后再消毒。

3. 吸取疫苗时，先除去封口上的火漆或石蜡，用酒精棉球消毒瓶塞。瓶塞上固定一个消毒的针头专供吸取药液，吸液后不拔出，用酒精棉包好，以便再次吸取。给宠物注射用过的针头不能吸液，以免污染疫苗。

4. 疫苗使用前，必须充分振荡，使其均匀混合后才能使用。需经稀释后才能使用的疫苗，应按说明书的要求进行稀释。已经打开瓶塞或稀释过的疫苗，必须当天用完，未用完的处理后弃去。

5. 针筒排气溢出的药液，应吸集于酒精棉球上，并将其收集于专用的瓶内。用过的酒精棉球、碘酊棉球和吸入注射器内未用完的药液都放入专用瓶内，集中烧毁。

6. 实训前，教师必须做好实训准备和安排，学生应事先预习。在实训中应注意安全。

四、思考题

1. 免疫接种有哪几种方法？
2. 使用疫苗应注意哪些问题？
3. 若免疫失败，分析其原因？

实训二 消毒技术

一、技能目标

要求学生必须熟练掌握常用消毒药的配制方法，通过实践，要求学生学会宠物舍消毒的程序和方法，具有消毒的基本技能。

二、教学资源准备

（一）材料与用具

托盘天平或台秤、量桶或量杯、塑料桶、搅拌棒、苛性钠、新鲜生石灰、甲醛、自来水、火焰喷灯、电炉、高压水枪、3%～5%火碱溶液、0.5%过氧乙酸溶液、甲醛溶液、高锰酸钾晶体、瓷盆、温湿度表、塑料薄膜、板条和1寸钉子等。

（二）实训场所

校内实验室或现场。

三、操作方法与步骤

（一）常用消毒药的配制

1. 消毒剂浓度表示法

消毒剂浓度表示法有百分浓度、百万分浓度、摩尔浓度。消毒实际工作中常用百分浓度，即每百克或每百毫升药液中含某药品的克数或毫升数。百分浓度又分为重量百分浓度（W/W）、容量百分浓度（V/V）、重量容量百分浓度（W/V）。

2. 消毒液稀释计算方法

（1）稀释浓度计算公式

浓溶液容量 =（稀溶液浓度/浓溶液浓度）×稀溶液容量

例：若配制0.2%过氧乙酸溶液5 000ml，需用20%过氧乙酸原液多少毫升？

20%过氧乙酸原液（ml）=（0.2/20）×5 000＝50

稀溶液容量 =（浓溶液浓度/稀溶液浓度）×浓溶液容量

例：现有20%过氧乙酸原液50ml，欲配成0.2%过氧乙酸溶液多少毫升？

配成0.2%过氧乙酸溶液量（ml）=（20/0.2）×50＝5 000

（2）稀释倍数计算公式

稀释倍数 =（原药浓度/使用浓度）－1（若稀释100倍以上时公式不必减1）

例：用20%的漂白粉澄清液，配制5%澄清液时，需加水几倍？

需加水的倍数 = （20/5） – 1 = 3（倍）

（3）增加药液计算公式

需加浓溶液容量 = （稀溶液浓度 × 稀溶液容量）／（浓溶液浓度 – 使用浓度）

例：有剩余 0.2% 过氧乙酸 2 500ml，欲增加药液浓度至 0.5%，需加 28% 过氧乙酸多少毫升？

需加 28% 过氧乙酸量（ml） = （0.2 × 2 500）／（28 – 0.5） = 18.1

3. 常用消毒药配制方法

（1）2% 苛性钠溶液的配制

①正确计算苛性钠的溶质数。

②正确称取所需数量的苛性钠置于塑料桶中。

③先用少量蒸馏水溶解后，再稀释至规定的体积数。

（2）20% 石灰乳的配制

①正确计算出所需生石灰的溶质数和水的体积数。

②正确称取所需生石灰并置于一桶中。

③按 1:1 比例加入自来水，搅拌混匀，制成熟石灰。

④加入剩余量的水，混匀即成。

（3）0.2% 过氧乙酸溶液的配制（用 20% 过氧乙酸）

①正确计算所需 20% 过氧乙酸溶液的体积数，所需水的体积数。

②正确量取 20% 过氧乙酸溶液的体积数和水的体积数，并置于一桶中混匀即成。

（二）宠物舍的消毒

1. 清洁宠物舍

清洁宠物舍就是将宠物舍的天棚、墙壁、窗户上的灰尘、笼具上的粪渣、地面上的污垢、饮水器和料槽上的污渍进行彻底清除的过程。

2. 冲洗消毒

做完清洁后接着进行冲洗消毒，一般情况下需冲洗 3 次，每次冲洗 5min，间隔 20min 进行一次。第 1 次用 3% 的工业火碱热溶液冲洗消毒，第 2 次用清水冲洗干净，第 3 次用 0.5% 的过氧乙酸冲洗消毒。冲洗消毒后，排出舍内残留的积水，若有采暖设备此时需启动升温，并将舍内门窗打开进行通风换气，力争第二天早上畜舍处于干燥状态。

3. 粉刷消毒

当墙体与门窗不平滑时，首先用混凝土将缝隙堵塞抹平。然后用刷墙喷射器具将天棚、墙体用石灰乳进行粉刷。要求两人操作尽快完成。

4. 火焰消毒

用火焰喷枪或火焰喷灯对笼具和地面及距地较近的墙体进行火焰扫射，每一处扫射时间在 3s 以上。要求工作认真细致，宁可重复消毒也不让其有遗漏之处。要求多人操作，天黑前完成。

5. 熏蒸消毒

（1）消毒用药及剂量

消毒用药为甲醛溶液和高锰酸钾晶体，配合比例为 2:1，具体剂量因宠物舍状况而定，可参考表 7 - 7。

表 7 - 7　宠物舍熏蒸消毒用药剂量　　　　　（单位：每立方米容积）

宠物舍状况	甲醛用量（ml）	高锰酸钾用量（g）
未使用过的畜舍	14	7
未发疫病畜舍	28	14
已发疫病畜舍	42	21

（2）消毒方法及要求

消毒前先将宠物舍的窗户用塑料布、板条及钉子密封，将舍门用塑料布钉好待封，用电炉将宠物舍温度提高到 26℃，同时向舍内地面洒 40℃热水至地面全部淋湿为止，然后将甲醛分别放入几个消毒容器（瓷盆）中，置于宠物舍不同的过道上，配置与消毒容器数量相等的工作人员，依次站在消毒容器旁等待操作，当准备就序后，由距离门最远的工作人员开始操作，依次向容器内放入用纸兜好的定量的高锰酸钾，放入后迅速撤离，待最后一位工作人员将高锰酸钾放入消毒容器时所有的工作人员都已撤离到门口，待工作人员全部撤出后，将舍门关严并封好塑料布。密封 3～7d 即可。

（3）熏蒸消毒的注意事项

①使用碱性消毒剂、酸性消毒剂及熏蒸消毒时要注意操作者的安全与卫生防护；②在熏蒸消毒之前可将饲养员的工作服、饲养管理过程中需要的用具同时放入舍内进行熏蒸消毒；③使用电炉升温畜舍和用高压水枪冲洗畜舍时要在电源闭合开关处连接漏电显示器，保证用电安全；④宠物舍使用前升温排掉余烟后方可使用。

四、思考题

1. 熏蒸消毒所用药品的剂量是如何计算的？
2. 宠物舍消毒的注意事项？

实训三　传染病病料的采集、保存和送检

一、技能目标

本项目是传染病实验室诊断关键的一步，及时而正确地采集与送检病料对正确地诊断疾病有着十分重要的意义，要求学生学会被检病料的采集、保存和送检方法，具备临床实际应用的能力。

二、教学资源准备

（一）材料与用具

煮沸消毒器、外科刀、外科剪、镊子、试管、注射器、采血针头、平皿、广口瓶、包装容器、脱脂棉、载玻片、酒精灯、火柴、药品、保存液、来苏儿、新鲜宠物尸体等。

（二）实训场所

校外实训基地或实验室。

三、操作方法与步骤

（一）病料的采集

1. 淋巴结及内脏

将淋巴结、肺、肝、脾及肾等有病变的部位各采取 1～2cm 的小方块，分别置于灭菌试管或平皿中。

2. 血液

心血通常在右心房采取，先用烧红的铁片或刀片烙烫心肌表面。然后用灭菌的注射器自烙烫处扎入吸出血液，盛于灭菌试管；血清的采取，以无菌操作采取血液 10ml，置于灭菌的试管中，待血液凝固析出血清后，以灭菌滴管吸出血清置另一灭菌试管内。如用做血清学反应时，可于每毫升血清中加入 3%～5% 石炭酸溶液 1～2 滴；全血的采取，以无菌操作采取全血 10ml，立即放入盛有 3.8% 柠檬酸钠 1ml 的灭菌试管中，搓转混合片刻即可。

3. 脓汁及渗出液

用灭菌注射器或吸管抽取，置于灭菌试管中。若为开口化脓病灶或鼻腔等，可用无菌棉签浸蘸后放在试管中。

4. 乳汁

乳房和挤乳者的手用新洁尔灭等消毒，同时把乳房附近的毛刷湿，最初所挤的 3～4 股乳汁应弃去，然后再采集 10ml 左右的乳汁于灭菌试管中。若仅供镜检，则可于其中加入 0.5% 福尔马林溶液。

5. 胆汁

操作方法同心血烧烙采取法。

6. 肠

用线扎紧一段肠道（约 5～10cm）两端，然后将两端切断，置于灭菌器皿中。亦可用烧烙采取法采取肠管黏膜或其内容物。

7. 皮肤

取大小约 10cm×10cm 的皮肤一块，保存于 30% 甘油缓冲溶液中，或 10% 饱和盐水溶液，或 10% 福尔马林溶液中。

8. 胎儿和小宠物

将整个尸体包入不透水的塑料薄膜、油布或数层油纸中，装入箱内送检。

9. 脑、脊髓

可将脑、脊髓浸入 50% 甘油盐水中，或将整个头割下，放到浸过 0.1% 升汞溶液的纱布或油布中，装入木箱送检。

（二）病料的保存

病料采取后，如不能立即检验，或需送往有关单位检验，应当加入适量的保存剂，使病料尽量保存在新鲜状态，以免病料送达实验室时已失去原来状态，影响正确诊断。病料保存液因送检材料的不同也各异。

1. 病毒检验材料

一般用灭菌的 50% 甘油缓冲盐水，或鸡蛋生理盐水。

2. 细菌检验材料

一般用灭菌的液体石蜡，或 30% 甘油缓冲盐水，或饱和氯化钠溶液。

3. 血清学检验材料

固体材料（小块肠、耳、脾、肝、肾及皮肤等），可用硼酸或氯化钠处理。液体材料如血清等可在每毫升中加入 3%～5% 石炭酸溶液 1～2 滴。

4. 病理组织材料

用 10% 福尔马林溶液或 95%～100% 酒精等。

（三）病料的送检

供显微镜检查用的脓汁、血液及黏液，可用载玻片制成抹片，组织块可制成触片，每份病料制片不少于 2～4 张。制成后的涂片自然干燥，彼此中间垫以火柴棍或纸片，重叠后用线缠住，用纸包好。每片应注明号码，并附加说明。装病料的容器一一标号，详细记录在案，并附有病料送检单，见表 7-8。

病料包装容器要牢固，做到安全稳妥，对于危险材料、怕热或怕冻的材料要分别采取措施。一般病原学检验材料怕热，应放入有冰块的保温瓶或冷藏箱内送检，包装好的病料要尽快运送，长途以空运为好。

表 7-8 宠物病料送检单

送检单位		地 址		检验单位		材料收到日期	年 月 日
病畜种类		发病日期		检验人		结果通知日期	年 月 日
死亡时间	年 月 日 时	送检日期		检验名称	微生物学 检 查	血清学检查	病理组织学 检 查
取材时间	年 月 日 时	取材人					
疫病流 行情况							
主要临 床症状							
主要剖 检变化			检验结果				
曾经何 种治疗							
病料序号 名 称		病料处 理方法		诊断和 处理 意见			
送检目的							

（四）注意事项

1. 采取微生物检验材料时，要严格按照无菌操作步骤进行，并严防散布病原。

2. 要有秩序地进行工作，注意消毒，严防本身感染及造成他人感染。

3. 正确地保存和包装病料，正确填写送检单。

4. 通过对流行病学、临床症状、剖检材料的综合分析，慎重提出送检目的。

5. 病料的采集前需作尸体检查，当怀疑是炭疽时，不可随意解剖，应先由末梢血管采血涂片镜检，检查是否有炭疽杆菌存在。操作时应特别注意，勿使血液污染它处。只有在确定不是炭疽时方可进行剖检，采取有病变的组织器官。

6. 采取病料的时间最好死亡后立即采取，最好不超过 6h，否则时间过长，由肠内侵入其他细菌，易使尸体腐败，影响病检结果。

7. 采取病料所用器械的消毒刀、剪、镊子、针头等可煮沸消毒 30min；玻璃器皿等可高压灭菌或干热灭菌，或于 0.5%～1% 碳酸氢钠水中煮沸 30min；软木塞和橡皮塞于 0.5% 石炭酸水溶液中煮沸 10～15min；载玻片在 1%～2% 碳酸氢钠水中煮沸 10～15min。水洗后用清洁纱布擦干，将其保存于酒精与乙醚等份液中备用。一套器械与容器，只能采取或容装一种病料，不可用其再采集其他病料或容纳其他脏器。

8. 采取病料应无菌操作，病料的采取应根据不同的传染病，相应地采取该病常侵害的脏器或内容物。在无法估计是某种传染病时，应进行全面采取。

四、思考题

1. 按照训练课的实际情况，填写一份宠物病料送检单？
2. 试述病料的采取、保存、送检的方法和意义？

实训四　传染病尸体的处理

一、技能目标

传染病尸体的处理是扑灭宠物传染病的重要措施之一，要求学生结合生产实践，掌握尸体的运送和正确的处理方法，为今后在实际工作中及时扑灭疫病打下良好的基础。

二、教学资源准备

（一）材料与用具

湿化机、干化机、焚化炉、高压锅、运尸车、喷雾器、工作服、工作帽、胶鞋、手套、口罩、防风镜、消毒液、纱布、锄头、铁铲、燃料、假定病死宠物尸体。

（二）实训场所

校外实训基地。

三、操作方法与步骤

（一）尸体运送

尸体运送前，所有参加运尸人员均应穿戴工作服、口罩、工作帽、胶鞋、手套和防风镜。运送尸体应用特制的运尸车（此车内壁衬金属薄板，可以防止漏水）。装车前应将尸体各天然孔用蘸有消毒液的湿沙布、棉花严密填塞，以免流出粪便、分泌物、血液等污染周围环境。在尸体躺过的地方应铲除表层土，连同尸体一起运走，并以消毒药喷洒消毒。运送尸体的用具、车辆应严加消毒，工作人员用过的手套、衣物及胶鞋等亦应进行消毒。

（二）尸体处理

1. 销毁

（1）湿法消化　将宠物整个尸体投入湿化机内，进行处理。

（2）焚毁　将整个尸体投入焚化炉中烧毁炭化。

（3）深埋　挖一深坑，在坑底撒上一层生石灰后，将整个尸体投入坑内，再在其上撒上一层生石灰，并要求尸体表面距地面的深度在6m以上，填土夯实。

2. 化制

利用干化机，将原料分类，分别投入化制。

3. 高温

（1）高压蒸煮法　将肉尸切成重不超过2kg、厚不超过8cm的肉块，放在密闭的高压锅内，在112kPa压力下蒸煮1.5～2h。

（2）一般煮沸法　将肉切成前法规定大小的肉块，放在普通锅内煮沸2～2.5h（从水沸腾时算起），使肉块深部温度达到80℃以上，切开时，深部肌肉呈灰白色或灰色，无红色血水流出时即可。

四、思考题

1. 运送尸体时应注意哪些事项？

2. 常用处理尸体的方法共有几种？

3. 干法化制和湿法化制各有何优缺点？

实训五　狂犬病的实验室诊断

一、技能目标

掌握狂犬病的实验室诊断技术。

二、教学资源准备

（一）材料与用具

胶皮手套、口罩、防护眼镜、骨锯、骨剪、脑刀、染色缸、光学显微镜、荧光显微镜、恒温箱、载玻片（片厚2mm以下）、盖玻片、冰冻切片机、10%福尔马林溶液、50%甘油生理盐水、赛勒（Seler）氏染色液、曼（Mann）氏染色液、异硫氰酸荧光黄标记抗狂犬病病毒丙种球蛋白和未标记抗狂犬病病毒丙种球蛋白、丙酮、0.01mol/L pH7.4磷酸盐缓冲盐水、0.02%伊文思蓝染色液等。

（二）实训场所

校内实验室。

三、操作方法与步骤

（一）内基氏小体检查

1. 样品的采集和运送

（1）对可疑为狂犬病而扑杀或死亡的犬、猫在死亡3h内（越早越好）由大脑海马回、小脑皮质和延髓各切取$1cm^3$组织数块，放入灭菌玻璃瓶，再置于冰瓶内于24h内送达实验室。

（2）不能立即送检者，应加10%福尔马林溶液固定，或加50%甘油生理盐水。

（3）不能就地取脑时，小动物可送检完整的新鲜尸体，大动物可送检未剖开的头颅。

2. 标本片的制备

（1）对新鲜脑组织，可用外科刀切开，以通过火焰去脂的载玻片在其切面上触压一下制成压印片。每张载玻片可接触2～3部位，每份材料做3～4张。

（2）在甘油盐水中保存的新鲜病料，应先用生理盐水彻底洗去甘油，方可制片，制片方法同上。

（3）所有压印片于室温下干燥后，浸入甲醇溶液固定2min。

（4）经10%福尔马林溶液充分固定过的脑组织可按常规方法制备组织学切片。

3. 染色

（1）赛勒式染色法 在经过甲醇固定并风干的压印片上，滴加赛勒式染色液（以盖满压印面而不溢为度）着染5～10s，然后用蒸馏水冲洗，干燥后镜检。

（2）曼氏染色法 ①将经过甲醇固定并风干的压印片，或者经过脱蜡，浸水，风干的切片浸入曼氏染色液中浸染。压印片浸染5min，切片浸染时间因温度而异（室温下24h，或38℃温箱中12h，或60℃温箱中2h）。②以蒸馏水快速洗去染色液，至无浮色出现为止，用吸水纸吸干。③以无水乙醇稍洗，至标本区刚出现蓝色为度。④进入碱性乙醇分化15～20s，至标本区出现红色。⑤一次通过无水乙醇和蒸馏水各数秒钟，分别洗去氢氧化钠和乙醇，再浸入微酸性水中1～2min。酸化期间，经常于显微镜下观察，至细胞核出现蓝色为宜；如果蓝色过深，说明酸化过度，可退回至碱性乙醇，再做短时分化。⑥以蒸馏水水洗后，依次通过95%乙醇和无水乙醇脱水，并经二甲苯透明，最后加香胶封固。

4. 显微镜检查及判定

内基氏小体嗜酸性，位于神经细胞浆中，呈圆形，椭圆形或棱形，直径3～20μm，一个细胞内通常含有一个内基氏小体，但也可含有几个。用塞勒氏染色时，内基氏小体呈桃红色，神经细胞为蓝紫色，组织细胞为深蓝色。用曼氏染色时，内基氏小体为鲜红色，神经细胞的胞核为蓝色，胞浆为淡蓝色，红细胞为粉红色。有时，在鲜红的内基氏小体中还可以见到嗜碱性的蓝色小颗粒。

内基氏小体即狂犬病包涵体，为狂犬病所特有。因此，一旦检出内基氏小体，即可确诊。但在检查犬脑时，应注意与犬瘟热病毒引起的包涵体相区别。犬瘟热包涵体主要出现于呼吸道，膀胱，肾盂，胆囊，胆管等器官黏膜上皮细胞的胞浆和胞核内。在脑组织内，见于原浆细胞和一些小胶质细胞的核内，在神经元内很少见到。

（二）免疫荧光试验

1. 样品的采取和运送

同内基氏小体检查。

2. 标本片的制备

（1）取病料标本按照上述的方法和要求制得压印片，也可由切面刮取脑细胞泥均匀涂成直径约 1cm 的圆形涂抹面，或者参照常规方法将被检脑组织制成厚度在 5～8μm 的冰冻切片。

（2）标本片于空气中自然干燥，在冷丙酮中固定 4h 或过夜，然后在冷磷酸盐缓冲盐水中轻轻漂洗，取出后干燥，在标本区周围用记号笔划圈，立即染色检查，或密封于塑料袋中，置 -20℃暂时保存。

3. 染色

（1）用吸管吸取稀释的狂犬病荧光抗体，滴加 1～2 滴于经丙酮固定的标本片上，使其布满整个标本区。

（2）将标本片置于搪瓷盘内，放 37℃恒温箱内着染 30min。

（3）取出玻片，用磷酸盐缓冲盐水轻轻冲去玻片上多余的染色液，再将玻片连续通过 3 缸磷酸盐缓冲盐水，每缸浸泡 3min，并不时轻轻振荡。最后再蒸馏水中浸泡 3min。

（4）在吸水纸上轻轻磕尽玻片上的蒸馏水，自然干燥后，于标本区上滴加 1 滴甘油缓冲液，覆盖玻片扣于载玻片上，然后镜检。

4. 对照设置

（1）已知狂犬病病毒标本片加狂犬病荧光抗体染色应有特异荧光出现。

（2）已知狂犬病病毒标本加狂犬病未标记抗体阻抑后，再加狂犬病荧光抗体染色，应无特异荧光出现。

（3）已知狂犬病病毒阴性标本加狂犬病荧光抗体染色，应无特异荧光出现。

5. 荧光显微镜检查及判定

一般用蓝紫光，激发滤光片用 BG_{12}，吸收滤光片用 OG_1 或 OG_9，以满足异硫氰酸荧光黄的荧光光谱要求为准。暗视野聚光器比明视野聚光器易于观察特异性荧光。物镜浸油须用无荧光镜油，也可以封片用的甘油缓冲液代替。先检查对照标本。只有在对照标本的染色结果符合 4 中的（1）和（3）要求时才能去检查被检标本。特异性荧光呈亮绿至黄绿色，背景细胞染成淡黄色橙黄色，细胞核成暗红色。狂犬病特异性荧光颗粒较大，数量不等，位于细胞浆内。凡在神经细胞浆内发现特异性荧光，均应判为狂犬病病毒感染者。

（三）注意事项

1. 从事狂犬病可疑动物解剖和检疫检验的人员，应穿戴工作服，手套，口罩和防护眼镜，防止感染性病料或气溶胶进入黏膜和伤口。工作期间不准吸烟，喝水，吃东西。工作结束时，要洗手、洗脸和消毒。

2. 被狂犬病可疑动物咬伤者，应立即用大量 20% 肥皂水，0.1% 新洁尔灭溶液或清水充分冲洗，再用 75% 酒精或 2%～3% 碘酒消毒，彻底清理伤口，注射狂犬病疫苗。必要时，应同时注射狂犬病免疫血清。

3. 尸体剖检工作应在病理解剖室内或其他安全地点进行。采完病料之后，应将尸体连同污物一起焚毁或深埋，不得留作它用。污染的场地，器械和工作服等应彻底消毒。

四、思考题

1. 狂犬病包涵体有何特性？
2. 荧光抗体检查时如何判定结果？

附：染色液的配制
1. 赛勒氏染色液
母液Ⅰ：美蓝饱和溶液
　　碱性美蓝　　　　　　　2g
　　无水甲醇　　　　　　　100ml
母液Ⅱ：复红饱和溶液
　　碱性复红　　　　　　　4g
　　无水甲醇　　　　　　　100ml
母液Ⅲ：无水甲醇
使用液：取母液Ⅰ15 ml，与母液Ⅲ 25 ml 混合，再加入母液Ⅱ2～4ml，充分混合，装褐色瓶中，塞紧瓶塞保存备用，此染色液配置时间越久，染色效果越好。
2. 曼氏染色液
1.0g/100ml 甲基蓝水溶液　　　85ml
1.0g/100ml 伊红水溶液　　　　35ml
加蒸馏水至　　　　　　　　　　100ml
配制时，在甲基蓝水溶液和伊红水溶液分别过滤后，各取35ml，再加蒸馏水补足至100ml。

实训六　伪狂犬病的实验室诊断

一、技能目标

掌握伪狂犬病的实验室诊断技术。

二、教学资源准备

（一）材料与用具
改良最低要素营养液（DMEM）、仓鼠肾细胞或猪肾细胞系细胞、新生犊牛血清、青霉素、链霉素、0.22μm 微孔滤膜，细胞培养瓶、抗原，酶标抗体、阴性血清、阳性血清、底物邻苯二胺—过氧化氢溶液、抗原包被液、封闭、冲洗液、终止液、酶标反应板。
（二）实训场所
校内实验室。

三、操作方法与步骤

（一）病毒分离鉴定

1. 病料的采集

对死亡病犬或活体送检并处死的宠物，以无菌手术采集大脑、三叉神经节、扁桃体、肺等组织。

2. 样品处理

待检组织在灭菌乳体内剪碎，加入灭菌玻璃砂研磨，用灭菌生理盐水或 DMEM 培养液制成 1:5 乳剂，反复冻融三次，经 3 000r/min 离心 80min 后，取上清液经 0.22μm 微孔滤膜过滤，加入青霉素溶液至最终浓度为 300IU/ml，链霉素为 100μg/ml，-70℃保存作为接种材料。

3. 病料接种

将病料滤液接种已长成单层的 BHK$_{21}$ 细胞，接种量为培养液量的 10%，37℃恒温箱中吸附 1h，加入含 10% 新生犊牛血清的 DMEM 培养液，置 37℃温箱中培养。

4. 观察结果

接种后 36～72h，细胞应出现典型的细胞病变效应，表现为细胞变圆，拉网，脱落。如第一次接种不出现细胞病变，应将细胞培养物冻融后盲传三代，如仍无细胞病变，则判为伪狂犬病病毒检测阴性。

5. 病毒的鉴定

将出现细胞病变的细胞培养物，用聚合酶链反应或家兔接种试验，或作进一步鉴定。

（二）酶联免疫吸附试验

1. 包被

用包被液将抗原稀释到工作浓度加入酶标板孔内，每孔 100μl，37℃作用 1h 后，置 4℃冰箱过夜。

2. 洗涤

弃去孔内液体，用冲洗液洗 3 次，每次 3min 用吸水纸拍干。

3. 封闭

各孔加入封闭液 100μl，37℃作用 1h。按 2 步骤洗涤。

4. 加入待检血清和阴性、阳性血清对照

待检血清经 56℃30min 灭活后，用冲洗液作 1:40 稀释，加入抗原孔中，每孔 100μl；同时将阴性血清对照和阳性血清对照各加入三个抗原孔中，分别记为 A$_1$，A$_2$，A$_3$ 和 A$_4$，A$_5$，A$_6$ 孔。37℃作用 1h，重复 2 步骤。

5. 加入酶标抗体

用冲洗液将酶标抗体按工作浓度稀释，每孔加入 100μl，37℃作用 1h，重复 2 步骤。

6. 加入底物

加底物邻苯二胺-过氧化氢，每孔 100μl，室温避光显色 25min。

7. 终止反应

每孔加入 50μl 终止液，终止反应。

8. 测定透光值

在酶联免疫检测仪上于 490nm 波长处测定光吸收（OD）值。

9. 结果的判定

（1）阴性对照光吸收值（OD）3 孔（A_1、A_2、A_3）的平均值（NC_X）按下式计算

$$NC_X = \frac{A_1OD_{490} + A_2OD_{490} + A_3OD_{490}}{3}$$

（2）阳性对照 OD 值 3 孔（A_4、A_5、A_6）平均值（PC_X）按下式计算

$$PC_X = \frac{A_4OD_{490} + A_5OD_{490} + A_6OD_{490}}{3}$$

（3）血清检测值与阳性对照血清检测值之比（S/P）值按下式计算

$$S/P = \frac{样品\ A_{490} - NC_X}{PC_X - NC_X}$$

如 S/P≥0.5，则判为抗体阳性；如 S/P<0.5，则判为抗体阴性。

四、思考题

1. 酶联免疫吸附试验的原理是什么？

2. 用酶联免疫吸附试验诊断伪狂犬病时如何判定结果？

3. 病毒的分离鉴定的注意事项有哪些？

附：

1. DMEM 培养液的配制

（1）量取去离子水 950ml，置于一定的容器中。

（2）将 DMEM 粉剂 10g 加于 15～30℃ 的去离子水中，边加边搅拌。

（3）每 1 000ml 培养液加 3.7g 碳酸氢钠。

（4）加水至 1 000ml，用 1mol/L 盐酸将培养液 pH 值调至低于 pH6.9～7.0，在过滤之前应盖紧容器瓶塞。

（5）立即用孔径为 0.22μm 的微孔滤膜正压过滤除菌，4℃冰箱保存备用。

2. 酶联免疫吸附试验溶液的配制

（1）冲洗液

含 0.05% 吐温 -20pH7.4 的磷酸盐缓冲液。

将下列试剂按次序加入 1 000ml 体积的容器中，充分溶解即成。

氯化钠	8g
氯化钾	0.2g
磷酸氢二钠	0.2g
磷酸二氢钾	2.9g
吐温 -20	0.5ml
加蒸馏水至	1 000ml

（2）抗原包被液

0.025mol/L pH9.6 碳酸盐缓冲液。

碳酸钠	1.59g

碳酸氢钠	2.3g
加蒸馏水至	1 000ml

（3）封闭液

冲洗液	100ml
牛血清白蛋白	0.1g

（4）底物溶液邻苯二胺-过氧化氢

0.1mol/L pH5.0 磷酸盐-柠檬酸盐缓冲液的配制：

将下列试剂按次序加入 1 000ml 体积的容器中，充分溶解即成。

磷酸氢二钠	71.6g
柠檬酸	19.2g
加蒸馏水至	1 000ml

底物溶液的配制：

0.1mol/L pH5.0 磷酸盐-柠檬酸盐缓冲液	100ml
邻苯二胺	40mg
30% 过氧化氢	0.15ml

此液对光敏感，应避免强光直射。现配现用。

（5）终止液

2mol/L 硫酸	22.2ml
蒸馏水	177.8ml

实训七　大肠杆菌病的实验室诊断

一、技能目标

使学生掌握大肠杆菌病的实验室诊断方法。

二、教学资源准备

（一）材料与用具

显微镜、载玻片、酒精灯、脱色缸、接种环、吸水纸、擦镜纸、革兰氏染色液、MR 指示剂、VP 指示剂、普通琼脂平板、麦康凯琼脂平板、三糖铁琼脂斜面、童汉氏蛋白胨水、葡萄糖蛋白胨水、枸橼酸盐培养基、醋酸铅琼脂培养基、葡萄糖发酵管、麦芽糖发酵管、甘露醇发酵管、患病宠物、小鼠、家兔等。

（二）实训场所

校内实验室。

三、操作方法与步骤

（一）病料采取

采取可疑大肠杆菌患病宠物内脏、脓汁、血液等，也可采取新鲜粪便或肛门拭子。

如果以病料通过实验动物再作细菌学诊断，则应在实验动物死亡后，从尸体采取心血、脾、肝、肾等器官进行检查。

（二）涂片镜检

取病料，制成涂片或触片，干燥、固定作革兰氏染色或瑞氏染色后镜检，可见到革兰氏阴性中等大小、钝圆、单在的杆菌，散布于细胞间。

（三）培养

1. 分离培养

对败血症病例可无菌采取其病变的内脏组织，直接在普通琼脂平板或麦康凯琼脂平板上划线分离培养；对腹泻的病例，可采取其各段小肠内容物或黏膜刮取物以及相应肠段的肠系膜淋巴结分别在普通琼脂平板和麦康凯琼脂平板上划线分离培养。37℃温箱培养18～24h，观察其在各种培养基上的菌落特征。实际工作中，在直接分离培养的同时进行增菌培养，如分离培养没有成功，则钩取24h及48h的增菌培养物作划线分离培养。

大肠杆菌在普通培养基上生长良好，在麦康凯琼脂平板上形成直径1～3mm、红色的露珠状菌落。

2. 纯培养

钩取麦康凯琼脂平板上的可疑菌落接种三糖铁琼脂斜面和普通斜面进行初步生化鉴定和纯培养。接种三糖铁琼脂斜面时，先涂布斜面，后穿刺接种至管底。

大肠杆菌在三糖铁琼脂斜面上生长，产酸，使斜面部分变黄，穿刺培养，于管底产酸产气，使底层变黄且混浊；不产生硫化氢。对符合条件的进行生化试验及因子血清凝集试验等进一步鉴定。

（四）生化试验

1. 糖发酵试验

取纯培养物分别接种葡萄糖、麦芽糖和甘露醇发酵管，37℃培养2～3d，观察结果。大肠杆菌能分解葡萄糖、麦芽糖和甘露醇，产酸产气。

2. 吲哚试验

取纯培养物接种蛋白胨水，37℃培养2～3d，加入吲哚指示剂，观察结果。阳性者在培养物与试剂的接触面处产生一红色的环状物；阴性者培养物仍为淡黄色。

3. MR 试验和 VP 试验

取纯培养物接种葡萄糖蛋白胨水，37℃培养2～3d，分别加入 MR 和 VP 指示剂，观察结果。凡培养液变红色者为阳性；黄色者为阴性。

4. 枸橼酸盐试验

取纯培养物接种枸橼酸盐培养基上，37℃培养18～24h，观察结果。细菌在培养基上生长并使培养基转变为深蓝色者为阳性；没有细菌生长，培养基仍为原来颜色者为阴性。

5. 硫化氢试验

取纯培养物接种醋酸铅琼脂，37℃培养18～24h，观察结果。沿穿刺线或穿刺线周围呈黑色者为阳性；不变者为阴性。

大肠杆菌吲哚试验、MR 试验阳性，VP 试验、枸橼酸盐试验、硫化氢试验为阴性。

（五）动物接种

取培养24h 的纯培养物接种小鼠、家兔，可发病死亡，并可做进一步的涂片镜检以判定分离菌株的致病性。

（六）注意事项

自粪便中分离大肠杆菌时，常需要连续多次分离培养才能成功。

四、思考题

1. 大肠杆菌生化试验结果如何判定？
2. 如何分离培养大肠杆菌？

附1：用于肠道菌的培养基

1. 麦康凯琼脂

蛋白胨2g，氯化钠0.5g，乳糖1g，胆盐0.5g，1%中性红水溶液0.5ml，琼脂2.5g，蒸馏水100ml。将琼脂加入到50ml蒸馏水中，加热溶解；用另一烧杯加入蛋白胨、氯化钠、乳糖、胆盐和50ml蒸馏水，溶解后与上述琼脂液混合，矫正pH为7.4，加入1%中性红水溶液，摇匀，以121.3℃高压蒸汽灭菌20min，倒成平板。

培养基的中性红为指示剂，酸性时呈红色，碱性时呈黄色。做成的培养基呈淡黄色。大肠杆菌分解乳糖产酸，指示剂显色使菌落呈红色。沙门氏杆菌不分解乳糖，形成的菌落颜色与培养基相同。

2. 三糖铁琼脂

蛋白胨20g，氯化钠5g，乳糖10g，蔗糖10g，葡萄糖1g，硫酸亚铁铵0.2g，酚红0.025g，硫代硫酸钠0.2g，琼脂13g，蒸馏水1 000ml。将蛋白胨、氯化钠加入蒸馏水中，100℃加热30min溶解，矫正pH至7.4，滤纸过滤，依次加入其余成分，充分溶解后分装，每管10ml，以115℃高压蒸汽灭菌20min，取出后趁热作成高层约2.5cm的斜面。

此培养基用以测定细菌对葡萄糖、乳糖、蔗糖的发酵反应以及能否产生硫化氢。酚红是指示剂，酸性时呈黄色。大肠杆菌能发酵葡萄糖、乳糖和蔗糖产酸，使培养基呈黄色。沙门氏杆菌仅可使葡萄糖发酵，对乳糖和蔗糖则否，故底层呈黄色，斜面部分仍为红色。沙门氏杆菌的某些菌株可产生硫化氢，与培养基中的硫酸亚铁铵反应形成硫化铁，使培养基呈黑色。

3. 运滕氏琼脂

普通琼脂培养基100ml，20%乳糖水溶液5ml，碱性复红原液0.5ml，10%无水亚硫酸钠溶液适量。将灭菌的乳糖溶液及碱性复红原液加入到灭菌普通琼脂培养基内，混匀后向其中滴加无水亚硫酸钠溶液，直至培养基变成淡红色或无色为止，倒成平板。

4. 伊红美蓝琼脂

2%普通琼脂培养基（pH7.6）100ml，20%乳糖水溶液2ml，2%伊红水溶液2ml、0.5%美蓝水溶液1ml。

将灭菌后的琼脂培养基溶化并冷却至60℃左右，将灭菌的乳糖溶液、伊红水溶液，美蓝水溶液分别以无菌方式加入，混匀后倒成平板。

伊红和美蓝为指示剂，做成的培养基呈淡紫色。大肠杆菌能分解培养基的乳糖产酸，能使伊红与美蓝结合成黑色化合物，有时带有荧光。沙门氏菌不能分解乳糖，故菌落颜色与培养基相同。

5. SS琼脂

牛肉膏5g，蛋白胨5g，乳糖10g，胆盐8.5～10g，枸橼酸钠10～14g，硫代硫酸钠

8.5～10g, 枸橼酸铁 0.5g, 0.1%煌绿水溶液 0.33ml, 1%中性红水溶液 2.25ml, 琼脂 20g, 蒸馏水 1 000ml。将牛肉膏、蛋白胨、琼脂加入蒸馏水中，煮沸充分溶解，再加入胆盐、乳糖、枸橼酸钠、硫代硫酸钠及枸橼酸铁，加热使其全部溶解，矫正 pH 为 7.2，加入 0.1%煌绿水溶液 0.33ml, 1%中性红水溶液 2.25ml，摇匀后再煮沸，待冷却至 45℃ 左右倒成平板。此培养基不可高压灭菌。

培养基中的中性红为指示剂，酸性时呈红色。煌绿、胆盐、硫代硫酸钠、枸橼酸钠等能抑制非病原菌的生长，而胆盐又能促进某些病原菌生长。大肠杆菌能迅速分解乳糖，使胆盐呈胆酸析出，因而形成中心混浊的深红色菌落。沙门氏菌不分解乳糖，故菌落呈透明橘黄色或淡粉红色。枸橼酸铁能使硫化氢产生菌株的菌落中心呈黑色。

6. 煌绿增菌培养基

蛋白胨 10g，氯化钠 5g，蒸馏水 100ml。将蛋白胨、氯化钠加入蒸馏水中，煮沸溶解，矫正 pH 至 7.4，过滤后分装，每管 5ml，经 121.3℃高压蒸汽灭菌 15min，4℃冰箱保存备用。临用前，每管培养基内加入 0.1%煌绿水溶液 0.2ml。

7. 亚硒酸盐增菌培养基

甲液：蛋白胨 5g、乳糖 4g、磷酸二氢钠 5g、磷酸氢二钠 5g、蒸馏水 900ml。

乙液：亚硒酸氢钠 4g、蒸馏水 100ml。

将甲液成分混合，加热溶解，115℃灭菌 10min。乙液成分混合，流通蒸汽灭菌 10min。将甲液乙液混合，分装试管备用。

附 2：用于生化试验的培养基

1. 童汉氏蛋白胨水（1%蛋白胨水培养基）

（1）成分　蛋白胨 1g，氯化钠 0.5g，蒸馏水 100ml。

（2）制法　将蛋白胨及氯化钠加入蒸馏水中，充分溶解后，测定并矫正 pH7.6，滤纸过滤后分装于试管中，以 121.3℃高压蒸汽灭菌 20min 即可。

2. 葡萄糖蛋白胨水

（1）成分　蛋白胨 1g，葡萄糖 1g，磷酸氢二钾 1g，蒸馏水 200ml。

（2）制法　将上述成分依次加入蒸馏水中，充分溶解后测定并矫正 pH7.4，滤纸过滤后分装于试管中，113℃高压蒸汽灭菌 20min 即可。

3. 醋酸铅琼脂培养基

（1）成分　pH7.4 普通琼脂 100ml，硫代硫酸钠 0.25g，10%醋酸铅水溶液 1ml。

（2）制法　普通琼脂加热融化后，加入硫代硫酸钠，混合，113℃高压蒸汽灭菌 20min，保存备用。应用前加热溶解，加入灭菌的醋酸铅水溶液，混合均匀，无菌操作分装试管，做成醋酸铅琼脂高层，凝固后即可使用。

4. 尿素培养基

（1）成分　蛋白胨 0.1g，氯化钠 0.5g，磷酸二氢钾 0.2g，琼脂 2g，蒸馏水 100ml，0.4%PC（酚红）溶液 0.3ml，葡萄糖 0.1g，20%尿素溶液 10ml。

（2）制法　除尿素外，将上述成分依次加入蒸馏水中加热溶化，测定并矫正 pH 至 7.2，121℃高压蒸汽灭菌 20min，待冷至 50～55℃左右加入已滤过除菌的尿素溶液，混匀分装于灭菌试管，放成斜面冷却备用。

实训八　沙门氏菌病的实验室诊断

一、技能目标

使学生掌握沙门氏菌病的实验室诊断方法。

二、教学资源准备

（一）材料与用具

显微镜、载玻片、酒精灯、脱色缸、接种环、吸水纸、擦镜纸、革兰氏染色液、MR指示剂、VP指示剂、吲哚指示剂、香柏油、二甲苯、普通琼脂平板、血液琼脂平板、麦康凯琼脂平板、伊红美蓝琼脂平板、三糖铁琼脂斜面、SS琼脂平板、尿素琼脂、煌绿增菌培养基、亚硒酸盐增菌培养基、童汉氏蛋白胨水、葡萄糖蛋白胨水、醋酸铅琼脂培养基、葡萄糖发酵管、乳糖发酵管、麦芽糖发酵管、甘露糖发酵管、蔗糖发酵管、沙门氏菌幼龄培养物、沙门氏菌多价及单价因子血清、可疑患病宠物病料（内脏、血液等，也可采取新鲜粪便或肛门拭子）等。

（二）实训场所

校内实验室。

三、操作方法与步骤

（一）形态观察

1. 钩取沙门氏菌培养物，制备细菌涂片，革兰氏染色后镜检，仔细观察其形态、大小、排列及染色特性，并与大肠杆菌作相对比较。

2. 取病料，制成涂片或触片，革兰氏染色后镜检。

沙门氏菌的形态染色特性与大肠杆菌相似。

（二）培养

1. 分离培养

对未污染的被检组织可直接在普通琼脂平板、血液琼脂平板或鉴别培养基上划线分离；对已污染的被检材料如粪便、饲料、肠内容物和已败坏组织先用煌绿增菌培养基或亚硒酸盐增菌培养基增菌培养后再进行分离。37℃培养18～24h，观察其在各种培养基上的菌落特征。

沙门氏杆菌在麦康凯琼脂平板、伊红美蓝琼脂平板及SS琼脂平板上形成无色或与培养基颜色相同、透明或半透明、中等大小、表面光滑的菌落，据菌落颜色可于大肠杆菌等发酵乳糖的肠道菌相区别。

2. 纯培养

钩取鉴别培养基上的几个可疑菌落分别纯培养，并同时分别接种三糖铁琼脂斜面和尿素琼脂斜面，37℃培养24h，观察结果。如果两者反应结果符合沙门氏菌，则取三糖铁琼脂斜面上的纯培养物进行生化鉴定及血清型鉴定。

因为沙门氏杆菌只发酵葡萄糖，不利用乳糖和蔗糖，故在三糖铁培养基生长后，培养基底层呈黄色，斜面部分仍为红色，多数菌株产生硫化氢，使培养基底层呈黑色；因其尿素酶阴性，故在尿素琼脂上生长，培养基不变色。

（三）生化试验

1. 糖发酵试验

取纯培养物接种葡萄糖、乳糖、麦芽糖、甘露醇、蔗糖发酵管，37℃培养 2～3d，观察结果。沙门氏菌能发酵葡萄糖、麦芽糖和甘露醇产酸产气，不发酵乳糖和蔗糖。

2. 吲哚试验

取纯培养物接种蛋白胨水，37℃培养 2～3d，加入吲哚试剂，观察结果。沙门氏菌吲哚试验为阴性。

3. MR 试验和 VP 试验

取纯培养物接种葡萄糖蛋白胨水，37℃培养 2～3d，分别加入 MR 和 VP 指示剂，观察结果。沙门氏菌 MR 试验为阳性，VP 试验为阴性。

4. 枸橼酸盐试验

取纯培养物接种枸橼酸盐培养基上，37℃培养 18～24h，观察结果。沙门氏菌枸橼酸盐试验为阳性。

（四）因子血清检查

1. O 抗原分群

临床上分离到的沙门氏菌几乎都属于 A、B、C、D、E、F 等 6 群，故首先用沙门氏菌"A～F"多价因子血清确定被检查细菌是否是沙门氏菌，在此基础上，再用"O"诊断血清分群，确定其血清群。方法是用接种环蘸取少许沙门氏菌因子血清置于玻片上，再钩取几个菌落与之混匀，出现凝集为阳性反应。

2. H 抗原定型

被检查菌株确定血清群别后，可根据 H 抗原的不同，选用第一相和第二相血清作分型。进行凝集试验时，应根据菌株的来源选用常见菌型的因子血清作检查，不必同时作各种 H 因子血清的凝集试验。方法同上。检查完毕，根据结果写出抗原式，确定菌型。

（五）注意事项

沙门氏杆菌 H 凝集现象出现十分迅速，如凝集较慢或凝集不明显，应考虑为非特异性反应。

四、思考题

1. 沙门氏菌与大肠杆菌在生化反应特性上有何区别？
2. 沙门氏菌分离培养方法有哪些？

实训九　巴氏杆菌病的实验室诊断

一、技能目标

掌握巴氏杆菌病的实验室诊断方法。

二、教学资源准备

（一）材料与用具

显微镜、酒精灯、接种环、载玻片、擦镜纸、吸水纸、革兰氏染色液、美蓝染色液或瑞氏染色液、香柏油、二甲苯、血琼脂平板、麦康凯琼脂、葡萄糖发酵管、甘露醇发酵管、蔗糖发酵管、蛋白胨水、醋酸铅琼脂、可疑患病宠物等。

（二）实训场所

校内实验室。

三、操作方法与步骤

（一）涂片镜检

剖检死亡宠物，用心血、肝脏等涂片，经甲醇固定后用美蓝染色，或直接用瑞氏染色，镜检。巴氏杆菌为两极浓染的球杆菌，在新鲜的病料中常带有荚膜。

（二）培养

1. 分离培养

取心血、肝脏、脾等同时划线接种于血液琼脂平板和麦康凯琼脂平板，37℃温箱培养24h，观察其生长特性。

巴氏杆菌在血液琼脂平板上形成淡灰色、圆形、湿润、露珠样小菌落，不溶血；在麦康凯琼脂平板上不生长。钩取典型菌落涂片，革兰氏染色后镜检，为革兰氏阴性两极浓染的球杆菌。

2. 纯培养

钩取可疑菌落接种血液琼脂平板和血清琼脂平板进行纯培养，对纯培养物进行菌落荧光性观察、运动性及生化特性鉴定。

（三）菌落荧光性观察

巴氏杆菌在血清琼脂平板上，37℃温箱培养24h，生长的菌落有荧光。将生长的菌落置于解剖显微镜载物台上，使光源45°角折射于菌落表面，用低倍镜观察，可见菌落发出不同颜色的荧光。Fg 型菌落较小，中央呈蓝绿色荧光，边缘有红黄光带；Fo 型菌落较大，中央呈橘红色荧光，边缘有乳白色光带；Nf 型无荧光。

（四）生化试验

1. 糖发酵试验

取纯培养物分别接种葡萄糖、甘露醇和蔗糖发酵管，37℃培养 2～3d，观察结果。巴氏杆菌能分解葡萄糖、甘露醇和蔗糖，产酸不产气。

2. 吲哚试验

取纯培养物接种蛋白胨水，37℃培养 2～3d，加入吲哚试剂，观察结果。巴氏杆菌吲哚试验阳性。

3. 硫化氢试验

取纯培养物接种醋酸铅琼脂，37℃培养 18～24h，观察结果。巴氏杆菌硫化氢试验阴性。

（五）动物接种

取病料制成1:10 乳剂，或用细菌的培养液，取 0.2～0.5ml 皮下注射小白鼠、家兔或取 0.3ml 胸肌注射鸽子，经 24～48h 动物死亡。置解剖盘内剖检观察其败血症变化，同时取心血、肝、脾组织涂片，分别进行美蓝染色或瑞氏染色、革兰氏染色，镜检可见大量两极浓染球杆状的巴氏杆菌，革兰氏染色阴性。

（六）注意事项

1. 新鲜病料中的巴氏杆菌常带有荚膜。慢性病例及腐败的病例镜检常见不到典型的菌体。

2. 巴氏杆菌对营养要求较高，糖发酵试验时，可向糖培养基中加入 3% 无菌马血清促进其生长繁殖。

四、思考题

1. 巴氏杆菌有哪些生化特性？

2. 叙述直接涂片镜检的操作过程，其注意事项有哪些？

实训十　犬瘟热的诊断

一、技能目标

通过实践操作，使学生能够掌握犬瘟热诊断操作技术要领。具备犬瘟热临床诊断的能力。

二、教学资源准备

（一）材料与用具

细胞培养瓶、吸管、二氧化碳培养箱、37℃恒温水浴箱、普通冰箱及低温冰箱、离心机及离心管、研磨器械、普通光学显微镜、微量加样器、0.4μm 微孔滤膜、印有 10～40 个小孔的室玻片、可疑病犬。

改良最低要素营养液（DMEM）培养基、非洲绿猴肾细胞（Vero 细胞）、CDV 单克隆抗体、无 CDV 感染的犬血清、新生牛血清（用无血清 DMEM 洗涤细胞两次，加入培养液二分之一量的新生牛血清 37℃吸附 1h）、青霉素、链霉素、磷酸盐缓冲液（PBS）、抗原涂片（将犬瘟热病毒接种 Vero 细胞，接种后 5～7 d，病变达 50%～75% 时，用胰蛋白酶消化分散感染细胞，PBS 洗涤三次后，稀释至 1×10^6 个细胞/ml。取印有 10～40 个小孔的室玻片，每孔滴加 10μl。室温自然干燥后，冷丙酮固定 10 min，密封包装，置 -20℃备用）、HRP 标记的葡萄球菌 A 蛋白（SPA）、底物溶液、犬瘟热病毒诊断试剂盒。

（二）实训场所

校内实验室。

三、操作方法与步骤

（一）临床诊断要点

1. 临床症状

病犬体温升高至 40℃以上，呈双相热型。鼻流清涕至脓性鼻汁，脓性眼屎，有咳嗽，呼吸急促等肺炎症状，腹下可见米粒大丘疹。病程长的犬足枕角质层增生。病后期犬瘟热病毒侵害大脑时则出现神经症状，头、颈、四肢抽搐。

2. 病理变化

犬瘟热病毒为泛嗜性病毒，对上皮细胞有特殊的亲和力，因此病变分布非常广泛。新生幼犬感染犬瘟热病毒通常表现胸腺萎缩。成年犬多表现结膜炎、鼻炎、气管支气管炎和卡他性肠炎。表现神经症状的犬通常可见鼻和脚垫的皮肤角化病。中枢神经系统的大体病变包括脑膜充血，脑室扩张和因脑水肿所致的脑脊液增加。

（二）病毒分离与鉴定

1. 样品

犬瘟热病毒存在于病犬心脏、肺脏、脾脏、胸腺、淋巴结等组织器官中。无菌采集这些器官用无血清 DMEM 制成 20% 组织悬液，3 000r/min 离心 30 min，取上清。10 000 r/min 离心 20 min，取上清用于犬瘟热病毒分离。

2. 细胞培养

用含 8% 已处理的新生牛血清的 DMEM 培养基，在 37℃培养 Vero 细胞。每 3～4d 传代一次，细胞长成单层时，用于犬瘟热病毒分离。

3. 病料接种

将 0.1 ml 处理好的组织悬液接种 Vero 细胞，33℃吸附 1h，加入无血清 DMEM 继续培养 5～7d，观察结果。

4. 结果观察

犬瘟热病毒感染 Vero 细胞 4～5d 表现为细胞变圆、胞浆内颗粒变性和空泡形成，随后形成巨细胞和合胞体，并在胞浆中出现包涵体。若第一次接种未出现细胞病变，应将细胞培养物冻融后盲传三代。如仍无细胞病变，则判为犬瘟热病毒检测阴性。

5. 犬瘟热病毒的鉴定

将出现细胞病变的细胞培养物，制备细胞涂片，用犬瘟热病毒单克隆抗体进行鉴定。

（三）免疫酶试验

1. 样品

采集被检犬血液，分离血清，血清应新鲜、透明、不溶血、无污染，密装于灭菌小瓶内，4℃或 –30℃保存或立即送检。试验前将被检血清统一编号，并用 PBS 作 10 倍稀释。

2. 操作方法

（1）取出抗原涂片，室温干燥后，滴加 10 倍稀释的待检血清和标准阴性血清、标准阳性血清，每份血清加两个病毒细胞孔和一个正常细胞孔，置湿盒内，37℃30 min。

（2）PBS 漂洗三次，每次 5min，室温干燥。

（3）滴加适当稀释的酶结合物，置湿盒内，37℃30 min。

（4）PBS 漂洗三次，每次 5min。

（5）将室玻片放入底物溶液中，室温下显色 5～10 min，PBS 漂洗两次，再用蒸馏水漂洗一次。

（6）吹干后，在普通光学显微镜下观察，判定结果。

3. 结果判定

（1）在阴性血清对照、阳性血清对照成立的情况下：即阴性血清与正常细胞和病毒感染细胞反应均无色；阳性血清与正常细胞反应无色，与病毒感染细胞反应呈棕黄色至棕褐色，即可判定结果；否则应重试。

（2）待检血清与正常细胞和病毒感染细胞反应均呈无色，即可判为犬瘟热病毒抗体阴性。

（3）待检血清与正常细胞反应呈无色，而与病毒感染细胞反应呈棕黄色至棕褐色，即可判为犬瘟热病毒抗体阳性。

（四）犬瘟热病毒诊断试剂盒诊断法

用棉签采集犬眼、鼻分泌物，在专用的诊断稀释液中充分挤压洗涤，然后用小吸管将稀释后的病料滴加到诊断试剂盒的检测孔中任其自然扩散，3～5min 后判定结果。若 C、T 两条线均为红色，则判为阳性；若 T 线颜色较淡，则判为弱阳性或可疑；若 C 线为红色而 T 线为无色，则判为阴性；若 C、T 两条线均无颜色，则应重做。应注意的是用此法诊断有时可能出现假阳性。故还应结合其他诊断方法，如中和试验、补体结合试验、荧光抗体试验等进行确诊。

四、思考题

1. 犬瘟热的主要临床特征有哪些？
2. 犬瘟热病毒诊断试剂盒使用的原理和注意事项。

实训十一 犬细小病毒感染的实验室诊断

一、技能目标

通过实践操作，使学生能够掌握犬细小病毒感染诊断操作技术要领。具备犬细小病毒病临床诊断的能力。

二、教学资源准备

（一）材料与用具

pH7.0～7.2 磷酸缓冲盐水（PBS）、1% 猪红细胞悬浮液、灭菌生理盐水、青霉素、链霉素、犬细小病毒感染标准抗原与阳性血清、被检血清、3.8% 柠檬酸钠溶液、75% 酒精棉球、5% 碘酊棉球、犬细小病毒诊断试剂盒、恒温培养箱、振荡器、离心机及离心管、微量移液器、枪头、96 孔 V 型微量反应板、5ml 注射器、针头、试管、吸管、疑似病犬。

（二）实训场所

校内实验室。

三、操作方法与步骤

（一）血凝（HA）及血凝抑制（HI）试验

本方法用于诊断犬细小病毒感染有两种情况：一种是已知抗体，检查被检病料中的病毒抗原；另一种是已知抗原，检查被检血清中的抗体。检查病毒时，取分离到的疑似病料进行血凝试验检测其血凝性，如凝集再用标准阳性血清进行血凝抵制试验确检。检查抗体时，需采取疑似犬细小病毒感染初期和后期双份血清，用于血凝抑制试验，证实抗体滴度增高可确检。

1. 试验的准备

（1）pH7.0～7.2磷酸缓冲盐水（PBS）的制备

氯化钠	170g
氢氧化钠	3g
磷酸二氢钾	13.6g
蒸馏水	加至1 000ml

高压灭菌，4℃保存，使用时做20倍稀释。

（2）1%猪红细胞悬液的制备

从健康猪耳静脉采血，加入含有抗凝剂（3.8%柠檬酸钠溶液）的试管内，用20倍的磷酸缓冲盐水洗涤3～4次，每次以2 000r/min，离心10min，洗涤后配成体积分数为1%红细胞悬液，4℃保存备用。

（3）被检血清的制备

采取被检犬血液，分离血清。分离的血清应新鲜、透明、不溶血、无污染，密装于灭菌小瓶内，4℃或 -30℃保存或立即送检。

（4）病毒的分离

取可凝病犬的粪便2g加入4倍量PBS，摇匀后2 000r/min，离心20min，取上清液作为待检抗原备用。

2. 操作方法

参照鸽瘟的实验室诊断。

（二）犬细小病毒感染诊断试剂盒诊断法

1. 被检物的采集

以未被污染的新鲜粪便作为检测物。实施检测时，应充分使被检物放置于室温环境，使被检物的温度与室温一致后再施行检测。

2. 检测方法

（1）利用采集棒充分采集准备检测的检测物后，放入装有缓冲剂的试管内进行适当溶解。

（2）吸取上述液体，在反应板的检测物滴入口滴入3～4滴。

（3）检测物滴下后，等到检测物充分扩散，然后在10min内进行判断。

3. 判定结果

该试剂盒根据检测线与对照线的结果来判断阴性和阳性，见图7-1。

对照线（C）：无论被检物内是否存在犬细小病毒抗原，均呈红色或紫色。这是为了确认反应是否有异常而设置的。因此，对照线呈阴性时表明试验方法有误或试剂存在缺陷，需要重新测试。

检测线（T）：根据被检物中犬细小病毒抗原存在与否，呈现阳性或阴性。根据检测线是否变色来判断阳性与否。

检测线（T）和对照线（C）均呈红色或紫色线时，判定为阳性；只有对照线（C）

呈红色或紫色线时，判定为阴性；对照线（C）或检测线（T）均没有线，或只有检测线上有线时，说明检测有误或产品存在缺陷，因此需重新进行检测。

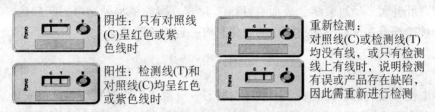

阴性：只有对照线（C）呈红色或紫色线时

阳性：检测线（T）和对照线（C）均呈红色或紫色线时

重新检测：对照线(C)或检测线(T)均没有线，或只有检测线上有线时，说明检测有误或产品存在缺陷，因此需重新进行检测

图 7 - 1　犬细小病毒试剂盒诊断结果判断示意图

四、思考题

1. 犬细小病毒感染的实验室诊断方法有哪些？

2. 使用犬细小病毒诊断试剂盒进行诊断时，应注意哪些问题？

实训十二　犬传染性肝炎的诊断

一、技能目标

掌握犬传染性肝炎的诊断方法。

二、教学资源准备

（一）材料

细胞培养瓶、吸管、二氧化碳培养箱、37℃恒温水浴箱、普通冰箱及低温冰箱、离心机及离心管、研磨器械、普通光学显微镜、微量加样器、0.45μm 微孔滤膜、酶联检测仪、37℃恒温培养箱、ELISA 抗原包被板等。改良最低要素营养液（DMEM）培养基、犬肾传代细胞（MDCK 细胞）、标准阳性血清、标准阴性血清、新生牛血清、青霉素、链霉素、辣根过氧化物酶（HRP）标记兔抗犬 IgG、磷酸盐缓冲液（PBS）、洗涤液、样品稀释液、底物溶液、终止液等。

（二）实训场所

校内实验室。

三、操作方法与步骤

（一）临床诊断要点

1. 临床症状

最急性病例，患犬在呕吐、腹痛和腹泻等症状出现后数小时内死亡。急性型病例，患犬体温呈马鞍型升高，精神抑郁，食欲废绝，渴欲增加，呕吐，腹泻，粪中带血。亚急性病例，特征性症状是患犬角膜一过性混浊，即"蓝眼"病，有的出现溃疡。慢性病例多发于老疫区或疫病流行后期，患犬多不死亡，可以自愈。

2. 病理变化

病犬主要表现全身性败血症变化。在实质器官、浆膜、黏膜上可见大小、数量不等的出血斑点。肝肿大，呈斑驳状，表面有纤维素附着。胆囊壁水肿增厚，灰白色，半透明，胆囊浆膜被覆纤维素性渗出物，胆囊的变化具有一定的诊断意义。

（二）病毒分离与鉴定

1. 样品

犬传染性肝炎病毒存在于病犬扁桃体、肝脏、脾脏等组织器官中。无菌采集这些器官用无血清 DMEM 制成 20% 组织悬液，3 000 r/min 离心 30 min。取上清 10 000 r/min 离心 20 min，取上清用于犬传染性肝炎病毒分离。

2. 细胞培养

用含 8% 新生牛血清的 DMEM 培养基，在 37℃ 培养 MDCK 细胞每 3～4d 传代一次，细胞长成单层时，用于犬传染性肝炎病毒分离。

3. 病料接种

将 0.1 ml 处理好的组织悬液接种 MDCK 细胞，37℃ 吸附 1h，加入无血清 DMEM 继续培养 3～5d，观察结果。

4. 结果观察

犬传染性肝炎病毒感染 MDCK 细胞 3～5d 表现为细胞增大变圆、变亮、折光性增强、聚集成葡萄串状。若第一次接种未出现细胞病变。应将细胞培养物冻融后盲传三代。如仍无细胞病变，则判为犬传染性肝炎病毒检测阴性。

将出现细胞病变的细胞培养物，用 1% 人 "O" 型红细胞进行血凝试验，血凝试验阳性者，再用犬传染性肝炎病毒单克隆抗体进行血凝抑制试验，鉴定毒株。

（三）酶联免疫吸附试验

1. 样品

采集被检犬血液，分离血清。血清应新鲜、透明、不溶血、无污染，密装于灭菌小瓶内，4℃ 或 −30℃ 保存或立即送检。试验前将被检血清统一编号，并用样品稀释液作 1:160 倍稀释。

2. 操作方法

（1）试验设阴性对照、阳性对照各两孔和空白对照一孔。

（2）在微孔反应板孔中加入 1:160 稀释的待检血清、阴性对照血清、阳性对照血清各 100μl，充分混匀后，置 37℃ 作用 20 min。

（3）弃去各孔中液体、甩干。每孔加满洗涤液漂洗三次，每次 2 min，甩干。

（4）每孔加入酶结合物 100μl，置 37℃ 作用 20 min。

（5）重复（3）。

（6）每孔加入底物液 100μl，置 37℃ 避光显色 10 min。

（7）每孔加入终止液 50μl，置酶联检测仪于 450nm 波长测定各孔吸光度（OD）值。

3. 结果判定

（1）阳性对照血清 OD 值 ≥0.8；阴性对照血清 OD 值 ≤0.1，试验成立。

（2）若阴性对照 OD 均值 − 空白对照 OD 值小于 0.03，按 0.03 计算。

（3）临界值的计算：临界值 = 0.17 + （阴性血清对照孔 OD 均值 − 空白对照孔 OD

值）。

（4）待检样本的 OD 值－空白对照 OD 值所得的差大于或等于临界值，即判为犬传染性肝炎病毒抗体具有保护效价；小于临界值，即判为犬传染性肝炎病毒抗体未达到保护效价。

（四）综合判定

当在临床上怀疑有犬传染性肝炎病毒感染时，可根据实际情况在上述方法中选一种或两种方法进行确诊。对于未接种过犬传染性肝炎病毒疫苗的犬，采用任何一种方法检测呈现阳性结果时，都可最终判定为犬传染性肝炎病毒感染犬。对于接种过犬传染性肝炎病毒疫苗的犬，当病毒分离鉴定试验为阳性结果时，可最终判定为犬传染性肝炎病毒感染犬；当采用酶联免疫吸附试验检测血清抗体呈现阳性结果时，可判为犬传染性肝炎病毒抗体具有保护效价；呈现阴性结果时，可判为犬传染性肝炎病毒抗体未达到保护效价。

四、思考题

1. 犬传染性肝炎的临床诊断要点有哪些？
2. 酶联免疫吸附试验的原理是什么？
3. 影响酶联免疫吸附试验的因素有哪些？

附录：

1. 磷酸盐缓冲液（PBS，0.01 mol/L pH7.4）

氯化钠	8g
氯化钾	0.2g
磷酸二氢钾	0.2g
十二水磷酸氢二钠	2.83g
蒸馏水	加至 1 000ml

2. 洗涤液

PBS	1 000 ml
吐温－20	0.5 ml

3. 样品稀释液

含体积分数为 10% 新生牛血清的洗涤液。

4. 磷酸盐-柠檬酸缓冲液

柠檬酸	3.26g
十二水磷酸氢二钠	12.9g
蒸馏水	700ml

5. ELISA 底物溶液

用二甲基亚砜将 3'3'5'5'-四甲基联苯胺（TMB）配成 1% 浓度，4℃ 保存。使用时按下列配方配制底物溶液。

磷酸盐-柠檬酸缓冲液	9.9 ml
1%3'3'5'5'-四甲基联苯胺	0.1 ml
30% 双氧水	1μl

6. 终止液（2mol/L 硫酸）

硫酸	58 ml
蒸馏水	442 ml

实训十三　鸽瘟的实验室诊断

一、技能目标

掌握微量血凝（HA）和血凝抑制（HI）试验技术；学会运用血凝（HA）和血凝抑制（HI）试验进行鸽瘟的诊断以及鸽群中鸽瘟抗体的监测。

二、教学资源准备

（一）材料与用具

离心机、离心管、冰箱、恒温培养箱、振荡器、96 孔 V 型微量反应板、微量移液器、吸管、枪头、注射器、针头、试管、9～11 日龄鸡胚、照蛋器、卵盘、接种箱、镊子、剪刀、眼科剪刀和镊子、毛细吸管、橡皮乳头、灭菌平皿、酒精灯、试管架、胶布、蜡、锥子、记号笔、疑似病鸽。

1% 鸽红细胞悬浮液、鸽瘟标准抗原与阳性血清、被检血清、灭菌生理盐水、3.8% 柠檬酸钠溶液、75% 酒精棉球、5% 碘酊棉球、青霉素、链霉素等。

（二）实训场所

校内实验室。

三、操作方法与步骤

（一）试验的准备

1. 病毒的分离培养

（1）样品的采集及处理　分离病毒的材料应来自早期病例，病程较长的不用于病毒的分离。生前可采取呼吸道分泌物；病鸽扑杀后应用无菌手术采取脾、脑、肺、肝、肾等组织。样品用生理盐水 1:5 乳液，溶液中加入青霉素 1 000IU/ml、链霉素 10mg/ml，以抑制可能污染的细菌，置 4℃冰箱 2～4h 后离心，取上清液作为接种材料。同时，应对接种材料做无菌检查，分别接种于肉汤，血琼脂斜面及厌氧肝汤各一管，置 37℃培养观察 2～6d，应无菌生长。如有细菌生长，应将原始材料再做除菌处理，也可改用细菌滤器过滤除菌。如有可能再次取材料。

（2）病毒的鸡胚接种　取 9～11 日龄的非免疫鸡胚，照蛋，划出气室及胚胎位置，标明胚龄及日期，气室朝上立于蛋架上。取上述处理过的材料 0.1～0.2ml 接种于鸡胚尿囊腔内。接种后用石蜡封口，气室向上，继续置孵化箱内。每天照蛋 1～2 次，连续观察 5d，接种 24h 内死亡的鸡胚，废弃不用，于 24～96h 间死亡的鸡胚，立即取出置 4℃冰箱冷却 4h 以上（气室朝上）。然后无菌吸取尿囊液，并做无菌检查，混浊的尿囊液应废弃。留下无菌的尿囊液，贮入无菌小瓶置低温冰箱保存，供进一步鉴定。同时，可将鸡胚倾入一平皿内，观察其病变。由鸽瘟病毒致死的鸡胚，胚体全身充血，在头、胸、背、翅和趾部有小出血点，尤其以翅、趾部明显，这在诊断上有参考价值。

2. 制备1%鸡红细胞悬液

采集至少3只SPF公鸡或无新城疫抗体的健康公鸡的血液与等体积生理盐水混合，用生理盐水洗涤3次，每次以1 000r/min离心10min，洗涤后配成体积分数为1%鸡红细胞悬液，4℃保存备用。

3. 被检血清的制备

从鸽的翅静脉采血装入2ml的离心管中，凝固后离心，析出的液体为被检血清。也可用消毒过的干燥注射器采血，装于小试管内，使凝固成一斜面。放于室温中，待血清析出后，倒出保存于4℃。

（二）微量血凝（HA）试验

在进行HI试验之前必须先进行HA试验，测定病毒抗原的血凝价，以确定HI试验4个血凝单位所用病毒抗原的稀释倍数。

1. 用微量加样器向反应板上每个孔中分别加生理盐水25μl，共滴4排，换滴头（表7-9）。

2. 吸取25μl病毒液，加于第一孔中，用该加样器挤压5～6次使病毒混合均匀，然后向第2孔移入25μl，挤压5～6次后再向第3孔移入25μl，依次倍比稀释到第11孔，使第11孔中液体混合后从中吸出25μl弃去，换滴头。第12孔不加病毒抗原，只作对照。

3. 每孔均加1%鸡红细胞悬液（将鸡红细胞悬液充分摇匀后加入）25μl。

4. 加样完毕，将反应板置于微型振荡器上振荡1min，或手持血凝板摇动混匀，并放室温（20～30℃）下作用30min，观察并判定结果。待第12孔的对照孔的红细胞全部沉入孔底中间，即可判定各孔的红细胞凝集情况。

表7-9　鸽瘟血凝试验操作术式（单位:μl）

孔　号	1	2	3	4	5	6	7	8	9	10	11	12
抗原稀释倍数	2^1	2^2	2^3	2^4	2^5	2^6	2^7	2^8	2^9	2^{10}	2^{11}	对照
生理盐水（μl）	25	25	25	25	25	25	25	25	25	25	25	25
被检病毒（μl）	25	25	25	25	25	25	25	25	25	25	25	弃去25
1%红细胞（μl）	25	25	25	25	25	25	25	25	25	25	25	25
振荡1min,20～30℃感作30min												
结果举例	#	#	#	#	#	#	#	++	-	-	-	-

注:"#"为100%凝集;"++"为50%凝集;"-"为不凝集。

将反应板倾斜成45°角，沉于孔底的红细胞沿着倾斜面向下呈线状流动者为沉淀，表明红细胞未被或不完全被病毒凝集；如果孔底的红细胞铺平孔底，凝成均匀薄层，倾斜后红细胞不流动，说明红细胞被病毒所凝集。能使红细胞完全凝集的病毒最高稀释倍数，称为该病毒的血凝滴度，即一个血凝单位。每次四排重复，以几何均值表示结果。如表7-9所示第7孔红细胞为完全凝集，所以该病毒的血凝滴度为2^7。

（三）微量血凝抑制（HI）试验

1. 4个血凝单位的病毒抗原配制。血凝滴度除以4，如上表128/4=32，即1ml（抗原）+31ml（生理盐水）即成。

2. 采用同样的血凝板，每排孔可检查 1 份血清样品。检查另一份血清时，必须更换吸取血清的滴头。

3. 用微量加样器向 1～11 号孔中分别加入 25μl 生理盐水，第 12 号孔加 50μl 生理盐水（表 7－10）。

4. 用另一微量加样器取一份抗新城疫血清 25μl 置于第 1 孔中，挤压 6～7 次混匀。然后依次倍比稀释至第 10 孔，并将其弃去 25μl。第 11 孔为病毒血凝对照，第 12 孔为生理盐水对照，不加待检血清。

5. 用微量加样器吸取稀释好的 4 个血凝单位的病毒抗原，分别向 1～11 孔中各加 25μl。然后，将反应板置 20～30℃下作用 15～30min。

6. 取出血凝板，用微量加样器向每孔中各加入 1% 红细胞悬液 25μl，轻轻混匀 1min，静置 15～30min。应在第 11 孔完全凝集，第 12 孔红细胞呈钮扣状沉于孔底时观察。

表 7－10　鸽瘟血凝抑制试验操作术式（单位：μl）

孔　号	1	2	3	4	5	6	7	8	9	10	11	12
血清稀释倍数	2^1	2^2	2^3	2^4	2^5	2^6	2^7	2^8	2^9	2^{10}	对照	对照
生理盐水（μl）	25	25	25	25	25	25	25	25	25	25	25	50
抗鸽瘟血清（μl）	25	25	25	25	25	25	25	25	25	25	弃去 25	
4 单位病毒（μl）	25	25	25	25	25	25	25	25	25	25	25	－
振荡 1min，20～30℃感作 30min												
1% 红细胞（μl）	25	25	25	25	25	25	25	25	25	25	25	25
振荡 1min，20～30℃感作 30min												
结果举例	－	－	－	－	－	－	－	++	++	#	#	－

注："#" 为 100% 凝集；"++" 为 50% 凝集；"－" 为不凝集。

以完全抑制 4 个血凝单位的病毒抗原的最高血清稀释倍数为血凝抑制价（HI 效价）。表 7－10 中的血凝抑制价为 2^7。

利用从没有免疫的病鸽分离出的病毒做 HA 和 HI 试验，如果能凝集红细胞而且被已知抗鸽瘟血清所抑制那么该病毒即为鸽瘟病毒，如果该病毒不凝集红细胞，则不是鸽瘟病毒，若该病毒虽能凝集红细胞，但不能被鸽瘟血清所抑制，也说明不是鸽瘟病毒，而是其他病毒。

如用已知病毒来测定被检鸽血清的血凝抑制抗体也可用于鸽瘟的诊断，但不适于急性病例。因为通常要在感染后的 5～10d，或出现呼吸症状 2d，血清中的抗体才能达到一定的水平。对于免疫的鸽群 10% 以上的鸽出现 2^{11} 以上的血凝抑制价，则可诊断为鸽群感染了鸽瘟。

HA 和 HI 试验也可用于鸽群中鸽瘟免疫水平的监测，用已知鸽瘟病毒来检测被检血清中的 HI 效价。HI 效价较高，其保护水平也高。HI 效价在 4 时鸽群保护率 50% 左右；在 4 以上时保护率达 90%～100%；在 4 以下的非免疫鸽群保护率约为 10%，免疫过的鸽群约为 40%。鸽群的血凝抑制价以抽检样品的血凝抑制价的几何平均值表示，如平均水平在 4 以上，表示该鸽群为免疫鸽群。因此，对鸽群 HI 抗体水平进行免疫检测，借以选择最佳的初次免疫和再次免疫时间，是制定免疫程序和保证鸽群免于鸽瘟病毒感染的有效方法。

四、思考题

1. 病毒鸡胚接种时如何收获病毒液?
2. 鸽瘟的 HA 和 HI 试验应注意哪些事项?
3. 如何对鸽瘟进行免疫监测?

附　录
《中华人民共和国动物防疫法》

《中华人民共和国动物防疫法》已由中华人民共和国第十届全国人民代表大会常务委员会第二十九次会议于 2007 年 8 月 30 日修订通过，并予以公布，自 2008 年 1 月 1 日起施行。

第一章　总　则

第一条　为了加强对动物防疫活动的管理，预防、控制和扑灭动物疫病，促进养殖业发展，保护人体健康，维护公共卫生安全，制定本法。

第二条　本法适用于在中华人民共和国领域内的动物防疫及其监督管理活动。

进出境动物、动物产品的检疫，适用《中华人民共和国进出境动植物检疫法》。

第三条　本法所称动物，是指家畜家禽和人工饲养、合法捕获的其他动物。

本法所称动物产品，是指动物的肉、生皮、原毛、绒、脏器、脂、血液、精液、卵、胚胎、骨、蹄、头、角、筋以及可能传播动物疫病的奶、蛋等。

本法所称动物疫病，是指动物传染病、寄生虫病。

本法所称动物防疫，是指动物疫病的预防、控制、扑灭和动物、动物产品的检疫。

第四条　根据动物疫病对养殖业生产和人体健康的危害程度，本法规定管理的动物疫病分为下列三类：

（一）一类疫病，是指对人与动物危害严重，需要采取紧急、严厉的强制预防、控制、扑灭等措施的；

（二）二类疫病，是指可能造成重大经济损失，需要采取严格控制、扑灭等措施，防止扩散的；

（三）三类疫病，是指常见多发、可能造成重大经济损失，需要控制和净化的。

前款一、二、三类动物疫病具体病种名录由国务院兽医主管部门制定并公布。

第五条　国家对动物疫病实行预防为主的方针。

第六条　县级以上人民政府应当加强对动物防疫工作的统一领导，加强基层动物防疫队伍建设，建立健全动物防疫体系，制定并组织实施动物疫病防治规划。

乡级人民政府、城市街道办事处应当组织群众协助做好本管辖区域内的动物疫病预防与控制工作。

第七条　国务院兽医主管部门主管全国的动物防疫工作。

县级以上地方人民政府兽医主管部门主管本行政区域内的动物防疫工作。

县级以上人民政府其他部门在各自的职责范围内做好动物防疫工作。

军队和武装警察部队动物卫生监督职能部门分别负责军队和武装警察部队现役动物及饲养自用动物的防疫工作。

第八条 县级以上地方人民政府设立的动物卫生监督机构依照本法规定，负责动物、动物产品的检疫工作和其他有关动物防疫的监督管理执法工作。

第九条 县级以上人民政府按照国务院的规定，根据统筹规划、合理布局、综合设置的原则建立动物疫病预防控制机构，承担动物疫病的监测、检测、诊断、流行病学调查、疫情报告以及其他预防、控制等技术工作。

第十条 国家支持和鼓励开展动物疫病的科学研究以及国际合作与交流，推广先进适用的科学研究成果，普及动物防疫科学知识，提高动物疫病防治的科学技术水平。

第十一条 对在动物防疫工作、动物防疫科学研究中作出成绩和贡献的单位和个人，各级人民政府及有关部门给予奖励。

第二章 动物疫病的预防

第十二条 国务院兽医主管部门对动物疫病状况进行风险评估，根据评估结果制定相应的动物疫病预防、控制措施。

国务院兽医主管部门根据国内外动物疫情和保护养殖业生产及人体健康的需要，及时制定并公布动物疫病预防、控制技术规范。

第十三条 国家对严重危害养殖业生产和人体健康的动物疫病实施强制免疫。国务院兽医主管部门确定强制免疫的动物疫病病种和区域，并会同国务院有关部门制定国家动物疫病强制免疫计划。

省、自治区、直辖市人民政府兽医主管部门根据国家动物疫病强制免疫计划，制订本行政区域的强制免疫计划；并可以根据本行政区域内动物疫病流行情况增加实施强制免疫的动物疫病病种和区域，报本级人民政府批准后执行，并报国务院兽医主管部门备案。

第十四条 县级以上地方人民政府兽医主管部门组织实施动物疫病强制免疫计划。乡级人民政府、城市街道办事处应当组织本管辖区域内饲养动物的单位和个人做好强制免疫工作。

饲养动物的单位和个人应当依法履行动物疫病强制免疫义务，按照兽医主管部门的要求做好强制免疫工作。

经强制免疫的动物，应当按照国务院兽医主管部门的规定建立免疫档案，加施畜禽标识，实施可追溯管理。

第十五条 县级以上人民政府应当建立健全动物疫情监测网络，加强动物疫情监测。

国务院兽医主管部门应当制定国家动物疫病监测计划。省、自治区、直辖市人民政府兽医主管部门应当根据国家动物疫病监测计划，制定本行政区域的动物疫病监测计划。

动物疫病预防控制机构应当按照国务院兽医主管部门的规定，对动物疫病的发生、流行等情况进行监测；从事动物饲养、屠宰、经营、隔离、运输以及动物产品生产、经营、加工、贮藏等活动的单位和个人不得拒绝或者阻碍。

第十六条 国务院兽医主管部门和省、自治区、直辖市人民政府兽医主管部门应当根据对动物疫病发生、流行趋势的预测，及时发出动物疫情预警。地方各级人民政府接到动物疫情预警后，应当采取相应的预防、控制措施。

第十七条　从事动物饲养、屠宰、经营、隔离、运输以及动物产品生产、经营、加工、贮藏等活动的单位和个人，应当依照本法和国务院兽医主管部门的规定，做好免疫、消毒等动物疫病预防工作。

第十八条　种用、乳用动物和宠物应当符合国务院兽医主管部门规定的健康标准。

种用、乳用动物应当接受动物疫病预防控制机构的定期检测；检测不合格的，应当按照国务院兽医主管部门的规定予以处理。

第十九条　动物饲养场（养殖小区）和隔离场所，动物屠宰加工场所，以及动物和动物产品无害化处理场所，应当符合下列动物防疫条件：

（一）场所的位置与居民生活区、生活饮用水源地、学校、医院等公共场所的距离符合国务院兽医主管部门规定的标准；

（二）生产区封闭隔离，工程设计和工艺流程符合动物防疫要求；

（三）有相应的污水、污物、病死动物、染疫动物产品的无害化处理设施设备和清洗消毒设施设备；

（四）有为其服务的动物防疫技术人员；

（五）有完善的动物防疫制度；

（六）具备国务院兽医主管部门规定的其他动物防疫条件。

第二十条　兴办动物饲养场（养殖小区）和隔离场所，动物屠宰加工场所，以及动物和动物产品无害化处理场所，应当向县级以上地方人民政府兽医主管部门提出申请，并附具相关材料。受理申请的兽医主管部门应当依照本法和《中华人民共和国行政许可法》的规定进行审查。经审查合格的，发给动物防疫条件合格证；不合格的，应当通知申请人并说明理由。需要办理工商登记的，申请人凭动物防疫条件合格证向工商行政管理部门申请办理登记注册手续。

动物防疫条件合格证应当载明申请人的名称、场（厂）址等事项。

经营动物、动物产品的集贸市场应当具备国务院兽医主管部门规定的动物防疫条件，并接受动物卫生监督机构的监督检查。

第二十一条　动物、动物产品的运载工具、垫料、包装物、容器等应当符合国务院兽医主管部门规定的动物防疫要求。

染疫动物及其排泄物、染疫动物产品，病死或者死因不明的动物尸体，运载工具中的动物排泄物以及垫料、包装物、容器等污染物，应当按照国务院兽医主管部门的规定处理，不得随意处置。

第二十二条　采集、保存、运输动物病料或者病原微生物以及从事病原微生物研究、教学、检测、诊断等活动，应当遵守国家有关病原微生物实验室管理的规定。

第二十三条　患有人畜共患传染病的人员不得直接从事动物诊疗以及易感染动物的饲养、屠宰、经营、隔离、运输等活动。

人畜共患传染病名录由国务院兽医主管部门会同国务院卫生主管部门制定并公布。

第二十四条　国家对动物疫病实行区域化管理，逐步建立无规定动物疫病区。无规定动物疫病区应当符合国务院兽医主管部门规定的标准，经国务院兽医主管部门验收合格予以公布。

本法所称无规定动物疫病区，是指具有天然屏障或者采取人工措施，在一定期限内没有发生规定的一种或者几种动物疫病，并经验收合格的区域。

第二十五条　禁止屠宰、经营、运输下列动物和生产、经营、加工、贮藏、运输下列动物产品：

（一）封锁疫区内与所发生动物疫病有关的；

（二）疫区内易感染的；

（三）依法应当检疫而未经检疫或者检疫不合格的；

（四）染疫或者疑似染疫的；

（五）病死或者死因不明的；

（六）其他不符合国务院兽医主管部门有关动物防疫规定的。

第三章　动物疫情的报告、通报和公布

第二十六条　从事动物疫情监测、检验检疫、疫病研究与诊疗以及动物饲养、屠宰、经营、隔离、运输等活动的单位和个人，发现动物染疫或者疑似染疫的，应当立即向当地兽医主管部门、动物卫生监督机构或者动物疫病预防控制机构报告，并采取隔离等控制措施，防止动物疫情扩散。其他单位和个人发现动物染疫或者疑似染疫的，应当及时报告。

接到动物疫情报告的单位，应当及时采取必要的控制处理措施，并按照国家规定的程序上报。

第二十七条　动物疫情由县级以上人民政府兽医主管部门认定；其中重大动物疫情由省、自治区、直辖市人民政府兽医主管部门认定，必要时报国务院兽医主管部门认定。

第二十八条　国务院兽医主管部门应当及时向国务院有关部门和军队有关部门以及省、自治区、直辖市人民政府兽医主管部门通报重大动物疫情的发生和处理情况；发生人畜共患传染病的，县级以上人民政府兽医主管部门与同级卫生主管部门应当及时相互通报。

国务院兽医主管部门应当依照我国缔结或者参加的条约、协定，及时向有关国际组织或者贸易方通报重大动物疫情的发生和处理情况。

第二十九条　国务院兽医主管部门负责向社会及时公布全国动物疫情，也可以根据需要授权省、自治区、直辖市人民政府兽医主管部门公布本行政区域内的动物疫情。其他单位和个人不得发布动物疫情。

第三十条　任何单位和个人不得瞒报、谎报、迟报、漏报动物疫情，不得授意他人瞒报、谎报、迟报动物疫情，不得阻碍他人报告动物疫情。

第四章　动物疫病的控制和扑灭

第三十一条　发生一类动物疫病时，应当采取下列控制和扑灭措施：

（一）当地县级以上地方人民政府兽医主管部门应当立即派人到现场，划定疫点、疫区、受威胁区，调查疫源，及时报请本级人民政府对疫区实行封锁。疫区范围涉及两个以上行政区域的，由有关行政区域共同的上一级人民政府对疫区实行封锁，或者由各有关行政区域的上一级人民政府共同对疫区实行封锁。必要时，上级人民政府可以责成下级人民政府对疫区实行封锁。

（二）县级以上地方人民政府应当立即组织有关部门和单位采取封锁、隔离、扑杀、销毁、消毒、无害化处理、紧急免疫接种等强制性措施，迅速扑灭疫病。

（三）在封锁期间，禁止染疫、疑似染疫和易感染的动物、动物产品流出疫区，禁止非疫区的易感染动物进入疫区，并根据扑灭动物疫病的需要对出入疫区的人员、运输工具及有关物品采取消毒和其他限制性措施。

第三十二条　发生二类动物疫病时，应当采取下列控制和扑灭措施：

（一）当地县级以上地方人民政府兽医主管部门应当划定疫点、疫区、受威胁区。

（二）县级以上地方人民政府根据需要组织有关部门和单位采取隔离、扑杀、销毁、消毒、无害化处理、紧急免疫接种、限制易感染的动物和动物产品及有关物品出入等控制、扑灭措施。

第三十三条　疫点、疫区、受威胁区的撤销和疫区封锁的解除，按照国务院兽医主管部门规定的标准和程序评估后，由原决定机关决定并宣布。

第三十四条　发生三类动物疫病时，当地县级、乡级人民政府应当按照国务院兽医主管部门的规定组织防治和净化。

第三十五条　二、三类动物疫病呈暴发性流行时，按照一类动物疫病处理。

第三十六条　为控制、扑灭动物疫病，动物卫生监督机构应当派人在当地依法设立的现有检查站执行监督检查任务；必要时，经省、自治区、直辖市人民政府批准，可以设立临时性的动物卫生监督检查站，执行监督检查任务。

第三十七条　发生人畜共患传染病时，卫生主管部门应当组织对疫区易感染的人群进行监测，并采取相应的预防、控制措施。

第三十八条　疫区内有关单位和个人，应当遵守县级以上人民政府及其兽医主管部门依法作出的有关控制、扑灭动物疫病的规定。

任何单位和个人不得藏匿、转移、盗掘已被依法隔离、封存、处理的动物和动物产品。

第三十九条　发生动物疫情时，航空、铁路、公路、水路等运输部门应当优先组织运送控制、扑灭疫病的人员和有关物资。

第四十条　一、二、三类动物疫病突然发生，迅速传播，给养殖业生产安全造成严重威胁、危害，以及可能对公众身体健康与生命安全造成危害，构成重大动物疫情的，依照法律和国务院的规定采取应急处理措施。

第五章　动物和动物产品的检疫

第四十一条　动物卫生监督机构依照本法和国务院兽医主管部门的规定对动物、动物产品实施检疫。

动物卫生监督机构的官方兽医具体实施动物、动物产品检疫。官方兽医应当具备规定的资格条件，取得国务院兽医主管部门颁发的资格证书，具体办法由国务院兽医主管部门会同国务院人事行政部门制定。

本法所称官方兽医，是指具备规定的资格条件并经兽医主管部门任命的，负责出具检疫等证明的国家兽医工作人员。

第四十二条　屠宰、出售或者运输动物以及出售或者运输动物产品前，货主应当按照国务院兽医主管部门的规定向当地动物卫生监督机构申报检疫。

动物卫生监督机构接到检疫申报后，应当及时指派官方兽医对动物、动物产品实施现场检疫；检疫合格的，出具检疫证明、加施检疫标志。实施现场检疫的官方兽医应当在检疫证明、检疫标志上签字或者盖章，并对检疫结论负责。

第四十三条 屠宰、经营、运输以及参加展览、演出和比赛的动物，应当附有检疫证明；经营和运输的动物产品，应当附有检疫证明、检疫标志。

对前款规定的动物、动物产品，动物卫生监督机构可以查验检疫证明、检疫标志，进行监督抽查，但不得重复检疫收费。

第四十四条 经铁路、公路、水路、航空运输动物和动物产品的，托运人托运时应当提供检疫证明；没有检疫证明的，承运人不得承运。

运载工具在装载前和卸载后应当及时清洗、消毒。

第四十五条 输入到无规定动物疫病区的动物、动物产品，货主应当按照国务院兽医主管部门的规定向无规定动物疫病区所在地动物卫生监督机构申报检疫，经检疫合格的，方可进入；检疫所需费用纳入无规定动物疫病区所在地地方人民政府财政预算。

第四十六条 跨省、自治区、直辖市引进乳用动物、种用动物及其精液、胚胎、种蛋的，应当向输入地省、自治区、直辖市动物卫生监督机构申请办理审批手续，并依照本法第四十二条的规定取得检疫证明。

跨省、自治区、直辖市引进的乳用动物、种用动物到达输入地后，货主应当按照国务院兽医主管部门的规定对引进的乳用动物、种用动物进行隔离观察。

第四十七条 人工捕获的可能传播动物疫病的野生动物，应当报经捕获地动物卫生监督机构检疫，经检疫合格的，方可饲养、经营和运输。

第四十八条 经检疫不合格的动物、动物产品，货主应当在动物卫生监督机构监督下按照国务院兽医主管部门的规定处理，处理费用由货主承担。

第四十九条 依法进行检疫需要收取费用的，其项目和标准由国务院财政部门、物价主管部门规定。

第六章 动物诊疗

第五十条 从事动物诊疗活动的机构，应当具备下列条件：

（一）有与动物诊疗活动相适应并符合动物防疫条件的场所；

（二）有与动物诊疗活动相适应的执业兽医；

（三）有与动物诊疗活动相适应的兽医器械和设备；

（四）有完善的管理制度。

第五十一条 设立从事动物诊疗活动的机构，应当向县级以上地方人民政府兽医主管部门申请动物诊疗许可证。受理申请的兽医主管部门应当依照本法和《中华人民共和国行政许可法》的规定进行审查。经审查合格的，发给动物诊疗许可证；不合格的，应当通知申请人并说明理由。申请人凭动物诊疗许可证向工商行政管理部门申请办理登记注册手续，取得营业执照后，方可从事动物诊疗活动。

第五十二条 动物诊疗许可证应当载明诊疗机构名称、诊疗活动范围、从业地点和法定代表人（负责人）等事项。

动物诊疗许可证载明事项变更的，应当申请变更或者换发动物诊疗许可证，并依法办理工商变更登记手续。

第五十三条　动物诊疗机构应当按照国务院兽医主管部门的规定，做好诊疗活动中的卫生安全防护、消毒、隔离和诊疗废弃物处置等工作。

第五十四条　国家实行执业兽医资格考试制度。具有兽医相关专业大学专科以上学历的，可以申请参加执业兽医资格考试；考试合格的，由国务院兽医主管部门颁发执业兽医资格证书；从事动物诊疗的，还应当向当地县级人民政府兽医主管部门申请注册。执业兽医资格考试和注册办法由国务院兽医主管部门商国务院人事行政部门制定。

本法所称执业兽医，是指从事动物诊疗和动物保健等经营活动的兽医。

第五十五条　经注册的执业兽医，方可从事动物诊疗、开具兽药处方等活动。但是，本法第五十七条对乡村兽医服务人员另有规定的，从其规定。

执业兽医、乡村兽医服务人员应当按照当地人民政府或者兽医主管部门的要求，参加预防、控制和扑灭动物疫病的活动。

第五十六条　从事动物诊疗活动，应当遵守有关动物诊疗的操作技术规范，使用符合国家规定的兽药和兽医器械。

第五十七条　乡村兽医服务人员可以在乡村从事动物诊疗服务活动，具体管理办法由国务院兽医主管部门制定。

第七章　监督管理

第五十八条　动物卫生监督机构依照本法规定，对动物饲养、屠宰、经营、隔离、运输以及动物产品生产、经营、加工、贮藏、运输等活动中的动物防疫实施监督管理。

第五十九条　动物卫生监督机构执行监督检查任务，可以采取下列措施，有关单位和个人不得拒绝或者阻碍：

（一）对动物、动物产品按照规定采样、留验、抽检；

（二）对染疫或者疑似染疫的动物、动物产品及相关物品进行隔离、查封、扣押和处理；

（三）对依法应当检疫而未经检疫的动物实施补检；

（四）对依法应当检疫而未经检疫的动物产品，具备补检条件的实施补检，不具备补检条件的予以没收销毁；

（五）查验检疫证明、检疫标志和畜禽标识；

（六）进入有关场所调查取证，查阅、复制与动物防疫有关的资料。

动物卫生监督机构根据动物疫病预防、控制需要，经当地县级以上地方人民政府批准，可以在车站、港口、机场等相关场所派驻官方兽医。

第六十条　官方兽医执行动物防疫监督检查任务，应当出示行政执法证件，佩带统一标志。

动物卫生监督机构及其工作人员不得从事与动物防疫有关的经营性活动，进行监督检查不得收取任何费用。

第六十一条　禁止转让、伪造或者变造检疫证明、检疫标志或者畜禽标识。

检疫证明、检疫标志的管理办法，由国务院兽医主管部门制定。

第八章　保障措施

第六十二条　县级以上人民政府应当将动物防疫纳入本级国民经济和社会发展规划及年度计划。

第六十三条　县级人民政府和乡级人民政府应当采取有效措施，加强村级防疫员队伍建设。

县级人民政府兽医主管部门可以根据动物防疫工作需要，向乡、镇或者特定区域派驻兽医机构。

第六十四条　县级以上人民政府按照本级政府职责，将动物疫病预防、控制、扑灭、检疫和监督管理所需经费纳入本级财政预算。

第六十五条　县级以上人民政府应当储备动物疫情应急处理工作所需的防疫物资。

第六十六条　对在动物疫病预防和控制、扑灭过程中强制扑杀的动物、销毁的动物产品和相关物品，县级以上人民政府应当给予补偿。具体补偿标准和办法由国务院财政部门会同有关部门制定。

因依法实施强制免疫造成动物应激死亡的，给予补偿。具体补偿标准和办法由国务院财政部门会同有关部门制定。

第六十七条　对从事动物疫病预防、检疫、监督检查、现场处理疫情以及在工作中接触动物疫病病原体的人员，有关单位应当按照国家规定采取有效的卫生防护措施和医疗保健措施。

第九章　法律责任

第六十八条　地方各级人民政府及其工作人员未依照本法规定履行职责的，对直接负责的主管人员和其他直接责任人员依法给予处分。

第六十九条　县级以上人民政府兽医主管部门及其工作人员违反本法规定，有下列行为之一的，由本级人民政府责令改正，通报批评；对直接负责的主管人员和其他直接责任人员依法给予处分：

（一）未及时采取预防、控制、扑灭等措施的；

（二）对不符合条件的颁发动物防疫条件合格证、动物诊疗许可证，或者对符合条件的拒不颁发动物防疫条件合格证、动物诊疗许可证的；

（三）其他未依照本法规定履行职责的行为。

第七十条　动物卫生监督机构及其工作人员违反本法规定，有下列行为之一的，由本级人民政府或者兽医主管部门责令改正，通报批评；对直接负责的主管人员和其他直接责任人员依法给予处分：

（一）对未经现场检疫或者检疫不合格的动物、动物产品出具检疫证明、加施检疫标志，或者对检疫合格的动物、动物产品拒不出具检疫证明、加施检疫标志的；

（二）对附有检疫证明、检疫标志的动物、动物产品重复检疫的；

（三）从事与动物防疫有关的经营性活动，或者在国务院财政部门、物价主管部门规定外加收费用、重复收费的；

（四）其他未依照本法规定履行职责的行为。

第七十一条　动物疫病预防控制机构及其工作人员违反本法规定，有下列行为之一的，由本级人民政府或者兽医主管部门责令改正，通报批评；对直接负责的主管人员和其他直接责任人员依法给予处分：

（一）未履行动物疫病监测、检测职责或者伪造监测、检测结果的；

（二）发生动物疫情时未及时进行诊断、调查的；

（三）其他未依照本法规定履行职责的行为。

第七十二条　地方各级人民政府、有关部门及其工作人员瞒报、谎报、迟报、漏报或者授意他人瞒报、谎报、迟报动物疫情，或者阻碍他人报告动物疫情的，由上级人民政府或者有关部门责令改正，通报批评；对直接负责的主管人员和其他直接责任人员依法给予处分。

第七十三条　违反本法规定，有下列行为之一的，由动物卫生监督机构责令改正，给予警告；拒不改正的，由动物卫生监督机构代作处理，所需处理费用由违法行为人承担，可以处一千元以下罚款：

（一）对饲养的动物不按照动物疫病强制免疫计划进行免疫接种的；

（二）种用、乳用动物未经检测或者经检测不合格而不按照规定处理的；

（三）动物、动物产品的运载工具在装载前和卸载后没有及时清洗、消毒的。

第七十四条　违反本法规定，对经强制免疫的动物未按照国务院兽医主管部门规定建立免疫档案、加施畜禽标识的，依照《中华人民共和国畜牧法》的有关规定处罚。

第七十五条　违反本法规定，不按照国务院兽医主管部门规定处置染疫动物及其排泄物，染疫动物产品，病死或者死因不明的动物尸体，运载工具中的动物排泄物以及垫料、包装物、容器等污染物以及其他经检疫不合格的动物、动物产品的，由动物卫生监督机构责令无害化处理，所需处理费用由违法行为人承担，可以处三千元以下罚款。

第七十六条　违反本法第二十五条规定，屠宰、经营、运输动物或者生产、经营、加工、贮藏、运输动物产品的，由动物卫生监督机构责令改正、采取补救措施，没收违法所得和动物、动物产品，并处同类检疫合格动物、动物产品货值金额一倍以上五倍以下罚款；其中依法应当检疫而未检疫的，依照本法第七十八条的规定处罚。

第七十七条　违反本法规定，有下列行为之一的，由动物卫生监督机构责令改正，处一千元以上一万元以下罚款；情节严重的，处一万元以上十万元以下罚款：

（一）兴办动物饲养场（养殖小区）和隔离场所，动物屠宰加工场所，以及动物和动物产品无害化处理场所，未取得动物防疫条件合格证的；

（二）未办理审批手续，跨省、自治区、直辖市引进乳用动物、种用动物及其精液、胚胎、种蛋的；

（三）未经检疫，向无规定动物疫病区输入动物、动物产品的。

第七十八条　违反本法规定，屠宰、经营、运输的动物未附有检疫证明，经营和运输的动物产品未附有检疫证明、检疫标志的，由动物卫生监督机构责令改正，处同类检疫合格动物、动物产品货值金额百分之十以上百分之五十以下罚款；对货主以外的承运人处运输费用一倍以上三倍以下罚款。

违反本法规定，参加展览、演出和比赛的动物未附有检疫证明的，由动物卫生监督机构责令改正，处一千元以上三千元以下罚款。

第七十九条 违反本法规定，转让、伪造或者变造检疫证明、检疫标志或者畜禽标识的，由动物卫生监督机构没收违法所得，收缴检疫证明、检疫标志或者畜禽标识，并处三千元以上三万元以下罚款。

第八十条 违反本法规定，有下列行为之一的，由动物卫生监督机构责令改正，处一千元以上一万元以下罚款：

（一）不遵守县级以上人民政府及其兽医主管部门依法作出的有关控制、扑灭动物疫病规定的；

（二）藏匿、转移、盗掘已被依法隔离、封存、处理的动物和动物产品的；

（三）发布动物疫情的。

第八十一条 违反本法规定，未取得动物诊疗许可证从事动物诊疗活动的，由动物卫生监督机构责令停止诊疗活动，没收违法所得；违法所得在三万元以上的，并处违法所得一倍以上三倍以下罚款；没有违法所得或者违法所得不足三万元的，并处三千元以上三万元以下罚款。

动物诊疗机构违反本法规定，造成动物疫病扩散的，由动物卫生监督机构责令改正，处一万元以上五万元以下罚款；情节严重的，由发证机关吊销动物诊疗许可证。

第八十二条 违反本法规定，未经兽医执业注册从事动物诊疗活动的，由动物卫生监督机构责令停止动物诊疗活动，没收违法所得，并处一千元以上一万元以下罚款。

执业兽医有下列行为之一的，由动物卫生监督机构给予警告，责令暂停六个月以上一年以下动物诊疗活动；情节严重的，由发证机关吊销注册证书：

（一）违反有关动物诊疗的操作技术规范，造成或者可能造成动物疫病传播、流行的；

（二）使用不符合国家规定的兽药和兽医器械的；

（三）不按照当地人民政府或者兽医主管部门要求参加动物疫病预防、控制和扑灭活动的。

第八十三条 违反本法规定，从事动物疫病研究与诊疗和动物饲养、屠宰、经营、隔离、运输，以及动物产品生产、经营、加工、贮藏等活动的单位和个人，有下列行为之一的，由动物卫生监督机构责令改正；拒不改正的，对违法行为单位处一千元以上一万元以下罚款，对违法行为个人可以处五百元以下罚款：

（一）不履行动物疫情报告义务的；

（二）不如实提供与动物防疫活动有关资料的；

（三）拒绝动物卫生监督机构进行监督检查的；

（四）拒绝动物疫病预防控制机构进行动物疫病监测、检测的。

第八十四条 违反本法规定，构成犯罪的，依法追究刑事责任。

违反本法规定，导致动物疫病传播、流行等，给他人人身、财产造成损害的，依法承担民事责任。

第十章 附 则

第八十五条 本法自 2008 年 1 月 1 日起施行。

主要参考文献

［1］何英，叶俊华．宠物医生手册．沈阳：辽宁科学技术出版社，2003

［2］高得仪．犬猫疾病学．北京：中国农业大学出版社，2001

［3］王力光，董君艳．新编犬病临床指南．长春：吉林科学技术出版社，2002

［4］陈溥言．兽医传染病学．第5版．北京：中国农业出版社，2006

［5］蔡宝祥．家畜传染病学．北京：中国农业出版社，2001

［6］张宏伟．动物疫病．北京：中国农业出版社，2001

［7］陆承平．兽医微生物学．北京：中国农业出版社，2001

［8］葛兆宏．动物传染病．北京：中国农业出版社，2006

［9］吴清民．兽医传染病学．北京：中国农业大学出版社，2002

［10］张彦明．动物防疫与检疫技术．北京：高等教育出版社，2002

［11］赵广英．野生动物流行病学．哈尔滨：东北林业大学出版社，2000

［12］邓干臻．宠物诊疗技术大全．北京：中国农业出版社，2005

［13］李志．宠物疾病诊治．北京：中国农业出版社，2002

［14］张勇．动物疫情监测分析与疫病预防控制技术规范实施手册．呼和浩特：内蒙古人民出版社，2003

［15］白文彬，于康震．动物传染病诊断学．北京：中国农业出版社，2002

［16］刘泽文．实用禽病诊疗新技术．北京：中国农业出版社，2006

［17］肖希龙．实用养猫大全．北京：中国农业出版社，1995

［18］高林军．养猫必读．北京：中国农业出版社，2000

［19］崔中林．实用犬猫疾病防治与急救大全．北京：中国农业出版社，2000

［20］吕昌琳．猫病 贵州：贵州人民出版社，1987

［21］汤小明．犬猫疾病鉴别诊断．北京：中国农业出版社，2004

［22］马青海，刘传续．猫的饲养与疾病防治．北京：中国农业出版社，1986

［23］朱维正，杨振国．养猫驯猫与猫病防治．北京：金盾出版社，2001

［24］张建平．我爱我猫：宠物猫饲养与疾病防治．上海：上海科学普及出版社，2003

［25］迈克尔·沙尔主编·林德贵主译．犬猫临床疾病图谱．沈阳：辽宁科技出版社，2004

［26］王增年，安宁．肉鸽．北京：科学技术文献出版社，2004

［27］房振伟．肉鸽标准化饲养新技术．北京：中国农业出版社，2005

［28］任忠芳．观赏鸽．北京：中国农业出版社，2001

［29］陈益填等．肉鸽 信鸽 观赏鸽．北京：金盾出版社，1998

［30］梁俊文，王海涛．鸽病防治关键技术．北京：中国农业出版社，2005

［31］陈益填，蔡流灵．肉鸽透视．北京：中国农业出版社，2005

［32］刘洪云．肉鸽快速饲养与疾病防治．北京：中国农业出版社，2001

［33］战文斌．水产动物病害学．北京：中国农业出版社，2004

［34］黄琪琰．水产动物疾病学．上海：上海科学技术出版社，1993

［35］韩先朴，李伟，殷战．观赏鱼病害防治．北京：科学出版社，1994

［36］张炜，张词祖．观赏鱼彩色图鉴．上海：上海科学技术出版社，1994

［37］汪建国．观赏鱼鱼病的诊断与防治．北京：中国农业出版社，2001

［38］张荣森．水产动物疾病．北京：中国农业出版社，2002